54

Mathematical Modeling

(Fourth Edition)

数学建模方法与分析

（原书第4版）

（美）Mark M. Meerschaert 著
密歇根州立大学
刘来福 黄海洋 杨淳 译

机械工业出版社
China Machine Press

图书在版编目（CIP）数据

数学建模方法与分析（原书第4版）/（美）米尔斯切特（Meerschaert, M. M.）著；刘来福，黄海洋，杨淳译．—北京：机械工业出版社，2014.12（2018.3重印）
（华章数学译丛）
书名原文：Mathematical Modeling，Fourth Edition

ISBN 978-7-111-48569-8

I. 数…　II. ① 米…　② 刘…　③ 黄…　④ 杨…　III. 数学模型　IV. O141.4

中国版本图书馆CIP数据核字（2014）第267304号

本书版权登记号：图字：01-2013-5997

Mathematical Modeling，Fourth Edition
Mark M. Meerschaert
ISBN 978-0-12-386912-8

本书系统介绍数学建模的理论及应用，作者将数学建模的过程归结为五个步骤（即“五步方法”），并贯穿全书各类问题的分析和讨论中．书中阐述了如何使用数学模型来解决实际问题，提出了在建立数学模型并且求解得到结论之后如何进行灵敏性和稳健性分析，此外，将数学建模方法与计算机的使用密切结合，不仅通过对每个问题的讨论给了很好的示范，而且配备了大量的习题．

本书适合作为高等院校相关课程的教材和参考书，也可供参加国内数学建模竞赛的人员参考．

出版发行：机械工业出版社（北京市西城区百万庄大街22号　邮政编码：100037）
责任编辑：迟振春　　责任校对：董纪丽
印　　刷：北京市荣盛彩色印刷有限公司　　版　　次：2018年3月第1版第8次印刷
开　　本：186mm×240mm　1/16　　印　　张：18
书　　号：ISBN 978-7-111-48569-8　　定　　价：59.00元

凡购本书，如有缺页、倒页、脱页，由本社发行部调换
客服热线：(010) 88378991　88361066　　投稿热线：(010) 88379604
购书热线：(010) 68326294　88379649　68995259　　读者信箱：hzjsj@hzbook.com

译　者　序

在叶其孝教授和姜启源教授的推荐下，我们有幸阅读了本书英文版．不同于通常所见到的关于数学建模的书，本书使我们有一种耳目一新的感觉．

本书最显著的特点是作者将数学建模的过程，也就是解决实际问题的数学建模方法归结为五个步骤（书中称之为“五步方法”），并且贯穿全书各类问题的分析和讨论当中．它们是：1．提出问题；2．选择建模方法；3．推导模型的数学表达式；4．求解模型；5．回答问题．这是我们在进行数学建模时的一种科学的思维方式，特别是它可以有效地帮助初学者步入数学建模的大门．第一步的“提出问题”也就是我们常说的用数学语言表述实际问题的前提，包括合理的假设、引入变量和参数（带有恰当的单位及已知的关系）、明确求解的目标．这是成功建立数学模型的关键．最后一步“回答问题”也就是我们常说的用通俗的语言表述数学结论，使得最初提出问题的人能理解你通过数学模型给出的结论．这是数学模型实现其实用价值的关键．这种数学语言与非数学语言的“双向翻译”能力是数学建模过程中的薄弱环节．为解决这个问题，书中不仅通过对每个问题的讨论给予很好的示范，而且配备了大量的习题．同一个实际问题（如鲸鱼问题）在不同章节的习题中反复出现，不断地要求应用五步方法，引导学生从不同的角度考虑，结合不同的数学模型进行讨论．所有这些对于希望提高数学建模能力的读者来说是非常有益的．

本书的第二个特点是如何使用数学模型来解决实际问题．在数学上，解决问题只需要根据问题的条件通过数学上的分析得到所需要的结论，这样工作就完成了．但是当你面对一个实际问题并使用数学模型归结为数学问题之后，通过对模型的数学分析给出解答并不意味着实际问题已经完全解决了．因为在建模的过程中通过假设问题被简化了，对参数给出的估计往往是近似的．这种简化和近似对于实际问题有多大影响？这也是数学建模工作者在解决实际问题时所必须面对的问题．本书提出了在建立数学模型并且求解得到结论之后的一项重要工作：关于模型的灵敏性和稳健性的分析，这是非常必要的．这一分析也贯穿于全书各类问题的讨论之中．这在我国现有的数学建模教材中是很少见的．实际问题的复杂性和随机因素的影响都难以保证我们所做的假设是完全正确的，观测数据存在的误差也会影响到人们对结论的信心．因此，对参数进行灵敏性分析，可以确定结论的实用范围；对模型进行稳健性分析，可以断定从一个不完全精确的模型导出的结论是否对实际问题有价值，从而提高了数学模型的结论的有效性．这些分析对于数学建模工作者来说不仅必要而且十分重要．为此作者在书中精心选择和设计了所使用的例题和习题．

本书的第三个特点是将数学建模方法与计算机的使用密切结合．现代计算技术的应用不仅减少了计算错误，而且加强了数学应用者解决问题的能力．解析方法只能根据模型推测将会发生什么，而计算机模拟方法不仅能通过模型的构造和运行看到将会发生什么，而且还能分析解析方法很难处理的复杂问题．在这本书中作者脱离了具体的计算机语言，以伪代码的形式给出解决问题的基本算法，使学生可以用自己掌握的计算机语言编程，尝试数值模拟方法．

目前我国多数高等院校已经开设了数学建模课程，不少重点大学更是将数学建模课程列为数学专业本科生必修的基础课程，全国的数学建模竞赛也已具有相当的规模和影响．这些变化极大地推动了我国高等院校的课程改革和数学应用教育的发展．现在我们面临的最重要问题是如何提高数学建模课程的教学水平．好的教材是解决问题的关键之一．我们读完本书英文版后，为其特色和魅力所折服．本书只要求读者具备大学一、二年级的数学基础知识（掌握一元微积分、多元微积分、线性代数和微分方程是必需的．事先接触过计算方法、概率论和统计学方面的知识是有益的，但不是必需的），特别是它注重培养数学建模的良好习惯，通过大量的习题引导读者动手去做，由浅入深、循循善诱的特点，使其适合作为高等院校数学建模课程的教材或教学参考书．因此，我们认为很有必要将英文版翻译成中文，献给广大的中国读者．鉴于我们翻译水平有限，书中涉及的内容又十分广泛，不当之处实在难免．读者的任何批评指正都将是对本书的关心和帮助，我们由衷欢迎．

本书第一部分和后记由杨淳翻译，第二部分由黄海洋翻译，第三部分和前言由刘来福翻译．最后由刘来福对全书进行了统稿．感谢叶其孝教授和姜启源教授的推荐，感谢机械工业出版社华章分社的编辑们为这本书的出版所做的努力．

刘来福

于北京师范大学数学科学学院

前　言

数学建模是连接数学和现实世界的桥梁. 从提出问题，思考、提炼问题，到用精确的数学语言叙述问题，一旦问题变成数学问题，就可以使用数学知识去求解. 最后，需要倒转这个过程，把数学的解答翻译成对于原问题来说易于理解的、有意义的答案（这是很多人经常忽略的部分）. 有些人擅长语言，而另一些人则擅长计算，我们拥有许多具备这两种能力之一的人. 但是，我们需要更多的人既擅长语言又擅长计算，并且愿意和能够进行翻译. 这些人就是对解决将来的问题有影响力的人.

本书是为数学专业及相关专业大学高年级的学生或刚入学的研究生提供的一本数学建模领域的入门读物. 通常大学一、二年级数学课程中学习的一元微积分、多元微积分、线性代数和微分方程是必需的. 事先接触过计算方法、概率论和统计学方面的知识是有益的，但不是阅读本书的前提.

本书与某些专注于某一类数学模型的教科书不同，覆盖了从最优化到动力系统再到随机过程中有关建模问题的广泛领域. 本书与另外一些仅仅讲授一学期微积分知识的书籍也不同，它要求学生使用他们所学的全部数学知识来解决问题（因为这些都是解决实际问题时需要的）.

绝大多数数学模型可以归为三大类型：最优化模型、动态模型和概率模型. 在实际应用中模型的类型可能由所遇到的问题决定，但更多的是与使用者对模型的选择有关. 在许多实例中都可以使用一类以上的模型. 例如：一个大规模的蒙特卡罗模拟模型也可能会与一个小的易于掌握的基于期望值的确定性模型结合起来使用.

与三类主要数学模型相对应，本书题材的组织分为三个部分. 我们从最优化模型开始. 第 1 章以单变量的最优化问题为主题，在 1.1 节介绍了数学建模的五步方法，在这一章的其余部分介绍了灵敏性分析和稳健性分析. 全书贯穿使用了这些数学建模的基本材料. 每一章后面的习题最好也要求学生完成. 第 2 章讨论多变量最优化问题，介绍了决策变量、可行解、最优解和约束条件. 这一章复习拉格朗日乘子法是为了没有接触过多元微积分中这一重要方法的学生. 在关于带约束条件问题的灵敏性分析一节中，我们会了解到拉格朗日乘子可用来表示影子价格（有些作者称它们为对偶变量）. 这些成为第 3 章稍后关于线性规划讨论的内容. 第 3 章的结尾是关于离散最优化的一节，它是在第 2 版中加进来的. 这里我们给出了整数规划的分支定界方法的实用介绍. 我们还探讨了线性规划和整数规划之间的联系，这样较早地引入了对连续模型离散化的重要论题. 第 3 章还包含了一些重要的计算方法，包括单个和多个变量的牛顿法以及线性规划和整数规划.

本书的第二部分是关于动态模型的，介绍状态和平衡态的概念，随后的关于状态空间、状态变量和随机过程的平衡态的讨论都与这些概念密切相关. 此外，还讨论了离散和连续时间的非线性动力系统. 书中的这一部分很少强调严格的解析解，因为绝大多数这些模型不存在解析解．在第6章的结尾是关于混沌和分形的一节，它是在第2版中加进来的．我们应用解析和模拟两种方法探讨了离散的和连续的动力系统的行为，以便理解在某些条件下它们如何变成混沌．这一节为这个主题提供了一个实际的易于理解的介绍．学生获得了关于对初始条件的敏感依赖性、周期的加倍以及奇怪吸引子这些构成分形集合的概念的体验．最重要的是，这些数学上的珍奇是在研究现实世界的问题中浮现出来的．

在书的最后一部分我们介绍了概率模型．学习这部分内容不需要事先具备概率论的知识．我们是以本书前两部分为基础，在现实问题中涉及概率论时以自然和直观的方式介绍．第7章介绍了随机变量、概率分布、强大数定律和中心极限定理这些基本概念．第7章的最后是关于扩散的一节，它是在第3版加进来的．其中以扩散方程为重点简单介绍了偏微分方程．在这里我们给出了用点源法求解偏微分方程，使用傅里叶变换得到正态密度的简单推导过程．这样把扩散模型与7.3节引入的中心极限定理联系了起来．关于扩散的这一节源于我在内华达大学为低年级研究生讲授地球科学课的讲义．扩散应用于污染物在大气和地下水中的迁移．第8章讨论了随机过程的基本模型，包括马尔可夫链、马尔可夫过程和线性回归．在第3版中添加了关于时间序列的新节，这一节可以作为具有多个预测因子的多元回归模型的介绍．作为8.3节关于线性回归的讨论的自然延续，关于时间序列的新节介绍了相关这一重要思想，还展示了如何识别时间序列模型中的相关变量和模型中所包含的依赖结构．讨论集中在自回归模型上，因为这是广泛使用的时间序列模型．因为可以使用线性回归软件来处理，所以操作自回归模型也是非常方便的．为利于学生使用统计软件包，这一节通过适当的应用例子解释了自相关作图和序贯平方和等高级方法．然而，这一节还讨论了仅用回归的基本实现，该回归允许有多个预测因子并输出两个基本度量值：R^2 和残差标准差 s. 这完全可以用较好的电子表格软件或计算器实现．第9章讨论了随机模型的模拟方法，介绍了蒙特卡罗（Monte Carlo）方法，并且将马尔可夫性质应用于构建有效的模拟算法．第9章还研究了解析模拟方法，并且与蒙特卡罗方法进行了比较．在第4版中，在第9章最后增加了两节新的内容．9.4节讨论粒子追踪方法，即使用蒙特卡罗模拟来求解包含基本随机过程的偏微分方程．9.5节介绍在反常扩散背景下出现的分数阶微积分，使用粒子追踪方法求解了分数阶扩散方程，并将其应用于地下水污染问题．这一节将分形、分数阶导数和带有拖尾的概率分布的概念联系在了一起．

本书的每一章都配有挑战性的习题．对部分学生而言，这些习题不但要求他们付出巨大的努力，还需要一定的创造性．书中的问题不是编造的，它们都是现实的问题．不是把这些问题设计成为说明任何特定数学方法的应用，相反，由于问题的需要，我们将会偶尔绕过本书中新的数学方法．我认为本书任何地方不会引起学生的疑问：这究竟是为什么？尽管虚构的问题通常过分简化或严重地不切实际，但是虚构的问题还是体现了应用数学知识去解决实际问题时的基本任务．对于大多数学生来说，虚构的问题提出许多挑战．本书教授学生如何去解决这些虚构的问题．本书提供了一种通用方法，可以使得有能力的学生成功地运用它去解决任何虚构的问题．这种方法在1.1节提出．这种方法同样可用于全书所有类型的问题．

每一章习题的后面列出了进一步阅读文献，其中包括若干与本章内容有关的应用数学的 UMAP 模块. UMAP 模块能够提供对本书材料的有益补充，所有的 UMAP 模块可以从数学及其应用协会（www. comap. com）得到.

本书的主要论题之一是使用适当的技术去解决数学问题. 计算机代数系统、图形工具和数值方法在解决数学问题中都有用武之地，许多学生还没有接触到这些工具. 我们把现代的技术引入了本书，因为这些新技术更加便于解决现实世界中的问题，从而激励学生去学习. 计算机代数系统和二维图形工具在全书中都会用到，第 2、3 章关于多变量最优化的问题会涉及三维图形工具，接触过三维图形工具的学生可以尝试使用已掌握的知识. 书中的数值方法包括牛顿方法、线性规划、欧拉方法、线性回归和蒙特卡罗模拟.

书中除了介绍绘图工具在数学中的专门使用之外，还包括大量用计算机绘制的图形. 计算机代数系统广泛地用于明显地需要代数计算的那些章节. 第 2、4、5、8 章包含了从计算机代数系统 Maple 和 Mathematica 得到的计算机输出. 关于计算技术的几章（第 3、6、9 章）讨论了数值算法在求解不存在解析解的问题时的专门使用. 关于线性规划的 3.3 节和 3.4 节包括了从流行的线性规划软件包 LINDO 得到的计算机输出. 关于线性回归和时间序列的 8.3 节和 8.4 节包括了从通用的统计软件包 Minitab 得到的输出.

学生需要具备这些专用的技术以便充分地利用本书. 我尽量为各种学院的教师使用本书提供方便. 有些教师有办法使学生接触这些复杂的计算工具，但有些人没有条件. 最起码的需要包括：（1）绘制二维图形的软件工具；（2）一台能使学生执行简单的数值算法的计算机. 计算机电子表格软件或者可编程的图形计算器都可以做这些事情. 理想的状况是为学生提供机会接触较好的计算机代数系统、线性规划软件包和统计计算软件包. 下面列出了可以结合本书使用的部分专用软件包.

计算机代数系统：

- Derive，Chartwell-Yorke Ltd.，www. chartwellyorke. com/derive
- Maple，Waterloo Maple，Inc.，www. maplesoft. com
- Mathcad，Parametric Technology Corp.，www. ptc. com/products/mathcad
- Mathematica，Wolfram Research，Inc.，www. wolfram. com/mathematica
- MATLAB，The MathWorks，Inc.，www. mathworks. com/products/matlab
- Maxima，free download，maxima. sourceforge. net

统计软件包：

- Minitab，Minitab，Inc.，www. minitab. com
- SAS，SAS Institute，Inc.，www. sas. com
- SPSS，IBM Corp.，www. ibm. com/software/analytics/spss
- S-PLUS，TIBCO Corp.，spotfire. tibco. com
- R，R Foundation for Statistical Computing，free download，www. r-project. org

线性规划软件包：

- LINDO，LINDO Systems，Inc.，www. lindo. com

- MPL，Maximal Software，Inc.，www.maximal-usa.com
- AMPL，AMPL Optimization，LLC，www.ampl.com
- GAMS，GAMS Development Corp.，www.gams.com

本书中的数值算法是以伪代码的形式表示的. 有些教师喜欢让学生自己实现这些算法. 另一方面，如果不打算要求学生去编写程序，我们希望使教师容易为学生提供专用的软件. 本书中所有的算法都在各种计算机的平台上实现过，本书的使用者可以利用而无须付附加的费用. 如果你想得到这些算法的拷贝，请与作者联系或者访问网站 www.stt.msu.edu/users/mcubed/modeling.html. 同样，如果你愿意与另外的教师和学生共享你的算法实现，请送一份你的拷贝给我. 如果你允许的话，我将免费将它拷贝给其他的人.

对采用本书作为教材的老师，提供了完整、详细的解题手册. 本书算法的各种平台的计算机实现以及产生全部图形和计算机输出的计算机文件可以从 www.stt.msu.edu/users/mcubed/modeling.html 下载.

对本书前三版的反映是令人满意的. 这项工作最富吸引力的地方莫过于同使用本书的学生和教师交流，非常愿意听到对本书的任何评论和建议.

Mark M. Meerschaert
密歇根州立大学概率统计系
C430 Wells Hall
East Lansing，MI 48824 - 1027 USA
电话：(517) 353 - 8881
传真：(517) 432 - 1405
E-mail：mcubed@stt.msu.edu
主页：www.stt.msu.edu/users/mcubed

目　　录

第一部分　最优化模型

第1章　单变量最优化

解决最优化问题是数学的一些最为常见的应用．无论我们进行何种工作，我们总是希望达到最好的结果，而使不好的方面或消耗等降到最低．企业管理人员试图通过对一些变量的控制使收益达到最大，或在达到某一预期目标的前提下使成本最低．经营渔业及林业等可更新资源的管理者要通过控制收成率来达到长期产量的最大化；政府机构需要建立一些标准，使生产生活消费品的环境成本降到最低；计算机的系统管理员要使计算机的处理能力达到最大，而使作业的延迟最少；农民会尽量调整种植空间从而使收获最高；医生则要合理使用药物使其副作用降到最低．这些以及许多其他的应用都有一个共同的数学模式：有一个或多个可以控制的变量，它们通常要受一些实际中的限制，通过对这些变量的控制，使某个其他的变量达到最优的结果．最优化模型的构思正是给定问题的约束条件，确定受约束的可控变量的取值，以达到最优结果．

我们对最优化模型的讨论从单变量最优化问题开始．大多数学生对此已经有了一些实际的经验．单变量最优化问题又称为极大-极小化问题，通常在大学第一学期的微积分课程中介绍．很多方面的实际应用问题仅用这些方法就可以处理．本章的目的一方面是对这些基本方法进行回顾，另一方面是以一种熟悉的构架介绍数学建模的基础知识．

1.1　五步方法

1~3

本节概要地介绍用数学建模解决问题的一般过程，我们称之为*五步方法*．我们以解决一个典型的单变量极大-极小化问题为例来介绍这个过程．大多数学生在第一学期的微积分课程中都接触过这类问题．

例1.1　一头猪重200磅[1]，每天增重5磅，饲养每天需花费45美分．猪的市场价格为每磅65美分，但每天下降1美分，求出售猪的最佳时间．

解决问题的数学建模方法包括五个步骤：

---

[1] 1磅=0.454kg.

1. 提出问题
2. 选择建模方法
3. 推导模型的数学表达式
4. 求解模型
5. 回答问题

第一步是提出问题，而问题需要用数学语言表达，这通常需要大量的工作．在这个过程中，我们需要对实际问题做一些假设．在这个阶段不必担心需要做出推测，因为我们总可以在后面的过程中随时返回和做出更好的推测．在用数学术语提出问题之前，我们要定义所用的术语．首先列出整个问题涉及的变量，包括恰当的单位，然后写出关于这些变量所做的假设，列出我们已知的或假设的这些变量之间的关系式，包括等式和不等式．这些工作做完后，就可以提出问题了．用明确的数学语言写出这个问题的目标的表达式，再加上前面写出的变量、单位、等式、不等式及所做假设，就构成了完整的问题．

在例1.1中，全部的变量包括：猪的重量 w(磅)，从现在到出售猪期间经历的时间 t(天)，t 天内饲养猪的花费 C(美元)，猪的市场价格 p(美元/磅)，售出生猪所获得的收益 R(美元)，我们最终获得的净收益 P(美元)．这里还有一些其他的有关量，如猪的初始重量(200磅)等，但它们不是变量．把变量和那些保持常数的量区分开是很重要的．

下面我们要列出对步骤1中所确定的这些变量所做的假设．在这个过程中我们要考虑问题中常量的作用．猪的重量从初始的200磅按每天5磅增加，我们有

4

$$(w\ 磅) = (200\ 磅) + \left(\frac{5\ 磅}{天}\right)(t\ 天)$$

这里我们把变量的单位包括进去，从而可以检查所列式子是否有意义．
该问题中涉及的其他假设包括：

$$\left(\frac{p\ 美元}{磅}\right) = \left(\frac{0.65\ 美元}{磅}\right) - \left(\frac{0.01\ 美元}{磅\cdot天}\right)(t\ 天)$$

$$(C\ 美元) = \left(\frac{0.45\ 美元}{天}\right)(t\ 天)$$

$$(R\ 美元) = \left(\frac{p\ 美元}{磅}\right)(w\ 磅)$$

$$(P\ 美元) = (R\ 美元) - (C\ 美元)$$

我们还要假设 $t\geqslant 0$，在这个问题中，我们的目标是求净收益 P 的最大值．图1-1以表格形式总结了第一步所得的结果，便于后面参考．

第一步中的三个阶段(变量、假设、目标)的确定不需要按特定的顺序．比如，在第一步中首先确定目标常常更有帮助．在例1.1中，我们定义了目标 P 和列出等式 $P=R-C$ 后，才能容易看出 R 和 C 应该为变量．一个考察第一步是否完整的方法是检查 P 是否可以最终表示成变量 t 的函数．关于步骤1的一个最好的一般性建议就是首先写出所有显而易见的部分．(例如，对有些变量，只需阅读对问题的说明，并找出其中的名词，即可得到．)

随着这个过程的进行，其他部分会逐渐补充完整．

变量： t = 时间(天)
w = 猪的重量(磅)
p = 猪的价格(美元/磅)
C = 饲养 t 天的花费(美元)
R = 售出猪的收益(美元)
P = 净收益(美元)
假设： $w = 200 + 5t$
$p = 0.65 - 0.01t$
$C = 0.45t$
$R = p \cdot w$
$P = R - C$
$t \geqslant 0$
目标： 求 P 的最大值

图 1-1　售猪问题的第一步的结果

第二步是选择建模方法．现在我们已经有了一个用数学语言表述的问题，我们需要选择一种数学方法来获得解．许多问题都可以表示成一个已有有效的一般求解方法的标准形式．应用数学领域的多数研究都包含确定问题的一般类别，并提出解决该类问题的有效方法．在这一领域有许多文献，并且不断取得许多新的进展．一般很少有学生对选择较好的建模方法有经验或熟悉文献．在这本书里，除了极少的例外，我们都会给定所用的建模方法．我们将例 1.1 定位为单变量最优化问题或极大-极小化问题．

5

我们只概述所选建模方法，细节请读者参考微积分入门教科书．

给定定义在实轴的子集 S 上的实值函数 $y = f(x)$．设 f 在 S 的某一内点 x 是可微的，若 f 在 x 达到极大或极小，则 $f'(x) = 0$. 这一结论是微积分中的一个定理．据此我们可以在求极大或极小点时不考虑那些 $x \in S$ 中 $f'(x) \neq 0$ 的内点．只要 $f'(x) = 0$ 的点不太多，这个方法就很有效．

第三步是推导模型的数学表达式．我们要把第一步得到的问题应用于第二步，写成所选建模方法需要的标准形式，以便于我们运用标准的算法过程求解．如果所选的建模方法通常采用一些特定的变量名，比如我们的这个例子，那么把问题中的变量名改换一下常会比较方便．我们有

$$
\begin{aligned}
P &= R - C \\
&= p \cdot w - 0.45t \\
&= (0.65 - 0.01t)(200 + 5t) - 0.45t
\end{aligned}
$$

令 $y = P$ 是需最大化的目标变量，$x = t$ 是自变量．我们的问题现在化为在集合 $S = \{x : x \geqslant 0\}$ 上求下面函数的最大值：

$$
\begin{aligned}
y &= f(x) \\
&= (0.65 - 0.01x)(200 + 5x) - 0.45x
\end{aligned}
\tag{1-1}
$$

第四步是利用第二步中确定的标准过程求解这个模型．在我们的例子中，要对(1-1)式

中定义的 $y=f(x)$ 在区间 $x\geqslant 0$ 上求最大值．图 1-2 给出了 $f(x)$ 的曲线．由于 f 关于 x 是二次的，因此这是一条抛物线．我们计算出

$$f'(x)=\frac{(8-x)}{10}$$

则在点 $x=8$ 处 $f'(x)=0$. 由于 f 在区间 $(-\infty, 8)$ 上是递增的，而在区间 $(8, \infty)$ 上是递减的，所以点 $x=8$ 是全局极大值点．在此点我们有 $y=f(8)=133.20$. 因此点 $(x, y)=(8, 133.20)$ 是 f 在整个实轴上的全局极大值点，从而也是区间 $x\geqslant 0$ 上的最大值点．

6

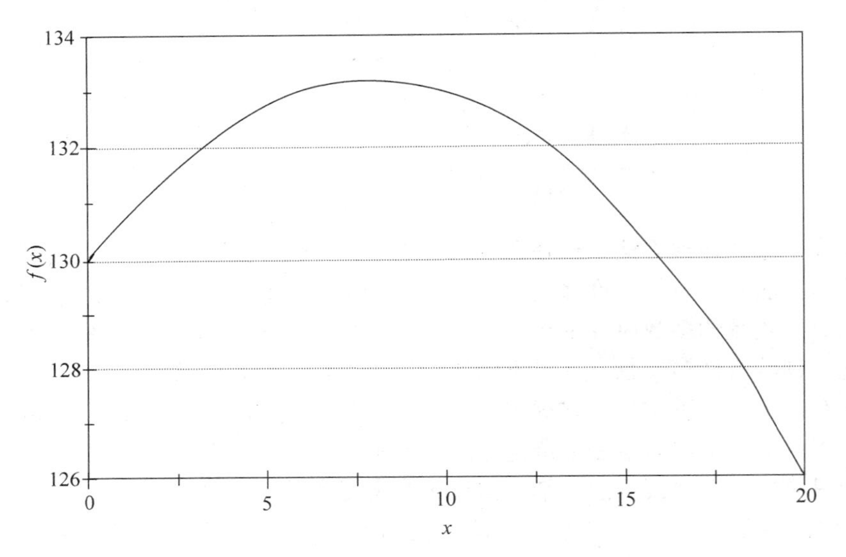

图 1-2　售猪问题的净收益 $f(x)=(0.65-0.01x)(200+5x)-0.45x$ 关于售猪时间 x 的曲线图

第五步是回答第一步中提出的问题：何时售猪可以达到最大的净收益．由我们的数学模型得到的答案是在 8 天之后，可以获得净收益 133.20 美元．只要第一步中提出的假设成立，这一结果就是正确的．相关的问题及其他不同的假设可以按照第一步中的做法调整得到．由于我们处理的是一个实际问题(一个农民决定何时出售他饲养的生猪)，在第一步中会有一个风险因素存在，因此通常有必要研究几种可供选择的方案，这一过程称为*灵敏性分析*，我们将在下一节中讨论．

这一节的主要目的是介绍数学建模的五步方法．图 1-3 将这一方法总结归纳成了便于以后参考的图表形式．在本书中，我们会运用这个五步方法求解数学建模中的大量问题．第二步一般会包括对所选建模方法的描述并附带一两个例子．已经熟悉这些建模方法的读者可以跳过这一部分或只熟悉一下其记号．图 1-3 中提到的其他内容，如“采用适当的技术”等，我们会在本书后面的章节中展开讨论．

第一步，提出问题.
- 列出问题中涉及的变量，包括适当的单位.
- 注意不要混淆变量和常量.
- 列出你对变量所做的全部假设，包括等式和不等式.
- 检查单位从而保证你的假设有意义.
- 用准确的数学术语给出问题的目标.

第二步，选择建模方法.
- 选择解决问题的一个一般的求解方法.
- 一般地，这一步的成功需要经验、技巧和熟悉相关文献.
- 在本书中，我们通常会给定要用的建模方法.

第三步，推导模型的数学表达式.
- 将第一步中得到的问题重新表达成第二步选定的建模方法所需要的形式.
- 你可能需要将第一步中的一些变量名改成与第二步所用的记号一致.
- 记下任何补充假设，这些假设是为了使第一步中描述的问题与第二步中选定的数学结构相适应而做出的.

第四步，求解模型.
- 将第二步中所选的一般求解过程应用于第三步得到表达式的特定问题.
- 注意你的数学推导，检查是否有错误，你的答案是否有意义.
- 采用适当的技术. 计算机代数系统、图形工具、数值计算的软件等都能扩大你能解决问题的范围，并能减少计算错误.

第五步，回答问题.
- 用非技术性的语言将第四步的结果重新表述.
- 避免数学符号和术语.
- 能理解最初提出的问题的人就应该能理解你给出的解答.

图 1-3　五步方法

7～8

每章最后的习题同样需要应用五步方法. 现在养成使用五步方法的习惯，今后就会比较容易地解决我们遇到的更为复杂的建模问题. 这里对第五步要特别加以注意，在实际中，仅结果正确是不够的，你还需要有把你的结论和其他人交流的能力，其中有些人可能并不像你一样了解那么多的数学知识.

1.2　灵敏性分析

上一节概要地介绍了数学建模的五步方法. 整个过程从对问题做出一些假设开始. 但我们很少能保证这些假设都是完全正确的，因此我们需要考虑所得结果对每一条假设的敏感程度. 这种灵敏性分析是数学建模中的一个重要方面. 具体内容与所用的建模方法有关，因此关于灵敏性分析的讨论会在本书中贯穿始终. 这里我们仅对简单的单变量最优化问题进行灵敏性分析．

在上节中，我们用售猪问题(例1.1)来说明数学建模的五步方法．图1-1列出了我们在求解该问题中所做的所有假设．在这个例子中，数据和假设都有非常详细的说明，即使这样，我们也要再严格检查．数据是由测量、观察有时甚至完全是猜测得到的，因此我们要考虑数据不准确的可能性．

我们知道有些数据要比其他数据的可靠性高得多。生猪现在的重量、现在的价格、每天的饲养花费都很容易测量，而且有相当大的确定性．猪的生长率则不那么确定，而价格的下降率则确定性更低．记 r 为价格的下降率．我们前面假设 $r=0.01$ 美元/天，现在假设 r 的实际值是不同的．对几个不同的 r 值重复前面的求解过程，我们会对问题的解关于 r 的敏感程度有所了解．表1-1给出了选择几个不同的 r 值求出的计算结果．图1-4将这些数据绘制成图形．我们可以看到售猪的最优时间对参数 r 是很敏感的．

表1-1　售猪问题中最佳售猪时间 x 关于价格的下降率 r 的灵敏性

r(美元/天)	x(天)	r(美元/天)	x(天)
0.008	15.0	0.011	5.5
0.009	11.1	0.012	3.3
0.010	8.0		

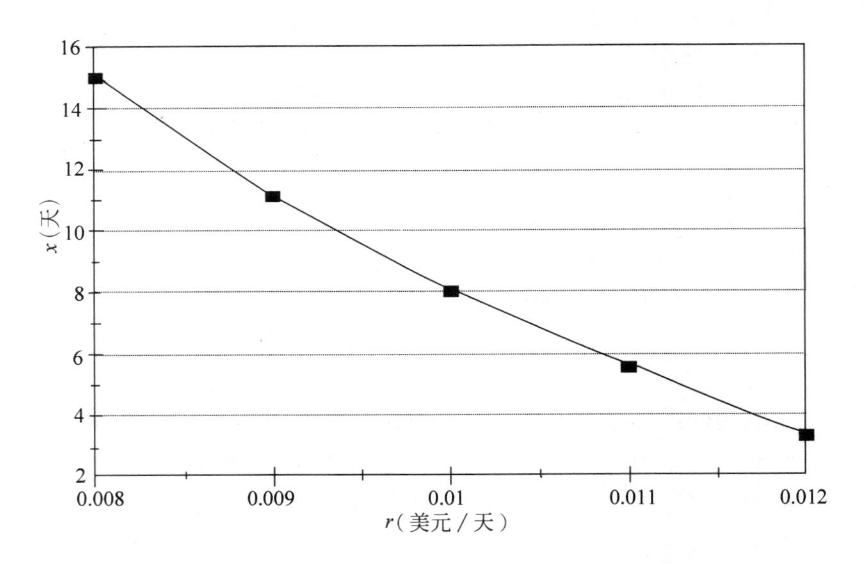

图1-4　售猪问题中最佳售猪时间 x 关于价格的下降率 r 的曲线

对灵敏性的更系统的分析是将 r 作为未知的参数，仍按前面的步骤求解．写出

$$p = 0.65 - rt$$

同前面一样，得到

$$\begin{aligned} y &= f(x) \\ &= (0.65 - rx)(200 + 5x) - 0.45x \end{aligned}$$

然后计算

$$f'(x) = \frac{-2(25rx + 500r - 7)}{5}$$

使 $f'(x)=0$ 的点为

$$x = \frac{(7 - 500r)}{25r} \tag{1-2}$$

这样只要 $x \geqslant 0$，即只要 $0 < r \leqslant 0.014$，最佳的售猪时间就由(1-2)式给出．对 $r > 0.014$，抛物线 $y=f(x)$ 的最高点落在了我们求最大值的区间 $x \geqslant 0$ 之外．在这种情况下，由于在整个区间 $[0, \infty)$ 上都有 $f'(x) < 0$，所以最佳的售猪时间为 $x=0$. 图 1-5 给出了 $r=0.015$ 的情况．

9
~
10

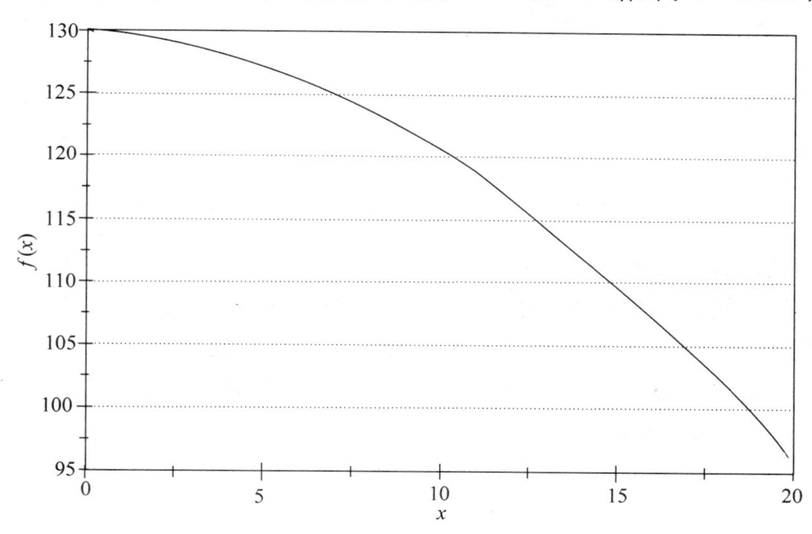

图 1-5　售猪问题的净收益 $f(x)=(0.65-0.015x)(200+5x)-0.45x$ 在 $r=0.015$ 时关于售猪时间 x 的曲线图

猪的生长率 g 同样不确定．我们在前面假设 $g=5$ 磅/天．一般地，我们有

$$w = 200 + gt$$

从而有公式

$$f(x) = (0.65 - 0.01x)(200 + gx) - 0.45x \tag{1-3}$$

于是

$$f'(x) = \frac{-[2gx + 5(49 - 13g)]}{100}$$

这时使 $f'(x)=0$ 的点为

$$x = \frac{5(13g - 49)}{2g} \tag{1-4}$$

11

只要由(1-4)式计算出的 x 值是非负的，最佳售猪时间就由此公式给出．图 1-6 给出了最佳售猪时间和生长率 g 之间的关系．

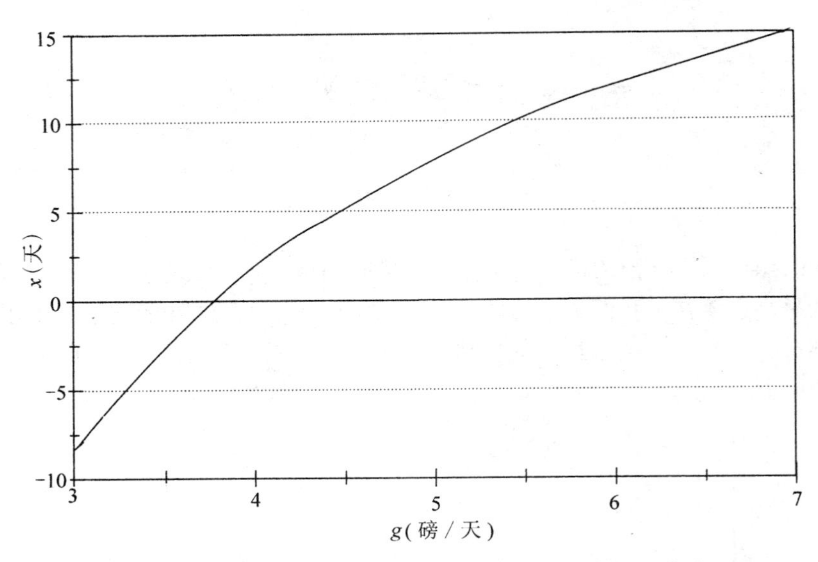

图 1-6　售猪问题中最佳售猪时间 x 关于生长率 g 的曲线

将灵敏性数据表示成相对改变量或百分比改变的形式，要比表示成绝对改变量的形式更自然也更实用. 例如，r 的 10% 的下降导致了 x 的 39% 的增加，而 g 的 10% 的下降导致了 x 的 34% 的下降. 如果 x 的改变量为 Δx，则 x 的相对改变量为 $\Delta x/x$，百分比改变量为 $100\Delta x/x$. 如果 r 改变了 Δr，导致 x 有 Δx 的改变量，则相对改变量的比值为 $\Delta x/x$ 与 $\Delta r/r$ 的比值. 令 $\Delta r\to 0$，按照导数的定义，我们有

$$\frac{\Delta x/x}{\Delta r/r}\to\frac{\mathrm{d}x}{\mathrm{d}r}\cdot\frac{r}{x}$$

我们称这个极限值为 x 对 r 的灵敏性，记为 $S(x, r)$. 在售猪问题中，我们在点 $r=0.01$ 和 $x=8$ 得到

$$\begin{aligned}\frac{\mathrm{d}x}{\mathrm{d}r}&=\frac{-7}{25r^2}\\&=-2\,800\end{aligned}$$

12

因此

$$\begin{aligned}S(x,r)&=\frac{\mathrm{d}x}{\mathrm{d}r}\cdot\frac{r}{x}\\&=(-2\,800)\left(\frac{0.01}{8}\right)\\&=\frac{-7}{2}\end{aligned}$$

即若 r 增加 2%，则 x 下降 7%. 由于

$$\frac{\mathrm{d}x}{\mathrm{d}g}=\frac{245}{2g^2}$$

$$= 4.9$$

我们有

$$
\begin{aligned}
S(x,g) &= \frac{\mathrm{d}x}{\mathrm{d}g} \cdot \frac{g}{x} \\
&= (4.9)\left(\frac{5}{8}\right) \\
&= 3.0625
\end{aligned}
$$

于是猪的生长率增加 1%，会导致要多等待大约 3% 的时间再将猪售出.

为了计算灵敏性 $S(y,g)$，首先将(1-4)式代入(1-3)式的目标函数 $y=f(x)$ 中，得到

$$
\begin{aligned}
y &= \left(0.65 - 0.01\left[\frac{5(13g-49)}{2g}\right]\right)\left(200 + g\left[\frac{5(13g-49)}{2g}\right]\right) \\
&\quad - 0.45\left[\frac{5(13g-49)}{2g}\right] \\
&= \frac{150.0625}{g} + 50.375 + 10.5625g
\end{aligned}
$$

然后求导数

$$\frac{\mathrm{d}y}{\mathrm{d}g} = -\frac{150.0625}{g^2} + 10.5625$$

代入 $g=5$ 得到 $\mathrm{d}y/\mathrm{d}g = 4.56$，从而

$$
\begin{aligned}
S(y,g) &= \frac{\mathrm{d}y}{\mathrm{d}g} \cdot \frac{g}{y} \\
&= (4.56)\left(\frac{5}{133.20}\right) \\
&= 0.17
\end{aligned}
$$

如果猪的生长率比预期的快 10%，则预期的净利润将增加 1.7%. 在这种情形下，导数 $\mathrm{d}y/\mathrm{d}g$ 的计算涉及一点代数知识. 在第 2 章中，我们将讨论如何用计算机代数系统进行必要的代数计算.

13

灵敏性分析的成功应用要有较好的判断力，通常既不可能对模型中的每个参数都计算灵敏性系数，也没有这种特别的要求. 我们需要选择那些有较大不确定性的参数进行灵敏性分析. 对灵敏性系数的解释还要依赖于参数的不确定程度. 主要问题是数据的不确定程度影响我们答案的置信度. 在这个售猪问题中，我们通常认为猪的生长率 g 比价格的下降率 r 更可靠. 如果我们观察了猪或其他类似动物在过去的生长情况，则 g 有 25% 的误差会是很不寻常的，但对 r 的估计有 25% 的误差则不足为奇.

1.3　灵敏性与稳健性

一个数学模型称为稳健的，是指即使这个模型不完全精确，由其导出的结果也是正确的. 在实际问题中，我们不会有绝对准确的信息，即使能够建立一个完美的精确模型，我

们也可能采用较简单和易于处理的近似方法．因此，在数学建模问题中关于稳健性的研究是很有必要的一部分．

在上一节中，我们介绍了灵敏性分析的过程，这是一种根据对数据提出的假设来评估模型的稳健性的方法．在数学建模过程的第一步中，还有其他的假设需要检查．出于数学处理的方便和简化的目的，常常要做一些假设，建模者有责任考察这些假设是否太特殊，以致使建模过程的结果变得无效．

图 1-1 列出了求解售猪问题所做的全部假设．除了数据的取值外，主要的假设是猪的重量和每磅的价格都是时间的线性函数．这些显然是做了简化，不可能是严格满足的．比如，根据这些假设，从现在起的一年后，猪的重量将是

$$\begin{aligned} w &= 200 + 5(365) \\ &= 2\,025 \text{ 磅} \end{aligned}$$

而卖出所得收益为

$$\begin{aligned} p &= 0.65 - 0.01(365) \\ &= -3.00 \text{ 美元/磅} \end{aligned}$$

一个更实际的模型应该既考虑到这些函数的非线性性，又考虑到随着时间的推移不确定性的增加．

14

如果假设是错的，模型又怎能给出正确的答案呢？虽然数学建模力求完美，但这是不可能达到的．一个更确切的说法是数学建模力求接近完美．一个好的数学模型是稳健的，是指虽然它给出的答案并不是完全精确的，但足够近似从而可以在实际问题中应用．

让我们来考察在售猪问题中的线性假设．其基本方程是：

$$P = pw - 0.45t$$

其中 p 为以美元计的每磅生猪的价格，w 为以磅计的猪的重量．如果模型的初始数据和假设没有与实际相差太远，则售猪的最佳时间应该由令 $P'=0$ 得到．计算后有

$$p'w + pw' = 0.45$$

其中 $p'w+pw'$ 项代表猪价的增长率．模型告诉我们，只要猪价比饲养的费用增长快，就应暂不卖出，继续饲养．此外，猪的价格改变包括两项：$p'w$ 和 pw'．第一项 $p'w$ 代表因价格下降而损失的价值，第二项 pw' 代表由于猪增重而增加的价值．考虑这个更一般的模型在应用中牵涉的实际问题．需要的数据包括猪的未来增长和价格未来的变化作为时间的可微函数的完整说明．我们无法知道这些函数的准确形式，甚至它们是否有意义也是个问题．是否可以在星期天凌晨 3 点售猪？猪价是否可以是无理数？让我们来假设一种情况．一个农民有一头重量大约是 200 磅的猪，在上一周猪每天增重约 5 磅．五天前猪价为 70 美分/磅，但现在猪价下降为 65 美分/磅，我们应该怎么办？一个显而易见的方法是以这些数据（$w=200$，$w'=5$，$p=0.65$，$p'=-0.01$）为依据确定何时售出．我们也正是这样做的．我们知道 p' 和 w' 在未来的几周内不会保持常数，因此 p 和 w 也不会是时间的线性函数．但是，只要 p' 和 w' 在这段时期内的变化不太大，假设它们保持为常数而导致的误差就不会太大．

我们现在要给出上一节的灵敏性分析结果的一个更一般化的解释．回顾前面的结果，

最佳售猪时间(x)对猪的生长率w'的改变的灵敏性为3. 假设在今后几周内猪的实际生长率在每天4.5~5.5磅之间，即在假定值的10%之内，则最佳售猪时间会在8天的30%之内，即5~11天. 在第8天卖出所导致的收益损失不超过1美元.

再考虑价格. 设我们认为今后几周内价格的改变为$p' = -0.01$(即每天下降1美分)是最糟糕的情况. 价格很有可能在今后会下降很慢，甚至达到稳定($p'=0$). 我们现在能说的只是至少要等8天再出售. 对较小的p'(接近0)，模型暗示我们等较长的时间再出售. 但我们的模型对较长的时间区间不再有效. 因此，解决这个问题的最好方法是将猪再饲养一周的时间，然后重新估计参数p，p'，w'和w，再用模型重新计算.

15

1.4 习题

1. 一个汽车制造商售出一辆某品牌的汽车可获利1 500美元. 估计每100美元的折扣可以使销售额提高15%.
   (a)多大的折扣可以使利润最高? 利用五步方法及单变量最优化模型.
   (b)对你所得的结果，求关于所做的15%假设的灵敏性. 分别考虑折扣量和相应的收益.
   (c)假设实际每100美元的折扣仅可以使销售额提高10%，对结果会有什么影响? 如果每100美元折扣的提高量为10%~15%之间的某个值，结果又如何?
   (d)什么情况下折扣会导致利润降低?
2. 在售猪问题中，对每天的饲养花费做灵敏性分析. 分别考虑对最佳售猪时间和相应收益的影响. 如果有新的饲养方式，每天的饲养花费为60美分，会使猪按7磅/天增重，那么是否值得改变饲养方式? 求出使饲养方式值得改变的最小的增重率.
3. 仍考虑例1.1中的问题. 但现在假设猪的价格保持稳定. 设

$$p = 0.65 - 0.01t + 0.000\,04t^2 \tag{1-5}$$

   表示t天后猪的价格(美分/磅).
   (a)画图表示(1-5)式及我们原来的价格函数. 解释为什么原来的价格函数可以作为(1-5)式在t接近0时的近似.
   (b)求最佳的售猪时间. 利用五步方法及单变量最优化模型.
   (c)参数0.000 04表示价格的平稳率. 对这个参数求其灵敏性. 分别考虑最佳的售猪时间和相应的收益.

16

   (d)对(b)中的结果和例题中所得的最优解进行比较. 讨论我们关于价格的假设的稳健性.
4. 一处石油泄漏污染了200英里[⊖]的太平洋海岸线. 所属石油公司被责令在14天内将其清除，逾期则要被处以10 000美元/天的罚款. 当地的清洁队每周可以清洁5英里的海岸

[⊖] 1英里=1 609.344m.

线，耗资 500 美元/天．额外雇用清洁队则要付每支清洁队 18 000 美元的费用和 500 美元/天的清洁费用．

(a)为使公司的总支出最低，应该额外雇用多少支清洁队？采用五步方法，并求出清洁费用．

(b)讨论清洁队每周清洁海岸线长度的灵敏性．分别考虑最优的额外雇用清洁队的数目和公司的总支出．

(c)讨论罚金数额的灵敏性．分别考虑公司用来清理漏油的总天数和公司的总支出．

(d)石油公司认为罚金过高而提起上诉．假设处以罚金的唯一目的是为了促使石油公司及时清理泄漏的石油，那么罚金的数额是否过高？

5. 据估计，长须鲸种群数量的年增长率为 $rx(1-x/K)$，其中 $r=0.08$ 为固有增长率，$K=400\ 000$为环境资源所容许的最大可生存种群数量，x 为当前种群数量，现在为 70 000 左右．进一步估计出每年捕获的长须鲸数量约为 $0.000\ 01Ex$，这里 E 为在出海捕鲸期的捕鲸能力．给定捕鲸能力 E，长须鲸种群的数量最后会稳定在增长率与捕获率相等的水平．

(a)求使稳定的捕获率达最大的捕鲸能力．采用五步方法及单变量最优化模型．

(b)讨论固有增长率的灵敏性．分别讨论最优捕鲸能力与相应的种群数量．

(c)讨论最大可生存种群数量的灵敏性．分别讨论最优捕鲸能力与相应的种群数量．

6. 在习题 5 中，设出海捕鲸每个船上作业日的花费为 500 美元，一头捕获的长须鲸的价格为 6 000 美元．

17

(a)求使长期收益达最大的捕鲸能力．采用五步方法及单变量最优化模型．

(b)讨论捕鲸花费的灵敏性．分别讨论按美元/年计的最终年收益及捕鲸能力．

(c)讨论每头长须鲸的价格的灵敏性．分别讨论收益及捕鲸能力．

(d)在过去的 30 年中，有过几次不成功的全球禁止捕鲸的尝试．讨论捕鲸者连续捕鲸的经济动机．特别地，给出捕鲸可以长期获得持续收益的条件(两个参数的值：每个船上作业日的花费及每头长须鲸的价格)．

7. 仍考虑例 1.1 中的售猪问题，但假设现在的目标是对收益率求最大值(美元/天)．假设猪已经养了 90 天，到现在已为这头猪投入了 100 美元．

(a)求最佳售猪时间．采用五步方法及单变量最优化模型．

(b)讨论猪的生长率的灵敏性，分别考虑最佳售猪时间和相应的收益率．

(c)讨论猪价下降率的灵敏性，分别考虑最佳售猪时间和相应的收益率．

8. 仍考虑例 1.1 中的售猪问题，但现在将猪的生长率随着猪的长大而下降的事实也考虑进来．假设猪再有 5 个月就会完全长成．

(a)求使收益最高的最佳售猪时间．采用五步方法及单变量最优化模型．

(b)讨论猪完全长成时间的灵敏性，分别考虑最佳售猪时间和相应的收益．

9. 一家有 80 000 订户的地方日报计划提高其订阅价格．现在的价格为每周 1.5 美元．据估计如果每周提高定价 10 美分，就会损失 5 000 订户．

(a)求使利润最大的订阅价格．采用五步方法及单变量最优化模型．

(b) 针对 (a) 中所得结论讨论损失 5 000 订户这一参数的灵敏性．分别假设这个参数值为：3 000、4 000、5 000、6 000 及 7 000，计算最优订阅价格．

(c) 设 $n=5\,000$ 为提高定价 10 美分而损失的订户数．求最优订阅价格 p 作为 n 的函数关系，并用这个公式来求灵敏性 $S(p,n)$．

18

(d) 这家报纸是否应该改变其订阅价格？用通俗易懂的语言说明你的结论．

1.5 进一步阅读文献

1. Cameron, D., Giordano, F. and Weir, M. *Modeling Using the Derivative: Numerical and Analytic Solutions.* UMAP module 625.

2. Cooper, L. and Sternberg, D. (1970) *Introduction to Methods of Optimization.* W. B. Saunders, Philadelphia.

3. Gill, P., Murray, W. and Wright, M. (1981) *Practical Optimization.* Academic Press, New York.

4. Meyer, W. (1984) *Concepts of Mathematical Modeling.* McGraw–Hill, New York.

5. Rudin W. (1976) *Principles of Mathematical Analysis.* 3rd Ed., McGraw–Hill, New York.

6. Whitley, W. *Five Applications of Max–Min Theory from Calculus.* UMAP module 341.

19 ~ 20

第2章　多变量最优化

许多最优化问题要求同时考虑一组相互独立的变量．本章我们讨论一类最简单的多变量最优化问题．大多数学生在多元微积分中已熟悉了有关的方法．本章我们还要介绍借助计算机代数系统来处理一些较复杂的代数计算问题．

2.1　无约束最优化

最简单的多变量最优化问题是在一个比较好的区域上求一个可微的多元函数的最大值或最小值．我们在后面会看到，当求最优值的区域形式比较复杂时，问题就会变得复杂．

例2.1　一家彩电制造商计划推出两种新产品：一种19英寸[⊖]液晶平板电视机，制造商建议零售价(MSRP)为339美元；另一种21英寸液晶平板电视机，零售价为399美元．公司付出的成本为19英寸彩电每台195美元，21英寸彩电每台225美元，还要加上400 000美元的固定成本．在竞争的销售市场中，每年售出的彩电数量会影响彩电的平均售价．据估计，对每种类型的彩电，每多售出一台，平均销售价格会下降1美分．而且19英寸彩电的销售会影响21英寸彩电的销售，反之亦然．据估计，每售出一台21英寸彩电，19英寸彩电的平均售价会下降0.3美分，而每售出一台19英寸彩电，21英寸彩电的平均售价会下降0.4美分．问题是：每种彩电应该各生产多少台？

21

我们仍采用上一章介绍的处理数学建模问题的五步方法来解决这个问题．第一步是提出问题．我们首先列出一张变量表，然后写出这些变量间的关系和所做的其他假设，如要求取值非负．最后，采用我们引入的符号，将问题用数学公式表达．第一步的结果归纳在图2-1中．

第二步是选择一个建模方法．这个问题我们视为无约束的多变量最优化问题．这类问题通常在多元微积分的入门课程中都有介绍．我们只在这里给出模型的要点和一般的求解过程，细节和数学证明读者可以参考任何一本微积分的入门教科书．

给定定义在n维空间$\mathbb{R}^n$的子集S上的函数$y=f(x_1, \cdots, x_n)$．我们要求f在集合S上的最大值或最小值．一个定理给出：若f在S的某个内点$(x_1, \cdots, x_n)$达到极大值或极小值，设f在这点可微，则在这个点上$\nabla f=0$．也就是说，在极值点有

$$
\begin{aligned}
\frac{\partial f}{\partial x_1}(x_1,\cdots,x_n) &= 0 \\
\frac{\partial f}{\partial x_n}(x_1,\cdots,x_n) &= 0
\end{aligned}
\tag{2-1}
$$

⊖　1英寸=0.025 4m.

变量：s = 19 英寸彩电的售出数量（每年）
t = 21 英寸彩电的售出数量（每年）
p = 19 英寸彩电的销售价格（美元）
q = 21 英寸彩电的销售价格（美元）
C = 生产彩电的成本（美元/年）
R = 彩电销售的收入（美元/年）
P = 彩电销售的利润（美元/年）
假设：$p = 339 - 0.01s - 0.003t$
$q = 399 - 0.004s - 0.01t$
$R = ps + qt$
$C = 400\,000 + 195s + 225t$
$P = R - C$
$s \geqslant 0$
$t \geqslant 0$
目标：求 P 的最大值

图 2-1 彩电问题的第一步的结果

据此我们可以在求极大或极小点时，不考虑那些在 S 内部使 f 的某一个偏导数不为 0 的点．因此，要求极大或极小点，我们就要求解方程组(2-1)给出的 n 个未知数、n 个方程的联立方程组．然后我们还要检查 S 的边界上的点，以及那些一个或多个偏导数没有定义的点．

22

第三步是根据第二步中选择的标准形式推导模型的公式．

$$\begin{aligned} P &= R - C \\ &= ps + qt - (400\,000 + 195s + 225t) \\ &= (339 - 0.01s - 0.003t)s \\ &\quad + (399 - 0.004s - 0.01t)t \\ &\quad - (400\,000 + 195s + 225t) \end{aligned}$$

我们令 $y = P$ 作为求最大值的目标变量，$x_1 = s$，$x_2 = t$ 作为决策变量．我们的问题现在化为在区域

$$S = \{(x_1, x_2) : x_1 \geqslant 0, x_2 \geqslant 0\} \tag{2-2}$$

上对

$$\begin{aligned} y &= f(x_1, x_2) \\ &= (339 - 0.01x_1 - 0.003x_2)x_1 \\ &\quad + (399 - 0.004x_1 - 0.01x_2)x_2 \\ &\quad - (400\,000 + 195x_1 + 225x_2) \end{aligned} \tag{2-3}$$

求最大值．

第四步是利用第二步给出的标准解决方法来求解这个问题．问题是对(2-3)式中定义的函数 f 在(2-2)式定义的区域 S 上求最大值．图 2-2 给出了函数 f 的三维图像．图像显示 f 在 S 的内部达到最大值．图 2-3 给出了 f 的水平集图．从中我们可以估计出 f 的最大值出现在

$x_1=5\,000$，$x_2=7\,000$ 附近．函数 f 是一个抛物面，其最高点为令 $\nabla f=0$ 得到的方程组(2-1)的唯一解．计算得出，在点

$$\begin{aligned} x_1 &= \frac{554\,000}{117} \approx 4\,735 \\ x_2 &= \frac{824\,000}{117} \approx 7\,043 \end{aligned} \tag{2-4}$$

处有

$$\begin{aligned} \frac{\partial f}{\partial x_1} &= 144 - 0.02x_1 - 0.007x_2 = 0 \\ \frac{\partial f}{\partial x_2} &= 174 - 0.007x_1 - 0.02x_2 = 0 \end{aligned} \tag{2-5}$$

23

(2-4)式给出的点(x_1，x_2)为 f 在整个实平面上的整体最大值点，从而也是 f 在(2-2)式定义的区域 S 上的最大值点．将(2-4)式代回到(2-3)式中，可得到 f 的最大值：

$$y = \frac{21\,592\,000}{39} \approx 553\,641 \tag{2-6}$$

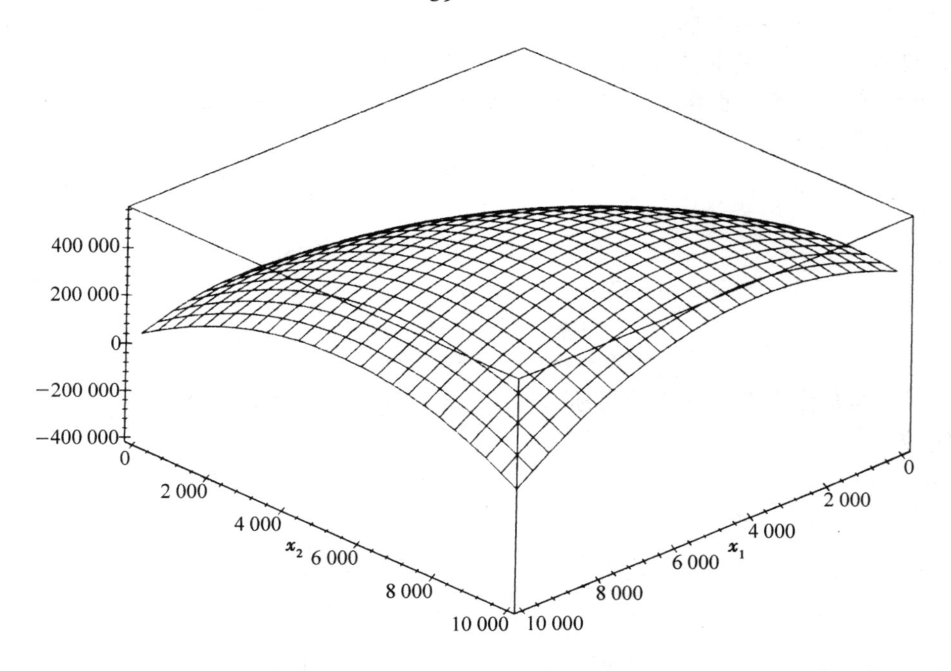

图 2-2　彩电问题的利润 $y=f(x_1, x_2)$ 关于 19 英寸彩电的生产量 x_1 和 21 英寸彩电的生产量 x_2 的三维图像

这个问题中第四步的计算有点繁琐．这种情况下，应当采用计算机代数系统来进行所需的计算．计算机代数系统可以求导数、求积分、解方程组、化简代数表达式．大多数软件还可以进行矩阵计算、画图、求解某些微分方程组．几个比较好的计算机代数系统（如Maple、

Mathematica、Derive 等）对大型计算机和个人计算机都适用，而且许多系统还提供价格相当低的学生版本．图 2-2 和图 2-3 中的图像就是利用计算机代数系统 Maple 画出的．计算机代数系统就是我们在五步方法的归纳图 1-3 中提到的“适当的技术”的一个例子．图 2-4 给出了利用计算机代数系统 Mathematica 求解当前模型的结果．

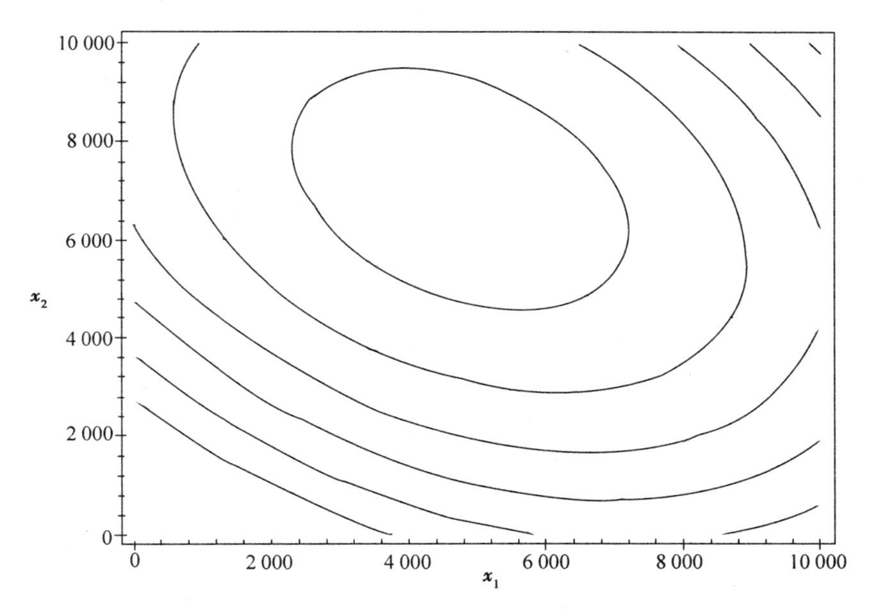

图 2-3 彩电问题中的利润函数 $y=f(x_1, x_2)$ 关于 19 英寸彩电的生产量 x_1 和 21 英寸彩电的生产量 x_2 的水平集图

利用计算机代数系统求解一个这样的问题有几项优点．它可以提高效率，结果更准确．掌握了这一技术，可以使你获得较大的自由来专注于那些更大问题的求解任务，而不必陷于繁琐的计算中．我们还会在灵敏性分析的计算中展示计算机代数系统的应用，那里的计算要更复杂．

最后的步骤五是用通俗易懂的语言回答问题．简单地说，这家公司可以通过生产 4 735 台 19 英寸彩电和 7 043 台 21 英寸彩电来获得最大利润，每年获得的净利润为 553 641 美元．每台 19 英寸彩电的平均售价为 270.52 美元，每台 21 英寸彩电的平均售价为 309.63 美元．生产的总支出为 2 908 000 美元，相应的利润率为 19%．这些结果显示了这是有利可图的，因此建议这家公司应该实行推出新产品的计划．

上面得出的结论是以图 2-1 中所做的假设为基础的．在向公司报告结论之前，应该对我们关于彩电市场和生产过程所做的假设进行灵敏性分析，以保证结果具有稳健性．我们主要关心的是决策变量 x_1 和 x_2 的值，因为公司要据此来确定生产量．

我们对 19 英寸彩电的价格弹性系数 a 的灵敏性进行分析．在模型中我们假设 $a=0.01$ 美元/台．将其代入前面的公式中，我们得到

```
In[1]:   y = (339 - x1/100 - 3x2/1000) x1 +
             (399 - 4x1/1000 - x2/100)x2 -
             (400000 + 195x1 + 225x2)
Out[1]   (-x1/100 - 3x2/1000 + 339) x1 - 195x1 + (-x1/250 - x2/100 + 399)
          x2 - 225x2 - 400000
In[2]:   dydx1 = D[y, x1]
Out[2]   -x1/50 - 7x2/1000 + 144
In[3]:   dydx2 = D[y, x2]
Out[3]   -7x1/1000 - x2/50 + 174
In[4]:   s = Solve[(dydx1 == 0, dydx2 == 0), (x1, x2)]
Out[4]   {{x1 → 554000/117, x2 → 824000/117}}
In[5]:   N[s]
Out[5]   {{x1 → 4735.04, x2 → 7042.74}}
In[6]:   y /. s
Out[6]   {21592000/39}
In[7]:   N[%]
Out[7]   {553641.}
```

图 2-4　利用计算机代数系统 Mathematica 求出的彩电问题的最优解

$$\begin{aligned} y &= f(x_1, x_2) \\ &= (339 - a x_1 - 0.003 x_2) x_1 \\ &\quad + (399 - 0.004 x_1 - 0.01 x_2) x_2 \\ &\quad - (400\,000 + 195 x_1 + 225 x_2) \end{aligned} \tag{2-7}$$

求偏导数并令它们为零，可得

$$\begin{aligned} \frac{\partial f}{\partial x_1} &= 144 - 2a x_1 - 0.007 x_2 = 0 \\ \frac{\partial f}{\partial x_2} &= 174 - 0.007 x_1 - 0.02 x_2 = 0 \end{aligned} \tag{2-8}$$

24 ~ 26

同前面类似，解出 x_1，x_2，有

$$\begin{aligned} x_1 &= \frac{1\,662\,000}{40\,000a - 49} \\ x_2 &= 8\,700 - \frac{581\,700}{40\,000a - 49} \end{aligned} \tag{2-9}$$

图 2-5 和图 2-6 画出了 x_1 和 x_2 关于 a 的曲线图.

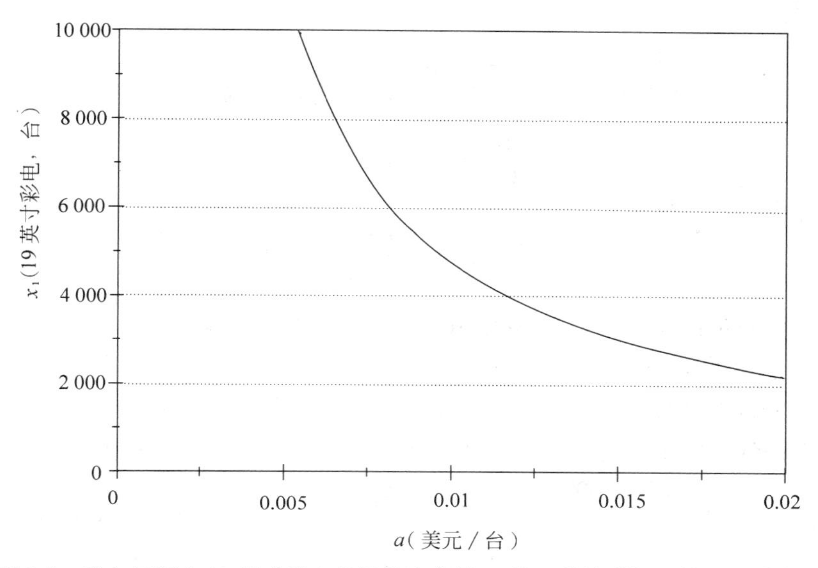

图 2-5　彩电问题中 19 英寸彩电的最优生产量 x_1 关于价格弹性系数 a 的曲线图

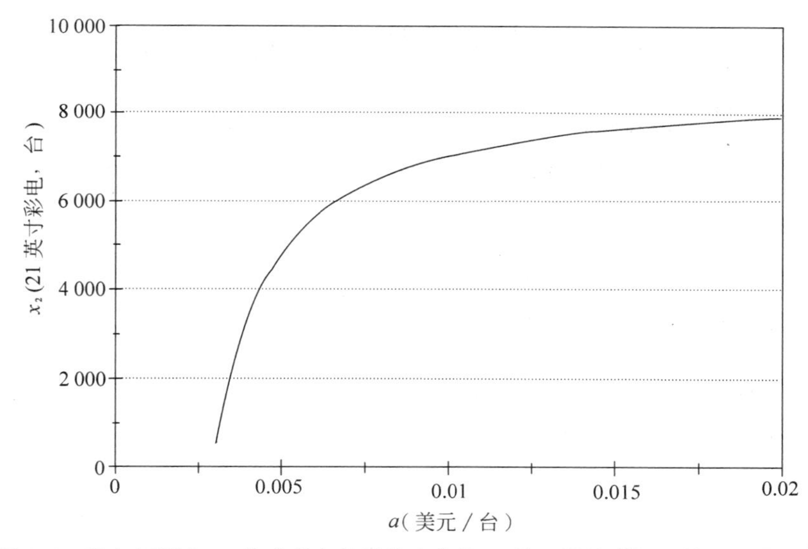

图 2-6　彩电问题中 21 英寸彩电的最优生产量 x_2 关于价格弹性系数 a 的曲线图

图中显示，19 英寸彩电的价格弹性系数 a 的提高，会导致 19 英寸彩电的最优生产量 x_1 的下降，及 21 英寸彩电的最优生产量 x_2 的提高．而且，还显示 x_1 比 x_2 对于 a 更敏感．这些看起来都是合理的．为得到这些灵敏性的具体数值，我们计算在 $a=0.01$ 时，有

$$\frac{\mathrm{d}x_1}{\mathrm{d}a}=\frac{-66\ 480\ 000\ 000}{(40\ 000a-49)^2}$$

$$=\frac{-22\ 160\ 000\ 000}{41\ 067}$$

因此

$$S(x_1,a)=\left(\frac{-22\ 160\ 000\ 000}{41\ 067}\right)\left(\frac{0.01}{554\ 000/117}\right)$$
$$=-\frac{400}{351}\approx-1.1$$

类似地可计算出

$$S(x_2,a)=\frac{9\ 695}{36\ 153}\approx0.27$$

如果19英寸彩电的价格弹性系数提高10%，则我们应该将19英寸彩电的生产量缩小11%，21英寸彩电的生产量扩大2.7%.

下面我们来讨论y对于a的灵敏性. 19英寸彩电的价格弹性系数的变化会对利润造成什么影响？为得到y关于a的表达式，我们将(2-9)式代入到(2-7)式中，得到

$$\begin{aligned}y=&\left[339-a\left(\frac{1\ 662\ 000}{40\ 000a-49}\right)-0.003\left(8\ 700-\frac{581\ 700}{40\ 000a-49}\right)\right]\left(\frac{1\ 662\ 000}{40\ 000a-49}\right)\\&+\left[339-0.004\left(\frac{1\ 662\ 000}{40\ 000a-49}\right)-0.01\left(8\ 700-\frac{581\ 700}{40\ 000a-49}\right)\right]\\&\times\left(8\ 700-\frac{581\ 700}{40\ 000a-49}\right)-\left[400\ 000+195\left(\frac{16\ 620\ 000}{40\ 000a-49}\right)+225\right.\\&\left.\times\left(8\ 700-\frac{581\ 700}{40\ 000a-49}\right)\right]\end{aligned}\tag{2-10}$$

27 ~ 28

图2-7画出了y关于a的曲线图. 图中显示，19英寸彩电的价格弹性系数a的提高，会导致利润的下降.

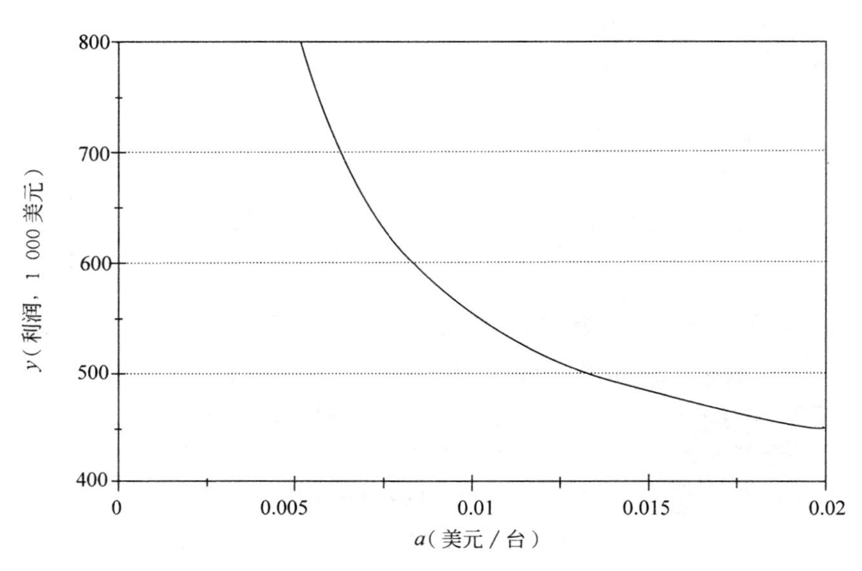

图2-7　彩电问题中最优利润y关于价格弹性系数a的曲线图

为计算 $S(y,\ a)$，我们要求出 $\mathrm{d}y/\mathrm{d}a$ 的公式．一种方法是直接对(2-10)式的单变量函数求导，这里可以借助于某个计算机代数系统．另一种计算上更有效的方法是利用多变量函数的链式法则：

$$\frac{\mathrm{d}y}{\mathrm{d}a}=\frac{\partial y}{\partial x_1}\frac{\mathrm{d}x_1}{\mathrm{d}a}+\frac{\partial y}{\partial x_2}\frac{\mathrm{d}x_2}{\mathrm{d}a}+\frac{\partial y}{\partial a}\tag{2-11}$$

由于在极值点 $\partial y/\partial x_1$ 与 $\partial y/\partial x_2$ 都为零，因此有

$$\frac{\mathrm{d}y}{\mathrm{d}a}=\frac{\partial y}{\partial a}=-x_1^2$$

由(2-7)式可直接得到

$$\begin{aligned}S(y,a)&=-\left(\frac{554\ 000}{117}\right)^2\frac{0.01}{(21\ 592\ 000/39)}\\&=-\frac{383\ 645}{947\ 349}\approx-0.40\end{aligned}$$

因此，19 英寸彩电的价格弹性系数提高 10%，会使利润下降 4%．

(2-11)式中的

$$\frac{\partial y}{\partial x_1}\frac{\mathrm{d}x_1}{\mathrm{d}a}+\frac{\partial y}{\partial x_2}\frac{\mathrm{d}x_2}{\mathrm{d}a}=0$$

29

有其实际意义．导数 $\mathrm{d}y/\mathrm{d}a$ 中的这一部分代表了最优生产量 x_1 和 x_2 的变化对利润的影响．其和为零说明了生产量的微小变化(至少在线性近似时)对利润没有影响．从几何上看，由于 $y=f(x_1,\ x_2)$ 在极值点是平的，所以 x_1 和 x_2 的微小变化对 y 几乎没有什么影响．由于 19 英寸彩电的价格弹性系数提高 10% 而导致的最优利润的下降几乎全部是由售价的改变引起的，因此我们的模型给出的生产量几乎是最优的．例如，设 $a=0.01$，但实际的价格弹性系数比它高出了 10%．我们用(2-4)式来确定生产量，这意味着与由(2-9)式给出的 $a=0.011$ 的最优解相比，我们会多生产 10% 的 19 英寸彩电，而少生产约 3% 的 21 英寸彩电．而且，利润也会比最优值低 4%．但如果我们仍采用该模型的结果，实际会损失什么呢？仍按(2-4)式取 $a=0.011$ 确定生产量，会得到利润值为 531 219 美元．而最优利润为533 514 美元(在(2-9)式中令 $a=0.011$ 并代入到(2-7)式中)．因此，采用我们模型的结果，虽然现在的生产量与最优的生产量有相当的差距，但获得的利润仅仅比可能的最优利润损失了 0.43%．在这一意义下，我们的模型显示了非常好的稳健性．进一步地，许多类似的问题都可以得出类似的结论，这主要是因为在临界点处有 $\nabla f=0$.

前面所做的灵敏性分析的计算都可以借助于计算机代数系统完成．事实上，只要有可用的系统，这是首选的方法．图 2-8 给出了利用计算机代数系统 Maple 计算灵敏性 $S(x_1,\ a)$的过程，其他灵敏性的计算也是类似的．

对其他弹性系数的灵敏性分析可以用同样方式进行．虽然细节有所不同，但函数 f 的形式使得每一个弹性系数对 y 的影响在本质上具有相同的模式．特别地，即使对价格弹性系数的估计存在一些小误差，我们的模型也可以给出对生产量的很好的决策(几乎是最优

```
> y:=(339-a*x1-3*x2/1000)*x1
>    +(399-4*x1/1000-x2/100)*x2-(400000+195*x1+225*x2);
```

$$y := \left(339 - ax1 - \frac{3}{1000}x2\right) x1 + \left(399 - \frac{1}{250}x1 - \frac{1}{100}x2\right) x2 - 400000 - 195x1 - 225x2$$

```
> dydx1:=diff(y,x1);
```

$$dydx1 := -2ax1 + 144 - \frac{7}{1000}x2$$

```
> dydx2:=diff(y,x2);
```

$$dydx2 := -\frac{7}{1000}x1 - \frac{1}{50}x2 + 174$$

```
> s:=solve({dydx1=0, dydx2 = 0}, {x1,x2});
```

$$s := \left\{x1 = \frac{1662000}{40000a - 49}, x2 = 48000\frac{7250a - 21}{40000a - 49}\right\}$$

```
> assign(s);
> dx1da:=diff(x1,a);
```

$$dx1da := -\frac{66480000000}{(40000a - 49)^2}$$

```
> assign(a=1/100);
> x1;
```

$$\frac{554000}{117}$$

```
> sx1a:=dx1da*(a/x1);
```

$$sx1a := \frac{-400}{351}$$

```
> evalf(sx1a);
```

$$-1.139601140$$

图 2-8　彩电问题中利用计算机代数系统 Maple 计算灵敏性 $S(x_1, a)$

的)，对这一点我们有高度的自信．

我们只简单地讨论一下一般的稳健性问题．我们的模型建立在线性价格结构的基础上，这显然只是一种近似．但在实际应用中，我们会按如下过程进行：首先对新产品的市场情况做出有根据的推测，并制定出合理的平均销售价格．然后根据过去类似情况下的经验或有限的市场调查估计出各个弹性系数．我们应该能对销售水平在某一范围内变化时估计出合理的弹性系数值，这个范围应该包括最优值．于是我们实际上只是对一个非线性函数在一个相当小的区域上进行线性近似．这类近似通常都会有良好的稳健性．这就是微积分的基本思想．

2.2　拉格朗日乘子

本节我们开始讨论具有较复杂结构的最优化问题．我们在上一节的开始就提到，当寻求最优解的集合变得复杂时，多变量最优化问题的求解就会复杂化．在实际问题中，由于存在着对独立变量的限制条件，使我们不得不考虑这些更复杂的模型．

例 2.2　再来考虑上一节中提出的彩电问题(例 2.1)．在那里我们假设公司每年有能力生产任何数量的彩电．现在我们根据允许的生产能力引入限制条件．公司考虑投产这两种新产品是由于计划停止黑白电视机的生产，这样装配厂就有了额外的生产能力．这些额外的生产能力可以用来提高那些现有产品的产量，但公司认为新产品会带来更高的利润．据估计，现有的生产能力允许每年生产 10 000 台电视(约每周 200 台)．公司有充足的 19 英寸、21 英寸液晶平板及其他标准配件．但现在生产电视所需要的电路板供给不足．此外，19 英寸彩电需要的电路板与 21 英寸彩电的不同，这是由于其内部结构造成的．只有进行较大的重新设计才能改变这一点，但公司现在不准备做这项工作．电路板的供应商每年可以提供 8 000 块 21 英寸彩电的电路板和 5 000 块 19 英寸彩电的电路板．考虑到所有这些情况，彩电公司应该怎样确定其生产量？

30~31

我们仍采用五步方法．第一步的结果显示在图 2-9 中．唯一的改变是对决策变量 s 和 t 所加的一些额外限制．第二步是选择建模方法．

变量： s = 19 英寸彩电的售出数量(每年)
t = 21 英寸彩电的售出数量(每年)
p = 19 英寸彩电的销售价格(美元)
q = 21 英寸彩电的销售价格(美元)
C = 生产彩电的成本(美元/年)
R = 彩电销售的收入(美元/年)
P = 彩电销售的利润(美元/年)

假设： $p = 339 - 0.01s - 0.003t$
$q = 399 - 0.004s - 0.01t$
$R = ps + qt$
$C = 400\,000 + 195s + 225t$
$P = R - C$
$s \leqslant 5\,000$
$t \leqslant 8\,000$
$s + t \leqslant 10\,000$
$s \geqslant 0$
$t \geqslant 0$

目标： 求 P 的最大值

图 2-9　有约束的彩电问题的第一步的结果

这个问题的模型为有约束的多变量最优化问题，我们利用拉格朗日乘子法来求解．

32

给定一个函数 $y = f(x_1, \cdots, x_n)$ 及一组约束．这里我们假设这些约束可以用 k 个等式表示：

$$\begin{aligned} g_1(x_1, \cdots, x_n) &= c_1 \\ g_2(x_1, \cdots, x_n) &= c_2 \\ &\vdots \\ g_k(x_1, \cdots, x_n) &= c_k \end{aligned}$$

我们在后面会介绍如何处理不等式约束. 我们的目标是在集合

$$S = \{(x_1,\cdots,x_n): g_i(x_1,\cdots,x_n) = c_i, \quad i = 1,\cdots,k\}$$

上对

$$y = f(x_1,\cdots,x_n)$$

求最大值. 一个定理保证了在极值点 $x \in S$, 一定有

$$\nabla f = \lambda_1 \nabla g_1 + \cdots + \lambda_k \nabla g_k$$

这里 λ_1, …, λ_k 称为拉格朗日乘子. 定理假设 ∇g_1, …, ∇g_k 是线性无关向量 ([Edwards, 1973], p. 113). 为了求出 f 在集合 S 上的极大或极小值点, 我们要一起求解关于变量 x_1, …, x_n 和 λ_1, …, λ_k 的 n 个拉格朗日乘子方程

$$\frac{\partial f}{\partial x_1} = \lambda_1 \frac{\partial g_1}{\partial x_1} + \cdots + \lambda_k \frac{\partial g_k}{\partial x_1}$$

$$\vdots$$

$$\frac{\partial f}{\partial x_n} = \lambda_1 \frac{\partial g_1}{\partial x_n} + \cdots + \lambda_k \frac{\partial g_k}{\partial x_n}$$

及 k 个约束方程:

$$g_1(x_1,\cdots,x_n) = c_1$$

$$\vdots$$

$$g_k(x_1,\cdots,x_n) = c_k$$

这里我们还要检查那些不满足梯度向量 ∇g_1, …, ∇g_k 线性无关的异常点.

拉格朗日乘子法以梯度向量的几何解释为基础. 假设只有一个约束函数

33

$$g(x_1,\cdots,x_n) = c$$

则拉格朗日乘子方程变为

$$\nabla f = \lambda \nabla g$$

集合 $g=c$ 为 $\mathbb{R}^n$ 中的 $n-1$ 维曲面. 对任意点 $x \in S$, 梯度向量 $\nabla g(x)$ 在这点与 S 垂直. 而梯度向量 ∇f 总是指向 f 增加最快的方向. 在局部极大或极小值点, f 增加最快的方向也应该与 S 垂直, 于是在这一点, ∇f 与 ∇g 指向同一个方向, 即 $\nabla f = \lambda \nabla g$.

在有多个约束的情况下, 几何的原理是类似的. 现在 S 为 k 个曲面 $g_1 = c_1$, …, $g_k = c_k$ 的交集. 每一个曲面都是 $\mathbb{R}^n$ 中的 $n-1$ 维子集, 从而它们的交集为 $n-k$ 维子集. 在极值点, ∇f 一定与 S 垂直, 因而它一定在由 k 个向量 ∇g_1, …, ∇g_k 张成的线性空间中. 线性无关的假设保证了这 k 个向量 ∇g_1, …, ∇g_k 确实可以生成一个 k 维线性空间. (在单个约束的情况下, 线性无关即为 $\nabla g \neq 0$.)

例 2.3 在集合 $x^2 + y^2 + z^2 = 3$ 上求 $x + 2y + 3z$ 的最大值点.

这是一个有约束的多变量最优化问题. 我们定义目标函数为

$$f(x,y,z) = x + 2y + 3z$$

约束函数为

$$g(x,y,z) = x^2 + y^2 + z^2$$

计算出

$$\nabla f = (1,2,3)$$
$$\nabla g = (2x,2y,2z)$$

在极值点，有 $\nabla f = \lambda \nabla g$，即

$$1 = 2x\lambda$$
$$2 = 2y\lambda$$
$$3 = 2z\lambda$$

34

这里给出了有四个未知数的三个方程．将 x，y，z 用 λ 表示，有

$$x = 1/2\lambda$$
$$y = 1/\lambda$$
$$z = 3/2\lambda$$

利用 $x^2+y^2+z^2=3$，可得到一个关于 λ 的二次方程，共有两个实根．由根 $\lambda = \sqrt{42}/6$ 求得

$$x = \frac{1}{2\lambda} = \frac{\sqrt{42}}{14}$$

$$y = \frac{1}{\lambda} = \frac{\sqrt{42}}{7}$$

$$z = \frac{3}{2\lambda} = \frac{3\sqrt{42}}{14}$$

从而

$$a = \left(\frac{\sqrt{42}}{14},\frac{\sqrt{42}}{7},\frac{3\sqrt{42}}{14}\right)$$

为一个可能的极值点．由另一个根 $\lambda = -\sqrt{42}/6$ 得到另一个可能的极值点 $b = -a$. 因为在约束集合 $g=3$ 上，处处都有 $\nabla g \neq 0$，因此只有 a 和 b 两点为可能的极值点．由于 f 为有界闭集 $g=3$ 上的连续函数，因此 f 一定可以在这个集合上达到最大值和最小值．由于

$$f(a) = \sqrt{42}, \quad f(b) = -\sqrt{42}$$

因而 a 为最大值点，b 为最小值点．从几何上考虑这个例子．约束集合 S 由方程

$$x^2 + y^2 + z^2 = 3$$

定义，这是 $\mathbb{R}^3$ 中以原点为球心，$\sqrt{3}$ 为半径的球面．目标函数

$$f(x,y,z) = x + 2y + 3z$$

的水平集为 $\mathbb{R}^3$ 中的平面族．点 a 和 b 为球面 S 上仅有的两个点，在此处水平集中的平面与球面 S 相切．在极大点 a，梯度向量 ∇f 与 ∇g 的方向一致．在极小点 b，梯度向量 ∇f 与 ∇g 的方向相反．

例 2.4　在集合 $x^2+y^2+z^2=3$ 与 $x=1$ 上求 $x+2y+3z$ 的最大值点．

目标函数为

35

$$f(x,y,z) = x + 2y + 3z$$

于是

$$\nabla f = (1,2,3)$$

约束函数为

$$g_1(x,y,z) = x^2 + y^2 + z^2$$
$$g_2(x,y,z) = x$$

计算出

$$\nabla g_1 = (2x,2y,2z)$$
$$\nabla g_2 = (1,0,0)$$

拉格朗日乘子的公式为 $\nabla f = \lambda_1 \nabla g_1 + \lambda_2 \nabla g_2$，即

$$1 = 2x\lambda_1 + \lambda_2$$
$$2 = 2y\lambda_1$$
$$3 = 2z\lambda_1$$

将 x，y，z 用 λ_1，λ_2 表示，有

$$x = \frac{1-\lambda_2}{2\lambda_1}$$
$$y = \frac{2}{2\lambda_1}$$
$$z = \frac{3}{2\lambda_1}$$

代入到约束方程 $x=1$ 中，得到 $\lambda_2 = 1-2\lambda_1$. 将它们都代入到另一个方程

$$x^2 + y^2 + z^2 = 3$$

中，得到一个关于 λ_1 的二次方程，解出 $\lambda_1 = \pm\sqrt{26}/4$. 代回到 x，y，z 的公式中，得到如下两个解：

$$c = \left(1,\frac{2\sqrt{26}}{13},\frac{3\sqrt{26}}{13}\right)$$
$$d = \left(1,\frac{-2\sqrt{26}}{13},\frac{-3\sqrt{26}}{13}\right)$$

因为在约束集合上，梯度向量 ∇g_1 与 ∇g_2 处处都是线性无关的，因此只有 c 和 d 两点为可能的最大值点. 由于 f 一定能在有界闭集上达到最大值，因此我们只需计算每个可能的极值点的 f 值来找出最大值点. 最大值为

$$f(c) = 1 + \sqrt{26}$$

而点 d 为局部极小值点. 这个例子中的约束集合 S 为 $\mathbb{R}^3$ 中由球面 $x^2+y^2+z^2=3$ 和平面 $x=1$ 相交得出的圆. 像上一个例子一样，函数 f 的水平集为 $\mathbb{R}^3$ 中的平面族. 在 c 和 d 点平面与圆 S 相切.

不等式约束可以通过拉格朗日乘子法和无约束问题的求解方法的组合来解决. 在例 2.4 中，用不等式约束 $x \geqslant 1$ 来代替原约束 $x=1$. 我们将集合

$$S = \{(x,y,z): x^2 + y^2 + z^2 = 3, x \geqslant 1\}$$

看成两个子集的并．在第一个子集

$$S_1 = \{(x,y,z): x^2 + y^2 + z^2 = 3, x = 1\}$$

上，通过我们前面的分析，其最大值发生在点

$$c = \left(1, \sqrt{\frac{8}{13}}, 1.5\sqrt{\frac{8}{13}}\right)$$

我们可以计算出在这一点

$$f(x,y,z) = 1 + 6.5\sqrt{\frac{8}{13}} = 6.01$$

再考虑另一个子集

$$S_2 = \{(x,y,z): x^2 + y^2 + z^2 = 3, x > 1\}$$

由例 2.3 中的分析，我们可以知道在这个集合上的任何一处都没有 f 的局部极大值点．因此，f 在 S_1 上的最大值即为 f 在集合 S 上的最大值．如果我们考虑 f 在集合

$$S = \{(x,y,z): x^2 + y^2 + z^2 = 3, x \leqslant 1\}$$

上的最大值，仍由例 2.3 中的分析，可知最大值会在点

37

$$a = \left(\frac{1}{2}, \frac{2}{2}, \frac{3}{2}\right) \cdot \sqrt{\frac{6}{7}}$$

处达到．

现在仍回到本节开始讨论的问题．我们可以继续进行求解过程的第三步．将修改后的彩电问题作为有约束的多变量最优化问题来处理．我们要对关于两个决策变量 $x_1 = s$，$x_2 = t$ 的函数 $y = P$(利润)求最大值．目标函数与以前一样，

$$\begin{aligned} y &= f(x_1, x_2) \\ &= (339 - 0.01x_1 - 0.003x_2)x_1 + (399 - 0.004x_1 - 0.01x_2)x_2 \\ &\quad - (400\,000 + 195x_1 + 225x_2) \end{aligned}$$

我们要对 f 在满足如下约束的 x_1，x_2 的集合 S 上求最大值：

$$\begin{aligned} x_1 &\leqslant 5\,000 \\ x_2 &\leqslant 8\,000 \\ x_1 + x_2 &\leqslant 10\,000 \\ x_1 &\geqslant 0 \\ x_2 &\geqslant 0 \end{aligned}$$

这一集合称为可行域，这是因为它是所有可能的生产量构成的集合．图 2-10 画出了这个问题的可行域．

我们用拉格朗日乘子法在集合 S 上对 $y = f(x_1, x_2)$ 求最大值．计算出

$$\nabla f = (144 - 0.02x_1 - 0.007x_2, 174 - 0.007x_1 - 0.02x_2)$$

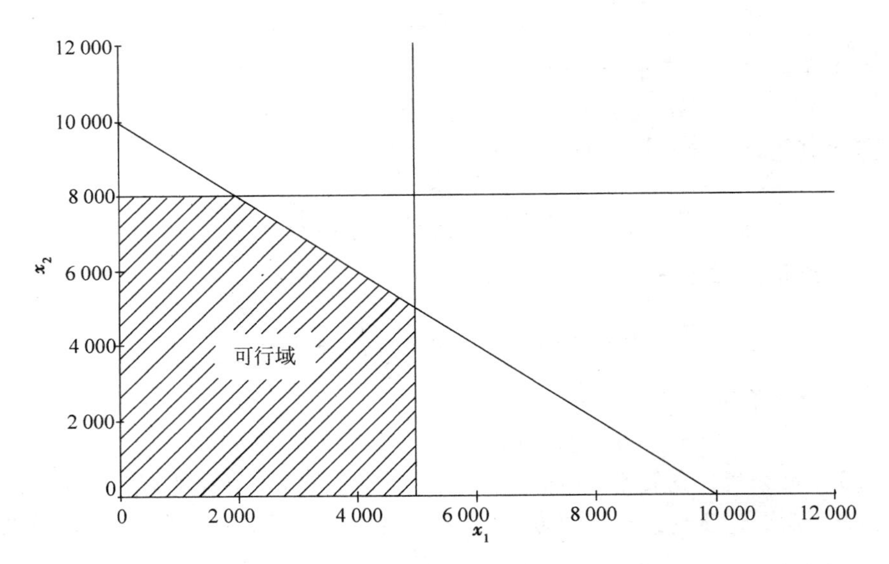

图 2-10 有约束的彩电问题中 19 英寸彩电的所有可能生产量 x_1 及 21 英寸彩电的所有可能生产量 x_2 的可行域图

因为在 S 的内部有 $\nabla f \neq 0$，所以最大值一定在边界达到．首先考虑在约束直线

$$g(x_1, x_2) = x_1 + x_2 = 10\,000$$

上的一段边界．这时 $\nabla g = (1,\ 1)$，从而拉格朗日乘子方程为

$$\begin{aligned} 144 - 0.02x_1 - 0.007x_2 &= \lambda \\ 174 - 0.007x_1 - 0.02x_2 &= \lambda \end{aligned} \tag{2-12}$$

与约束方程

$$x_1 + x_2 = 10\,000$$

一起求解，得到

$$x_1 = \frac{50\,000}{13} \approx 3\,846$$

$$x_2 = \frac{80\,000}{13} \approx 6\,154$$

$$\lambda = 24$$

代入到目标函数(2-2)式中，得到在极大点 $y = 532\,308$.

图 2-11 给出了用 Maple 画出的可行域及 f 的水平集图像．

水平集 $f = C$ 当 $C = 0$，100 000，…，500 000 时为一族逐渐缩小的同心环，这些环与可行域相交，水平集 $f = 532\,308$ 为最小的环．这个集合刚刚接触到可行域 S，且与直线 $x_1 + x_2 = 10\,000$在极值点相切．由图上可明显看出，利用拉格朗日乘子法在约束直线 $x_1 + x_2 = 10\,000$ 上找到的临界点就是 f 在整个可行域上的最大值．

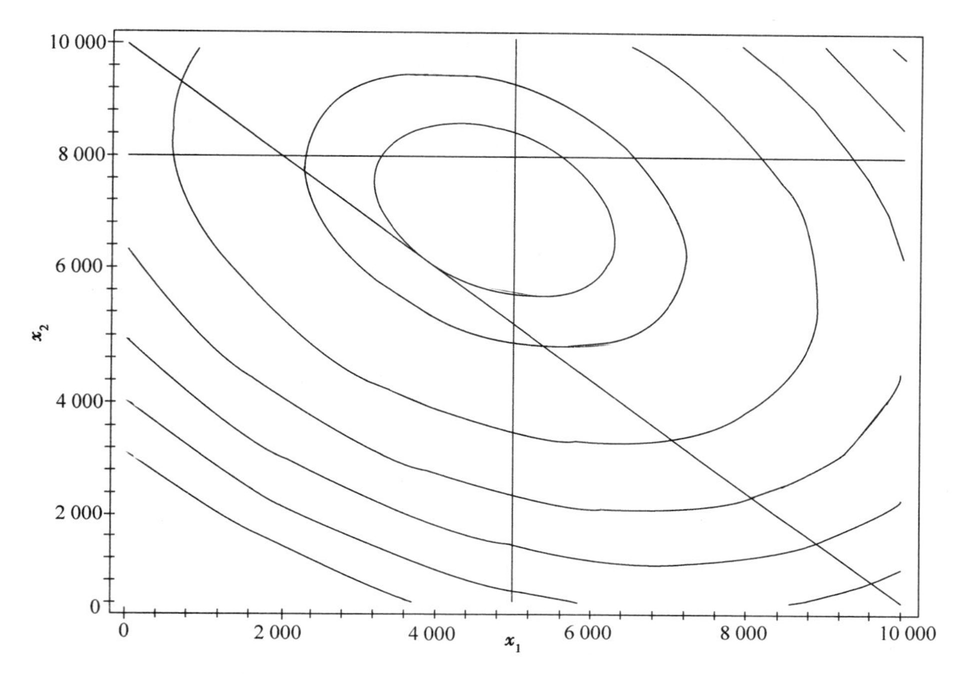

图 2-11　有约束的彩电问题中关于 19 英寸彩电的生产量 x_1 和 21 英寸彩电的生产量 x_2 的利润函数 $y=f(x_1, x_2)$ 的水平集图，以及所有可能的生产量的集合

这个点确实是最大值点的代数证明较为麻烦．通过比较 f 在这个临界点和这一线段的两个端点(5 000, 5 000)，(2 000, 8 000)处的值，可以说明这个临界点是这条线段上的极大值点．然后我们在剩余的其他线段上对 f 求极大值，并比较这些结果．比如，f 在落在 x_1 轴的线段上的极大值发生在 $x_1=5\ 000$ 处．为得到这一结论，对约束 $g(x_1, x_2)=x_2=0$ 应用拉格朗日乘子法．这里 $\nabla g=(0, 1)$，从而拉格朗日乘子方程为

$$144-0.02x_1-0.007x_2=0$$

$$174-0.007x_1-0.02x_2=\lambda$$

与约束方程 $x_2=0$ 一起求解，得到 $x_1=7\ 200$，$x_2=0$，$\lambda=123.6$. 这点在可行域之外，从而此线段上的极大或极小值一定发生在端点(0, 0)，(5 000, 0)上．由于 f 的值在第二个点比较大，因此第一个点为极小值点，第二个点为极大值点．这里也可以将约束 $x_2=0$ 代入到 f 中，在此线段上求解一个一维极值问题．由于 f 的最大值出现在斜的线段上，这样我们就找到了 f 在 S 上的最大值．这里第四步中的一些计算比较麻烦，在这种情况下，采用计算机代数系统来完成求导和解方程组的计算比较简便．图 2-12 给出了利用计算机代数系统 Mathematica 来完成在直线约束 $x_1+x_2=10\ 000$ 下的第四步的计算结果．

用通俗的语言说，公司为获得最大利润应生产 3 846 台 19 英寸彩电和 6 154 台 21 英寸彩电，从而每年的总生产量为 10 000 台，这样的生产量用掉了所有额外的生产能力．能够

```
In[1]:   y = (339 - x1/100 - 3x2/1000) x1 +
             (399 - 4x1/1000 - x2/100)x2 -
             (400000 + 195x1 + 225x2)
Out[1]   (-x1/100 - 3x2/1000 + 339) x1 - 195x1 + (-x1/250 - x2/100 + 399)
         x2 - 225x2 - 400000
In[2]:   dydx1 = D[y, x1]
Out[2]   -x1/50 - 7x2/1000 + 144
In[3]:   dydx2 = D[y, x2]
Out[3]   -7x1/1000 - x2/50 + 174
In[4]:   s = Solve[(dydx1 == lambda, dydx2 == lambda,
           x1 + x2 == 10000), (x1, x2, lambda)]
Out[4]   {{x1 → 50000/13, x2 → 80000/13, lambda → 24}}
In[5]:   N[%]
Out[5]   {{x1 → 3846.15, x2 → 6153.85, lambda → 24.}}
In[6]:   y/.%
Out[6]   {532308.}
```

图 2-12 利用计算机代数系统 Mathematica 求有约束的彩电问题的最优解

供应的电路板的资源限制不是关键的．这样可以得到预计每年532 308 美元的利润．

2.3 灵敏性分析与影子价格

我们在本节讨论拉格朗日乘子法中的灵敏性分析的一些特殊方法．这里我们会看到乘子本身是有实际意义的．

在报告我们对例 2.2 的分析结果之前，进行灵敏性分析是非常重要的．在 2.1 节的最后，我们讨论了无约束模型的价格弹性系数的灵敏性．这一过程对现在的有约束模型也是类似的．我们考察某一特定参数的灵敏性时，在模型中将此参数设为变量，使模型略为一般化．假设我们仍讨论 19 英寸彩电的价格弹性系数 a 的灵敏性．仍将目标函数写成(2-7)式的形式，有

$$\nabla f = \left(\frac{\partial f}{\partial x_1}, \frac{\partial f}{\partial x_2}\right)$$

这里 $\partial f/\partial x_1$，$\partial f/\partial x_2$ 由(2-8)式给出．现在拉格朗日乘子方程为

38~41

$$\begin{aligned} 144 - 2ax_1 - 0.007x_2 &= \lambda \\ 174 - 0.007x_1 - 0.02x_2 &= \lambda \end{aligned} \tag{2-13}$$

与约束方程

$$g(x_1, x_2) = x_1 + x_2 = 10\,000$$

一起求解，得到

$$x_1 = \frac{50\,000}{1\,000a + 3}$$

$$x_2 = 10\,000 - \frac{50\,000}{1\,000a + 3}$$
$$\lambda = \frac{650}{1\,000a + 3} - 26 \tag{2-14}$$

计算出

$$\frac{dx_1}{da} = \frac{-50\,000\,000}{(1\,000a + 3)^2}$$
$$\frac{dx_2}{da} = \frac{-dx_1}{da} \tag{2-15}$$

从而在点 $x_1 = 3\,846$，$x_2 = 6\,154$，$a = 0.01$，有

$$S(x_1, a) = \frac{dx_1}{da} \cdot \frac{a}{x_1} = -0.77$$

$$S(x_2, a) = \frac{dx_2}{da} \cdot \frac{a}{x_2} = 0.48$$

图 2-13 和图 2-14 画出了 x_1，x_2 关于 a 的曲线图．如果 19 英寸彩电的价格弹性系数增大，我们要将一部分 19 英寸彩电的生产量转为生产 21 英寸彩电．如果这一系数减小，我们则要多生产一些 19 英寸彩电，少生产一些 21 英寸彩电．

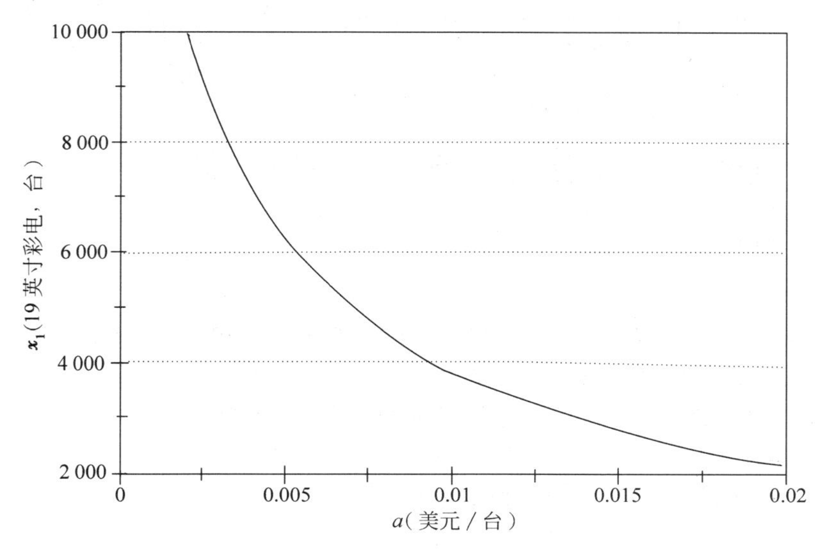

图 2-13　有约束的彩电问题中 19 英寸彩电的最优生产量 x_1 关于价格弹性系数 a 的曲线图

在任一种情况下，只要(2-14)式给出的点(x_1，x_2)落在其他约束直线之间($0.007 \leqslant a \leqslant 0.022$)，总是可以生产总量为 10 000 台的彩电．

现在我们来讨论最优利润 y 对 19 英寸彩电的价格弹性系数 a 的灵敏性．为得到 y 关于

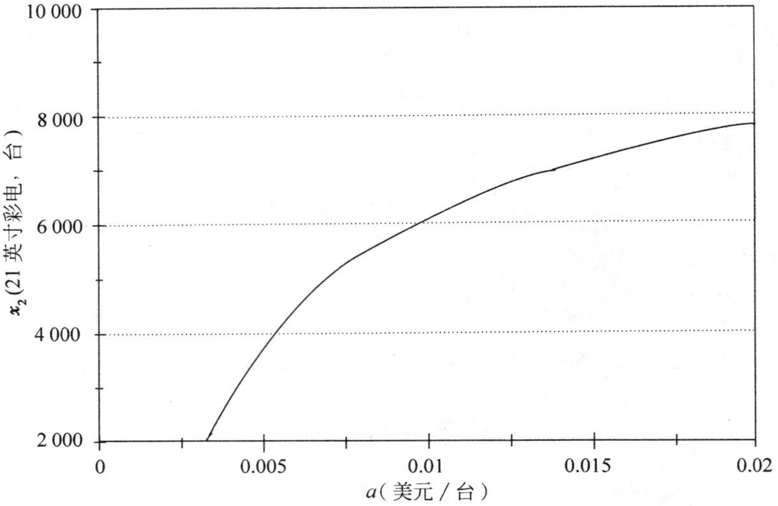

图 2-14　有约束的彩电问题中 21 英寸彩电的最优生产量 x_2 关于价格弹性系数 a 的曲线图

a 的表达式，我们将(2-14)式代入到(2-3)式中，得到

$$
\begin{aligned}
y = & \left[339 - a\left(\frac{50\ 000}{1\ 000a + 3}\right) - 0.003\left(10\ 000 - \frac{50\ 000}{1\ 000a + 3}\right)\right]\left(\frac{50\ 000}{1\ 000a + 3}\right) \\
& + \left[399 - 0.004\left(\frac{50\ 000}{1\ 000a + 3}\right) - 0.01\left(10\ 000 - \frac{50\ 000}{1\ 000a + 3}\right)\right] \\
& \times \left(10\ 000 - \frac{50\ 000}{1\ 000a + 3}\right) - \left[400\ 000 + 195\left(\frac{50\ 000}{1\ 000a + 3}\right) + 225\right. \\
& \left.\times \left(10\ 000 - \frac{50\ 000}{1\ 000a + 3}\right)\right]
\end{aligned}
$$

42 ~ 43

图 2-15 为 y 关于 a 的曲线图．

为得到 y 关于 a 的灵敏性的定量结果，我们要对上式求单变量函数的导数．这可以借助于计算机代数系统来完成．另一种计算上更有效的方法是在(2-11)式中用多变量函数求导的链式法则．对任意 a，梯度向量 ∇f 与约束直线 $g = 10\ 000$ 垂直．由于

$$x(a) = (x_1(a), x_2(a))$$

为曲线 $g = 10\ 000$ 上的一个点，因此速度向量

$$\frac{\mathrm{d}x}{\mathrm{d}a} = \left(\frac{\mathrm{d}x_1}{\mathrm{d}a}, \frac{\mathrm{d}x_2}{\mathrm{d}a}\right)$$

与此曲线相切．这样 ∇f 就与 $\mathrm{d}x/\mathrm{d}a$ 相垂直，即点积

$$
\begin{aligned}
\nabla f \cdot \frac{\mathrm{d}x}{\mathrm{d}a} &= \left(\frac{\partial y}{\partial x_1}, \frac{\partial y}{\partial x_2}\right) \cdot \left(\frac{\mathrm{d}x_1}{\mathrm{d}a}, \frac{\mathrm{d}x_2}{\mathrm{d}a}\right) \\
&= \frac{\partial y}{\partial x_1}\frac{\mathrm{d}x_1}{\mathrm{d}a} + \frac{\partial y}{\partial x_2}\frac{\mathrm{d}x_2}{\mathrm{d}a} = 0
\end{aligned}
$$

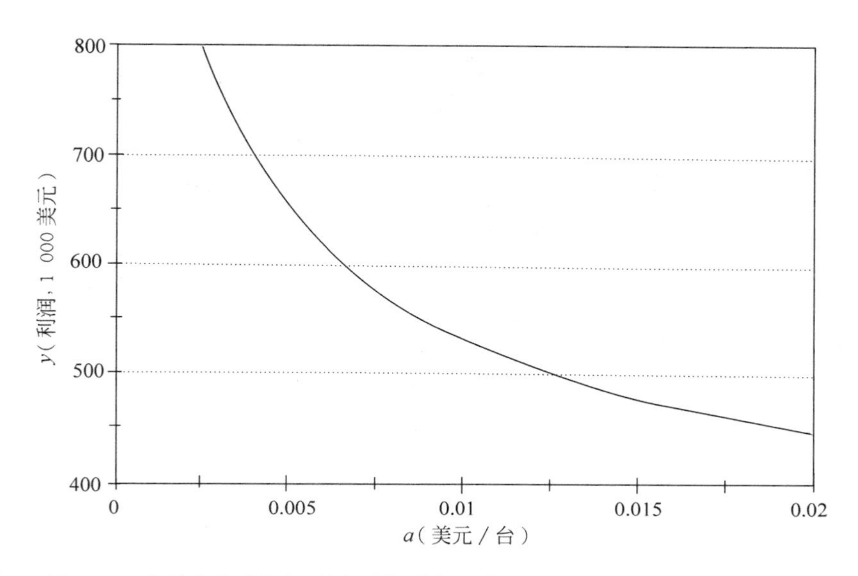

图 2-15　有约束的彩电问题中最优利润 y 关于价格弹性系数 a 的曲线图

因此可以与 2.1 节类似地得到

$$\frac{\mathrm{d}y}{\mathrm{d}a} = \frac{\partial y}{\partial a} = -x^2$$

44

现在我们可以很容易地计算

$$\begin{aligned} S(y,a) &= \frac{\mathrm{d}y}{\mathrm{d}a} \cdot \frac{a}{y} \\ &= -(3\ 846)^2 \frac{0.01}{532\ 308} \\ &= -0.28 \end{aligned}$$

同无约束问题一样，价格弹性系数的增加会导致利润的减少．同样，与无约束问题相同，几乎所有的利润损失都是由 19 英寸彩电的销售价格的降低所导致的．如果 $a=0.011$，即使用 $x_1=3\ 846$，$x_2=6\ 154$ 来代替由(2-13)式求出的新的最优解，我们也不会有太多的利润损失．梯度向量 ∇f 指向目标函数值即利润增加最快的方向．现在我们不在最优点处，但从最优值点到点(3 846，6 154)的方向与 ∇f 垂直，从而我们可以预期 f 在这点的值与最优值相差不大．因此，即使 a 有些小改变，我们的模型也可以给出非常接近最优值的解．

我们指出，对这个问题，使用计算机代数系统来完成需要的计算也是很有帮助的．图 2-16 给出了利用计算机代数系统 Maple 计算灵敏性 $S(x_2, a)$ 的过程，其他灵敏性的计算也可以类似进行．

我们现在来考虑最优生产量 x_1，x_2 和相应的利润 y 关于每年可利用的生产能力 $c=10\ 000$(台)的灵敏性．为完成这一工作，我们要在原始的问题中，将约束 $g=10\ 000$ 改写

```
> y:=(339-a*x1-3*x2/1000)*x1
>   +(399-4*x1/1000-x2/100)*x2-(400000+195*x1+225*x2);
```

$$y := \left(339 - a x1 - \frac{3}{1000} x2\right) x1 + \left(399 - \frac{1}{250} x1 - \frac{1}{100} x2\right) x2 - 400000 - 195 x1 - 225 x2$$

```
> dydx1:=diff(y,x1);
```

$$dydx1 := -2 a x1 + 144 - \frac{7}{1000} x2$$

```
> dydx2:=diff(y,x2);
```

$$dydx2 := -\frac{7}{1000} x1 - \frac{1}{50} x2 + 174$$

```
> s:=solve({dydx1=lambda, dydx2 = lambda, x1+x2=10000},
  {x1, x2, lambda});
```

$$s := \left\{x1 = \frac{50000}{1000 a + 3}, x2 = 20000 \frac{5000 a - 1}{1000 a + 3}, \lambda = -52 \frac{500 a - 11}{1000 a + 3}\right\}$$

```
> assign(s);
> dx2da:=diff(x2,a);
```

$$dx2da := -\frac{10000000}{1000 a + 3} - 20000000 \frac{500 a - 1}{(1000 a + 3)^2}$$

```
> assign(a=1/100);
> sx2a:=dx2da*(a/x2);
```

$$sx2a := \frac{25}{52}$$

```
> evalf(sx2a);
```

$$.4807692308$$

图 2-16　有约束的彩电问题中利用计算机代数系统 Maple 计算灵敏性 $S(x_2, a)$

为更一般的形式 $g = c$. 现在的可行域与图 2-10 中所画的是类似的，只是那条斜的约束直线移动了一些(但仍平行于直线 $x_1 + x_2 = 10\ 000$). 对在10 000附近的 c 值，最大值仍出现在约束直线

$$g(x_1, x_2) = x_1 + x_2 = c \tag{2-16}$$

上满足 $\nabla f = \lambda \nabla g$ 的点处. 由于 ∇f 和 ∇g 都与原问题相同，没有任何改变，我们得到同一个拉格朗日乘子方程(2-12)式. 现在要与新的约束方程(2-16)式一起求解，得到

$$\begin{aligned} x_1 &= \frac{13c - 30\ 000}{26} \\ x_2 &= \frac{13c + 30\ 000}{26} \\ \lambda &= \frac{3(106\ 000 - 9c)}{2\ 000} \end{aligned} \tag{2-17}$$

现在有

$$\frac{dx_1}{dc} = \frac{1}{2}$$
$$\frac{dx_2}{dc} = \frac{1}{2} \tag{2-18}$$

(2-18)式有一个简单的几何解释．由于 ∇f 指向 f 的值增加最快的方向，当我们移动(2-16)式中的约束直线时，新的极值点(x_1, x_2)近似地应该在 ∇f 与(2-16)式的直线相交的位置．这样我们有

$$S(x_1,c) = \frac{1}{2} \cdot \frac{10\ 000}{3\ 846} \approx 1.3$$

$$S(x_2,c) = \frac{1}{2} \cdot \frac{10\ 000}{6\ 154} \approx 0.8$$

45～46

为得到 y 关于 c 的灵敏性，我们计算出

$$\begin{aligned}\frac{dy}{dc} &= \frac{\partial y}{\partial x_1}\frac{dx_1}{dc} + \frac{\partial y}{\partial x_2}\frac{dx_2}{dc} \\ &= (24)\left(\frac{1}{2}\right) + (24)\left(\frac{1}{2}\right) \\ &= 24\end{aligned}$$

这是拉格朗日乘子 λ 的值．这时

$$S(y,c) = (24)\left(\frac{10\ 000}{532\ 308}\right) \approx 0.45$$

dy/dc 的几何解释是这样的：我们有 $\nabla f = \lambda\ \nabla g$，当 c 增加时，在几何上为沿着 ∇f 的方向向外移动．在这个方向上移动时，f 的增加速度是 g 的增加速度的λ 倍．

导数 $dy/dc = 24$ 有着很重要的实际意义．每增加一个单位的生产能力 $\Delta c = 1$，会带来的利润增加额为 $\Delta y = 24$ 美元．这称为影子价格．它代表了对这个公司来说某种资源(生产能力)的价值．如果公司有意提高自己的生产能力(这是最关键的约束)，它会愿意付出每单位不超过 24 美元的价格来增加生产能力．另一方面，如果有某种新产品，它可以获得每单位超过 24 美元的利润，公司就会考虑将用于 19 英寸和 21 英寸液晶平板彩电的生产能力转而投产这种新产品．也只有超过 24 美元，转产才是值得的．

这个问题中的灵敏性计算也可以使用计算机代数系统来完成．图 2-17 给出了利用计算机代数系统 Maple 计算灵敏性 $S(y, c)$的过程．

其他灵敏性的计算也可以类似进行．如果你有幸可以使用某个计算机代数系统，你也可以利用它来完成你自己的工作．实际问题经常会涉及冗长的计算，使用计算机代数系统的方便快捷可以使你更有成效．而且比起手算，它也要有意思得多．

在这个问题中，由于其他的约束条件($x_1 \leqslant 5\ 000$，$x_2 \leqslant 8\ 000$)都不是关键约束，最优利润 y 及生产量 x_1，x_2 对这些约束的系数当然一点都不敏感．x_1 或 x_2 的上界的一个小变化会

```
> y:=(339-x1/100-3*x2/1000)*x1
>   +(399-4*x1/1000-x2/100)*x2-(400000+195*x1+225*x2);
```

$$y := \left(339-\frac{1}{100}x1-\frac{3}{1000}x2\right)x1+\left(399-\frac{1}{250}x1-\frac{1}{100}x2\right)x2-400000-195x1-225x2$$

```
> dydx1:=diff(y,x1);
```

$$dydx1 := -\frac{1}{50}x1+144-\frac{7}{1000}x2$$

```
> dydx2:=diff(y,x2);
```

$$dydx2 := -\frac{7}{1000}x1-\frac{1}{50}x2+174$$

```
> s:=solve({dydx1=lambda, dydx2 = lambda, x1+x2=c},
  {x1, x2, lambda});
```

$$s := \left\{\lambda=-\frac{27}{2000}c+159,\ x1=\frac{1}{2}c-\frac{15000}{13},\ x2=\frac{1}{2}c+\frac{15000}{13}\right\}$$

```
> assign(s);
> dydc:=diff(y,c);
```

$$dydc := -\frac{27}{2000}c+159$$

```
> assign(c=10000);
> dydc;
```

$$24$$

```
> syc:=dydc*(c/y);
```

$$syc := \frac{78}{173}$$

```
> evalf(syc);
```

$$.4508670520$$

图 2-17　有约束的彩电问题中利用计算机代数系统 Maple 计算灵敏性 $S(y,\ c)$

改变可行域，但最优解仍为(3 846，6 154)．因此，这些资源的影子价格为零．既然不需要，公司就不会愿意付出额外费用来提高电视的电路板的数量．除非 19 英寸彩电的电路板的数量减少到低于 3 846 或 21 英寸彩电的电路板的数量减少到低于 6 154，这种情况都不会改变．在下一个例子中，我们会考虑这一问题．

例 2.5　设在有约束的彩电问题中(例 2.2)，可用的 19 英寸彩电的电路板只有每年 3 000块．这时最优的生产计划是什么?

在这种情况下，在 $x_1+x_2=10\ 000$ 上使 $f(x_1,\ x_2)$ 达最大值的原最优点落在了可行域之外．f 在可行域上的最大值点为(3 000，7 000)．这是约束线

$$g_1(x_1,x_2) = x_1+x_2 = 10\ 000$$
$$g_2(x_1,x_2) = x_1 = 3\ 000$$

的交点．在此点，我们有

$$\nabla f = \lambda_1 \nabla g_1 + \lambda_2 \nabla g_2$$

可以很容易地计算出在点(3 000，7 000)，

$$\nabla f = (35,13)$$
$$\nabla g_1 = (1,1)$$
$$\nabla g_2 = (1,0)$$

于是 $\lambda_1 = 13$，$\lambda_2 = 22$. 当然$\mathbb{R}^2$ 中的任何一个向量都可以写成(1，1)和(1，0)的线性组合．计算拉格朗日乘子的这个点，虽然满足双重约束，但仍代表了关键约束(生产能力和 19 英寸彩电的电路板)的影子价格．换句话说，额外增加一单位的生产能力可多获利 13 美元，额外增加一单位的 19 英寸的电路板可多获利 22 美元．

47 ~ 48

为了方便读者阅读，我们在这里给出拉格朗日乘子代表影子价格的一个证明．给定一个函数 $y = f(x_1, \cdots, x_n)$，在由一个或多个如下形式的约束方程定义的集合上求 f 的最优值：

$$g_1(x_1,\cdots,x_n) = c_1$$
$$g_2(x_1,\cdots,x_n) = c_2$$
$$\vdots$$
$$g_k(x_1,\cdots,x_n) = c_k$$

假设最优值发生在点 x_0 处，在此点拉格朗日乘子定理的条件都是满足的．因此在 x_0，有

$$\nabla f = \lambda_1 \nabla g_1 + \cdots + \lambda_k \nabla g_k \tag{2-19}$$

因为约束方程可以按任何顺序来写，所以只要证明 λ_1 是相应于第一个约束的影子价格就足够了．设 $x(t)$ 为集合 $g_1 = t$，$g_2 = c_2$，$\cdots$，$g_k = c_k$ 上的最优值点，因为 $g_1(x(t)) = t$，我们有

$$\nabla g(x(t)) \cdot x'(t) = 1$$

特别地，有 $\nabla g(x_0) \cdot x'(c_1) = 1$. 由于对 $i = 2, \cdots, k$，有 $g_i(x(t)) = c_i$，即对任意 t 都是常数，从而有

$$\nabla g_i(x(t)) \cdot x'(t) = 0$$

特别地，有 $\nabla g_i(x_0) \cdot x'(c_1) = 0$. 影子价格为在点 $t = c_1$ 的

$$\frac{\mathrm{d}(f(x(t)))}{\mathrm{d}t} = \nabla f(x(t)) \cdot x'(t)$$

由于(2-19)式在点 x_0 成立，我们就得到了所要证明的

$$\nabla f(x_0) \cdot x'(c_1) = \lambda_1 \nabla g_1(x_0) \cdot x'(c_1) = \lambda_1$$

49

2.4　习题

1. 生态学家用下面的模型来反映两个竞争的种群的数量增长过程：

$$\frac{\mathrm{d}x}{\mathrm{d}t} = r_1 x\left(1 - \frac{x}{K_1}\right) - \alpha_1 xy$$

$$\frac{\mathrm{d}y}{\mathrm{d}t} = r_2 y\left(1 - \frac{y}{K_2}\right) - \alpha_2 xy$$

其中变量 x，y 为每个种群的数量．参数 r_i 为每个种群的内禀增长率；K_i 为没有竞争时环境资源可容许的最大可生存的种群数量；α_i 为竞争的影响．通过对蓝鲸和长须鲸的数量的研究，这些参数的值如下(时间 t 以年为单位)：

	蓝　鲸	长　须　鲸
r	0.05	0.08
K	150 000	400 000
α	10^{-8}	10^{-8}

(a) 采用五步方法和无约束最优化模型确定使每年新出生鲸鱼的数量最多的种群数量 x，y.

(b) 讨论最优种群数量关于内禀增长率 r_1，r_2 的灵敏性．

(c) 讨论最优种群数量关于环境承载能力 K_1，K_2 的灵敏性．

(d) 设 $\alpha_1=\alpha_2=\alpha$，这时如果出现某一种群灭绝的情况，是否还会是最优解？

2. 仍考虑习题 1 中的鲸鱼问题，但现在讨论鲸鱼的总数．如果两种鲸鱼的数量 x，y 是非负的，我们就称其是可行的．如果两种鲸鱼的增长率 $\mathrm{d}x/\mathrm{d}t$，$\mathrm{d}y/\mathrm{d}t$ 是非负的，我们就称鲸鱼的种群数量是可持续的．

(a) 采用五步方法和有约束的最优化模型求使鲸鱼总数 $x+y$ 达最大值的种群数量，要求满足种群数量是可行的和可持续的条件．

(b) 讨论最优种群数量 x，y 关于内禀增长率 r_1，r_2 的灵敏性．

50

(c) 讨论最优种群数量 x，y 关于环境承载能力 K_1，K_2 的灵敏性．

(d) 设 $\alpha_1=\alpha_2=\alpha$，讨论最优种群数量 x，y 关于竞争强度 α 的灵敏性．如果出现某一种群灭绝的情况，该种群数量是否还会是最优解？

3. 仍考虑习题 1 中的鲸鱼问题，但现在从经济方面讨论捕猎的问题．

(a) 捕获一头蓝鲸的价值为 12 000 美元，捕获一头长须鲸的价值为蓝鲸的一半．设有控制的捕猎可以使 x，y 维持一个理想的水平，求使总收入达极大的种群数量 x，y.(一旦种群数量达到了理想水平，通过使捕猎率与增长率相等，可以使种群数量保持一个常值.)要求采用五步方法和无约束的最优化模型．

(b) 讨论最优种群数量 x，y 关于参数 r_1，r_2 的灵敏性．

(c) 讨论收入(按美元/年)关于参数 r_1，r_2 的灵敏性．

(d) 设 $\alpha_1=\alpha_2=\alpha$，讨论 x，y 关于 α 的灵敏性．什么情况下使某一种群灭绝时在经济上可达最优？

4. 在习题 1 中，假设国际捕鲸协会(IWC)颁布了法令，不能使鲸鱼的数量低于最大可生存的种群数量 K 的一半，否则将无法维持其种群数量．

(a) 采用拉格朗日乘子法求在这些约束下使可持续收入达极大的最优种群数量．

(b) 讨论最优种群数量 x，y 和可持续收入关于约束系数的灵敏性．

(c) IWC 认为最小种群数量的规定按限额捕捞的方式更容易完成．请给出一个与 $K/2$ 的规定等价的限额(即每年可以捕猎的蓝鲸和长须鲸的最大数量)．

(d) 捕鲸者抱怨 IWC 的限额使他们花费的资金太多，他们请求放宽限制．试分析提高限额对捕鲸者的年收入和鲸鱼的种群数量的可能的影响．

5. 考虑例 2.1 中无约束的彩电问题．由于公司的装配厂在海外，所以美国政府要对每台电视征收 25 美元的关税．

(a) 将关税考虑进去，求最优生产量．这笔关税会使公司有多少花费？在这笔花费中，有多少是直接付给政府，又有多少是销售额的损失？

51

(b) 为了避免关税，公司是否应该将生产企业重新定址在美国本土上？假设海外的工厂可以按每年 200 000 美元的价格出租给另一家制造公司，在美国国内建设一个新工厂并使其运转起来每年需要花费 550 000 美元．这里建筑费用按新厂的预期使用年限分期偿还．

(c) 征收关税的目的是为了促使制造公司在美国国内建厂．能够使公司愿意在国内重新建厂的最低关税额是多少？

(d) 将关税定得足够高，使公司要重建工厂．讨论生产量和利润关于关税的灵敏性，说明实际关税额的重要性．

6. 一家个人计算机的制造厂商现在每个月售出 10 000 台基本机型的计算机．生产成本为 700 美元/台，批发价格为 950 美元/台．在上一个季度中，制造厂商在几个作为试验的市场将价格降低了 100 美元，其结果是销售额提高了 50%．公司在全国为其产品做广告的费用为每个月 50 000 美元．广告代理商宣称若将广告预算每个月提高 10 000 美元，会使每个月的销售额增加 200 台．管理部门同意考虑提高广告预算到最高不超过 100 000美元/月．

(a) 利用五步方法求使利润达最高的价格和广告预算．使用有约束的最优化模型和拉格朗日乘子法求解．

(b) 讨论决策变量(价格和广告费)关于价格弹性系数(数据 50%)的灵敏性．

(c) 讨论决策变量关于广告商估计的每增加 10 000 美元/月的广告费，可多销售 200 台这一数据的灵敏性．

(d) (a)中求出的乘子的值是多少？它的实际意义是什么？你如何利用这一信息来说服最高管理层提高广告费用的最高限额？

7. 某家地方日报最近被一家大型媒体集团收购．报纸现在的售价为 1.5 美元/周，发行量为 80 000 家订户．报纸广告的价格为 250 美元/页，现在售出 350 页/周(即 50 页/天)．新的管理方正在寻求提高利润的方法．据估计，报纸的订阅价格提高 10 美分/周，会导致订户数下降 5 000．报纸广告价格提高 100 美元/页，会导致每周约 50 页广告的损失．广告的损失又会影响发行量，因为人们买报纸的一个原因就是为了看广告．据估计，每

52

周损失 50 页广告会使发行量减少 1 000.

(a) 利用五步方法和无约束的最优化模型求使利润最大的报纸订阅价格和广告价格.

(b) 对你在(a)中求出的结果讨论关于价格提高 10 美分导致销售量下降 5 000 这一假设的灵敏性.

(c) 对你在(a)中求出的结果讨论关于广告价格提高 100 美元/页会导致广告损失 50 页/周这一假设的灵敏性.

(d) 现在在报纸上登广告的广告商可以选择直接将广告邮寄给它的客户. 直接邮寄的花费相当于500 美元/页的报纸广告费用. 这一情况会如何影响你在(a)中得出的结论?

8. 仍考虑习题 7 中的报纸问题. 现在假设广告商可以选择直接将广告邮寄给它的客户. 由于这一点, 管理方决定广告价位的提高不超出 400 美元/页的价格.

(a) 采用五步方法和有约束的最优化模型求使利润最大的每周报纸订阅价格和广告价格. 利用拉格朗日乘子法求解.

(b) 讨论你的决策变量(订阅价格和广告价格)关于价格提高 10 美分会导致销售量下降 5 000这一假设的灵敏性.

(c) 讨论你的两个决策变量关于广告价格提高 100 美元/页会导致广告损失 50 页/周这一假设的灵敏性.

(d) (a)中求出的拉格朗日乘子的值是多少? 从利润关于 400 美元/页这一假设的灵敏性的角度解释这一数据的意义.

9. 仍考虑习题 7 中的报纸问题. 但现在考虑报纸的经营开支. 现在每周的经营开支包括 80 000美元付给编辑部门(新闻、特写、编辑), 30 000 美元付给销售部门(广告), 30 000美元付给发行部门, 60 000 美元为固定消耗(抵押、公用事业股票、运转). 新的管理方正在考虑削减编辑部门的开支. 据估计, 报纸在最低 40 000 美元的编辑预算的条件下可以维持运转. 减少编辑预算可以节约经费, 但会影响报纸的质量. 根据在其他市场的经验, 每减少 10% 的编辑预算, 会损失 2% 的订户和 1% 的广告. 管理方也在考虑提高销售的预算. 最近, 在一个类似的市场上另一家报纸的管理者将其广告销售预算提高了 20%, 结果多获得了 15% 的广告. 销售预算可以提高到最多 50 000 美元/周, 但总的经营开支不能超过现在的 200 000 美元/周的水平.

53

(a) 设订阅价格保持 1.5 美元/周, 广告的价格为 250 美元/页. 采用五步方法和有约束的最优化模型求使利润最大的编辑和销售预算. 利用拉格朗日乘子法求解.

(b) 计算每一个约束的影子价格, 解释它们的含义.

(c) 画出这个问题的可行域. 在图上指出最优解的位置. 在最优解处, 哪一个约束是关键约束? 它与影子价格的联系是什么?

(d) 假设编辑预算的削减在市场上产生了相当强烈的负面作用. 设减少 10% 的编辑预算会导致报纸损失 $p\%$ 的广告和 $2p\%$ 的订户. 确定最小的 p 值使得如果不减少编辑预算, 报纸的盈利情况反而要好些.

10. 一个运输公司每天有 100 吨的航空运输能力. 公司每吨收空运费 250 美元. 除了重量的

限制外，由于飞机货舱的容积有限，公司每天只能运 50 000 立方英尺[⊖]的货物．每天要运输的货物数量如下：

货　物	重量(吨)	体积(立方英尺/吨)
1	30	550
2	40	800
3	50	400

(a)采用五步方法和有约束的最优化模型求使利润最大的每天航空运输的各种货物的吨数．利用拉格朗日乘子法求解．

54

(b)计算每个约束的影子价格，解释它们的含义．

(c)公司有能力对它的一些旧的飞机进行改装来增大货运区域的空间．每架飞机的改造要花费 200 000 美元，但可以增加 2 000 立方英尺的容积．重量限制仍保持不变．假设飞机每年飞行 250 天，这些旧飞机剩余的使用寿命约为 5 年．在这种情况下，是否值得进行改装？有多少架飞机时才值得改装？

2.5　进一步阅读文献

1. Beightler, C., Phillips, D. and Wilde, D. (1979) *Foundations of Optimization.* 2nd ed., Prentice–Hall, Englewood Cliffs, New Jersey.

2. Courant, R. (1937) *Differential and Integral Calculus.* vol. II, Wiley, New York.

3. Edwards, C. (1973) *Advanced Calculus of Several Variables.* Academic Press, New York.

4. Hundhausen, J., and Walsh, R. *The Gradient and Some of Its Applications.* UMAP module 431.

5. Hundhausen, J., and Walsh, R. *Unconstrained Optimization.* UMAP module 522.

6. Nievergelt, Y. *Price Elasticity of Demand: Gambling, Heroin, Marijuana, Whiskey, Prostitution, and Fish.* UMAP module 674.

7. Nevison, C. *Lagrange Multipliers: Applications to Economics.* UMAP module 270.

8. Peressini, A. *Lagrange Multipliers and the Design of Multistage Rockets.* UMAP module 517.

55 ≀ 56

⊖ 1 立方英尺 = 0.028m³.

第3章 最优化计算方法

在前面几章中讨论了求解最优化问题的一些解析方法．这些方法构成了大多数最优化模型的基础．本章我们要研究一些在实际应用中出现的计算问题，并讨论一些处理它们的最常见的方法．

3.1 单变量最优化

即使是简单的单变量最优化问题，确定全局的最优值点的工作也可能是极其困难的．实际问题通常都很麻烦．即使我们讨论的函数是处处可微的，导数的计算也经常是复杂的．然而，最糟糕的部分是求解方程 $f'(x)=0$．一个清楚而简单的事实就是绝大多数方程是无法解析求解的．在大多数情况下，我们所能做得最好的就是利用图像或数值方法求一个近似解．

例 3.1 再来考虑例 1.1 中的售猪问题，但现在考虑到猪的生长率不是常数的事实．假设现在猪还小，因此生长率是增加的．什么时候应该将猪售出从而获得最大的收益？

我们将采用五步方法．第一步要将我们在 1.1 节中所做的工作（汇总在图 1-1 中）修改一下．现在我们不能再假设 $w=200+5t$．那么怎样才是对增加的生长率的一个合理的假设呢？这个问题当然有很多可能的答案．这里我们假设猪的生长率正比于它的重量．也就是说，我们假设

57

$$\frac{\mathrm{d}w}{\mathrm{d}t}=cw \tag{3-1}$$

根据 $w=200$ 磅时 $\mathrm{d}w/\mathrm{d}t=5$ 磅/天的事实，我们可得出 $c=0.025$．这样我们得到了一个简单的微分方程来解出 w，这个方程是

$$\frac{\mathrm{d}w}{\mathrm{d}t}=0.025w,\quad w(0)=200 \tag{3-2}$$

我们可以用分离变量法来求解方程(3-2)，得到

$$w=200\mathrm{e}^{0.025t} \tag{3-3}$$

由于我们在图 1-1 中列出的所有其他假设都不变，这样第一步就完成了．

第二步是选择一个建模方法．我们采用单变量最优化模型．单变量最优化模型的一般求解过程已经在 1.1 节中做了介绍．本节我们要探究一些可以用于实现这个一般求解过程的计算方法．在实际问题中，当计算很困难或手算很繁琐时经常要用到数值计算方法，比如我们这里要介绍的方法．

第三步是推导模型的公式．现在的问题与 1.1 节中得到的公式唯一不同的就是我们要将重量方程 $w=200+5t$ 替换为方程(3-3)．这样就得到了一个新的目标函数

$$y = f(x) = (0.65 - 0.01x)(200e^{0.025x}) - 0.45x \tag{3-4}$$

我们的问题是在集合 $S=\{x: x\geqslant 0\}$ 上求(3-4)式中的函数的最大值.

第四步是求解这个模型. 我们采用图像法. 用于个人计算机上的好的图形软件及图形计算器是很容易获得的. 我们对这个问题的图像分析从按与图 1-2 相同的尺度画出(3-4)式中的方程的图像开始. 图 1-2 中画出的是开始的目标函数. 在现在的问题中, 我们可以从目标函数的图像中看出更多的内容. 我们要说图 3-1 不是函数在集合 $S=\{0, \infty\}$ 上的完整图像。

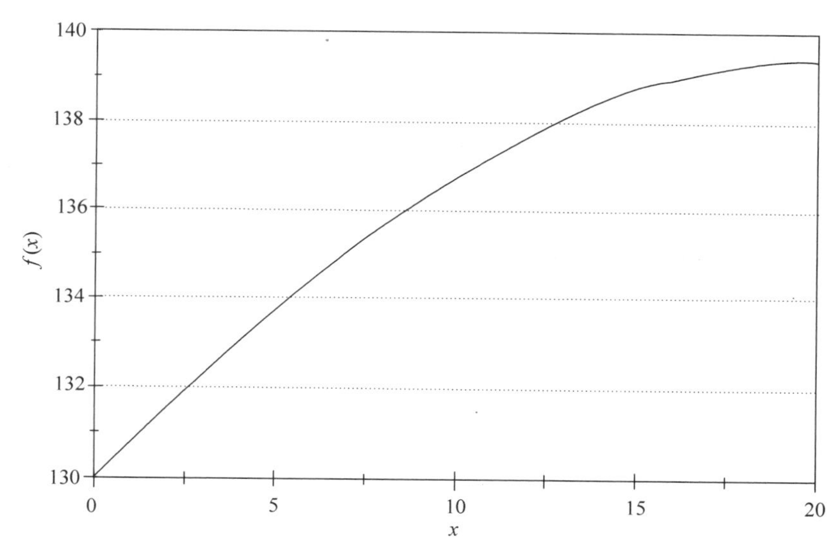

图 3-1　非线性增重模型下的售猪问题的净收益 $f(x)$ 关于售猪时间 x 的图像

图 3-2 才是完整图像, 它显示了解决这个问题所需要的所有重要特征.

我们如何知道何时得到了一个完整图像呢? 这个问题没有一个简单的答案. 图像法是一种探索方法, 要经过实验并运用正确的判断. 这里我们当然不需要考虑取负值的 x, 但同时对 $x=65$ 之外的点也不需要考虑. 在这个点之后猪的价格是负的, 这显然没有意义.

从图 3-2 中我们可以得出结论, 最大值发生在 $x=20$ 附近, 此时 $y=f(x)=140$. 为得到一个更好的估计, 我们可以把图像上的最大值附近放大来看. 图 3-3、图 3-4 为逐次放大的结果.

由图 3-4, 我们可以估计出最大值发生在

$$\begin{aligned} x &= 19.5 \\ y = f(x) &= 139.395 \end{aligned} \tag{3-5}$$

这里我们得到的最大值点的位置 x 有三位有效数字, 相应的最大值有六位有效数字. 由于在最大值点 $f'(x)=0$, 函数 $f(x)$ 在这一点附近关于 x 的变化很不敏感, 因此我们可以得到比 x 有更高精确度的 $f(x)$.

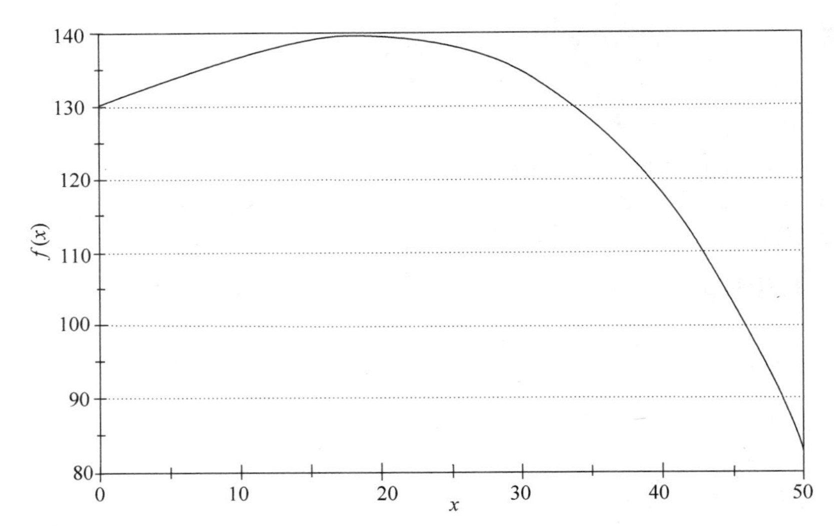

图 3-2　非线性增重模型下的售猪问题的净收益 $f(x)$ 关于售猪时间 x 的完整图像

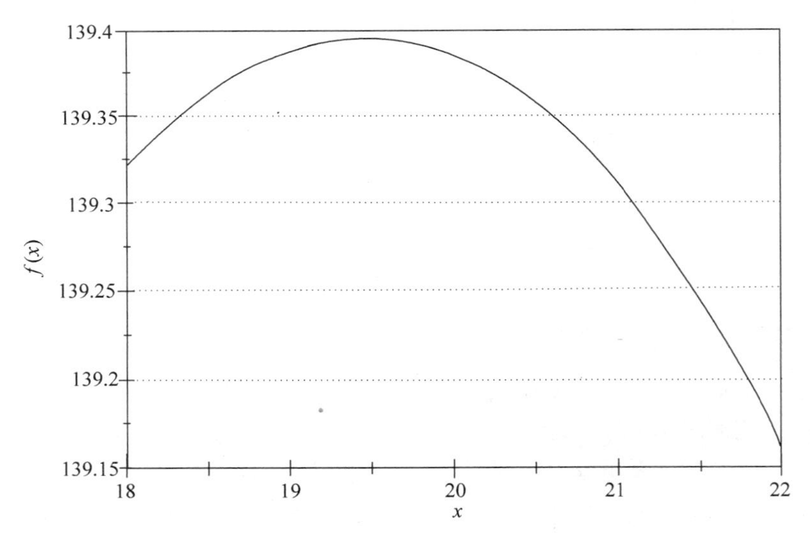

图 3-3　非线性增重模型下的售猪问题的净收益 $f(x)$ 关于售猪时间 x 的第一次放大图像

第五步是回答问题．在考虑到小猪的生长率还在增加之后，我们现在建议等待 19 到 20 天再将猪卖出．这样会得到将近 140 美元的净收益．

在第四步中用图像法确定出最大值点的位置(见(3-5)式)没有很高的精确度．这对现在的问题是可以接受的，因为我们并不需要更高的精确度．虽然图像法确实可以给出高精度的结果(通过在极值点反复放大)，但这种情况下我们应该采用更有效的计算方法．我们会在后面的灵敏性分析中介绍一些方法．

58
~
60

现在来讨论(3-5)式中给出的最优点的坐标和最优值关于小猪的增长率 $c=0.025$ 的灵敏性．一种方法是对几个不同的参数 c 的值重复我们前面做的图像分析的工作．但这太繁

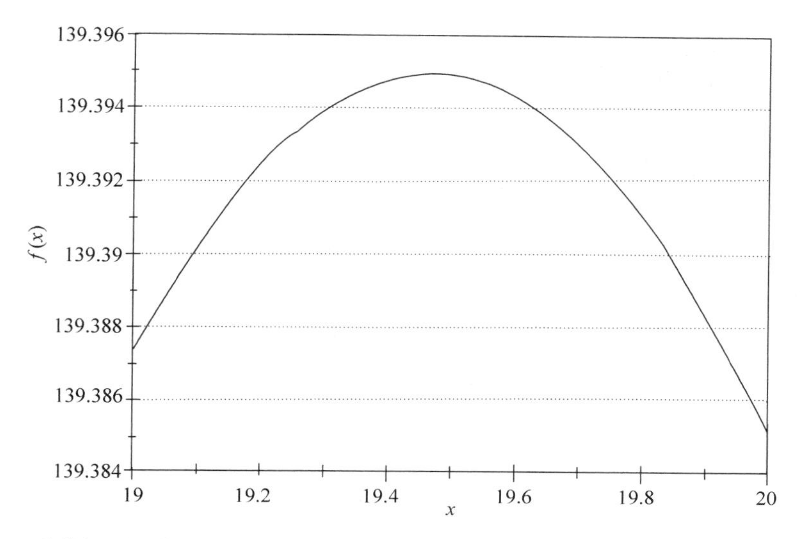

图 3-4　非线性增重模型下的售猪问题的净收益 $f(x)$ 关于售猪时间 x 的第二次放大图像

琐．我们将采用一个更有效的方法．

我们从将模型一般化开始．现在假设

$$\frac{\mathrm{d}w}{\mathrm{d}t} = cw, \quad w(0) = 200 \tag{3-6}$$

于是

$$w = 200\mathrm{e}^{ct} \tag{3-7}$$

这样得到目标函数为

$$f(x) = (0.65 - 0.01x)(200\mathrm{e}^{cx}) - 0.45x \tag{3-8}$$

根据我们的图像分析，我们知道对 $c=0.025$，最大值出现在 $f'(x)=0$ 的内临界点处．由于 f 是 c 的连续函数，看起来对 0.025 附近的 c 得出同样的结论是合理的．为了确定这一内临界点的位置，需要计算导函数 $f'(x)$ 并求解方程 $f'(x)=0$. 这个过程的第一部分(计算导数)相对比较容易，可以使用计算导数的标准方法．这一方法大家在一元微积分中已经学过了．事实上，它可以应用于任意可微函数．对表达式复杂的函数，也可以利用某个计算机代数系统(Maple、Mathematica、Derive 等)，或某个图形计算器(如 HP-48)．在我们的问题中，不难用手算得出

61

$$f'(x) = 200c\mathrm{e}^{cx}(0.65 - 0.01x) - 2\mathrm{e}^{cx} - 0.45 \tag{3-9}$$

整个过程的第二部分是解方程

$$200c\mathrm{e}^{cx}(0.65 - 0.01x) - 2\mathrm{e}^{cx} - 0.45 = 0 \tag{3-10}$$

你可以试着用手算求解，但你不太可能得到一个解析解．一些计算机代数系统现在可以利用专门设计用来求解这类方程的 W 函数来求解(3-10)．随着数学及数学软件的发展，我们求解方程的能力会逐渐增加，但绝大多数方程无法用代数方法求解仍是显而易见的．虽然有一般的代数方法来计算导数，但没有一般的代数方法来解方程．甚至对于多项式，我们

知道，对于五次或高于五次的多项式是不可能使用通用的代数方法来求解的(即没有类似于二次方程那样的求根的公式). 这就是为什么常常必须要借助于数值近似方法来求解代数方程.

我们要用牛顿法解方程(3-10). 你很可能已经在一元微积分中学习过牛顿法.

给定一个可微函数 $F(x)$ 及一个 $F(x)=0$ 的根的近似点 x_0. 牛顿法采用线性近似. 在点 $x=x_0$ 附近用通常的切线近似，则有 $F(x)\approx F(x_0)+F'(x_0)(x-x_0)$. 为得到 $F(x)=0$ 的实际根的一个更好的近似 $x=x_1$，我们令 $F(x_0)+F'(x_0)(x-x_0)=0$，解出 $x=x_1$，则得到 $x_1=x_0-F(x_0)/F'(x_0)$. 从几何上看，点 $x=x_0$ 处对 $y=F(x)$ 的切线与 x 轴在点 $x=x_1$ 相交. 只要 x_1 离 x_0 不太远，切线近似就相当好，从而 x_1 就接近真正的根. 牛顿法反复用切线近似，给出对真解的一系列精度不断提高的近似值. 一旦与根充分接近，牛顿法每次迭代给出的近似值的准确数位都会是上一次的近似值的准确数位的两倍.

图 3-5 用我们称为伪代码的形式给出了牛顿法的算法. 这是描述一个数值算法的标准方法.

将伪代码转化为可在计算机上直接运行的高级计算机语言程序(BASIC、FORTRAN、C、PASCAL 等)是非常容易的，也可以用电子数据表格软件来实现伪代码. 在绝大多数计算机代数系统上也能够进行编程. 对本书中介绍的数值方法，这些方法都是可行的. 我们不推荐用手算完成这些算法.

62

算法： 牛顿法
变量： $x(n)=n$ 次迭代后的根的近似解
　　　$N=$ 迭代次数
输入： $x(0)$，N
过程： 开始
　　　对 $n=1$ 到 N 循环
　　　　开始
　　　　$x(n)\leftarrow x(n-1)-F(x(n-1))/F'(x(n-1))$
　　　　结束
　　　结束
输出： $x(N)$

图 3-5　单变量牛顿法的伪代码

在我们的问题中，我们采用牛顿法来求方程

$$F(x)=200ce^{cx}(0.65-0.01x)-2e^{cx}-0.45=0 \tag{3-11}$$

的根. 对接近 0.025 的 c，我们期望能找到在 $x=19.5$ 附近的根. 我们将牛顿法的计算机计算结果列在表 3-1 中. 对每一个 c 值都以 $x(0)=19.5$ 为初始点，进行 $N=10$ 次迭代. 为了检验计算结果的精确性，我们又对迭代次数 $N=15$ 的情形进行了计算.

表 3-1　非线性增重模型下的售猪问题的最佳售猪时间 x 关于生长率参数 c 的灵敏性

c	x	c	x
0.022	11.626 349	0.026	21.603 681
0.023	14.515 929	0.027	23.550 685
0.024	17.116 574	0.028	25.332 247
0.025	19.468 159		

注意解方程(3-11)的方法包括两步．第一步用某种*全局方法*(图像法)确定近似解，第二步用一种快速收敛的*局部方法*求得满足精度要求的精确解．这是数值求解的两个阶段，它在大多数常用的求解方法中是很普遍的．对单变量最优化问题，图像法是最简单、最实用的全局方法．牛顿法易于用程序实现，而且在大多数图形计算器、电子数据表格软件和计算机代数系统中都有内置的解方程工具．虽然在细节上有所不同，但这些求解工具大多数都是以牛顿法的某些变形为基础的．它们可以像牛顿法一样安全、有效地使用．求解时首先要用某个全局方法求根的近似值，大多数这类解方程工具都要求一个根的初始估计值或一个包含根的初始区间．然后利用此工具求出根，并验证结果．验证可以采用对参数的容许值进行灵敏性分析，或将求出的解代回到原始的方程中．注意：对数值求解的结果轻易地、不加鉴别地信任是危险的．对许多实际问题，包括本书中的一些练习题，不恰当地应用数值求解工具能导致很严重的误差．初始时选用一个适当的全局方法及随后对根的验证都是数值求解过程的重要部分．一些计算器、计算机代数系统及电子数据表格软件也具有数值最优化工具，通常其程序都采用变形的牛顿法，这是建立在对导数的数值逼近的基础上的．对这些程序我们也有同样的建议：首先采用一个全局方法估计最优解的近似值，然后用数值最优化工具求解，最后对参数的容许值进行灵敏性分析，以保证结果的精确度．

63

为了将灵敏性分析的结果与问题的原始数据相联系，我们在图 3-6 中画出了表示最优售猪时间的根 x 关于生长率

$$g = 200c \tag{3-12}$$

的曲线．这里初始给出的生长率为 $g=5$ 磅/天．

为得到对灵敏性的数值估计，我们取 $c=0.025\,25$(原始 $c=0.025$ 的 1% 的增加)再来求解一次方程(3-11)．此时求出的解为

$$x = 20.021\,136$$

这表示 x 增加了 2.84%，我们由此估计出 $S(x,\ c)=2.84$．根据

$$g = 200c$$

我们很容易说明

$$S(x,g) = S(x,c) = 2.84$$

如果令 h 为猪的初始重量(我们假设 $h=200$ 磅)，由

$$h = \frac{5}{c}$$

我们有

$$\begin{aligned} S(x,h) &= \frac{\mathrm{d}x}{\mathrm{d}h} \cdot \frac{h}{x} \\ &= \left(\frac{\mathrm{d}x/\mathrm{d}c}{\mathrm{d}h/\mathrm{d}c}\right)\left(\frac{5/c}{x}\right) \\ &= -S(x,c) = -2.84 \end{aligned}$$

64

事实上，如果 y 正比于 z，总有

$$S(x,y) = S(x,z) \tag{3-13}$$

而如果 y 反比于 z，则有

$$S(x,y) = -S(x,z) \tag{3-14}$$

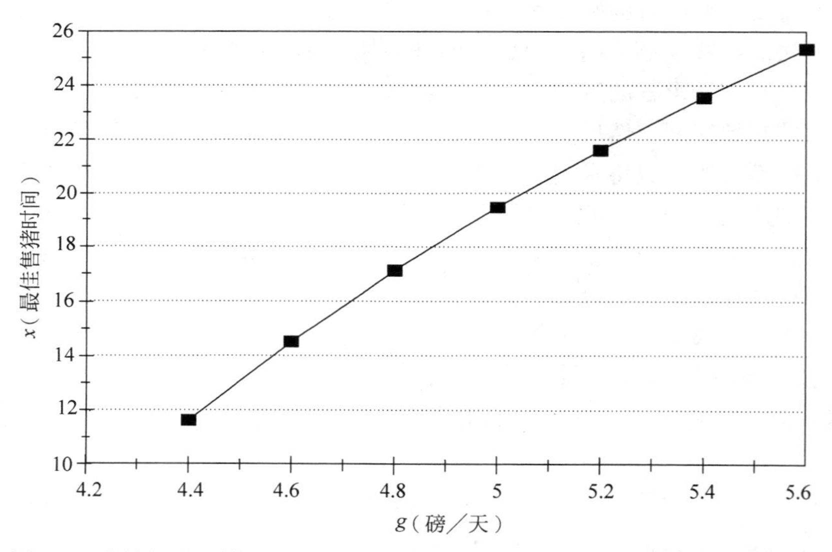

图 3-6　非线性增重模型下的售猪问题的最佳售猪时间 x 关于生长率 g 的图像

现在我们已经求出了 x 关于猪的初始重量和生长率的灵敏性．其他的灵敏性与第 1 章中讨论的原始问题是相同的，这是因为目标函数关于其中的其他参数的出现形式都没有变化．

现在得到的最优解与第 1 章中给出的解有显著的不同（现在为 19 到 20 天，而第 1 章中为 8 天），这使得对我们模型的稳健性有很大的疑问．假设

$$p = 0.65 - 0.01t$$

是否在三周的时间内一直成立也是需要认真考虑的问题．关于价格的其他模型当然也应该与一头有代表性的猪的生长过程的更复杂模型一同考虑．在本章最后的练习中涉及了一些关于稳健性的内容．我们现在能够说的就是：如果猪的生长率不下降，如果价格下降的速度不加快，我们就应当将猪再多养一个星期．到那时，我们将以新的数据为基础重新讨论．

65

3.2 多变量最优化

关于求一个多元函数的整体最优值点的实际问题与上一节讨论的问题在很多地方都是相似的．由于维数的增加，问题的复杂度也增加了．对维数 $n>3$ 的情况，图像法已不再适用．对方程 $\nabla f=0$ 的求解也由于独立变量个数的增加而变得很复杂．有约束的最优化问题由于可行域的几何形状可能很复杂，求解也更为困难．

例 3.2　一个城郊的社区计划更新他们的消防站．原来的消防站设置在历史上的市中心，城市规划人员要将新的消防站设置得更科学合理．对响应时间数据的统计分析给出：对离救火站 r 英里处打来求救电话，需要的响应时间估计为 $3.2+1.7r^{0.91}$ 分钟．(第 8 章的习题 16、17 涉及了推导此公式的内容．)图 3-7 中给出了从消防官员处得到的从城区的不同区域打来的求救电话频率的估计数据．其中每一格代表一平方英里[⊖]，格内的数字为每年从此区域打来的紧急求救电话的数量．求新的消防站的最佳位置．

3	0	1	4	2	1
2	1	1	2	3	2
5	3	3	0	1	2
8	5	2	1	0	0
10	6	3	1	3	1
0	2	3	1	1	1

图 3-7　城区的每一平方英里区域每年发生的紧急呼救次数地图(上北右东)

我们用(x, y)坐标来标记城区的地图上的位置．其中 x 为按英里到城市西部边界的距离，y 为按英里到南部边界的距离．例如，$(0, 0)$为地图的左下角，$(0, 6)$为地图的左上角．为简单起见，我们将此城区划分为 9 个 2×2 平方英里的正方形子区域，并假设每一次紧急呼救都发生在正方形的中心．如果(x, y)是新的消防站的位置，则对求救电话的平均响应时间为 $z=f(x, y)$，其中

66

$$
\begin{aligned}
z=3.2+1.7[&6\sqrt{(x-1)^2+(y-5)^2}^{0.91}\\
&+8\sqrt{(x-3)^2+(y-5)^2}^{0.91}+8\sqrt{(x-5)^2+(y-5)^2}^{0.91}\\
&+21\sqrt{(x-1)^2+(y-3)^2}^{0.91}+6\sqrt{(x-3)^2+(y-3)^2}^{0.91}\\
&+3\sqrt{(x-5)^2+(y-3)^2}^{0.91}+18\sqrt{(x-1)^2+(y-1)^2}^{0.91}\\
&+8\sqrt{(x-3)^2+(y-1)^2}^{0.91}+6\sqrt{(x-5)^2+(y-1)^2}^{0.91}]/84
\end{aligned}
\tag{3-15}
$$

问题是在区域 $0\leqslant x\leqslant6$，$0\leqslant y\leqslant6$ 上对 $z=f(x, y)$ 求最小值．

⊖ 1 平方英里 $=2.590\times10^6\,\mathrm{m}^2$．

图 3-8 为目标函数 f 在可行域上的三维图像．该图显示 f 在 $\nabla f=0$ 的唯一内点达到最小值．图 3-9 为 f 的水平集的等值线图，显示了 $\nabla f=0$ 发生在点 $x=2$，$y=3$ 附近．

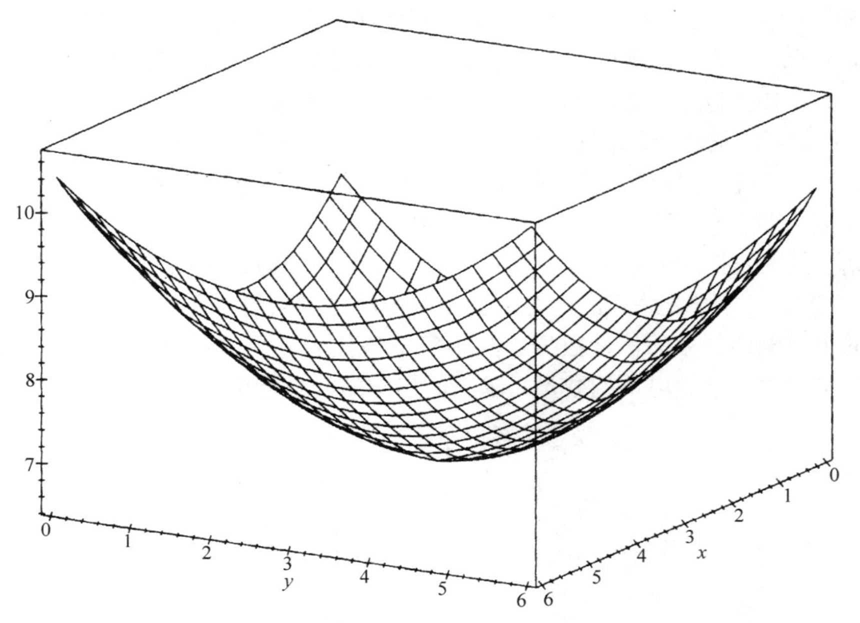

图 3-8 消防站位置问题中平均响应时间 $z=f(x, y)$ 关于地图位置 (x, y) 的三维图像

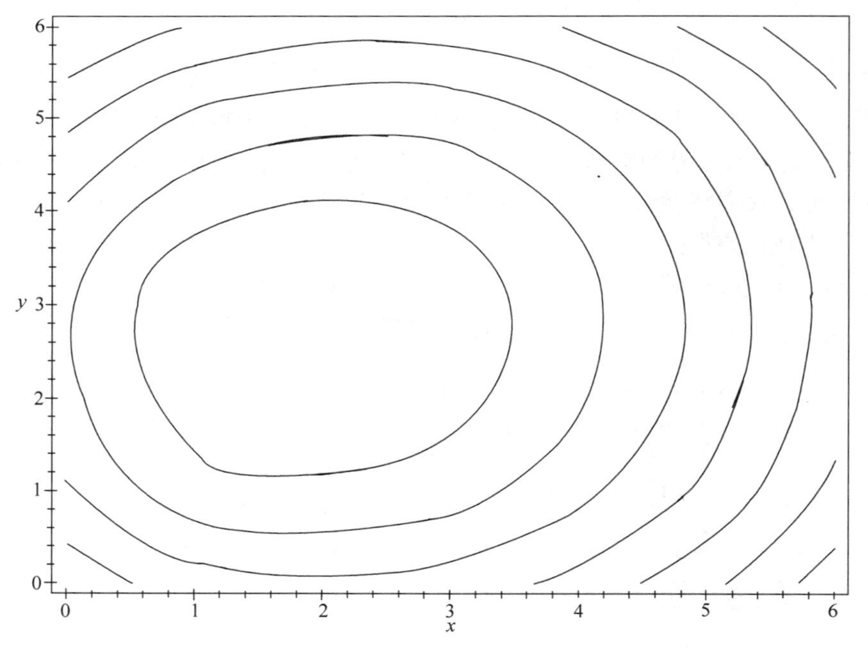

图 3-9 消防站位置问题中平均响应时间 $z=f(x, y)$ 关于地图位置 (x, y) 的等值线图

对此问题当然可以计算出 ∇f，但 $\nabla f=0$ 无法代数求解．进一步的图像分析是可以的，但对多于一个变量的函数进行图像分析是非常麻烦的．我们这里需要的是用一个简单的全局方法对最小值点给出一个估计．

图 3-10 为随机搜索算法．这种最优化方法只是随机地在可行域上选取 N 个点，选择其中使目标函数的值达最小的点．记号随机数$\{S\}$表示在集合 S 中随机选取的一个点．取 $a=0$，$b=6$，$c=0$，$d=6$ 及 $N=1\ 000$，对(3-15)式中的函数采用随机搜索算法，用计算机实现，得到最小值点的近似值为：

$$\begin{aligned} x \min &= 1.66 \\ y \min &= 2.73 \\ z \min &= 6.46 \end{aligned} \tag{3-16}$$

```
算法：随机搜索方法
变量：a = x 的下限
      b = x 的上限
      c = y 的下限
      d = y 的上限
      N = 迭代次数
      x min = 最小点 x 坐标的近似解
      y min = 最小点 y 坐标的近似解
      z min = 最小点 F(x, y)值的近似解
输入：a, b, c, d, N
过程：开始
      x←Random{[a, b]}
      y←Random{[c, d]}
      z min←F(x, y)
      对n = 1 到 N 循环
        开始
        x←Random{[a, b]}
        y←Random{[c, d]}
        z←F(x, y)
        若z < z min，则
          x min←x
          y min←y
          z min←z
        结束
      结束
输出：x min, y min, z min
```

图 3-10　随机搜索方法的伪代码

由于该算法采用了随机数，所以输入同样数据，再一次执行此程序可能会得到略有不同的解．随机搜索的精确程度与 N 个点在整个可行域上按均匀网格分布的情况大致相当．这样的网格应该有 32×32 个网格点($32^2\approx1\ 000$)，因此在 x 和 y 方向上的精度都约为 $6/32\approx0.2$. 由于在最小点有 $\nabla f=0$，我们得到的 z 的精度会高很多．除了随机搜索外，另一种方

法是格点搜索(在 N 个等距节点处检查 $z=F(x, y)$). 格点搜索方法的性能基本上与随机搜索相同，但随机搜索方法更灵活，也更容易实现.

(3-16)式中的最小点位置(1.7, 2.7)及相应的平均响应时间 6.46 分钟的估计值是由在可行域中取 $N=1\ 000$ 个随机点对目标函数求值得到的. 增加 N 会得到更高精度的解. 但这一简单的全局方法的特性并不适于通过增加 N 来提高精度. 解每多增加一位小数的精确度，就要求 N 扩大 100 倍. 因此这一方法只适于得到最优解的一个粗略的近似. 对我们现在的问题，这样求出的解已经足够好了. 由于我们在前面为简化所做的假设，消防站的位置有 1 英里的误差，因此现在要求更高的精度是没有必要的. 可以给出一个足够近似的答案为：消防站的位置应该在地图上的(1.7, 2.7)附近，这样平均的响应时间约为 6.5 分钟. 准确的位置要受一些模型中没有体现的因素的影响，如道路的位置、在最优位置所在区域的可用土地情况等. 考虑不同的"最优"位置也是合理的，见习题 3.6.

67 ~ 69

对响应时间关于最终给出的消防站位置的灵敏性做出估计是非常重要的. 由于在最优点有 $\nabla f=0$，我们不期望 f 在(1.7, 2.7)附近有太大的变化. 为得到 f 关于最优点附近的 (x, y) 的灵敏性的一个具体的结果，我们将 x，y 的范围改为 $1.5\leqslant x\leqslant 2$，$2.5\leqslant y\leqslant 3$，$f$ 改为 $-f$，再一次运行随机搜索程序. 取 $N=100$，得到 f 在这个区域的最大值约为 6.49 分钟，或者说大约比观察到的最优时间长 0.03 分钟. 这对在此边长半英里的正方形区域内哪一点设置消防站的实际应用不会有什么影响.

上述例子中采用的随机搜索方法虽然简单，但较慢. 对一些要求更高精度的问题，则不适于采用这一方法. 如果涉及的函数像例 3.2 中的目标函数一样复杂，用这种方法很难求得精确的解. 更精确、更有效地求解多变量函数的整体最优化问题的方法绝大多数都以梯度为基础. 对我们下面讨论的例子，由于梯度很容易计算，用这些方法更容易处理.

例 3.3 一家草坪家具的生产厂生产两种草坪椅. 一种是木架的，一种是铝管架的. 木架椅的生产价格为每把 18 美元，铝管椅为每把 10 美元. 在产品出售的市场上，可以售出的数量依赖于价格. 据估计，若每天欲售出 x 把木架椅和 y 把铝管椅，木架椅的出售价格不能超过 $10+31x^{-0.5}+1.3y^{-0.2}$ 美元/把，铝管椅的出售价格不能超过 $5+15y^{-0.4}+0.8x^{-0.08}$ 美元/把. 求最优的生产量.

目标为在生产量的可行域 $x\geqslant 0$，$y\geqslant 0$ 上对利润函数 $z=f(x, y)$(美元/天)求最大值. 这里

$$\begin{aligned} z = & x(10+31x^{-0.5}+1.3y^{-0.2})-18x \\ & +y(5+15y^{-0.4}+0.8x^{-0.08})-10y \end{aligned} \tag{3-17}$$

图 3-11 给出了 f 的图像. 图像显示 f 有一个唯一的达极大值的内点，此点满足 $\nabla f=0$. 图 3-12 画出了 f 的水平集图. 由图可见，最大值出现在 $x=5$，$y=6$ 附近. 我们计算梯度 $\nabla f(x,y)=(\partial z/\partial x, \partial z/\partial y)$，得到

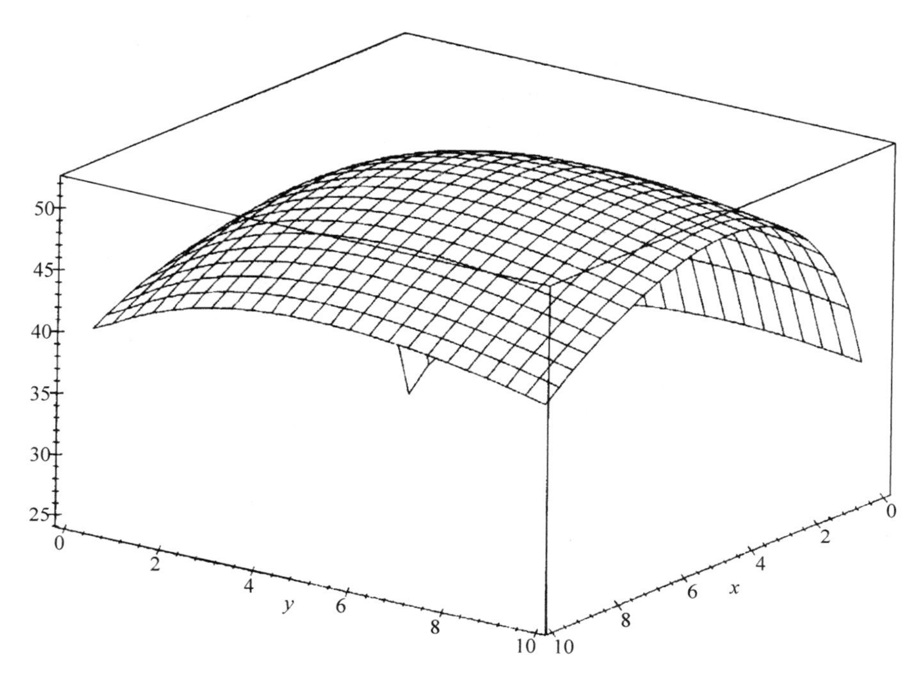

图 3-11　草坪椅问题中利润 $z=f(x, y)$ 关于每天的木架椅产量 x 和铝管椅产量 y 的三维图像

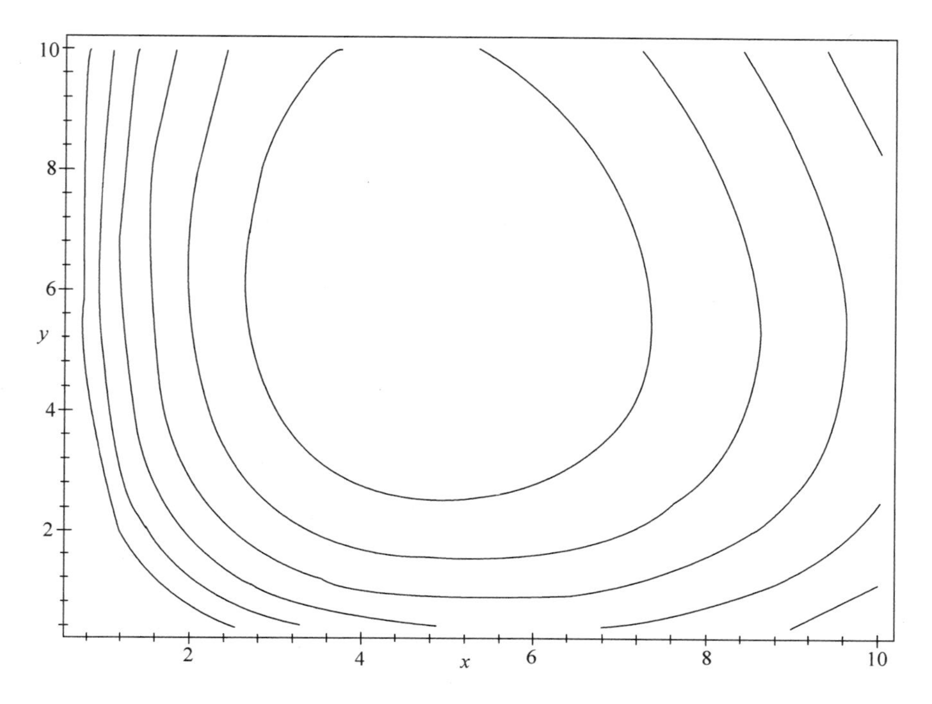

图 3-12　草坪椅问题中利润 $z=f(x, y)$ 关于每天的木架椅产量 x 和铝管椅产量 y 的等值线图

70～71

$$\frac{\partial z}{\partial x} = 15.5x^{-0.5} - 8 + 1.3y^{-0.2} - 0.064yx^{-1.08}$$
$$\frac{\partial z}{\partial y} = 9y^{-0.4} - 5 + 0.8x^{-0.08} - 0.26xy^{-1.2} \tag{3-18}$$

在区域$0 \leqslant x \leqslant 10$，$0 \leqslant y \leqslant 10$上应用$N = 1\,000$个点的随机搜索算法，得到生产量为每天生产$x = 4.8$，$y = 5.9$把椅子时可达每天52.06美元的最大利润．为得到最优值点的一个更精确的数值近似解，我们用多变量函数的牛顿法来求解梯度方程$\nabla f = 0$. 图3-13给出了两个变量的牛顿法算法．

算法： 两个变量的牛顿法
变量： $x(n) = n$次迭代后x坐标的近似解
　　　$y(n) = n$次迭代后y坐标的近似解
　　　$N =$迭代次数
输入： $x(0)$，$y(0)$，N
过程： 开始
　　　对$n = 1$到N循环
　　　　开始
　　　　$q \leftarrow \partial F/\partial x(x(n-1),\ y(n-1))$
　　　　$r \leftarrow \partial F/\partial y(x(n-1),\ y(n-1))$
　　　　$s \leftarrow \partial G/\partial x(x(n-1),\ y(n-1))$
　　　　$t \leftarrow \partial G/\partial y(x(n-1),\ y(n-1))$
　　　　$u \leftarrow -F(x(n-1),\ y(n-1))$
　　　　$v \leftarrow -G(x(n-1),\ y(n-1))$
　　　　$D \leftarrow qt - rs$
　　　　$x(n) \leftarrow x(n-1) + (ut - vr)/D$
　　　　$y(n) \leftarrow y(n-1) + (qv - su)/D$
　　　　结束
　　　结束
输出： $x(N)$，$y(N)$

图3-13　两个变量的牛顿法的伪代码

给定一组可微函数f_1，…，f_n，$(x_1(0),\ \cdots,\ x_n(0))$为如下方程组的根的初始近似值：

$$\begin{aligned} f_1(x_1,\cdots,x_n) &= 0 \\ &\vdots \\ f_n(x_1,\cdots,x_n) &= 0 \end{aligned} \tag{3-19}$$

为简化叙述及说明单变量与多变量牛顿法的联系，我们采用向量记号．记$x = (x_1,\ \cdots,\ x_n)$，$F(x) = (f_1(x),\ \cdots,\ f_n(x))$，我们可以将(3-19)式写为$F(x) = 0$的形式，$x(0)$为其根的初始估计．牛顿法采用线性近似对$F(x) = 0$的准确根构造一个精度不断提高的近似值序列$x(1)$，$x(2)$，$x(3)$，…. 在$x = x(0)$附近，我们有$F(x) \approx F(x(0)) + A(x - x(0))$，其中$A$为$x = x(0)$处的偏导数矩阵：

$$A = \begin{pmatrix} \frac{\partial f_1}{\partial x_1} & \cdots & \frac{\partial f_1}{\partial x_n} \\ \vdots & & \vdots \\ \frac{\partial f_n}{\partial x_1} & \cdots & \frac{\partial f_n}{\partial x_n} \end{pmatrix}$$

这就是切线近似的多变量形式．为得到对 $F(x)=0$ 的准确根的一个更好的估计值 $x=x(1)$，我们令 $F(x(0))+A(x-x(0))=0$，解出 $x=x(1)$，即 $x(1)=x(0)-A^{-1}F(x(0))$．这与在单变量情形下得到的公式的形式是完全相同的，只是这里不能除以导数矩阵，而是要用逆矩阵．当求出的近似解与根充分接近时，每次迭代给出的近似值的准确数位都会是上一次得到的准确数位的两倍．与单变量情况一样，牛顿法得到的近似序列很快地收敛到准确根．

图 3-13 给出的两个变量的牛顿法算法的伪代码中用到了 2×2 矩阵的逆矩阵的计算公式：

$$\begin{pmatrix} q & r \\ s & t \end{pmatrix}^{-1} = \frac{1}{qt-rs}\begin{pmatrix} t & -r \\ -s & q \end{pmatrix}$$

在一般情况下，需要用其他方法计算导数矩阵 A 的逆．有关多变量牛顿法的更多细节请查阅参考文献[Press 等，2002]．

在我们的问题中，有

$$\begin{aligned} F(x,y) &= 15.5x^{-0.5} - 8 + 1.3y^{-0.2} - 0.064yx^{-1.08} \\ G(x,y) &= 9y^{-0.4} - 5 + 0.8x^{-0.08} - 0.26xy^{-1.2} \end{aligned} \tag{3-20}$$

从而可以计算出

$$\begin{aligned} \frac{\partial F}{\partial x} &= 0.069\,12yx^{-2.08} - 7.75x^{-1.5} \\ \frac{\partial F}{\partial y} &= -0.064x^{-1.08} - 0.26y^{-1.2} \\ \frac{\partial G}{\partial x} &= -0.064x^{-1.08} - 0.26y^{-1.2} \\ \frac{\partial G}{\partial y} &= 0.312xy^{-2.2} - 3.6y^{-1.4} \end{aligned} \tag{3-21}$$

72 ~ 73

取 $x(0)=5$，$y(0)=5$，用两个变量的牛顿法的计算机程序进行 $N=10$ 次迭代求解，得到

$$\begin{aligned} x &= 4.689\,59 \\ y &= 5.851\,99 \end{aligned} \tag{3-22}$$

作为所求根的近似值．为保证解的可靠性，再取 $N=15$ 计算一次．将结果代入到(3-17)式中，得到 $z=52.072\,7$. 因此，草坪椅问题的最优解为：每天生产 4.69 把木架椅、5.85 把铝管椅，可得到每天 52.07 美元的利润．

与单变量情况相同，求方程组的数值近似解也是一个两步过程．首先要用一个全局方

法估计出根的位置．如果只有两个变量，可以采用图像法，但对大多数问题则需要采用某个数值方法(如随机搜索法)．也可以采用一些较复杂的全局算法，它们通常都适用于某类特殊的问题．下一步我们要用一个快速的局部方法来求高精确度的解，所求出的解的可靠性要通过对能够控制精度的参数进行灵敏性分析，或将数值解带回到原始的方程组中来验证．牛顿法是一个需要计算偏导数的非常快的局部方法．还有许多对偏导数做近似的改进牛顿法，可以参见参考文献[Press 等，2002]．大多数电子数据表格软件和计算机代数系统都有多变量方程的求解工具，在大多数数值分析软件的库函数和工具包中也有相应的求解工具．它们的使用都要从用一个全局方法对根的位置做出初始估计开始，然后用求解工具求出解，并照常对解加以验证．不要仅仅输入方程组，用工具求解后就接受它给出的解，这样可能会导致严重的误差．许多电子数据表格软件、计算机代数系统及数值分析软件包都具有多变量数值最优化工具，通常其程序都采用基于对导数进行数值逼近的变形的牛顿法．对这些程序我们也有同样的建议：首先采用一个全局方法估计最优解的近似值，然后用数值最优化工具求解，最后对参数的容许值进行灵敏性分析，以保证结果的正确．

有约束的多变量最优化问题的求解更加困难．在某些情况下，最优解出现在可行域的内部，从而我们可将问题视为无约束的情况．当最优解出现在边界上时，情况会更为复杂．对这类问题没有简单的、一般有效的计算方法．现有的方法只适用于一些具有特定性质的特殊类型的问题．我们会在下一节中讨论其中最重要的问题．

3.3 线性规划

74

有约束的多变量最优化问题通常总是难以求解的．人们研究了许多计算方法来处理一些特殊类型的多变量最优化问题，但仍缺乏较好的一般性的方法，即使是非常复杂的一般性方法也不存在．讨论这类问题的新的计算方法的研究领域称为*非线性规划*，这是个非常活跃的领域．

最简单的一类有约束的多变量最优化问题的目标函数和约束函数都是线性的，对这类问题的计算方法的研究称为*线性规划*．线性规划的软件包非常普及，并且经常被应用于制造业、投资、农业、运输和政府机构．典型的大规模问题包括数千个决策变量和数千个约束．在许多有资料可查的事例中，基于线性规划模型的运筹分析节约了数百万美元的资金．详细的资料可以在运筹学和管理学的文献中找到．

例3.4 一个家庭农场有625英亩[㊀]的土地可以用来种植农作物．这个家庭考虑种植的农作物有玉米、小麦和燕麦．预计可以有1 000英亩-英尺的灌溉用水，农场工人每周可以投入的工作时间为300小时．其他的数据在表3-2中给出．为获得最大收益，每种作物应该各种植多少？

㊀ 1英亩 $=4\ 046.856\text{m}^2$．

表 3-2 例 3.4 中农场问题的有关数据

条件 (每英亩)	作物		
	玉米	小麦	燕麦
灌溉用水(英亩—英尺)	3.0	1.0	1.5
劳力(人—小时/周)	0.8	0.2	0.3
收益(美元)	400	200	250

我们采用五步方法．第一步的结果显示在图 3-14 中．第二步为选择建模方法．我们用线性规划模型来处理这一问题．

变量：x_1 = 种植玉米的英亩数

x_2 = 种植小麦的英亩数

x_3 = 种植燕麦的英亩数

w = 需要的灌溉用水(英亩—英尺)

l = 需要的劳力(人—小时/周)

t = 种植作物的总英亩数

y = 总收益(美元)

假设：$w = 3.0x_1 + 1.0x_2 + 1.5x_3$

$l = 0.8x_1 + 0.2x_2 + 0.3x_3$

$t = x_1 + x_2 + x_3$

$y = 400x_1 + 200x_2 + 250x_3$

$w \leqslant 1\ 000$

$l \leqslant 300$

$t \leqslant 625$

$x_1 \geqslant 0$；$x_2 \geqslant 0$；$x_3 \geqslant 0$

目标：求 y 的最大值

图 3-14 农场问题的第一步的结果

线性规划模型的标准形式(不等式形式)如下：在由约束

$$\begin{gathered} a_{11}x_1 + \cdots + a_{1n}x_n \leqslant b_1 \\ \vdots \\ a_{m1}x_1 + \cdots + a_{mn}x_n \leqslant b_m \end{gathered} \tag{3-23}$$

及 $x_1 \geqslant 0$，…，$x_n \geqslant 0$ 定义的可行域上对目标函数 $y = f(x_1, \cdots, x_n) = c_1x_1 + \cdots + c_nx_n$ 求最大值．这是第 2 章中讨论的有约束的多变量最优化问题的一种特殊情况．记

$$\begin{gathered} g_1(x_1, \cdots, x_n) = a_{11}x_1 + \cdots + a_{1n}x_n \\ \vdots \\ g_m(x_1, \cdots, x_n) = a_{m1}x_1 + \cdots + a_{mn}x_n \end{gathered} \tag{3-24}$$

及

$$g_{m+1}(x_1, \cdots, x_n) = x_1$$
$$\vdots$$
$$g_{m+n}(x_1, \cdots, x_n) = x_n$$

约束可以写为 $g_1 \leqslant b_1$，…，$g_m \leqslant b_m$，及 $g_{m+1} \geqslant 0$，…，$g_{m+n} \geqslant 0$. 满足这些约束的 $(x_1, \cdots, x_n)$ 的集合称为**可行域**，表示决策变量 x_1，…，x_n 的所有可行的取值. 由于 $\nabla f = (c_1, \cdots, c_n)$ 不可能是零，因此函数不可能在其可行域的内部达最大值. 在边界上的最大值点上，我们有

$$\nabla f = \lambda_1 \nabla g_1 + \cdots + \lambda_{m+n} \nabla g_{m+n} \tag{3-25}$$

这里只有第 i 个约束是关键约束时才有 $\lambda_i \neq 0$. 对 $i = 1$，…，m，拉格朗日乘子 λ_i 代表了若将第 i 个约束的限制条件放松一个单位(即将第 i 个约束改为 $g_i(x_1, \cdots, x_n) \leqslant b_i + 1$)，目标函数 $y = f(x_1, \cdots, x_n)$ 最大值的可能的增加量. 线性规划问题的最优解的计算通常采用**单纯形法**的变形，用计算机来完成. 这一方法的基础是最优解一定会出现在可行域的某个顶点处(你很容易验证这一点). 我们不讨论单纯形法的代数细节，而是将重点放在介绍正确使用线性规划软件包所需要了解的内容上.

75～76

在单纯形法中，顶点坐标的计算采用线性规划模型的另一种标准形式(等式形式)：在由约束

$$\begin{aligned}
a_{11}x_1 + \cdots + a_{1n}x_n + x_{n+1} \qquad\qquad &= b_1 \\
a_{21}x_1 + \cdots + a_{2n}x_n \qquad + x_{n+2} \qquad &= b_2 \\
&\ \vdots \\
a_{m1}x_1 + \cdots + a_{mn}x_n \qquad\qquad + x_{n+m} &= b_m
\end{aligned} \tag{3-26}$$

及 $x_1 \geqslant 0$，…，$x_{n+m} \geqslant 0$ 定义的集合上对 $y = c_1x_1 + \cdots + c_nx_n$ 求最大值. 变量 x_{n+i} 称为**松弛变量**，因为它代表了第 i 个约束的松弛剩余量. 当松弛变量 $x_{n+i} = 0$ 时第 i 个约束为关键约束. 一个顶点的坐标可以通过令变量 x_1，…，x_{m+n} 中的 n 个变量为零值后，求解相应的 m 个未知数、m 个方程的联立方程组得到. 如果剩下的 m 个变量(称为**基变量**)的值都是非负，则这个顶点为可行的.

假设我们有一个中等规模的线性规划问题，包含 $n = 50$ 个变量和 $m = 100$ 个约束，则顶点的数目等于从 150 个变量(50 个决策变量加上 100 个松弛变量)中选择 50 个取为零的变量的全部可能情况的数量. 从 150 中选 50 的数量为 $(150!)/(50!)(100!)$，约为 2×10^{40}. 一个每十亿分之一秒可以检查一个顶点的计算机程序要运行约 8×10^{30} 年才能解出这个问题. 这是一个典型的线性规划应用的例子. 单纯形法只计算从顶点中选出的一个子集(总数的非常小的一部分). 一个规模为 $n = 50$，$m = 100$ 的线性规划问题可以在一台大型机上很快地解出. 在我们写这本书的时候，这样规模的问题已经达到了在个人计算机上用合理的时间求解的上

限，但在不久的将来，随着技术的进步，这一限制一定会放宽．一般地，用单纯形法求解线性规划问题的执行时间正比于 m^3，因此处理器速度提高一个数量级会使能用这台机器处理的线性规划问题的规模提高到两倍以上．对本书中的问题，任何好的单纯形法计算机执行程序都是适用的，建议不要用手算求解这些问题．

77

第三步是将线性规划模型表示为标准形式．在我们的问题中，决策变量为每种作物种植的英亩数为 x_1，x_2，x_3．我们要在集合

$$\begin{aligned} 3.0x_1 + 1.0x_2 + 1.5x_3 &\leqslant 1\,000 \\ 0.8x_1 + 0.2x_2 + 0.3x_3 &\leqslant 300 \\ x_1 + x_2 + x_3 &\leqslant 625 \end{aligned} \tag{3-27}$$

及 $x_1 \geqslant 0$，$x_2 \geqslant 0$，$x_3 \geqslant 0$ 上对总收益 $y = 400x_1 + 200x_2 + 250x_3$ 求最大值．

第四步为求解问题．我们用由 Linus Schrage 所写的单纯形法计算机执行程序 LINDO 来求解．第四步的结果表示在图 3-15 中．最优解为 $Z = 162\,500$，$x_1 = 187.5$，$x_2 = 437.5$，$x_3 = 0$. 由于第二行与第四行的松弛变量为零，所以第一个和第三个约束为关键约束．而第三行的松弛变量等于 62.5，因此第二个约束条件不是关键的．

```
MAX      400 X1 + 200 X2 + 250 X3
SUBJECT TO
         2)   3 X1 + X2 + 1.5 X3 <=   1000
         3)   0.8 X1 + 0.2 X2 + 0.3 X3 <=   300
         4)   X1 + X2 + X3 <=   625
END

LP OPTIMUM FOUND AT STEP      2

         OBJECTIVE FUNCTION VALUE

         1)     162500.000

VARIABLE         VALUE            REDUCED COST
      X1        187.500000           .000000
      X2        437.500000           .000000
      X3           .000000          -.000015

     ROW      SLACK OR SURPLUS     DUAL PRICES
      2)           .000000         100.000000
      3)         62.500000            .000000
      4)           .000000          99.999980

NO. ITERATIONS=        2
```

图 3-15 用线性规划软件包 LINDO 求出的农场问题的最优解

第五步为回答问题．问题为每种作物应该各种植多少．最优的方案为种玉米 187.5 英亩，种小麦 437.5 英亩，不种燕麦．这样可以得到 162 500 美元的收益．我们求出的最优的作物种植方案用光了 625 英亩的土地和 1 000 英亩-英尺的灌溉用水，但在可用的每周 300 人-小时的劳力中只用掉了 237.5．这样每周有 62.5 人-小时可以用于其他可获利的工作或空闲下来．

我们的灵敏性分析首先从考虑可用的灌溉用水量开始．这个量会由于降水和温度而改变，这会影响农场的蓄水池的水量．还可能从附近的农场购买额外的灌溉用水．图 3-16 显示了增加 1 英亩-英尺的灌溉水量对最优解的影响．现在我们可以多种半英亩的玉米(可获利更多的作物)，而且还节约了一点劳力(每周 0.3 人-小时)．净收益增加了 100 美元．

```
MAX      400 X1 + 200 X2 + 250 X3
SUBJECT TO
        2)   3 X1 + X2 + 1.5 X3 <=   1001
        3)   0.8 X1 + 0.2 X2 + 0.3 X3 <=   300
        4)   X1 + X2 + X3 <=   625
END

LP OPTIMUM FOUND AT STEP       0

        OBJECTIVE FUNCTION VALUE

        1)     162600.000

VARIABLE          VALUE          REDUCED COST
      X1        188.000000           .000000
      X2        437.000000           .000000
      X3           .000000          -.000015

     ROW     SLACK OR SURPLUS      DUAL PRICES
      2)           .000000        100.000000
      3)         62.200000           .000000
      4)           .000000         99.999980

NO. ITERATIONS=        0
```

图 3-16 用线性规划软件包 LINDO 求出的在农场问题中增加 1 英亩-英尺的灌溉水量的最优解

这 100 美元是该资源的影子价格(灌溉用水)．农场会愿意以不超过 100 美元每英亩-英尺的价格购买额外的灌溉用水．另一方面，农场不会愿意以低于 100 美元每英亩-英尺的价格出让自己拥有的灌溉用水．在图 3-15 中，三种资源(水、劳力和土地)的影子价格称为对偶价格．它们列在相应的松弛变量旁边．增加 1 英亩的土地的价值为 100 美元，额外增加劳力的价值为零，因为劳力已经是过剩的了．

种植每种作物能够获得的每英亩的收益会随着气候和市场变化．图 3-17 显示了玉米收益的少量提高对最优解的影响．这不会影响决策变量 x_1，x_2 和 x_3(每种作物的种植数量)的最优取值．总的收益当然会增加，增加量为 $50x_1=9\ 375$ 美元．影子价格的改变也是值得注意的．由于玉米的收益提高，水的价值更高了．(虽然水和土地约束都是关键的，但水的约束限制了我们种植更多的玉米来取代小麦．)

```
MAX      450 X1 + 200 X2 + 250 X3
SUBJECT TO
        2)   3 X1 + X2 + 1.5 X3 <=   1000
        3)   0.8 X1 + 0.2 X2 + 0.3 X3 <=   300
        4)   X1 + X2 + X3 <=   625
END

LP OPTIMUM FOUND AT STEP       0

       OBJECTIVE FUNCTION VALUE

       1)     171875.000

VARIABLE        VALUE          REDUCED COST
      X1        187.500000         .000000
      X2        437.500000         .000000
      X3           .000000       12.500000

     ROW      SLACK OR SURPLUS     DUAL PRICES
      2)           .000000       125.000000
      3)         62.500000          .000000
      4)           .000000        75.000000

NO. ITERATIONS=         0
```

图 3-17　用线性规划软件包 LINDO 求出的在农场问题中提高玉米的收益后的最优解

图 3-18 显示了如果燕麦的收益比预期的提高一些会出现什么情况．这个参数的一个很小的变化就会对最优解有很显著的影响．现在我们以种燕麦取代了种小麦．玉米的种植量也有相当的减少．显然我们的模型对这个参数很敏感．由于这一情况，需要对这个参数的灵敏性进行更深入的讨论．

记 c 为燕麦的收益(美元/英亩)，从而目标函数为 $f(x)=400x_1+200x_2+cx_3$. 注意 c 的值不影响可行域 S 的形状．取不同的 c 再进行几次计算．当 $c\leqslant 250$ 时最优解出现在顶点 $(187.5,\ 437.5,\ 0)$ 处，而当 $c>250$ 时最优解出现在相邻的顶点 $(41.6\overline{6},\ 0,\ 583.3\overline{3})$ 处，这两个点都在由两个平面

$$
\begin{aligned}
3.0x_1+1.0x_2+1.5x_3&=1\ 000\\
x_1+\quad x_2+\quad x_3&=625
\end{aligned}
\tag{3-28}
$$

相交得到的直线上．考虑这条直线上任一点处的梯度向量 $\nabla f=(400,\ 200,\ c)$，当 $c<250$ 时，梯度向量指向 $x_3=0$ 的顶点，当 $c>250$ 时，梯度向量指向 $x_2=0$ 的顶点．随着 c 的增加，梯度向量从前一个点转向后一个点．当 $c=250$ 时，梯度向量 ∇f 与通过这两点的直线垂直．对这个 c 值，位于这两个顶点之间的线段上的任何一个点都是最优解．

```
MAX      400 X1 + 200 X2 + 260 X3
SUBJECT TO
         2)   3 X1 + X2 + 1.5 X3 <=    1000
         3)   0.8 X1 + 0.2 X2 + 0.3 X3 <=   300
         4)   X1 + X2 + X3 <=   625
END

LP OPTIMUM FOUND AT STEP       1

         OBJECTIVE FUNCTION VALUE

         1)     168333.300

VARIABLE          VALUE             REDUCED COST
      X1          41.666670             .000000
      X2            .000000           13.333340
      X3         583.333300             .000000

     ROW      SLACK OR SURPLUS      DUAL PRICES
      2)            .000000           93.333340
      3)          91.666660             .000000
      4)            .000000          120.000000

NO. ITERATIONS=          1
```

图 3-18　用线性规划软件包 LINDO 求出的在农场问题中提高燕麦的收益后的最优解

模型对参数 c 的灵敏性的实际结果就是我们不知道应该种燕麦还是应该种小麦．收益的一个微小变化就会改变我们的最优决策．根据每英亩的收益会随着天气和市场变化的事实，最好是能给农场主多个选择．任何一种作物的混合种植方式($0\leqslant t\leqslant 1$)

$$\begin{aligned} x_1 &= 187.5t + 41.6\bar{6}(1-t) \\ x_2 &= 437.5t + \quad 0(1-t) \\ x_3 &= \quad 0t + 583.3\bar{3}(1-t) \end{aligned} \tag{3-29}$$

都会用尽现有的土地和灌溉用水资源．每英亩的收益数据有太多的不确定因素，因此无法说明哪个选择会产生最大利润．

有时灵敏性分析要根据将初始的研究结果应用于实际后得到的客户反馈来进行．假设在农场主看到我们的分析结果之后，又接到了有一个新的玉米品种广告的新种子目录．这种新品种玉米较贵，但据称所需灌溉用水量少．图 3-19 为假设种玉米只需要 2.5 英亩-英尺(而不是 3.0)的灌溉用水时的灵敏性计算结果．新品种玉米可多获得 12 500 美元的收益，而在这种情况下，我们当然会比以前种更多的玉米．值得注意的是，这时水的影子价格也提高了 33%．

最后假设农场主想考虑增加另一种新的作物——大麦．一英亩大麦需要 1.5 英亩-英尺的水和 0.25 人-小时的劳力，预期可获得 200 美元的收益．在我们的模型中用一个新的决策变量 x_4 = 大麦的英亩数来表示这种新的作物．图 3-20 为模型的计算结果．与我们的原问题相比结果基本不变．玉米和小麦的混合种植方案仍是最优解，其原因也很容易看出．虽然大麦和小麦的收益是相同的，但大麦需要更多的水和劳力．

```
MAX      400 X1 + 200 X2 + 250 X3
SUBJECT TO
        2)   2.5 X1 + X2 + 1.5 X3 <=   1000
        3)   0.8 X1 + 0.2 X2 + 0.3 X3 <=   300
        4)   X1 + X2 + X3 <=   625
END
LP OPTIMUM FOUND AT STEP       1

        OBJECTIVE FUNCTION VALUE

        1)    175000.000

VARIABLE          VALUE           REDUCED COST
      X1       250.000000            .000000
      X2       375.000000            .000000
      X3          .000000          16.666680

     ROW     SLACK OR SURPLUS      DUAL PRICES
      2)          .000000         133.333300
      3)        25.000000            .000000
      4)          .000000          66.666660

NO. ITERATIONS=        1
```

图 3-19　用线性规划软件包 LINDO 求出的在农场问题中种植低用水量的玉米时的最优解

```
MAX      400 X1 + 200 X2 + 250 X3 + 200 X4
SUBJECT TO
       2)   3 X1 + X2 + 1.5 X3 + 1.5 X4 <=   1000
       3)   0.8 X1 + 0.2 X2 + 0.3 X3 + 0.25 X4 <= 300
       4)   X1 + X2 + X3 + X4 <=   625
END
LP OPTIMUM FOUND AT STEP       1

       OBJECTIVE FUNCTION VALUE

       1)    162500.000

VARIABLE          VALUE          REDUCED COST
      X1       187.500000            .000000
      X2       437.500000            .000000
      X3          .000000          -.000015
      X4          .000000         49.999980

     ROW     SLACK OR SURPLUS      DUAL PRICES
      2)          .000000        100.000000
      3)        62.500000            .000000
      4)          .000000         99.999980

NO. ITERATIONS=        1
```

图 3-20　用线性规划软件包 LINDO 求出的在农场问题中增加新作物大麦时的最优解

例 3.5 一家大建筑公司正在三个地点开掘．同时又在其他四个地点建筑，这里需要土方的填充．在 1、2、3 处挖掘产生的土方分别为每天 150，400，325 立方码[⊖]．建筑地点 A、B、C、D 处需要的填充土方分别为每天 175，125，225，450 立方码．也可以从地点 4 用每立方码 5 美元的价格获得额外的填充土方．填充土方运输的费用约为一货车容量每英里 20 美元，一辆货车可以搬运 10 立方码的土方．表 3-3 给出了各地点间距离的英里数．求使公司花费最少的运输计划．

表 3-3 例 3.5 中土方问题的英里数：建筑地点间的距离

挖掘地点	接收填充土方的地点			
	A	B	C	D
1	5	2	6	10
2	4	5	7	5
3	7	6	4	4
4	9	10	6	2

我们采用五步方法．第一步的结果显示在图 3-21 中．例如，我们可以每天从地点 1 运出不超过 150 立方码的土方，而我们至少要向地点 A 运去 175 立方码的土方．由于运 10 立方码的土方每英里要花费 20 美元，从地点 $i=1$，2，3 向地点 $j=\mathrm{A}$，B，C，D 运 1 立方码的土方每英里需要 2 美元．如果从地点 4 运出，还要增加每立方码 5 美元的费用．假设只要我们愿意付费，从地点 4 可以获得的土方量就是不受限制的．

第二步是选择建模方法．我们用线性规划模型来处理这一问题，并用电子数据表格软件来求解．大多数电子数据表格软件都包含一个解方程工具或一个采用单纯形法的最优化工具．如果一个线性规划问题不是(3-23)或(3-26)式中定义的标准形式，可以很容易地将其转化为标准形式．例如，若对目标函数 $y=f(x_1,\ \cdots,\ x_n)$ 求最小值，可以化为对 $-y$ 求最大值．很多软件都可以自动进行这些转化，从而允许问题以更自然的形式表示．对运输问题，单纯形法有一个特别的改进方法，这种运输单纯形法对大规模的问题的求解效率很高．对我们现在的问题，一般的单纯形法就足够了．

78 ~ 84

第三步是将问题表示为线性规划模型的形式．在这个问题中，决策变量为从地点 i 运往地点 j 的以立方码为单位的土方数 x_{ij}，目标为求总运费 $y=C$ 的最小值，这里

$$\begin{aligned} y = & 10x_{1\mathrm{A}} + 4x_{1\mathrm{B}} + 12x_{1\mathrm{C}} + 20x_{1\mathrm{D}} \\ & + 8x_{2\mathrm{A}} + 10x_{2\mathrm{B}} + 14x_{2\mathrm{C}} + 10x_{2\mathrm{D}} \\ & + 14x_{3\mathrm{A}} + 12x_{3\mathrm{B}} + 8x_{3\mathrm{C}} + 8x_{3\mathrm{D}} \\ & + 23x_{4\mathrm{A}} + 25x_{4\mathrm{B}} + 17x_{4\mathrm{C}} + 9x_{4\mathrm{D}} \end{aligned} \tag{3-30}$$

⊖ 1 立方码 $=0.765\mathrm{m}^3$.

变量：x_{ij} = 从地点 i 运到地点 j 的土方量（立方码）

s_i = 从地点 i 运出的土方量（立方码）

r_j = 运到地点 j 的土方量（立方码）

c_{ij} = 从地点 i 运到地点 j 的土方运输费用（美元/立方码）

d_{ij} = 地点 i 到地点 j 的距离（英里）

C = 总运费（美元）

假设：$s_1 = x_{1A} + x_{1B} + x_{1C} + x_{1D}$

$s_2 = x_{2A} + x_{2B} + x_{2C} + x_{2D}$

$s_3 = x_{3A} + x_{3B} + x_{3C} + x_{3D}$

$s_4 = x_{4A} + x_{4B} + x_{4C} + x_{4D}$

$r_A = x_{1A} + x_{2A} + x_{3A} + x_{4A}$

$r_B = x_{1B} + x_{2B} + x_{3B} + x_{4B}$

$r_C = x_{1C} + x_{2C} + x_{3C} + x_{4C}$

$r_D = x_{1D} + x_{2D} + x_{3D} + x_{4D}$

$s_1 \leqslant 150$，$s_2 \leqslant 400$，$s_3 \leqslant 325$

$r_A \geqslant 175$，$r_B \geqslant 125$，$r_C \geqslant 225$，$r_D \geqslant 450$

$c_{ij} = 2d_{ij}$，若 $i = 1, 2, 3$，或 $c_{ij} = 2d_{ij} + 5$，若 $i = 4$.

其中 d_{ij} 在表 3-3 中给出

其中：

$$
\begin{aligned}
C = {} & c_{1A}x_{1A} + c_{1B}x_{1B} + c_{1C}x_{1C} + c_{1D}x_{1D} \\
& + c_{2A}x_{2A} + c_{2B}x_{2B} + c_{2C}x_{2C} + c_{2D}x_{2D} \\
& + c_{3A}x_{3A} + c_{3B}x_{3B} + c_{3C}x_{3C} + c_{3D}x_{3D} \\
& + c_{4A}x_{4A} + c_{4B}x_{4B} + c_{4C}x_{4C} + c_{4D}x_{4D}
\end{aligned}
$$

$x_{ij} \geqslant 0$，$i = 1, 2, 3, 4$，$j = A, B, C, D$

目标：求 C 的最小值

图 3-21　土方问题的第一步的结果

满足约束

$$
\begin{aligned}
x_{1A} + x_{1B} + x_{1C} + x_{1D} &\leqslant 150 \\
x_{2A} + x_{2B} + x_{2C} + x_{2D} &\leqslant 400 \\
x_{3A} + x_{3B} + x_{3C} + x_{3D} &\leqslant 325 \\
x_{1A} + x_{2A} + x_{3A} + x_{4A} &\geqslant 175 \\
x_{1B} + x_{2B} + x_{3B} + x_{4B} &\geqslant 125 \\
x_{1C} + x_{2C} + x_{3C} + x_{4C} &\geqslant 225 \\
x_{1D} + x_{2D} + x_{3D} + x_{4D} &\geqslant 450
\end{aligned}
\tag{3-31}
$$

及 $x_{ij} \geqslant 0$，$i = 1, 2, 3, 4$；$j = A, B, C, D$.

图 3-22 为此问题的一个电子表格结构．大多数单元格内都有数据．我们在单元格 F9

到 F12，B13 到 E13 及 B15 中定义公式．比如，我们输入 F9 = B9 + C9 + D9 + E9，及 B13 = B9 + B10 + B11 + B12，B15 = B3 * B9 + C3 * C9 + … + D6 * D12 + E6 * E12. 然后我们要告诉电子表格哪个单元格是目标、哪些单元格包含决策变量，并给出约束．具体的细节随不同的电子表格而变化．如果你对怎样使用不熟悉，可以参考你所用的电子表格软件手册或使用在线帮助工具．

A	A	B	C	D	E	F	G
1	花费						
2	地点	A	B	C	D		
3	1	10	4	12	20		
4	2	8	10	14	10		
5	3	14	12	8	8		
6	4	23	25	17	9		
7	解						
8	地点	A	B	C	D	运出量	可用量
9	1	0	0	0	0	0	150
10	2	0	0	0	0	0	400
11	3	0	0	0	0	0	325
12	4	0	0	0	0	0	
13	收到量	0	0	0	0		
14	需求量	175	125	225	450		
15	总运费	0					

85
~
86

图 3-22　用电子数据表格表示的土方问题

第四步是求解问题．图 3-23 显示了用电子表格的 Quattro Pro 最优化工具得到的本问题的解．注意所有的收到量约束都是关键的约束，而运出量的约束则不全是关键的．第五步为回答问题．最优解为每天从地点 1 向地点 B 运输 125 立方码的土方，从地点 2 向地点 A 运输 175 立方码，从地点 3 向地点 C 运输 225 立方码，再向地点 D 运输 100 立方码．D 所需要的剩余 350 立方码的土方从地点 4 获得．购买土方需要的额外费用由于地点 4 与 D 的距离近而抵消．这一运输方案的总费用为每天 7 650 美元．按这一方案，我们没有用掉地点 1、2 的所有挖掘出的土方，因此我们应该做其他安排来处理多余的土方．

我们首先通过检查可以由电子表格的最优化工具自动给出的一些结果报告来进行灵敏性分析．图 3-24 为关于问题的约束的灵敏性报告．注意地点 1 和 2 的约束不是关键的，分别有 25 和 225 的松弛量．这表示在最优方案中，地点 1 挖掘出的土方中有 25 立方码没有被运出，地点 2 有 225 立方码没有被运出．图 3-24 列出的对偶变量为影子价格．由于约束不是关键的，所以地点 1 和 2 的影子价格为零．地点 3 的影子价格为 −1 美元，这意味着如果此约束的限制增加 1 立方码的土方，总运费就会增加 -1 美元．用电子表格求解的一个主要优点就是我们可以很容易地进行灵敏性分析．我们只要简单地在单元格 F12 中将 325 改为 326 再来求最优解即可．得到的最优解(没有显示出来)为 E11 变为 101，E12 变为 349，B15 变为 7 649. 所有其他的决策变量的值都没有改变．换句话说，我们从地点 3 多运 1 立方码到地点 D，每天可节省 1 美元．

A	A	B	C	D	E	F	G
1	花费						
2	地点	A	B	C	D		
3	1	10	4	12	20		
4	2	8	10	14	10		
5	3	14	12	8	8		
6	4	23	25	17	9		
7	解						
8	地点	A	B	C	D	运出量	可用量
9	1	0	125	0	0	125	150
10	2	175	0	0	0	175	400
11	3	0	0	225	100	325	325
12	4	0	0	0	350	350	
13	收到量	175	125	225	450		
14	需求量	175	125	225	450		
15	总运费	7 650					

图 3-23　用电子数据表格求出的土方问题的最优运输方案

87

单元	值	约束	是否关键	松弛量	对偶值	增加量	减少量
地点 1	125	< =150	否	25	0	无限制	25
地点 2	175	< =400	否	225	0	无限制	225
地点 3	325	< =325	是	0	-1	350	100
地点 A	175	> =175	是	0	8	225	175
地点 B	125	> =125	是	0	4	25	125
地点 C	225	> =225	是	0	9	100	225
地点 D	450	> =450	是	0	9	无限制	350

图 3-24　用电子数据表格求出的土方问题的灵敏性分析报告，给出了关于土方的可用量和需求量的变化的灵敏性

地点 A、B、C、D 的影子价格都是正的．例如，地点 C 的影子价格为 9 美元．如果我们在地点 C 多需求 10 立方码的土方，则总费用会增加 90 美元．为验证这一点，我们将 D14 从 225 改为 235，再求最优解．相应的最优解显示在图 3-25 中．我们注意到总费用增加了 90 美

元，从7 650美元增加到7 740美元．现在地点C从地点3接收了235立方码，地点D从地点3接收了90立方码，从地点4接收了360立方码，其他的运输量保持不变．

A	A	B	C	D	E	F	G
1	花费						
2	地点	A	B	C	D		
3	1	10	4	12	20		
4	2	8	10	14	10		
5	3	14	12	8	8		
6	4	23	25	17	9		
7	解						
8	地点	A	B	C	D	运出量	可用量
9	1	0	125	0	0	125	150
10	2	175	0	0	0	175	400
11	3	0	0	235	90	325	325
12	4	0	0	0	360	360	
13	收到量	175	125	235	450		
14	需求量	175	125	235	450		
15	总运费	7 740					

图3-25 用电子数据表格求出的土方问题中地点C的土方需求量增加10立方码的解

图3-24中标记“增加量”与“减少量”的列给出使影子价格保持有效的各个约束条件的增加和减少量．如果我们提高地点C的需求量，从225到不超过325，则总运费会提高每立方码9美元．如果C的需求超过了325，则解的性质会改变．在这个例子中，我们很容易看出为什么C每天需求的土方超过了325立方码时，解的性质会改变．现在我们将地点3的所有土方都运到地点C，但如果C的需求超过了325，我们还要用更高的价格从其他地点运来土方．

图3-26显示了用电子表格给出的关于目标函数的系数的灵敏性的报告．其中的增加量和减少量表示使最优解保持不变的每一个每公里运费数据所允许的增加量和减少量．例如，现在从地点1到地点B的每公里运费为4美元，当减少量不超过4美元、增加量不超过6美元时最优的运输方案不变．总的运费会改变，这是因为我们每天从地点1到地点B运125立方码的土方．考虑单纯形法的几何性质，当我们改变目标函数的系数时，可行域根本没有改变．只有当目标函数变化较大，使得当前的最优解顶点不再保持最优时，最优解才会改变．这时最优解转到另一个顶点．我们可以通过改变单元格C3的值后再求最优解来验证这一点．如果我们在C3中输入0到10之间的某一个值，会得到与图3-23中完全相同的运输方案．如果我们在C3中输入11，运输方案会改变，这时地点B每天会从地点2接

收 125 立方码的土方，而不从地点 1 接收土方 .

变量单元	初始值	最终解	梯度	增加量	减少量
x1A	0	0	10	无限制	2
x2A	0	175	8	2	8
x3A	0	0	14	无限制	7
x4A	0	0	23	无限制	15
x1B	0	125	4	6	4
x2B	0	0	10	无限制	6
x3B	0	0	12	无限制	9
x4B	0	0	25	无限制	21
x1C	0	0	12	无限制	3
x2C	0	0	14	无限制	5
x3C	0	225	8	3	9
x4C	0	0	17	无限制	8
x1D	0	0	20	无限制	11
x2D	0	0	10	无限制	1
x3D	0	100	8	1	3
x4D	0	350	9	1	1

图 3-26　用电子数据表格求出的土方问题的灵敏性分析报告：关于运费的改变的灵敏性

最后我们来讨论模型的稳健性 . 图 3-23 中的最优解显示我们不应将所有挖出的土方都运到其他的建筑工地 . 这就给公司留下了一个问题，就是在哪里放置这些多余的土方 . 公司需要在某处存放这些多余的土方，这就会有额外的花费 . 我们没有关于这些花费的信息，但可以讨论几种可能性 . 假设将所有挖出的土方都运到其他建筑工地用于填充 . 我们知道这不是最优解，但这样会多花费多少呢？我们可以在模型中做少量的改动来求解 . 在第一步中，我们设 $s_1 \leqslant 150$，$s_2 \leqslant 400$，$s_3 \leqslant 325$，现在改为 $s_1 = 150$，$s_2 = 400$，$s_3 = 325$. (3-31) 式中的前三个不等式约束现在用

$$\begin{aligned} x_{1A} + x_{1B} + x_{1C} + x_{1D} &= 150 \\ x_{2A} + x_{2B} + x_{2C} + x_{2D} &= 400 \\ x_{3A} + x_{3B} + x_{3C} + x_{3D} &= 325 \end{aligned} \tag{3-32}$$

来代替，模型中的其他部分都不变 . 在电子表格中改变了这三个约束后求出的最优解的结果显示在图 3-27 中 . 地点 B 和 C 接收的数量与以前相同，但现在地点 A 每天从地点 1 接收了 25 立方码的填充土方，地点 D 每天从地点 2 接收了 250 立方码的填充土方 . 根据这一运输方案，我们只需要从地点 4 购买 100 立方码 . 新的方案解决了 250 立方码的多余土方问

题，每天只多花费300美元的费用，大约为每立方码1美元多一点．我们不知道这两个方案哪个最好．如果公司需要将挖出的土方从工地上运走，那么他们会赞成第二个方案．如果可以在挖掘工地或其附近使用这些土方，则他们会赞成原来的方案．我们应该将两个方案都提供给公司的管理层，让他们来选择．

A	A	B	C	D	E	F	G
1	花费						
2	地点	A	B	C	D		
3	1	10	4	12	20		
4	2	8	10	14	10		
5	3	14	12	8	8		
6	4	23	25	17	9		
7	解						
8	地点	A	B	C	D	运出量	可用量
9	1	25	125	0	0	150	150
10	2	150	0	0	250	400	400
11	3	0	0	225	100	325	325
12	4	0	0	0	100	100	
13	收到量	175	125	225	450		
14	需求量	175	125	225	450		
15	总运费	7 950					

图3-27 用电子数据表格求出的土方问题中将所有挖出的土方都运走的解

3.4 离散最优化

到现在为止，我们在本书中讨论的模型都是连续变量．在许多实际问题中，我们必须要处理离散变量，比如整数．离散数学曾被认为是比较神秘的领域，没有或几乎没有什么实际的应用．随着数字计算机的发明，离散数学变得极其重要．离散最优化对时间安排、物资存储、投资、运输、制造业、生态学和计算机科学等方面的问题都非常有用．在本书后面的内容中离散模型是非常重要的一部分，连续变量与离散变量之间的联系也是数学建模的一个主要内容．

在一些情况下，一个离散最优化问题可以简单地用列出所有可能情况的方法求解．对另一些问题，我们可以采用连续模型，然后用舍入的方法求出最接近的整数解．当连续的决策变量变为离散变量时非线性规化问题通常会难解得多．没有连续性后可行域会变得很复杂，通常用图或树结构来描述．对一些类型的问题已经开发出了有效的求解算法，对这些算法的改进是一个非常活跃的研究领域，但与连续的情形一样，迄今还没有求解离散最优化问题的普遍的有效方法．

在这一节中，我们集中讨论一种类型的离散最优化问题：**整数规划**．整数规划是前一节讨论的线性规划模型的离散情形．它除了是应用最广泛的离散最优化算法之外，与线性规划的相似性也使我们易于比较离散模型和连续模型．另一个好处是大多数线性规划程序软件也可以解整数规划问题，从而我们可以将注意力集中在模型本身上，而不必去学习一个新的软件包．

例 3.6 仍考虑例 3.4 中讨论的家庭农场问题．这个家庭有 625 英亩的土地可以用来种植．有 5 块每块 120 英亩的地和另一块 25 英亩的地．这家人想在每一块地上只种一种作物：玉米、小麦或燕麦．与前面一样，有 1 000 英亩–英尺可用的灌溉用水，每周农场工人可提供 300 小时的劳力．其他的数据在表 3-2 中给出．求应该在每块地中种植哪种作物，从而使总收益达最大．

88～91

我们采用五步方法．第一步的结果显示在图 3-28 中．第二步为选择建模方法．我们用整数规划模型来处理这一问题．

变量： x_1 = 种植玉米的 120 英亩地块数目

x_2 = 种植小麦的 120 英亩地块数目

x_3 = 种植燕麦的 120 英亩地块数目

x_4 = 种植玉米的 25 英亩地块数目

x_5 = 种植小麦的 25 英亩地块数目

x_6 = 种植燕麦的 25 英亩地块数目

w = 需要的灌溉用水(英亩–英尺)

l = 需要的劳力(人–小时/周)

t = 种植作物的总英亩数

y = 总收益(美元)

假设： $w=120(3.0x_1+1.0x_2+1.5x_3)+25(3.0x_4+1.0x_5+1.5x_6)$

$l=120(0.8x_1+0.2x_2+0.3x_3)+25(0.8x_4+0.2x_5+0.3x_6)$

$t=120(x_1+x_2+x_3)+25(x_4+x_5+x_6)$

$y=120(400x_1+200x_2+250x_3)+25(400x_4+200x_5+250x_6)$

$w\leqslant 1\,000$

$l\leqslant 300$

$t\leqslant 625$

$x_1+x_2+x_3\leqslant 5$

$x_4+x_5+x_6\leqslant 1$

$x_1, \cdots, x_6$ 为非负整数

目标： 求 y 的最大值

图 3-28 修改了的农场问题的第一步的结果

整数规划(IP)问题是在线性规划(LP)问题中进一步对决策变量取整数值的情形．目标函数和约束都要求是线性的．求解 IP 问题的最常用的方法是分支定界法．这一方法是通过分支反复求解用来限定 IP 的解的范围的一系列 LP 问题．如果我们在给定的 IP 问题中去掉对决策变量的整数约束，就得到 LP 松弛问题．由于 LP 松弛问题的可行域大于相应的 IP 问题的可行域，所以 LP 松弛问题的决策变量为整数的最优解也就是 IP 问题的最优解．如果有些决策变量不是整数，可以将

92

其分支为两个另外的LP松弛问题．比如，如果LP松弛问题的最优解得到$x_1 = 11/3$，则我们就和原问题一起考虑一个增加新约束$x \leqslant 3$的LP问题，及另一个增加新约束$x \geqslant 4$的LP问题．任何一个整数解一定满足这两个新约束之一．每次求出小数最优解时就继续分支，可以得到一棵LP松弛问题的二叉树．如果其中的某个新LP问题有所有决策变量都是整数的最优解，则这个解可以作为原IP问题的最优解的一个可能选择．由于这个新LP问题的可行域比原问题的小，这个整数解也可以给出原IP问题的最优解的一个可用的下界．系统地分支将树全部分叉，并利用解的上下界，我们最终可以解出原IP问题．由于分支定界法需要单纯形法的多次迭代，对相同规模的问题，求解整数规划问题的时间通常比求解线性规划问题的时间要长得多．

第三步为将问题用公式表示．在我们的问题中，决策变量为种植玉米、小麦和燕麦的120英亩地块的数目及25英亩地块的数目．注意变量x_4，x_5，x_6为二值决策变量，取值只能是0或1. 我们的整数规划问题的标准形式为：在集合

$$\begin{aligned}
360x_1 + 120x_2 + 180x_3 + 75x_4 + 25x_5 + 37.5x_6 &\leqslant 1\,000 \\
96x_1 + 24x_2 + 36x_3 + 20x_4 + 5x_5 + 7.5x_6 &\leqslant 300 \\
x_1 + x_2 + x_3 &\leqslant 5 \\
x_4 + x_5 + x_6 &\leqslant 1
\end{aligned} \tag{3-33}$$

上对总收益$y = 48\,000x_1 + 24\,000x_2 + 30\,000x_3 + 10\,000x_4 + 5\,000x_5 + 6\,250x_6$求最大值，其中$x_1$，…，$x_6$为非负整数．

第四步为求解问题．图3-29为用常用的线性规划软件包LINDO求出的这个整数规划问题的解．命令GIN 6指定了前6个决策变量是非负整数．这个问题中其他所有的用法对IP与LP都是一致的．最优解为$y = 162\,250$，出现在$x_1 = 1$，$x_2 = 2$，$x_3 = 2$，$x_6 = 1$，其他决策变量都是0. 在达最优解时，前两个约束不是关键的，后两个约束是关键的．

第五步为回答问题．如果这个家庭不想分开独立的地块(计划B)，那么最好的方案是在一块120英亩的地块上种玉米，在两块120英亩的地块上种小麦，在两块120英亩的地块上种燕麦，在一块25英亩的地块上种燕麦，这样可以在这一季得到162 250美元的预期收入．这比如果允许在每块地上种多于一种的作物(计划A，最优解在例3.4中求出)，可得到的162 500美元的收益要少约0.2%．计划A用掉了所有的可用土地、可用的灌溉水，在每周300人-小时的可用劳力中有62.5的剩余．计划B用掉了所有的可用土地，但在1 000英亩-英尺的可用灌溉水中只用了其中的997.5，在每周300人-小时的可用劳力中只用了其中的223.5. 我们留给这个家庭去决定哪个计划是最好的．

93

整数规划的灵敏性分析是非常耗时的，这是因为求解IP要比求解LP的时间长很多．这时也没有给我们以指导的影子价格，这是因为随着约束条件的改变达最优解时的目标函数不是光滑的．整数解也不一定恰好出现在约束的边界上，因此最优解也可能对非关键约束的小变化敏感．我们首先讨论可用的灌溉水量．假设有额外的100英亩-英尺的水可用，

```
MAX  48000 X1 + 24000 X2 + 30000 X3 + 10000 X4 + 5000 X5 + 6250 X6
SUBJECT TO
  2)   360 X1 + 120 X2 + 180 X3 + 75 X4 + 25 X5 + 37.5 X6 <= 1000
  3)    96 X1 + 24 X2 + 36 X3 + 20 X4 + 5 X5 + 7.5 X6 <= 300
  4)   X1 + X2 + X3 <= 5
  5)   X4 + X5 + X6 <= 1
END
GIN      6

        OBJECTIVE FUNCTION VALUE

        1)       162250.0

 VARIABLE         VALUE          REDUCED COST
       X1          1.000000      -48000.000000
       X2          2.000000      -24000.000000
       X3          2.000000      -30000.000000
       X4          0.000000      -10000.000000
       X5          0.000000       -5000.000000
       X6          1.000000       -6250.000000

      ROW   SLACK OR SURPLUS      DUAL PRICES
       2)          2.500000          0.000000
       3)         76.500000          0.000000
       4)          0.000000          0.000000
       5)          0.000000          0.000000

 NO. ITERATIONS=      95
```

图 3-29 用线性规划软件包 LINDO 求出的修改了的农场问题的最优解

从而(3-33)式中的 IP 问题中第一个约束的 1 000 由 1 100 所取代. 图 3-30 为用 LINDO 求出的这个 IP 问题的解. 现在我们要在一块 120 英亩和一块 25 英亩的地块上种玉米, 在一块 120 英亩的地块上种小麦, 在其他地块上种燕麦. 最优解对总的可用水量相当敏感, 虽然这一约束在原始的 IP 问题的解中并不是关键约束. 新的方案可以多获得 9 750 美元的预期收入.

94

图 3-29 中的最优解显示了有 2.5 英亩-英尺没有用掉的灌溉用水. 如果我们减少可用水量, 只要总水量不低于 997.5 英亩-英尺, 最优解就不会改变. 这是因为这个解仍是可行的, 而现在可行域缩小了, 因此它一定还是最优解. 图 3-31 显示了只有 950 英亩-英尺可用水时的情况. 这时 IP 问题的最优解为在每块地上都种燕麦. 我们用掉了 937.5 英亩-英尺的水, 所有的土地, 但有每周 112.5 人-小时的劳力剩余. 预期的总收益为 156 250 美元, 这仅比原来的解少了 6 000 美元. 这显示了 IP 问题的解不可预期的特点. 可用水量的 5% 的减少使得我们的种植方案从在 360 英亩的地块上种玉米和小麦变成了到处都种燕麦.

```
MAX  48000 X1 + 24000 X2 + 30000 X3 + 10000 X4 + 5000 X5 + 6250 X6
SUBJECT TO
  2)   360 X1 + 120 X2 + 180 X3 + 75 X4 + 25 X5 + 37.5 X6 <= 1100
  3)    96 X1 + 24 X2 + 36 X3 + 20 X4 + 5 X5 + 7.5 X6 <= 300
  4)   X1 + X2 + X3 <= 5
  5)   X4 + X5 + X6 <= 1
END
GIN      6

        OBJECTIVE FUNCTION VALUE

        1)      172000.0

  VARIABLE        VALUE          REDUCED COST
        X1         1.000000      -48000.000000
        X2         1.000000      -24000.000000
        X3         3.000000      -30000.000000
        X4         1.000000      -10000.000000
        X5         0.000000       -5000.000000
        X6         0.000000       -6250.000000

       ROW   SLACK OR SURPLUS     DUAL PRICES
        2)         5.000000         0.000000
        3)        52.000000         0.000000
        4)         0.000000         0.000000
        5)         0.000000         0.000000

 NO. ITERATIONS=       97
```

95

图 3-30 修改了的农场问题中有 100 英亩–英尺的额外用水时的最优解

```
MAX  48000 X1 + 24000 X2 + 30000 X3 + 10000 X4 + 5000 X5 + 6250 X6
SUBJECT TO
  2)   360 X1 + 120 X2 + 180 X3 + 75 X4 + 25 X5 + 37.5 X6 <= 950
  3)    96 X1 + 24 X2 + 36 X3 + 20 X4 + 5 X5 + 7.5 X6 <= 300
  4)   X1 + X2 + X3 <= 5
  5)   X4 + X5 + X6 <= 1
END GIN      6

        OBJECTIVE FUNCTION VALUE

        1)      156250.0

  VARIABLE        VALUE          REDUCED COST
        X1         0.000000      -48000.000000
        X2         0.000000      -24000.000000
        X3         5.000000      -30000.000000
        X4         0.000000      -10000.000000
        X5         0.000000       -5000.000000
        X6         1.000000       -6250.000000

       ROW   SLACK OR SURPLUS     DUAL PRICES
        2)        12.500000         0.000000
        3)       112.500000         0.000000
        4)         0.000000         0.000000
        5)         0.000000         0.000000

 NO. ITERATIONS=       98
```

图 3-31 修改了的农场问题中可用水量有 50 英亩–英尺减少时的最优解

表 3-4 农场问题中在不同的最小地块尺寸下的最优种植计划的比较

最小地块尺寸(英亩)	玉米(英亩)	小麦(英亩)	燕麦(英亩)	收益(美元)
0	187.5	437.5	0	162 500
1	42	1	582	162 500
2	188	436	0	162 400
5	45	10	570	162 500
10	190	430	0	162 000
20	60	40	520	162 000
50	200	400	0	160 000
100	200	400	0	160 000
125	125	250	250	162 500
150	150	300	150	157 000
200	200	400	0	160 000
250	250	250	0	150 000
300	0	0	600	150 000
500	0	0	500	125 000

主要的稳健性问题是离散和连续最优化之间的关系．我们已经看到了在大地块上种植单一作物对最优种植方案的显著影响．现在我们回到开始的农场问题，考察改变最小的地块的尺寸对解的影响．表 3-4 给出了用 LINDO 求出的在几个不同的最小地块尺寸下的解．例如，当最小地块的尺寸为 2 英亩时，我们的问题为在集合

$$\begin{aligned} 6.0x_1 + 2.0x_2 + 3.0x_3 &\leq 1\,000 \\ 1.6x_1 + 0.4x_2 + 0.6x_3 &\leq 300 \\ x_1 + x_2 + x_3 &\leq 312 \end{aligned} \tag{3-34}$$

上对总收益 $y=800x_1+400x_2+500x_3$ 求最大值，其中 x_1，x_2，x_3 为非负整数，表示种植玉米、小麦和燕麦的 2 英亩的地块的数目．图 3-32 为用 LINDO 求出的最小地块尺寸为 2 英亩时的最优解．最优解为种 94 块玉米(即总数为 $2\times94=188$ 英亩)，种 218 块小麦(436 英亩)，不种燕麦．在这个模型中，我们在剩余的土地中不种作物，因此对最小地块尺寸为 2 英亩的情况，会有 1 英亩的土地没有种作物．表 3-4 中的最优解随着最小地块尺寸的增加变化得非常显著．回忆一下前面的连续最优化模型(LP)，有两个顶点达最优解，分别为：$(x_1, x_2, x_3)=(187.5, 437.5, 0)$，及 $(x_1, x_2, x_3)=(41.\overline{66}, 0, 583.\overline{33})$，达到的最优收益为 $y=162\ 500$. 对最小地块尺寸小的情况，最优的种植方案在对这两个解的离散近似之间跳跃．对最小地块尺寸为 2、10、50 英亩的情况，解与原来的玉米-小麦种植方案相似，对最小地块尺寸为 1、5、20 英亩的情况，解与另一个玉米-燕麦种植方案相似．当最小地块尺寸变大时，最优种植方案和预期收益都有相当大的变化．大的最小地块尺寸既可能得到多的收益，也可能得到少的收益．例如，当地块尺寸为 125 英亩时得到的方案与原来的预期总收益 162 500 美元相同．注意，这时 625 英亩的可用土地可以平均地分为 5

96~97

个 125 英亩的地块，最优解$(x_1, x_2, x_3) = (125, 250, 250)$落在(3-29)式给出的使原 LP 问题达最优解的线段上．但是大多数大尺寸地块情况给出了比较小的预期收益，而且种植方案变化很大．

```
MAX      800 X1 + 400 X2 + 500 X3
SUBJECT TO
       2)   6 X1 + 2 X2 + 3 X3 <=   1000
       3)   1.6 X1 + 0.4 X2 + 0.6 X3 <=   300
       4)   X1 + X2 + X3 <=   312
END
GIN      3

      OBJECTIVE FUNCTION VALUE

      1)      162400.0

VARIABLE         VALUE           REDUCED COST
      X1         94.000000        -800.000000
      X2        218.000000        -400.000000
      X3          0.000000        -500.000000

     ROW      SLACK OR SURPLUS     DUAL PRICES
      2)          0.000000           0.000000
      3)         62.399998           0.000000
      4)          0.000000           0.000000

NO. ITERATIONS=        2
```

图 3-32　农场问题中最小地块尺寸为 2 英亩时的最优解

现在考虑 LP 问题的几何特点和其不同的 IP 近似．当我们选择了一个最小地块尺寸后，就将可行域限制成整数点的网格结构．如果地块的尺寸小，那么这样的整数格点有很多，它们可以覆盖可行域的绝大部分．从某种意义上讲，在可行域的每个点附近都有一个格点．由于目标函数是连续的，我们可以找到 IP 的一个格点解，它接近 LP 的最优解．但当格点分布的距离大时，由于在 LP 的最优解附近可能没有格点，离散化常常会显著地改变最优解．一般而言，只要格点之间的跳跃(在我们的例子中为最小地块尺寸)相对于决策变量是小比例的改变，离散造成的差别就较小．否则，IP 的解会与相应的 LP 松弛的解有很大的不同．

98

例 3.7　仍考虑例 3.5 中的土方问题．在使用 10 立方码载重量的自动倾卸卡车运输的情况下，公司已经确定了最优的运输方案．公司又有三辆更大的卡车可用于运输，载重量为 20 立方码．使用这些车辆可能会在运输中节省一些资金．载重 10 立方码的卡车平均用 20 分钟装车，5 分钟卸车，每小时平均开 20 英里，费用为每英里单位重量 20 美元；载重 20 立方码的卡车平均用 30 分钟装车，5 分钟卸车，每小时平均开 20 英里，费用为每英里单位重量 30 美元．为最大限度地节约运输费用，应如何安排车辆的使用？

我们采用五步方法．第一步为提出问题．现在的问题是哪条路上使用哪种车辆．表 3-5

中为我们在例 3.5 中求出的最优路线．一共有 5 条不同长度的路线，运输土方的总量也是不同的．我们假设在每条路线上使用 10 立方码的卡车或 20 立方码的卡车，但二者不在一条路线上同时使用．由于较大的卡车的运量是较小的两倍，而费用却不到两倍，我们希望将这些卡车安排到可以节约资金最多的路线上．我们需要对每条路线和每种类型的卡车计算出需要卡车的数量和运输的总费用，然后计算在每条路线上使用大卡车可能节约的资金数额．在最优的运输方案中，需要从地点 1 向地点 B 运 125 立方码的土方，距离为 2 英里．这样小卡车需要 20 分钟装车，5 分钟卸车，按每小时 20 英里要开 6 分钟，因此每运一次要 31 分钟．假设每个工作日是 8 小时，这样每天每辆卡车的工作时间不超过 480 分钟．为运走 125 立方码的土方，需要运 13 次，共需 $13 \times 31 = 403$ 分钟，因此对路线 1 一辆小卡车就够用了．一辆小卡车在路线 1 上运输的费用为

$$13\text{ 次} \times \frac{2\text{ 英里}}{\text{次}} \times \frac{20\text{ 美元}}{\text{英里}} = 520\text{ 美元}$$

表 3-5　例 3.7 中卡车问题的运输路线数据

路　线	从	到	英里数	运量(立方码)
1	1	B	2	125
2	2	A	4	175
3	3	C	4	225
4	3	D	4	100
5	4	D	4	350

大卡车需要 30 分钟装车，5 分钟卸车，在路线 1 上要开 6 分钟，因此每运一次要 41 分钟．为运走 125 立方码的土方，需要运 7 次，共需 $7 \times 41 = 287$ 分钟，从而对路线 1 一辆大卡车就够用了．一辆大卡车在路线 1 上运输的费用为

99

$$7\text{ 次} \times \frac{2\text{ 英里}}{\text{次}} \times \frac{30\text{ 美元}}{\text{英里}} = 420\text{ 美元}$$

在路线 1 上可以节约的费用为 100 美元．类似地算出在其他的路线上节约的费用和需要的卡车数．第一步的结果表示在图 3-33 中．

变量： $x_i = 1$，如果在路线 i 上使用大卡车
$x_i = 0$，如果在路线 i 上使用小卡车
T = 用的大卡车总数
y = 节约的总费用(美元)

假设： $T = 1x_1 + 1x_2 + 2x_3 + 1x_4 + 2x_5$
$y = 100x_1 + 360x_2 + 400x_3 + 200x_4 + 640x_5$
$T \leqslant 3$

目标： 求 y 的最大值

图 3-33　卡车问题的第一步的结果

第二步为选择建模方法．我们采用二值整数规划模型(BIP)来处理这一问题．BIP 问题是决策变量为二值数码的 IP 问题，只可以取整数值 0 或 1．通常用 BIP 问题来表现是/否决策．其典型应用包括分配问题、时间安排、设备位置及投资问题．BIP 问题有比通常的 IP 问题算法快得多的特殊算法．对本书中的小型 BIP 问题，任何 IP 或 BIP 求解工具都是可以的．

第三步是将问题用标准形式表示．图 3-34 给出了这个问题的电子数据表格表示．D 列为二值决策变量 x_i：如果用小卡车则取 0，用大卡车则取 1. E 列为使用的大卡车的数量，F 列计算出节约的费用．比如：E3 = B3 * D3，F3 = C3 * D3，E8 = E3 + ⋯ + E7．我们用电子表格的最优化工具对总节约费用 F8 = F3 + ⋯ + F7 求最大值，要求满足约束 E8≤B8，D3 到 D7 为二值整数．

A	A	B	C	D	E	F
1		可能			实际	
2	路线	卡车	节约	决策	卡车	节约
3	1	1	100	0	0	0
4	2	1	360	0	0	0
5	3	2	400	0	0	0
6	4	1	200	0	0	0
7	5	2	640	0	0	0
8	可用数	3		总数	0	0

图 3-34　卡车问题的电子数据表格表示

第四步为求解问题．图 3-35 为电子表格的最优化工具求出的每条路线上所用卡车的最优安排方案．最优值 $y=1\ 000$ 由取 $x_2=1$，$x_5=1$ 及 $x_i=0(i=1,3,4)$时得到．第五步为回答问题．我们想知道如何利用 20 立方码的大卡车来节约运输费用．在路线 2 上用一辆大卡车，在路线 5 上用另两辆大卡车，每天就可以节省约 1 000 美元．

A	A	B	C	D	E	F
1		可能			实际	
2	路线	卡车	节约	决策	卡车	节约
3	1	1	100	0	0	0
4	2	1	360	1	1	360
5	3	2	400	0	0	0
6	4	1	200	0	0	0
7	5	2	640	1	2	640
8	可用数	3		总数	3	1 000

图 3-35　卡车问题的电子数据表格解

灵敏性分析要讨论的第一个问题是可能节约的资金与可用的大卡车数量的关系．公司可能有其他可以重新安排的大卡车，或可以租来另外的大卡车．也可能对自己拥有的卡车有其他在考虑中的计划，因此我们要讨论可用的大卡车数量增加或减少的影响．表 3-6 是运行灵敏性分析后的结果．对每一种情况，我们改变单元格 B8 中的约束重新求最优解．

表 3-6　卡车问题中可用的大卡车数量的灵敏性

卡　车　数	路　　线	节约的费用(美元)	节约的边际费用(美元)
1	2	360	360
2	5	640	280
3	2，5	1 000	360
4	2，4，5	1 200	200
5	2，3，5	1 400	200
6	2，3，4，5	1 600	200
7	所有的路线	1 700	100

100 ~ 101

我们记录了最优的决策(在哪条路上用大卡车)和预计节约的运费．节约的边际费用也列在表中．例如：公司用四辆大卡车可以节约 1 200 美元，或用五辆大卡车可以节约 1 400 美元，因此四辆车每天可多节约 200 美元．如果公司能以每天低于 200 美元的价格获得 1 辆、2 辆或 3 辆额外的大卡车，就可以节约资金．另一方面，如果公司有另一个计划，其中大卡车可以节约的金额每天超过 360 美元，则在当前的运输方案中用较少的大卡车比较好．节约的边际费用类似于影子价格，因为它们都给出了约束每改变一个单位的可能的影响．

下面我们来讨论每条路线上可能节约的费用发生变化的影响．现在我们估计在路线 5 上使用两辆大卡车可以每天为公司节约 640 美元．从另一个角度看就是路线 5 上的每辆大卡车可以每天为公司节约 320 美元．在路线 3 和 4 上的每辆大卡车每天节约 200 美元，在路线 1 上的每辆大卡车每天节约 100 美元．在路线 5 上节约的费用的小改变不会影响我们得出的在路线 2、5 使用大卡车的最优解的结论，这一点看起来是合理的．为验证这个结论，我们改变单元格 C7 的值重新求最优解．任何一个大于 400 的值都会得到同样的最优决策，小于 400 的值会使我们将大卡车安排到路线 2 和 3 上．

在稳健性分析的部分，我们要说明二值的约束可以用来限制可能的决策．假设管理层决定大卡车不可以用在路线 2 上，因为大卡车会在路线附近造成公众关系问题．我们可以将问题重新表述，从而把这一可能排除在外，但在现在的问题中添加约束 $x_2=0$ 要容易得多．现在的最优解为在路线 4、5 上使用大卡车，可以节约的总额为 840 美元．这一让步耗费了公司每天 160 美元．现在再来假设，出于类似的原因，管理层决定如果在路线 4 上使用大卡车，那么在路线 3 上也一定要使用大卡车．这个政策可以通过在我们的问题中添加约束 $x_3 \geq x_4$ 或 $x_3-x_4 \geq 0$ 来表示．如果我们只添加这一个约束，最优解不会改变，因为原来的最优决策已经满足了这个额外的约束．(我们不在它们中的任一条路线上使用大卡车．)如果要求这两个约束都满足，则最优解为在路线 3 和 4 上都使用大卡车，可以节约的总额为每天 600 美元．

3.5　习题

1. 仍考虑例 1.1 中的售猪问题，但现在假设 t 天后猪的价格为 $p=0.65e^{-(0.01/0.65)t}$ 美元/磅.
   (a) 说明在 $t=0$ 时猪的价格为每天下降 1 美分. 当 t 增加时会有什么变化?
   102
   (b) 求这个售猪问题的最优解. 采用五步方法和单变量最优化模型.
   (c) 参数 0.01 代表时间 $t=0$ 时价格的下降率. 对这一参数进行灵敏性分析，考虑最佳售猪时间和相应的净收益.
   (d) 比较(b)的结果和我们在 1.1 节中得出的结果，讨论我们现在的模型的稳健性.
2. 仍考虑例 1.1 中的售猪问题，但现在假设 t 天后猪的重量为 $w=800/(1+3e^{-t/30})$ 磅.
   (a) 说明在 $t=0$ 时猪增重约为每天 5 磅. 当 t 增加时会有什么变化?
   (b) 求这个售猪问题的最优解. 采用五步方法和单变量最优化模型.
   (c) 参数 800 代表猪长成时的最终重量. 对这一参数进行灵敏性分析，考虑最佳售猪时间和相应的净收益.
   (d) 比较(b)的结果和我们在 1.1 节与 3.1 节中得出的结果. 讨论这个模型的稳健性. 我们可以得出什么一般性的结论?
3. 一个用来测定两种可选择的治疗方法的效果差异的统计算法要求在集合
   $$S=\{(p_1,p_2):p_1-p_2=\Delta;p_1,p_2\in[0,1]\}$$
   上求
   $$\sum_{(k_1,k_2)\in E}\binom{n_1}{k_1}p_1^{k_1}(1-p_1)^{n_1-k_1}\binom{n_2}{k_2}p_2^{k_2}(1-p_2)^{n_2-k_2}$$
   的最大值. 其中 E 为如下集合的一个子集:
   $$E_0=\{(k_1,k_2):k_1=0,1,2,\cdots,n_1;k_2=0,1,2,\cdots,n_2\}$$
   并有 $\Delta\in[-1,1]$. 求当 $n_1=n_2=4$，$\Delta=-0.1$，
   $$E=\{(0,4),(0,3),(0,2),(0,1),(1,4),(1,3),(2,4)\}$$
   时的最大值. [Santner and Snell(1980)]
4. 一种评估正在研制的治疗外伤和烧伤药效果的方法需要在集合
   $$\{(p_i,\cdots,p_n):a_i\leqslant p_i\leqslant b_i,\quad\forall i=1,\cdots,n\}$$
   上对函数
   $$f(p_1,\cdots,p_n)=\frac{(A-\sum_{i=1}^{n}p_i)}{\sqrt{B+\sum_{i=1}^{n}p_i(1-p_i)}}$$
   103
   求最大值. 对 $n=2$，$A=-5.92$，$B=1.58$，$a_1=0.01$，$b_1=0.33$，$a_2=0.75$，$b_2=0.85$ 求 f 的最大值. [Falk，J. et al. (1992)]
5. 仍考虑第 2 章的习题 3 中的竞争种群问题. 设捕捞能力 E 船-天会导致年捕获蓝鲸 qEx、

长须鲸 qEy，其中设参数 q(可捕量)近似等于 10^{-5}. 设捕捞能力参数取常数，且种群水平稳定在捕捞率与增长率相等的数量.

(a)假设捕鲸远征的费用为250 美元/船-天，求使捕鲸产业的长期收益达最大的捕捞能力的最优值. 采用五步方法和单变量最优化模型.

(b)讨论可捕量 q 的灵敏性. 考虑收益、捕捞能力、最终稳定下来的鲸鱼种群数量.

(c)技术的提高会增加鲸鱼的捕捞量，这对鲸鱼种群数量和捕鲸产业有什么长期影响?

6. 仍考虑例 3.2 中的消防站位置问题，但现在假设从点(x_0, y_0)到点(x_1, y_1)的响应时间正比于所走的路线的距离 $|x_1 - x_0| + |y_1 - y_0|$.

(a)求使平均响应时间最少的消防站位置. 采用五步方法和无约束的多变量最优化模型.

(b)讨论最优位置关于对每一个 2×2 英里区域估计出的紧急求救次数的灵敏性. 你是否能得出什么一般性的结论?

(c)讨论模型的稳健性. 与 3.2 节的分析中得到的最优位置相比较. 如果我们假设响应时间正比于两点之间的直线距离 $r = \sqrt{(x_1 - x_0)^2 + (y_1 - y_0)^2}$，你认为会发生什么情况?

7. 仍考虑例 2.1 中的彩电问题. 但现在不用我们在第 2 章使用的解析法，而是用数值方法.

(a)求使第 2 章的(2-3)式给出的目标函数$f(x_1, x_2)$达最大的生产量 x_1，x_2. 使用两个变量的牛顿法.

104

(b)与 2.1 节一样，定义 a 为 19 英寸彩电的价格弹性系数. 在(a)中我们取$a = 0.01$. 现在假设 a 增加 10% 到 $a = 0.011$，再来求解(a)中的最优化问题. 用你的结果对灵敏性 $S(x_1, a)$，$S(x_2, a)$，$S(y, a)$做出数值的估计. 与 2.1 节中得到的解析结果进行比较.

(c)设 b 为 21 英寸彩电的价格弹性系数. 现在 $b = 0.01$. 同(b)中一样，用数值方法估计 x_1，x_2 和 y 关于 b 的灵敏性.

(d)比较本练习中的数值方法和 2.1 节中所用的解析方法. 你更喜欢哪一个? 为什么?

8. 仍考虑第 2 章的习题 6 中的问题. 但现在假设管理层被说服，同意提高广告费用的最高限额. 对我们现在讨论的广告预算在一个很大的范围内变化的情况，关于销售额随广告预算是线性变化的假设就不够合理. 现在假设每当广告预算加倍时，销售额提高 1 000 台.

(a)求使利润达最高的价格和广告预算. 采用五步方法和无约束的最优化模型.

(b)讨论决策变量(价格和广告预算)关于价格弹性系数(数据 50%)的灵敏性.

(c)讨论决策变量关于广告商估计的每当广告预算加倍时，销售额提高 1 000 台这一数据的灵敏性.

(d)如果在(a)中假设广告预算和销售额是线性关系，会发生什么错误? 为什么它在第 2 章的习题 6 中不是问题?

9. (接习题 8)假设另一个广告支出与销售额之间关系的模型. 假设广告预算加倍时，销售额提高 1 000 台，但再次加倍后，销售额只提高 500 台，并一直满足这样的关系．重复习题 8 中(a)到(c)的部分．在(c)中，讨论关于第一次广告预算加倍时，销售额提高 1 000台这一数据的灵敏性．将你的结果与在习题 8 中得到的结果相比较，并讨论模型的稳健性．

10. 仍考虑第 2 章的习题 7 中的报纸问题．现在我们要对利润率(利润占收入的百分比)求最大值．假设每周的经营开支仍固定为 200 000 美元．

105

(a)求使利润率最大的报纸订阅价格和广告价格．采用五步方法和无约束的最优化模型．用随机搜索方法求一个近似解．

(b)记 $z=f(x, y)$ 为你在(a)中得到的目标函数．用某个计算机代数系统求 $F=\partial f/\partial x$ 与 $G=\partial f/\partial y$，再求 $\partial F/\partial x$，$\partial F/\partial y$ 和 $\partial G/\partial x$，$\partial G/\partial y$.

(c)用两个变量的牛顿法求(a)中问题的一个高精度的解．取(a)中得到的近似解为初值．算法中需要的导数已在(b)中算出．

(d)如果你在前面没有求过第 2 章的习题 7 中(a)部分，现在来完成．可以选用任何一种方法．将结果与你在(c)中刚刚得到的解相比较．求最大利润或最大利润率是否有区别？为什么？

11. 仍考虑例 3.3 中的草坪椅问题．注意当 x 和 y 接近零时目标函数 $f(x, y)$ 趋于无穷大，而且 $f(x, y)$ 在构成可行域边界的直线 $x=0$ 和 $y=0$ 上没有定义，从而可以推测价格弹性系数的估计当外推到 $x=0$ 或 $y=0$ 时是不准确的．

(a)通过修改可行域来改善这个模型的缺陷．

(b)讨论你在(a)中所做决策的稳健性．

(c)对你修改后的模型，说明最优解出现在可行域的内部．在边界上给出任意一个 $f(x, y)$ 的局部最大值，说明在每一个这样的点，∇f 指向可行域的内部．

12. 仍考虑第 2 章的习题 9 中的报纸问题．用计算机按线性规划模型求解．回答原问题中的(a)、(b)、(c).

13. 仍考虑第 2 章的习题 10 中的货运问题．用计算机按线性规划模型求解．回答原问题中的(a)、(b)、(c).

14. 仍考虑例 2.2 中的彩电问题．将条件简化为公司从每台 19 英寸彩电可获利润 80 美元，每台 21 英寸彩电可获利润 100 美元．

(a)求最优的生产量．采用五步方法，用计算机按线性规划模型求解．

106

(b)求每个约束的影子价格，并解释它们的含义．哪些约束是最优解的关键约束？

(c)讨论目标函数系数(每台彩电的利润)的灵敏性．同时考虑利润和最优的生产量．

(d)画出可行域的图形(见图 2-10)，并画出在最优值点的 ∇f. 从几何上描述当目标函数的一个系数变化时向量 ∇f 有什么变化．利用几何观点确定使当前的最优解仍保持最优的目标函数的每个系数的变化范围．

15. 伯明翰纺织公司在美国南部有三个纺织厂，有四个配送中心分别位于密歇根、纽约、加利福尼亚和佐治亚州．表 3-7 中列出了每个工厂的年输出量的估计值、给每个仓库的分配量和运输费用.

(a)求使总运费最少的运输方案. 采用五步方法，用计算机按线性规划模型求解.

(b)求每个输出约束的影子价格. 将一家纺织厂的生产量转到另一家是否有利? 公司愿意付出多少费用来促成这一生产量的转变?

表 3-7 习题 15 中的运输问题的数据：每车的运费 (单位：美元)

纺织厂	配送中心				输出
	密歇根	纽约	加利福尼亚	乔治亚	
1	430	550	680	700	105
2	510	590	890	685	160
3	395	425	910	450	85
分配量	70	100	105	75	

16. 一家个人计算机制造厂出售三种台式机. 型号 A 的制造费用为 850 美元，售价为 1 250 美元. 型号 B 的制造费用为 950 美元，售价为 1 400 美元. 型号 C 的制造费用为 1 500 美元，售价为 2 500 美元. 公司每月购买 10 000 个台式机箱，每台计算机需要一个机箱. 型号 A 和 B 采用 15 英寸的显示器，公司每个月能得到 5 000 台这种显示器. 型号 C 采用 17 英寸的显示器，每个月可有 7 500 台. 其他配件供应充足. 公司每月有20 000 小时的生产时间. 生产每台 A、B、C 型号的计算机分别需要 1 小时、1.25 小时和 1.75 小时.

(a)公司应该生产每种型号的计算机各多少台? 采用五步方法，按线性规划模型求解. 107

(b)求每个约束的影子价格. 针对本问题解释每个影子价格的含义.

(c)下一个月公司计划将型号 C 的计算机按 2 199 美元的价格降价出售. 这一改变会如何影响(a)和(b)的结果?

(d)公司考虑生产一种新的台式机 D. 其制造费用为 1 250 美元，售价将为1 895美元. 每台需要台式机箱一个、17 英寸显示器一台和 1.5 小时的生产时间. 这一改变会如何影响(a)和(b)的结果? 你是否会建议公司继续推行其引入新产品的计划?

17. 一个退休的工程师有 250 000 美元用于投资，她每周愿意用 5 小时的时间来管理自己的投资. 市政债券每年有 6% 的收益而且不需要管理. 房地产投资预计每年可增值 8%，每 100 000 美元的投资需要 1 小时的管理时间. 蓝筹股每年可获利 10%，需要 1.5 小时的管理时间. 后保债券可获利 12%，需要 2.5 小时的管理时间. 谷物期货可获利 15%，每 100 000 美元的投资需要 5 小时的管理时间.

(a)这个退休工程师应如何投资以获得最高的预期收益? 采用五步方法，按线性规划模型求解.

(b)求每个约束的影子价格. 针对本问题解释每个影子价格的含义.

(c)这个退休工程师从互联网上下载了软件，使她可以对每 100 000 美元的期货投资每周只用 3 小时的时间有效地管理. 这个变化会对(a)和(b)的结果有什么影响?

(d)在经过期货市场的几次损失之后，工程师认定风险是她的投资策略的一个重要因素．一本投资自助书将市政债券、房地产投资、蓝筹股、后保债券及谷物期货的风险因子分别列为1、4、3、6和10．工程师决定她投资的平均风险因子不能超过4．这个变化会对(a)和(b)的结果有什么影响？

18. 绿色供给公司生产塑料食品袋和牛奶壶．公司每周可以分别以每100磅18美元、12美元、10美元的价格获得5 000磅的旧塑料袋、18 000磅的旧牛奶壶和40 000磅的工业废塑料．公司每周有4 000箱的塑料袋和80 000个牛奶壶的订单．每箱塑料袋需要6磅塑料，生产费用为5美元，售价为14美元．每100个牛奶壶需要14磅塑料，生产费用为9美元，售价为20美元．由于消费者的选择，塑料袋至少要使用25%的再生回收塑料(用过的牛奶壶和袋子)．而为达到强度要求，牛奶壶至多使用50%的再生回收塑料．

108

(a)求每种产品使用塑料的最优组成．采用五步方法，按线性规划模型求解．

(b)求每个约束的影子价格．针对本问题解释每个影子价格的含义．

(c)一家新的供货商可以按每100磅8美元的价格提供工业废塑料．这一变化如何影响(a)和(b)的结果？

(d)一家新的客户提出按每100个30美元购买40 000个环保的牛奶壶．但牛奶壶至少要使用35%的再生回收塑料．这一改变如何影响(a)和(b)的结果？公司是否会接受这个新的客户？

19. 仍考虑例3.5中的土方问题．假设公司只运输整车的土方．

(a)假设公司使用载重10立方码的自动倾卸卡车运输，求最优运输方案．采用五步方法，按整数规划模型求解．

(b)假设车的载重量为5立方码，重复(a)的计算．

(c)假设车的载重量为20立方码，重复(a)的计算．

(d)比较(a)、(b)、(c)的结果，讨论原来线性规划模型的稳健性．例3.5中的运输方案是否对任一种卡车都是近似最优的？

20. (习题14的修正)仍考虑例2.2中的彩电问题．将条件简化为公司从每台19英寸彩电可获利润80美元，每台21英寸彩电可获利润100美元．在这个问题中我们要讨论离散化对最优解的影响．

(a)求最优的生产量．采用五步方法，用计算机按线性规划模型求解．

(b)由于大规模生产，彩电实际上是按30台一批生产．求使利润最高的最优批量．用计算机按整数规划模型求解．

(c)假设每批数量分别为10、20、50、100、200和300，重复(b)的计算．对每种情况，用整数规划计算每种彩电的最优批量．

(d)比较(a)、(b)、(c)的结果，讨论(a)中原始线性规划模型的解的稳健性．可行域的离散化是如何影响最优解的？同时考虑最优生产量和最优利润．

109

21. (习题15的修正)伯明翰纺织公司在美国南部有三个纺织厂，有四个配送中心分别位于密歇根、纽约、加利福尼亚和佐治亚州．表3-7中列出了每个工厂的年输出量的估计值、给每个仓库的分配量和运输费用.

(a)求使总运费最少的运输方案. 采用五步方法，用计算机按线性规划模型求解.

(b)公司购买了三辆新卡车用于运输. 新卡车的燃油利用率高，预计可以节约 50% 的运输费用. 假设一辆卡车一周可以运一次(一年 52 次)，在每一条路线上或全用旧卡车或全用新卡车. 公司应该如何利用这些新卡车从而使节约的费用达最高？采用五步方法，用计算机按整数规划模型求解.

(c)对新卡车的数量进行灵敏性分析. 对新卡车数量 n 取 4、5、6、7，分别求最优运输方案和预计节约的费用. 如果每辆新卡车按其使用年限每年需分期付费 12 000 美元，公司应该购买多少辆新卡车？

(d)由于加利福尼亚州对卡车制定了新的污染标准，公司一定要在加州使用新卡车运输. 这一改变如何影响(b)和(c)的结果？这一新政策会使公司付出多少费用？

22. 仍考虑习题 21 的纺织品运输问题. 但现在假设在同一条路线上，新、旧卡车都可以使用，再来解答前面的问题.(提示：用一个决策变量表示一辆新卡车是否在路线 i 上使用，再用另一个决策变量表示第二辆卡车是否使用，其他类似.)

23. 一个计算机操作系统在硬盘上存储文件. 有五个大小分别为 18、23、12、125 和 45MB 的大文件要存储. 连续的存储块的容量分别为 25、73、38 和 156MB. 每一个文件一定要存储在一个连续的存储块中. 在这个问题中，我们要研究一种整数规划算法，从而将文件分配到存储块中.

(a)为了保留大的连续存储块以备将来使用，我们希望将每一个文件存储在能够容纳它的最小的存储块中. 定义将文件 i 存储在块 j 上的费用为块 j 的大小. 求使总费用最少的分配方案. 采用五步方法，按整数规划模型求解.

(b)假设 12MB 的文件扩大为 19MB. 这会如何影响(a)中求出的最优解？这个 12MB 的文件可以扩大多少而最优解仍保持不变？

110

(c)假设 18MB 和 23MB 的文件由于被同一个程序所使用，要求将它们存储在同一个存储块中. 这会如何影响(a)中求出的最优解？

(d)一个分配文件到存储块的“贪心”算法是将每一个文件存储到第一个可以容纳它的存储块中. 应用这一算法(手算)并与(a)的结果相比较. 在(a)中求得的整数规划问题的解是否显著地优于贪心算法的结果？

(e)为什么不采用对剩余的最大连续存储块的大小求最大值的方法？这一最优化问题是否可以按整数规划求解？

24. 一个技术管理人员安排一些工程师完成几个计划的项目. 项目 A、B、C 分别需要 18、12 和 30 人-月来完成. 工程师 1、2、3 和 4 可以完成这些项目. 他们每个月的工资分别为 3 000 美元、3 500 美元、3 200 美元和 3 900 美元.

(a)求完成所有项目的总费用最小的分配方案(分配工程师到具体项目). 假设工程师在每 6 个月中只能被安排一个项目，所有项目要求只能在 18 个月内完成.(提示：用决策

变量 x_{ijk} 表示工程师 i 是否在时期 k 内完成项目 j.)

(b)假设由于早期的工作安排，工程师 1 在时期 2 内没有时间．重复(a)的计算．这会如何影响最优解？多少费用会使管理人员认为应该将工程师 1 重新安排到时期 2 中？

(c)假设由于性格原因，工程师 2 和 3 不能一起工作．他们的个人矛盾会使公司付出多少费用？

(d)如果项目 A 能够在 6 个月内完成，公司会发 10 000 美元的奖金．这会如何改变最优解？

3.6 进一步阅读文献

1. Beltrami, E. (1977) *Models for Public Systems Analysis.* Academic Press, New York.

2. Dantzig, G. (1963) *Linear Programming and Extensions.* Princeton University Press, Princeton, New Jersey.

3. Falk, J., Palocsay, S., Sacco, W., Copes, W. and Champion, H. (1992) Bounds on the Trauma Outcome Function via Optimization. *Operations Research* 40, Supp. No. 1, S86–S95.

111

4. Gearhart, W. and Pierce, J. *Fire Control and Land Management in the Chaparral.* UMAP module 687.

5. Hillier, F. and Lieberman, J. (1990) *Introduction to Operations Research.* McGraw–Hill, New York.

6. Maynard, J. *A Linear Programming Model for Scheduling Prison Guards.* UMAP module 272.

7. Press, W., Flannery, B., Teukolsky, S. and Vetterling, W. (2002) *Numerical Recipes in C++: The Art of Scientific Computing.* 2nd Ed., Cambridge University Press, New York. See also www.numerical-recipes.com

8. Polack, E. (1971) *Computational Methods in Optimization.* Academic Press, New York.

9. Santner, T. and Snell, M. (1980) Small–sample confidence intervals for $\rho_1 - \rho_2$ and ρ_1/ρ_2 in 2×2 contingency tables. *Journal of the American Statistical Association* 75, 386–394.

112

10. Straffin, P. *Newton's Method and Fractal Patterns.* UMAP module 716.

第二部分　动 态 模 型

第 4 章　动态模型介绍

许多有趣的实际问题包含着随时间发展的过程．动态模型被用于表现这些过程的演变．空间飞行、电路、化学反应、种群增长、投资和养老金、军事战斗、疾病传播和污染控制正是广泛地运用动态模型的众多领域中的一部分．

五步方法以及灵敏性分析和稳健性的基本原则对动态模型是有意义的并且是有用的，正如它们对于最优化模型一样．在探讨一些最流行和通常最实用的动态建模技巧时，我们将继续采用这些方法．在这一部分中我们还将介绍状态空间、平衡态和稳定性等重要的建模概念．所有这些对本书的第三部分(即最后一部分)都非常有用，在那里我们探讨随机模型．

一般来讲，动态模型易于构造但难于求解．精确的解析解仅对很少的特殊情况存在，例如线性系统．数值方法常常不能对系统行为提供一个好的定性的解释．因此，图形表示通常成为分析动态模型不可缺少的一部分．由于图形表示特有的简单性，以及它的几何性质，这一章也提供给我们一个理想的机会来介绍最深刻且最基本的动力系统建模的观念．

4.1　定常态分析

在这一节我们将考虑形式最简单的动态模型．虽然这个模型只需要初等的数学知识，但其有大量的实际应用，而且没有过多复杂的技巧，这使得我们能够集中考虑动态建模最基本的思想．

113
~
115

例 4.1　在一片没有管理的林区，硬材树与软材树竞争可用的土地和水分．越可用的硬材树生长得越慢，但是越耐用且提供越有价值的木材．软材树靠生长快、有效消耗水分和土壤养分与硬材树竞争．硬材树靠生长的高度与软材树竞争，它们遮挡了小树的阳光，更抗疾病．这两种树能否同时在一片林区中无限期地共存，或者一种树是否会迫使另一种树灭绝?

我们将运用五步方法．用 H 和 S 分别表示硬材树和软材树种群．生物学家常用的方便的计量单位是生物量(每英亩活树的吨数)．我们需要对这两个种群的动态做一些假设．开始做的假设要尽可能简单且不忽略这个问题最基本的方面．随后，如果需要的话，可以改进或丰富这个模型．在无限制生长(充足的空间、阳光、水分和土壤养分)的条件下，假设种群的增长率大致正比于种群的大小是合理的．两倍数量的树木应产生两倍数量的小树．

当种群增长时，同一种群的成员必然会为资源竞争，这样就抑制了种群的增长．因此，有理由假设小种群的增长率线性依赖于种群大小，并随着种群的增加而降低．具有这种性质的最简单的增长率函数是

$$g(P) = rP - aP^2$$

这里 r 是内禀增长率．$a \ll r$ 是资源限制强度的度量．如果 a 较小，就有更多的生长空间.

竞争的效果也是由于资源的限制．硬材树的存在限制了阳光、水分和其他对软材树有用的资源，反之也是如此．由于竞争导致的增长率的损失依赖于两个种群的大小．一个简单的假设是这个损失正比于两者的乘积．给出这些关于生长和竞争的假设，我们希望知道是否可以预测到随着时间的推移一个种群的灭绝．图 4-1 总结了第一步的结果．

变量： H = 硬材树种群(吨/英亩)
S = 软材树种群(吨/英亩)
g_H = 硬材树的增长率(吨/英亩/年)
g_S = 软材树的增长率(吨/英亩/年)
c_H = 由于硬材树竞争的损失(吨/英亩/年)
c_S = 由于软材树竞争的损失(吨/英亩/年)

假设： $g_H = r_1H - a_1H^2$
$g_S = r_2S - a_2S^2$
$c_H = b_1SH$
$c_S = b_2SH$
$H \geqslant 0$，$S \geqslant 0$
r_1，r_2，a_1，a_2，b_1，b_2 是正实数

目标： 确定是否有 $H \to 0$ 或 $S \to 0$

图 4-1　树木问题的第一步结果

第二步是选择建模方法．我们将这个问题建立成一个处于定常态的动态模型．

设函数

$$\begin{gathered} f_1(x_1, \cdots, x_n) \\ \vdots \\ f_n(x_1, \cdots, x_n) \end{gathered}$$

定义在$\mathbb{R}^n$ 的子集 S 上．函数 f_1，…，f_n 分别表示每个变量 x_1，…，x_n 的变化率．称集合 S 中的一个点$(x_1, \cdots, x_n)$为*平衡点*，如果在这点

$$\begin{gathered} f_1(x_1, \cdots, x_n) = 0 \\ \vdots \\ f_n(x_1, \cdots, x_n) = 0 \end{gathered} \tag{4-1}$$

于是每个变量 x_1，…，x_n 的变化率为零，因此系统处于静止状态．

称 x_1，…，x_n 为*状态变量*，S 为*状态空间*．因为函数 f_1，…，f_n 仅依赖系统的当前状态$(x_1, \cdots, x_n)$，所以当前状态完全确定系统的将来，而与过去发生的情况无关．我们仅

需要知道目前的状况，并不需要知道如何到达目前的状况．当处于由方程(4-1)定义的平衡点时，我们称系统处于定常态．在这一点所有的变化率为零．作用在系统上的全部影响达到平衡．因此方程(4-1)有时被称为平衡方程．当一个系统处于定常态时，它将永远保持不变．因为所有的变化率为零，在将来的任何时候系统都将停留在现在所在的状态．

为了求一个动态系统的平衡态，我们需要求解由方程(4-1)给出的具有 n 个未知数的 n 个方程．对非常容易的情况我们可以手算．有时我们可以用一个计算机代数系统求解．这一章的所有问题(包括习题)，都可以应用这个技巧求解．当然，许多实际问题导出的方程组没有解析解．我们将在第 6 章处理这样的问题，讨论动态系统的计算方法．(另外，我们可以运用第 3 章介绍的多变量牛顿方法．)

116～117

第三步是推导模型的数学表达式．记 $x_1 = H$，$x_2 = S$ 为两个状态变量，定义在状态空间

$$\{(x_1, x_2) : x_1 \geqslant 0, x_2 \geqslant 0\}$$

定常态方程为

$$\begin{aligned} r_1 x_1 - a_1 x_1^2 - b_1 x_1 x_2 &= 0 \\ r_2 x_2 - a_2 x_2^2 - b_2 x_1 x_2 &= 0 \end{aligned} \tag{4-2}$$

我们对这个方程组在状态空间的解感兴趣，这些解表示动态模型的平衡点．

第四步是求解模型．从第一个方程提出因子 x_1，从第二个方程提出因子 x_2，我们得到四个解，其中三个解

$$(0,0)$$

$$\left(0, \frac{r_2}{a_2}\right)$$

$$\left(\frac{r_1}{a_1}, 0\right)$$

在坐标轴上，第四个解是两条直线

$$\begin{aligned} a_1 x_1 + b_1 x_2 &= r_1 \\ b_2 x_1 + a_2 x_2 &= r_2 \end{aligned}$$

的交点．参见图 4-2.

由克拉默法则解得

$$x_1 = \frac{r_1 a_2 - r_2 b_1}{a_1 a_2 - b_1 b_2}$$

$$x_2 = \frac{a_1 r_2 - b_2 r_1}{a_1 a_2 - b_1 b_2}$$

如果这两条直线在状态空间内不相交，则只存在三个平衡点．在这种情况下两个树种不能和平共存于平衡态．

我们希望知道在什么条件下 $x_1 > 0$ 且 $x_2 > 0$. 有理由假设 $a_i > b_i$，因为种群内竞争的影响要大于种群间竞争的影响．增长率是

118

$$r_i x_i - a_i x_i x_i - b_i x_i x_j$$

其中第一项表示不受限制的增长，第二项表示种群内竞争的影响，第三项表示种群间竞争的影响．因为两种树不会占有完全相同的生态小环境，我们将假设对于 $x_i = x_j$（即种群内部）竞争影响更强．因此 $a_i > b_i$，所以

$$a_1 a_2 - b_1 b_2 > 0$$

于是，共存的条件是

$$r_1 a_2 - r_2 b_1 > 0$$

$$a_1 r_2 - b_2 r_1 > 0$$

或者换句话说，

$$\frac{r_2}{a_2} < \frac{r_1}{b_1} \text{且} \frac{r_1}{a_1} < \frac{r_2}{b_2}$$

如图 4-2 所示．

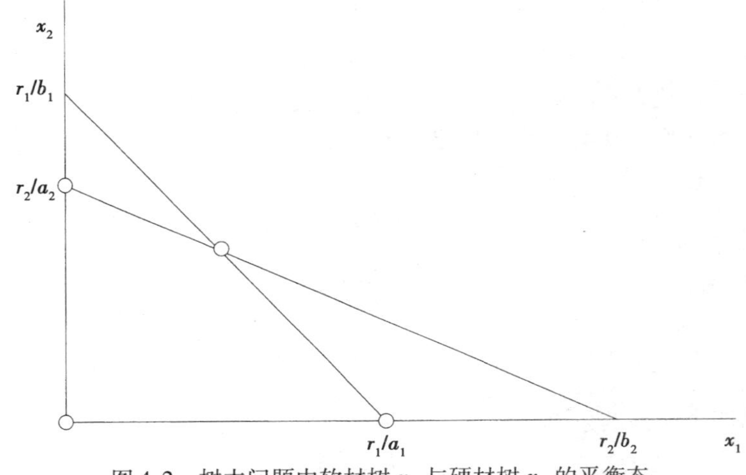

图 4-2 树木问题中软材树 x_2 与硬材树 x_1 的平衡态

第五步是用通俗的语言表达从模型分析获得的结果．此时做到这一点有困难，因为我们的答案是有条件的，限制条件包含了未知参量．为了清楚地表达得到的结果，我们希望找到共存条件的更切实的解释．不妨重新检验模型的公式，看看我们是否能用直接的方法解释比率 r_i/a_i 和 r_i/b_i 的含义．

119

参数 r_i 表示增长趋势，参数 a_i 和参数 b_i 分别表示种群内和种群间的竞争强度．因此，比率 r_i/a_i 和 r_i/b_i 必然表达了增长与竞争的相对强度．进一步来说，在没有种群间的竞争时，增长率是

$$r_i x_i - a_i x_i^2 = x_i(r_i - a_i x_i)$$

比率 r_i/a_i 表示了在没有种群间的竞争时的平衡态种群水平，或者说是种群将停止增长的水平．类似地，如果我们忽略种群内部的竞争，净增长率为

$$r_i x_i - b_i x_i x_j = x_i(r_i - b_i x_j)$$

于是比率 r_i/b_i 表示了要使种群 i 停止增长，种群 j 必须达到的种群水平，由此，现在我们可以通过下面具体的解释给出分析结果.

对每种类型的树(硬材或软材)存在两类增长限制. 第一种是由于与另一种树的竞争，第二种是由于拥挤造成的同一树种内部的竞争. 因此，对每一个树种存在两点，在一点上树木由于拥挤会主动停止增长，在另一点上树木通过竞争阻止另一种树的增长. 两种树木能够共存的条件是每种树达到限制自己增长的点之前已经达到它限制另一种树增长的点.

这一节的定常态分析留下一个尚未回答的重要问题：给定一个具有一个平衡解的动力系统，究竟是否能够到达平衡态？答案依赖于模型的动力学性质. 称一个平衡点

$$x_0 = (x_1^0, \cdots, x_n^0)$$

是渐近稳定的(或仅是稳定的)，条件是状态变量

$$(x_1(t), \cdots, x_n(t))$$

充分接近 x_0 时，它们被平衡点吸引，即

$$(x_1(t), \cdots, x_n(t)) \to x_0$$

定常态分析不能回答稳定性问题，所以我们不得不将这个问题的进一步讨论推迟到下一节.

4.2　动力系统

动力系统模型是最普遍应用的动态模型. 在动力系统模型中，力的变化由微分方程刻画. 在这一节我们将集中考虑如何应用图示方法获得一个动力系统的定性性质，重点是稳定性问题.

120

例 4.2　蓝鲸和长须鲸是两个生活在同一海域的相似种群，因此可以认为它们之间存在竞争. 蓝鲸的内禀增长率估计为每年 5%，长须鲸为每年 8%. 环境承载力(环境能够支持的鲸鱼的最大数量)估计为蓝鲸 150 000 条、长须鲸 400 000 条. 鲸鱼竞争的程度是未知的. 在过去的 100 年肆意捕捞已经使鲸鱼数量减少，蓝鲸大约为 5 000 条，长须鲸大约为 70 000 条. 蓝鲸是否会灭绝？

我们将应用五步方法. 注意到这个问题非常类似于例 4.1. 第一步是提出问题. 我们将用蓝鲸和长须鲸的数量作为状态变量并且关于增长和竞争做最简单的假设. 开始的问题是：两个鲸鱼种群是否能从它们的当前状态变化到平衡态？第一步的结果总结在图 4-3 中.

第二步是选择建模方法. 我们将这个问题建立成一个动力系统模型.

一个动力系统包含 n 个状态变量 $(x_1, \cdots, x_n)$ 和一个微分方程组

$$\begin{aligned} \frac{dx_1}{dt} &= f_1(x_1, \cdots, x_n) \\ &\vdots \\ \frac{dx_n}{dt} &= f_n(x_1, \cdots, x_n), \end{aligned} \tag{4-3}$$

状态变量和微分方程组定义在状态空间 $(x_1, \cdots, x_n) \in S$ 上，其中 S 是 $\mathbb{R}^n$ 的一个子集. 微分方程组解的存在性和唯一性定理是说，如果 $f_1, \cdots, f_n$ 在点

变量：B = 蓝鲸的数量
F = 长须鲸的数量
g_B = 蓝鲸种群的增长率(每年)
g_F = 长须鲸种群的增长率(每年)
c_B = 由于蓝鲸竞争的影响(每年鲸鱼数)
c_F = 由于长须鲸竞争的影响(每年鲸鱼数)
假设：$g_B = 0.05B(1 - B/150\ 000)$
$g_F = 0.08F(1 - F/400\ 000)$
$c_B = c_F = \alpha BF$
$B \geqslant 0 \quad F \geqslant 0$
α 是正实数
目标：确定动力系统是否能从 $B = 5\ 000$，$F = 70\ 000$ 开始达到稳定的平衡态

图 4-3　鲸鱼问题的第一步结果

121

$$x_0 = (x_1^0, \cdots, x_n^0)$$

的一个邻域内有连续的一阶偏导数，则这个微分方程组存在通过这个初值点的唯一解．详细内容参见任何一本微分方程课本(例如，[Hirsch 和 Smale，1974]，p. 162)．其他许多微分方程模型可以化成(4-3)的形式．如果动力系统依赖于时间，我们可以引入时间作为另一个状态变量．如果动力系统涉及二阶导数，可以把一阶导数作为状态变量，以此类推．

最好将动力系统的一个解看做是状态空间的一条轨线．只要可微性假设成立就存在过每个点的轨线，除了平衡点外轨线不相交．设

$$x = (x_1, \cdots, x_n)$$
$$F(x) = (f_1(x), \cdots, f_n(x))$$

则动力系统方程为

$$\frac{\mathrm{d}x}{\mathrm{d}t} = F(x) \tag{4-4}$$

对每一条轨线 $x(t)$，导数 $\mathrm{d}x/\mathrm{d}t$ 表示速度向量．因此，对每一条解曲线 $x(t)$，$F(x(t))$ 是在每点的速度向量．向量场 $F(x)$ 呈现了在整个状态空间中运动的方向和快慢．通常，两个变量的动力系统的定性性质可以通过在选择的点处画向量场而获得．满足 $F(x) = 0$ 的点是平衡点，我们将特别注意这些点附近的向量场．

第三步是推导模型的数学表达式．令 $x_1 = B$，$x_2 = F$，记

$$x_1' = f_1(x_1, x_2)$$
$$x_2' = f_2(x_1, x_2)$$

其中

$$f_1(x_1,x_2) = 0.05x_1\left(1 - \frac{x_1}{150\,000}\right) - \alpha x_1 x_2$$
$$f_2(x_1,x_2) = 0.08x_2\left(1 - \frac{x_2}{400\,000}\right) - \alpha x_1 x_2 \tag{4-5}$$

状态空间是

$$S = \{(x_1,x_2): x_1 \geqslant 0, x_2 \geqslant 0\}$$

122

第四步是求解这个模型．我们要勾画出这个问题的一个向量场图．从勾画水平集 $f_1=0$ 和 $f_2=0$ 开始．平衡态将是这两个水平集的交集．此外，向量场将垂直于 $f_1=0(x_1'=0)$ 且平行于 $f_2=0(x_2'=0)$．沿着这两条曲线画速度向量，然后在它们之间添上一些速度向量，这有助于记住向量的长度和方向是连续变化的（只要 $F(x)$ 连续，通常正是这样）．事实上，对于这类问题分析速度向量的长度并不是非常重要．完整的曲线见图 4-4.

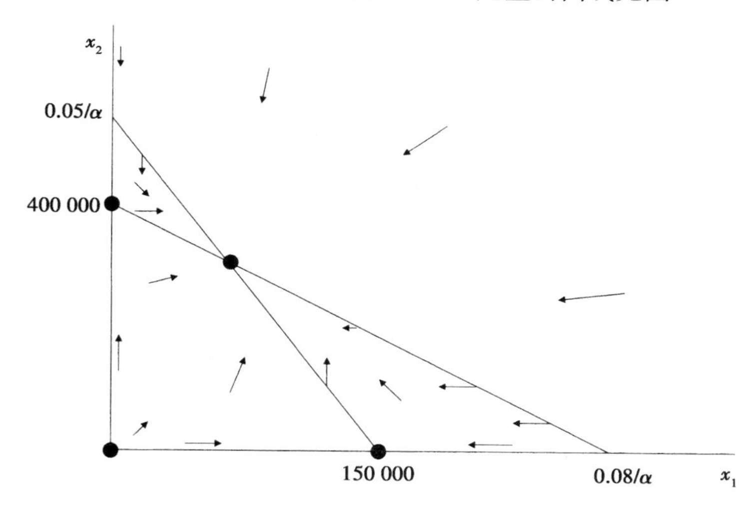

图 4-4　表示鲸鱼问题的向量场的长须鲸 x_2 与蓝鲸 x_1 图形

这里有四个平衡态解：三个是

$$\begin{aligned}&(0,0)\\&(150\,000,0)\\&(0,400\,000)\end{aligned} \tag{4-6}$$

另一个点的坐标依赖于 α. 在我们的图示中，假设

$$400\,000 < \frac{0.05}{\alpha}$$

此时很容易看出区域内部的平衡点是唯一稳定的平衡态．事实上，通过状态空间内部一点的任意解将最终收敛于这个平衡态．特别是，当 $t\to\infty$ 时，具有初值 $x_1(0)=5\,000$，$x_2(0)=70\,000$的解将趋于这个平衡态.

123

第五步是用非数学的语言总结我们分析模型所得到的结果．基于我们的分析，只要停止捕捞，鲸鱼种群将恢复到天然水平，生态系统将保持稳定的平衡态.

当然，我们的结论基于一些相当宽松的假设. 例如，我们假设竞争的影响相对较小. 如果它比较大(例如，$(0.05/\alpha)<400\,000$)，则这两个种群将不可能共存. 假设竞争影响很小是有理由的，因为我们知道在我们开始捕捞之前这两个种群已经共存了很长的时间. 对种群增长过程我们也做了一些简单的假设. 最关键的是对非常小的种群，假设种群仍将按内禀增长率增长. 人们已知某些种群具有最小的种群水平(称为最小可生存种群水平)，低于这个量时种群的增长率为负值. 这个假设当然会改变动力系统的行为，参见本章末习题5.

最后，我们研究灵敏性和稳健性. 首先我们考虑对参数 α 的灵敏性，对它我们知道得很少. 对任意的 $\alpha<1.25\times10^{-7}$ 存在一个稳定的平衡态 $x_1>0$，$x_2>0$，

$$
\begin{aligned}
x_1 &= \frac{150\,000(8\,000\,000\alpha-1)}{D} \\
x_2 &= \frac{400\,000(1\,875\,000\alpha-1)}{D}
\end{aligned}
\tag{4-7}
$$

其中

$$D = 15\,000\,000\,000\,000\alpha^2-1$$

这由克拉默法则求得. 例如，如果 $\alpha=10^{-7}$，则

$$
\begin{aligned}
x_1 &= \frac{600\,000}{17}\approx 35\,294 \\
x_2 &= \frac{6\,500\,000}{17}\approx 382\,353
\end{aligned}
\tag{4-8}
$$

在这一点的灵敏性为

$$S(x_1,\alpha) = -\frac{21\,882\,352\,927}{6\,000\,000\,000}\approx -3.6$$

和

$$S(x_2,\alpha) = \frac{27}{221}\approx 0.122$$

前面的计算可以用手算或计算机代数系统计算. 图4-5显示了用计算机代数系统Maple计算灵敏性 $S(x_1,\alpha)$ 的结果.

124

蓝鲸种群对 α 更灵敏. 如果 $\alpha=10^{-8}$，则

$$x_1 = \frac{276\,000\,000}{1\,997}\approx 138\,207$$

$$x_2 = \frac{785\,000\,000}{1\,997}\approx 393\,090$$

当然，如图4-4所示，总是有 $x_1<150\,000$，$x_2<400\,000$，但是这个平衡态最重要的特征不是它的坐标，而是它处于 $x_1>0$，$x_2>0$ 并且是稳定的. 我们认为这些结论对 $\alpha<1.25\times10^{-7}$ 的整个区间是正确的. 因此，应该说我们的主要结论对 α 一点儿也不灵敏. 同样，我们的主要结论对内禀增长率和环境承载力，甚至对当前鲸鱼种群的状态也是一点儿也不灵敏.

```
> e1:=(5/100)*(1-x1/150000)-alpha*x2;
```

$$e1 := \frac{1}{20} - \frac{1}{3000000}\,x1 - \alpha\,x2$$

```
> e2:=(8/100)*(1-x2/400000)-alpha*x1;
```

$$e2 := \frac{2}{25} - \frac{1}{5000000}\,x2 - \alpha\,x1$$

```
> s:=solve({e1=0,e2=0},{x1,x2});
```

$$s := \left\{ x2 = \frac{400000\,(-1 + 1875000\,\alpha)}{-1 + 15000000000000\,\alpha^2},\ x1 = \frac{150000\,(-1 + 8000000\,\alpha)}{-1 + 15000000000000\,\alpha^2} \right\}$$

```
> assign(s);
> dx1dalpha:=diff(x1,alpha);
```

$$dx1dalpha := \frac{1200000000000}{-1 + 15000000000000\,\alpha^2} - \frac{4500000000000000000\,(-1 + 8000000\,\alpha)\,\alpha}{(-1 + 15000000000000\,\alpha^2)^2}$$

```
> assign(alpha=10^(-7));
> sx1alpha:=dx1dalpha*(alpha/x1);
```

$$sx1alpha := \frac{-62}{17}$$

```
> evalf(sx1alpha);
```

$$-3.647058824$$

图 4-5　用计算机代数系统 Maple 计算鲸鱼问题的灵敏性 $S(x_1,\ \alpha)$

更深入的稳健性问题是考虑函数 f_1 和 f_2 的形式．假设 x_1'/x_1 和 x_2'/x_2 分别是 x_1 和 x_2 的线性函数．这两条直线表示了一个种群或另一个种群停止增长的点．假定我们放宽这个线性的假设，设

$$\begin{aligned} x_1' &= x_1 g_1(x_1, x_2) \\ x_2' &= x_2 g_2(x_1, x_2) \end{aligned}$$

125

如果 g_1 和 g_2 是非线性的，只要向量场具有相同的一般特征，我们所有的分析结果就仍然是对的，见图 4-6.

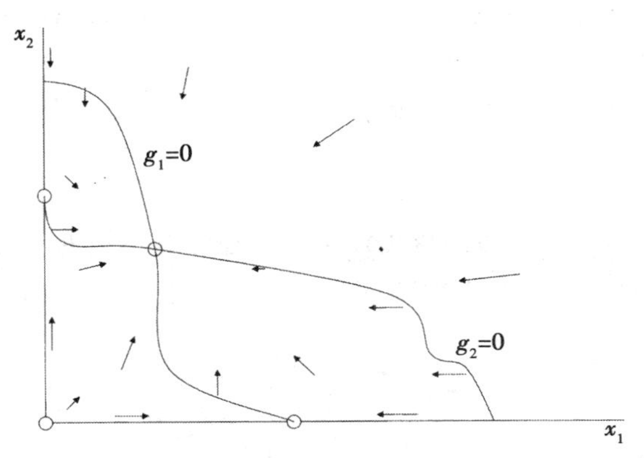

图 4-6　表示一般鲸鱼问题的向量场的长须鲸 x_2 与蓝鲸 x_1 图形

4.3 离散时间的动力系统

对某些问题很自然取离散的时间变量，此时一般微分方程被其离散时间的相似形式——差分方程代替．离散动力系统和连续动力系统之间的关系是 $\Delta x/\Delta t$ 与 dx/dt 之间的关系，因此，不论我们假设时间是离散的还是连续的，通常认为动力系统的特性是大致相同的．但是，这种逻辑推断忽略了重要的一点：每一个离散时间的动力系统都存在一种时间滞后，滞后的时间是时间步长 Δt 的长度．对动力非常强的系统，时滞会导致出乎意料的结果．

例 4.3　宇航员在训练中要求用手动控制做对接演习．作为这个演习的一部分，要求保持一个正在运行的太空船与另一个正在运行的太空船的相对位置．手动控制器提供了可变的加速度和减速度，并且在太空船上有一个装置测量这两个飞船的接近速度．建议使用如下的策略进行飞船对接：首先观察接近速度．如果为零，则我们已完成对接．否则，记住这个接近速度，再看加速度控制器，控制加速度使得它与接近速度相反(即如果接近速度是正值，则放慢，如果是负的，则加快)，且正比于这个值(即如果发现接近速度达到两倍，我们立即以两倍的速度刹车)．经过一段时间，再观察接近速度并重复上面步骤．在什么环境下这个策略是有效的?

126

我们将应用五步方法．设 v_n 表示在时间 t_n 观测到的接近速度，t_n 为第 n 次观测的时间．设

$$\Delta v_n = v_{n+1} - v_n$$

表示根据我们的调整得到的太空船接近速度的改变．记

$$\Delta t_n = t_{n+1} - t_n$$

为两次观测速度之间间隔的时间．时间区间自然被分成两部分：调整速度控制器的时间和处于调整与下一次速度观测之间的时间．记

$$\Delta t_n = c_n + w_n$$

其中 c_n 是调整控制器的时间，w_n 是下一次观测之前的等待时间．参数 c_n 是宇航员响应时间的函数，w_n 可任意设定．

记 a_n 为第 n 次调整后设定的加速度，由初等物理学知识得到

$$\Delta v_n = a_{n-1}c_n + a_n w_n$$

控制规则要求加速度正比于$(-v_n)$，因此

$$a_n = -kv_n$$

第一步的结论总结在图 4-7 中．

第二步是选择建模的方式．我们将为这个问题建立一个离散时间的动力系统模型．

一个离散时间的动力系统由若干个定义在状态空间 $S\subseteq\mathbb{R}^n$ 的状态变量$(x_1, \cdots, x_n)$和差分方程组

$$\begin{aligned}\Delta x_1 &= f_1(x_1, \cdots, x_n)\\ &\vdots\\ \Delta x_n &= f_n(x_1, \cdots, x_n)\end{aligned} \tag{4-9}$$

127

变量：t_n = 第 n 次观测速度的时间(秒)
v_n = 在 t_n 时刻的速度(米/秒)
c_n = 第 n 次调整控制器的时间(秒)
a_n = 第 n 次调整后的加速度(米/秒^2)
w_n = 第 $n+1$ 次观测前的等待时间(秒)

假设：$t_{n+1}=t_n+c_n+w_n$
$v_{n+1}=v_n+a_{n-1}c_n+a_nw_n$
$a_n=-kv_n$
$c_n>0$
$w_n\geqslant 0$

目标：确定是否有 $v_n\to 0$

图4-7　对接问题的第一步结果

构成，其中 Δx_n 表示在一个时间步长内 x_n 的改变量．通常取时间步长为1，这相当于选择适当的单位．如果时间步长的长度是变化的，或者这个动力系统随时间变化，则我们将时间也作为一个状态变量．如果设

$$x=(x_1,\cdots,x_n)$$
$$F=(f_1,\cdots,f_n)$$

则运动方程可以写成

$$\Delta x=F(x)$$

这个差分方程的模型解是状态空间中的一系列点

$$x(0),x(1),x(2),\cdots$$

且对所有的 n 有

$$\begin{aligned}\Delta x(n)&=x(n+1)-x(n)\\&=F(x(n))\end{aligned}$$

平衡态点 x_0 由

$$F(x_0)=0$$

刻画，而且，只要 $x(0)$ 充分接近 x_0，如果

$$x(n)\to x_0$$

则平衡态是稳定的．在连续时间的情形下，可以通过引入额外的状态变量将许多其他差分方程模型约化成式(4-9)．

128

将一个解看作状态空间中的一系列点，向量 $F(x(n))$ 把点 $x(n)$ 连接到点 $x(n+1)$．向量场 $F(x)$ 的图可以揭示许多关于离散时间动力系统的性质．

例4.4　设 $x=(x_1,x_2)$，考虑差分方程

$$\Delta x=-\lambda x \tag{4-10}$$

其中 $\lambda>0$．在平衡态 $x_0=(0,0)$ 附近的解有什么性质？

图 4-8 呈现当 $0<\lambda<1$ 时的向量场 $F(x)=-\lambda x$. 显然 $x_0=(0, 0)$是稳定的平衡态. 每一步都更接近 x_0. 现在我们考虑当 λ 变大时将会发生的情况. 当 λ 增大时, 图 4-8 中的每个向量将伸长. 当 $\lambda>1$ 时向量伸长超过平衡态. 当 $\lambda>2$ 时向量伸长使得终点$x(n+1)$实际上比起点 $x(n)$更远离平衡态$(0, 0)$. 此时 x_0 是一个不稳定的平衡态.

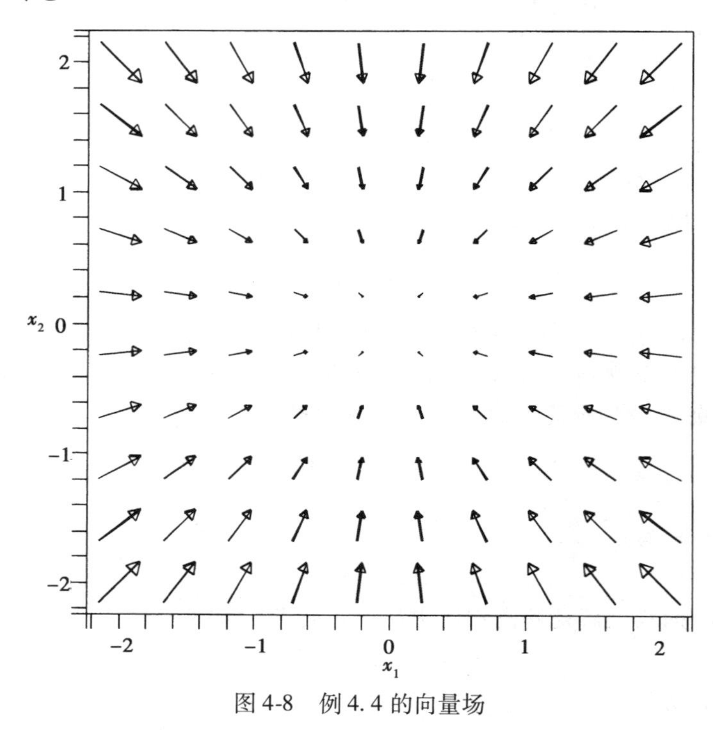

图 4-8　例 4.4 的向量场

129

这个简单的例子清楚地说明以下事实: 离散时间的动力系统的行为不总是像它们相应的连续时间的系统一样. 微分方程

$$\frac{\mathrm{d}x}{\mathrm{d}t}=-\lambda x \tag{4-11}$$

的解具有形式

$$x(t)=x(0)\mathrm{e}^{-\lambda t}$$

并且当 $\lambda>0$ 时原点是一个稳定的平衡态. 类似的差分方程(4-10)在行为上的差别是由于内在的时滞. 近似式

$$\frac{\mathrm{d}x}{\mathrm{d}t}\approx\frac{\Delta x}{\Delta t}$$

仅对较小的 Δt 有效, 所谓**较小**是指 x 对 t 的灵敏性而言的. 这个近似式仅当 Δx 表示对 x 的相对小的变化时才成立. 如果不是这样, 离散的与连续的系统之间的差异可能是出乎意料的.

现在我们回头讨论例 4.3 的对接问题．五步方法的第三步是推导模型的数学表达式．我们将对接问题建立成一个离散时间的动力系统模型．由图 4-7 我们得到

$$(v_{n+1} - v_n) = -kv_{n-1}c_n - kv_n w_n$$

因此，第 n 步速度的变化依赖于 v_n 和 v_{n-1}. 为简化分析，对所有的 n 假设 $c_n = c$ 和 $w_n = w$，则时间步长为

$$\Delta t = c + w$$

我们并不需要将时间作为状态变量．但是，我们确实应该同时考虑 v_n 和 v_{n-1}. 设

$$x_1(n) = v_n$$

$$x_2(n) = v_{n-1}$$

计算

$$\begin{aligned} \Delta x_1 &= -kwx_1 - kcx_2 \\ \Delta x_2 &= x_1 - x_2 \end{aligned} \tag{4-12}$$

状态空间是$(x_1, x_2) \in \mathbb{R}^2$.

第四步是求解模型．存在一个平衡点(0, 0)，位于两条直线

$$kwx_1 + kcx_2 = 0$$

$$x_1 - x_2 = 0$$

130

的交点，通过令 $\Delta x_1 = 0$ 和 $\Delta x_2 = 0$ 得到定常态方程．图 4-9 给出了向量场

$$F(x) = (-kwx_1 - kcx_2, x_1 - x_2)$$

的图．似乎解将趋于平衡态，但这一点很难证明．如果 k，c 和 w 很大，则平衡态可能不稳定，这一点也同样难以证明．

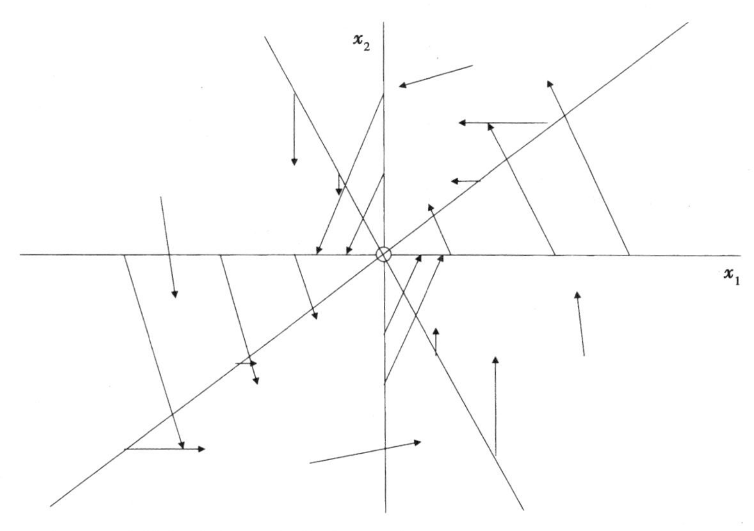

图 4-9　先前的速度 x_2 与当前的速度 x_1 所表示的对接问题的向量场

在数学研究中我们经常遇到不能解决的问题．通常在这种情形下最好是重新审查我们的

假设，并考虑是否能够通过进一步简化假设将问题简化到能够解决．当然，除非简化的问题具有某些实际意义，否则它将变成一个毫无意义且平庸的练习．

在对接问题中，我们已将速度的改变 Δv_n 表达成两部分的和．一部分表示在读速度指示器的时间与调整加速度控制器的时间之间发生的速度改变．假设这段时间很短．实际上假设 c 比 w 小很多．如果 v_n 和 v_{n-1}差别不大，近似式

$$\Delta v_n \approx -kwv_n$$

应该成立．差分方程

131

$$\Delta x_1 = -kwx_1$$

类似于例 4.4 的差分式，对任意的 $kw<2$ 我们将得到一个稳定的平衡态．如果 $kw<1$，我们将逼近这个平衡态，而不会越过它．

第五步是用通俗的语言回答问题．也许我们只能说我们不知道答案．但是，我们可以做得更好些．我们可以这样说，用初等的图方法无法获得令人完全满意的解．换句话说，需要采用更巧妙的方法准确地确定在什么条件下设置的控制策略才起作用．在两次控制器调整之间的时间间隔不是太长并且调整的幅度不是太大的多数情况下，这个策略应该有效．由于在读速度指示器与调整控制器之间存在时滞而导致问题复杂．在这个时间间隔实际接近的速度可能变化，这时我们是在根据过时的和不准确的信息操作，这样增加了计算的不确定因素．如果忽略时滞效应(如果这个滞后很小则是可行的)，则可以得到如下一些一般的结论．

只要控制器调整不是太剧烈，则控制策略将起作用．进一步来说，两次调整之间间隔的时间越长，调整幅度必须越小．而且，它们之间成反比．如果两次调整之间的间隔时间增加两倍，则调整幅度可以减半．特别地，如果我们每 10 秒钟调整一次，则可以设置加速度控制器为应设置的速度值的 1/10，以免超过目标速度零．为了容许人工和仪器的误差，我们应该设置控制值稍微低些——比如，速度的 1/15 或 1/20. 更频繁的调整需要对接近速度指示器更频繁的观测且更注意操作员的部分，但是确实可以实现在控制之下对于更大推动功率的成功的管理．可以推断，这将是有优势的．

在正常情况下，我们以相当全面的灵敏性分析结束对问题的讨论．鉴于我们还没有找到解决问题的方法这一事实，我们将这个讨论推迟到下一章．

4.4　习题

1. 重新考虑例 4.1 的树木问题．假设

$$\frac{r_2}{a_2} < \frac{r_1}{b_1} \quad 及 \quad \frac{r_1}{a_1} < \frac{r_2}{b_2}$$

于是平衡态如图 4-2 所示．

(a)画出这个模型的向量场．

132

(b)确定四个平衡态是稳定的还是不稳定的．

(c)两个树种能否共存于稳定的平衡态？

(d)假设经历一场砍伐后仅存几棵有价值的硬材树留在这片林地．关于这两种树种的将来，这个模型能预测些什么？

2. 重新考虑例 4.1 的树木问题．现在假设

$$\frac{r_2}{a_2} < \frac{r_1}{b_1} \quad 及 \quad \frac{r_1}{a_1} \geqslant \frac{r_2}{b_2}$$

(a)确定在状态空间 $x_1 \geqslant 0$，$x_2 \geqslant 0$ 内，每个平衡点(x_1, x_2)的位置．

(b)画出此时的向量场．

(c)确定每个平衡态是稳定的还是不稳定的．

(d)假设开始有同样数量的硬材树和软材树．关于这两种树种的将来，这个模型能预测些什么？

3. 重做习题 2，但现在假设

$$\frac{r_2}{a_2} \geqslant \frac{r_1}{b_1} \quad 及 \quad \frac{r_1}{a_1} < \frac{r_2}{b_2}$$

4. 在例 4.2 鲸鱼问题中我们应用了一个种群增长的 Logistic 模型，没有种群间相互竞争的种群 P 的增长率为

$$g(P) = rP\left(1 - \frac{P}{K}\right)$$

在这个问题中我们将采用较简单的增长模型

$$g(P) = rP$$

(a)两种鲸鱼种群能否共存？应用五步方法，建一个处于定常态的动力系统模型．

(b)画出这个模型的向量场．确定每个平衡点的位置．

(c)确定在状态空间中每个平衡点是否稳定．

(d)假设目前有 5 000 条蓝鲸和 70 000 条长须鲸，关于这两种鲸鱼的将来，这个模型能预测些什么？

5. 在例 4.2 鲸鱼问题中我们应用了一个种群增长的 Logistic 模型，没有种群间相互竞争的种群 P 的增长率为

$$g(P) = rP\left(1 - \frac{P}{K}\right)$$

133

在这个问题中我们将采用较复杂的增长模型

$$g(P) = rP\left(\frac{P - c}{P + c}\right)\left(1 - \frac{P}{K}\right)$$

其中参数 c 表示种群水平的最小值，低于这个水平种群将出现负增长．假设$\alpha = 10^{-8}$且最小有效种群水平是蓝鲸 3 000 条、长须鲸 15 000 条．

(a)两种鲸鱼种群能否共存？应用五步方法，建一个处于定常态的动力系统模型．

(b) 画出这个模型的向量场．确定每个平衡点是否稳定．

(c)假设目前有 5 000 条蓝鲸和 70 000 条长须鲸，关于这两种鲸鱼的将来，这个模型能

预测些什么？

(d) 假设我们低估了蓝鲸的最小有效种群水平，实际上接近 10 000. 此时两个种群会发生什么变化？

6. 重新考虑例 4.2 鲸鱼问题，假设 $\alpha = 10^{-8}$. 在这个问题中考察捕捞对两种鲸鱼的影响. 设捕捞能力为 E 船/天，导致蓝鲸的年捕捞量为 qEx_1，长须鲸的年捕捞量为 qEx_2，其中假设参数 q(捕捞能力) 约为 10^{-5}.

(a) 在什么条件下两种鲸鱼种群能在目前的捕捞状况下持续共存？应用五步方法，建一个处于定常态的动力系统模型.

(b) 画出这个模型的向量场，满足(a)的条件.

(c) 求使得长须鲸种群减少到现在的约 70 000 条的最小捕捞能力. 假设在开始捕捞前有蓝鲸 150 000 条、长须鲸 400 000 条.

(d) 如果继续按(c)给定的能力捕捞这两个种群，将发生什么变化？画出此时的向量场. 这就是导致国际捕鲸协会(IWC)号召国际禁止捕鲸的原因.

7. 蓝鲸最喜欢的一种食物是所谓的磷虾. 这些极小的虾状动物被大量地吞噬，为巨大的鲸鱼提供主要的食物来源. 磷虾的最大饱和种群水平为 500 吨/英亩. 当缺少捕食者. 环境不拥挤时，磷虾种群以每年 25% 的速率增长. 500 吨/英亩的磷虾可以提高蓝鲸 2% 的年增长率，同时 150 000 条蓝鲸将减少磷虾 10% 的年增长率.

134

(a) 确定鲸鱼与磷虾是否可以在平衡点共存. 应用五步方法，建一个处于定常态的动力系统模型.

(b) 画出这个模型的向量场. 确定每个平衡点是否稳定.

(c) 描述两个种群随时间的变化. 假设初始状态为蓝鲸 5 000 条、磷虾 750 吨/英亩.

(d) (c)得到的结论如何敏感地依赖于磷虾 25% 的年增长率的假设？

8. 两军交战. 红军具有 3 比 1 的数量优势，但蓝军训练有素且装备较好. 令 R 和 B 分别表示红军和蓝军力量的水平. 战斗的 Lanchester 模型规定

$$R' = -aB - bRB$$
$$B' = -cR - dRB$$

其中第一项考虑到直接火力(指向特殊目标)，第二项考虑区域火力(如炮兵)的贡献. 假设蓝军的武器比红军的有效性高，即 $a > c$ 和 $b > d$. 武器的有效性达到什么样的优势才足以抵消 3:1 的人数优势？

(a) 假设 $a = \lambda c$ 和 $b = \lambda d$，对某个 $\lambda > 1$. 确定 λ 的近似下界以使得蓝军获胜. 应用五步方法，建立一个动力系统.

(b) 在(a)部分假设红军具有 n:1 的人员优势. 讨论在(a)部分所得结果对参数 $n \in (2, 5)$ 的灵敏性.

9. 下面简单的模型旨在描述供需动态关系. 设 P 表示一个商品的出售价，Q 表示这种商品的产量. 供给曲线 $Q = f(P)$ 表明在给定价格时，为获得最大利润应该生产的商品产

量．需求曲线 $P=g(Q)$ 表明在给定生产量时，为获得商品的最大效用应确定什么样的出售价．

(a) 选择一个商品，对供给曲线 $Q=f(P)$ 和需求曲线 $P=g(Q)$ 的形状做出有根据的推测．

(b) 运用(a)的结果确定 P 和 Q 的平衡点．

135

(c) 假设 P 将趋向于由需求曲线确定的水平，而 Q 将趋向于由供给曲线确定的水平，基于这些假设建立一个动态模型．

(d) 根据你的模型，平衡态是否稳定？采用离散时间或连续时间的模型是否有区别？(经济学家为了表现时间滞后的效应通常采用离散时间模型．)

(e) 对(a)中所采用的假设做一下灵敏性分析．考虑稳定性问题．

10. 一个有 100 000 成员的人群遭受一场罕见的致命性疾病的侵袭，受害者将对这种疾病具有免疫力．仅当一个易感者直接与一个病人接触时才会传染．传染周期约为三个星期．上星期有 18 个新病例，这周有 40 个新病例．由于过去的感染，估计这个群体的 30% 成员具有免疫力．

(a) 最终被感染的人数是多少？应用五步方法，建立一个离散时间的动力系统．

(b) 估计每周的最大的新发病人数．

(c) 设计一个灵敏性分析，研究(a)中给出的假设，那些假设没有经实际数据检验．

(d) 对上星期所报告的新病例数 18 做一个灵敏性分析．这是由于考虑到前几周的被漏报的传染病例．

11. 重新考虑例 4.3 对接问题，现在假设 $c=5$ 秒，$w=10$ 秒和 $k=0.02$.

(a) 假设初始的接近速度为 50 米/秒，计算由模型预测的速度值 v_0，v_1，v_2，$\cdots$. 对接过程是否成功？

(b) 计算(a)的解的一个简单易行的方法是：利用具有性质 $x(n+1)=G(x(n))$ 的函数 $G(x)=x+F(x)$ 迭代．求这个问题的迭代函数，并用它重新计算(a).

(c) 从 $x(0)=(1,0)$ 开始计算解 $x(1)$，$x(2)$，$x(3)$，$\cdots$. 从 $x(0)=(0,1)$ 开始重复上面过程．当 $n\to\infty$ 时解将如何变化？这是否意味着平衡态 $(0,0)$ 的稳定性？[提示：所有可能的初始状态 $x(0)=(a,b)$ 都可以写成向量 $(1,0)$ 和 $(0,1)$ 的线性组合，而且 $G(x)$ 是 x 的线性函数．]

(d) 是否存在满足 $G(x)=\lambda x$ (λ 是一个实数) 的状态 x？如果存在，以这个状态为初始状态，这个系统将发生什么变化？

136

4.5 进一步阅读文献

1. Bailey, N. (1975) *The Mathematical Theory of Infectious Disease.* Hafner Press, New York.

2. Casstevens, T. *Population Dynamics of Governmental Bureaus.* UMAP module 494.

3. Clark, C. (1976) *Mathematical Bioeconomics: The Optimal Management of Renewable Resources.* Wiley, New York.

4. Giordano, F. and Leja, S. *Competitive Hunter Models.* UMAP module 628.

5. Greenwell, R. *Whales and Krill: A Mathematical Model.* UMAP module 610.

6. Greenwell, R. and Ng, H. *The Ricker Salmon Model.* UMAP module 653.

7. Hirsch, M. and Smale, S. (1974) *Differential Equations, Dynamical Systems, and Linear Algebra.* Academic Press, New York.

8. Horelick, B., Koont, S. and Gottleib, S. *Population Growth and the Logistic Curve.* UMAP module 68.

9. Horelick, B. and Koont, S. *Epidemics.* UMAP module 73.

10. Lanchester, F. (1956) Mathematics in Warfare. *The World of Mathematics.* Vol. 4, pp. 1240–1253.

11. May, R. (1976) *Theoretical Ecology: Principles and Applications.* Saunders, Philadelphia.

12. Morrow, J. *The Lotka–Volterra Predator–Prey Model.* UMAP module 675.

13. Sherbert, D. *Difference Equations with Applications.* UMAP module 322.

14. Tuchinsky, P. *Management of a Buffalo Herd.* UMAP module 207.

137 ~ 138

第5章　动态模型分析

在这一章中我们考虑某些广泛应用于分析离散和连续时间动力系统的技巧．除一些特殊情况外，这些方法并没有导出精确的解析解．精确的解析方法更适合在微分方程课程中讨论．对实际中提出的绝大多数动力系统模型，用任何已知的技巧都不可能导出精确解．在这一章，我们将展示能够被应用于分析绝大多数动态模型的方法．即使在不可能获得精确的解析解的情况下，这些方法仍可以提供关于动力系统性质的重要的定性信息．

5.1　特征值方法

当一个动态模型的方程是线性的时，我们可以获得精确的解析解．尽管在实际生活中线性动力系统几乎不存在，但多数动力系统至少在局部上可以被线性系统逼近．这样的线性逼近，特别是在一个孤立平衡点的邻域内，为许多最重要的适合于动态建模的分析技巧提供了基础．

例5.1　再次考虑例4.1的树木问题．假设硬材树每年增长率为10%，软材树每年增长率为25%．一英亩林地可以提供大约10 000吨的硬木或6 000吨的软木．竞争的程度还未从数值上确定．两种类型的树能否共存于一个稳定的平衡态？

五步方法的第一步列在图4-1中．对这个特定的情况，我们得到

$$r_1 = 0.10$$

$$r_2 = 0.25$$

$$a_1 = \frac{0.10}{10\,000}$$

$$a_2 = \frac{0.25}{6\,000}$$

第二步是选择建模的方式，包含分析的方法．我们将通过特征值方法分析这个非线性动力系统．

假设我们有一个动力系统 $x' = F(x)$，其中 $x = (x_1, \cdots, x_n)$ 是状态空间 $S \subseteq \mathbb{R}^n$ 的一个元素，而且 $F = (f_1, \cdots, f_n)$．一个点 $x_0 \in S$ 是一个平衡态或稳定态当且仅当 $F(x_0) = 0$. 已有定理表明，如果矩阵

$$A = \begin{pmatrix} \partial f_1/\partial x_1(x_0) \cdots \partial f_1/\partial x_n(x_0) \\ \vdots \qquad\qquad \vdots \\ \partial f_n/\partial x_1(x_0) \cdots \partial f_n/\partial x_n(x_0) \end{pmatrix} \tag{5-1}$$

的特征值全都具有负实部，则平衡点 x_0 是渐近稳定的．如果有一个特征值具有正实部，则这个平衡点是不稳定的．对其他情况(纯虚特征值)，这种检验

是不确定的(参考[Hirsch and Smale(1974)], p. 187).

特征值方法基于线性逼近．尽管 $x' = F(x)$ 是非线性的，在平衡点的邻域内我们仍有

$$F(x) \approx A(x - x_0)$$

除了现在 F 的导数由一个矩阵表示外，这与在单变量微积分中你所看到的线性逼近是同样的．有些作者称矩阵 DF 为单变量导数的类推．线性逼近可以使得当原点是 $x' = Ax$ 的稳定的平衡态(即 x_0 是 $x' = A(x - x_0)$ 的稳定的平衡态)时，x_0 同样也是 $x' = F(x)$ 的稳定的平衡态．因此只要了解线性系统情形的特征值检验即可．

毫无疑问，在微分方程的入门课程中你曾经解过某些线性微分方程组，并且你可能也知道解与特征值之间的关系．例如，如果 $Au = \lambda u$(即 u 是 A 的属于特征值 λ 的特征向量)，则 $x(t) = ue^{\lambda t}$ 是初值问题

140

$$x' = Ax, \quad x(0) = u$$

的一个解．事实上可以写出 $n \times n$ 线性微分方程组的通解，虽然这样做相当复杂并且需要大量的线性代数知识．但是，这样做的好处是可以对解的性质有个一般的描述．这个定理是说，微分方程 $x' = Ax$ 的任意解 $x(t)$ 的每个分量都是形如

$$t^k e^{at} \cos(bt), \quad t^k e^{at} \sin(bt)$$

的函数的线性组合，其中 $a \pm ib$ 是 A 的特征值(如果特征值是实的，则 $b = 0$)，并且 k 是一个小于 n 的非负整数．从这个一般性的描述容易得到，原点是方程组 $x' = Ax$ 的渐近稳定的平衡态当且仅当每一个特征值 $a \pm ib$ 都有 $a < 0$(参考[Hirsch and Smale(1974)], p. 135).

当然，特征值方法的成功应用要求我们能够求出特征值．对简单的情况(例如，在$\mathbb{R}^2$上)可以手算出特征值，或者借助于计算机代数系统求出特征值．在其他情况下，我们将不得不依赖逼近的方法．幸运的是，有计算 $n \times n$ 矩阵特征值的数值分析软件包，它对大多数情况都非常有效(例如，Press(1986)).

回到例 5.1，由 4.1 节可知，在点

$$x_1 = \frac{r_1 a_2 - r_2 b_1}{D}$$

$$x_2 = \frac{a_1 r_2 - b_2 r_1}{D}$$

有一个平衡态，其中

$$D = a_1 a_2 - b_1 b_2$$

我们已经确定了 a_1，a_2，r_1 和 r_2 的值，但没有给定 b_1 和 b_2 的值．我们仍假设$b_i < a_i$. 此时取 $b_i = a_i/2$，则平衡点的坐标是 $x_0 = (x_1^0, x_2^0)$，其中

$$x_1^0 = \frac{28\,000}{3} \approx 9\,333$$

$$x_2^0 = \frac{4\ 000}{3} \approx 1\ 333 \tag{5-2}$$

动力系统方程是 $x' = F(x)$，其中 $F = (f_1, f_2)$ 且

$$\begin{aligned} f_1(x_1, x_2) &= 0.10x_1 - \frac{0.10}{10\ 000}x_1^2 - \frac{0.05}{10\ 000}x_1 x_2 \\ f_2(x_1, x_2) &= 0.25x_2 - \frac{0.25}{6\ 000}x_2^2 - \frac{0.125}{6\ 000}x_1 x_2 \end{aligned} \tag{5-3}$$

141

偏导数是

$$\begin{aligned} \frac{\partial f_1}{\partial x_1} &= \frac{20\ 000 - x_2}{200\ 000} - \frac{x_1}{50\ 000} \\ \frac{\partial f_1}{\partial x_2} &= \frac{-x_1}{200\ 000} \\ \frac{\partial f_2}{\partial x_1} &= \frac{-x_2}{48\ 000} \\ \frac{\partial f_2}{\partial x_2} &= \frac{-x_1}{48\ 000} - \frac{x_2}{12\ 000} + \frac{1}{4} \end{aligned} \tag{5-4}$$

计算偏导数(5-4)在平衡点(5-2)的值，且将其代回(5-1)式，我们得到

$$A = \begin{pmatrix} -\frac{7}{75} & -\frac{7}{150} \\ -\frac{1}{36} & -\frac{1}{18} \end{pmatrix} \tag{5-5}$$

这个 2×2 矩阵的特征值是方程

$$\begin{vmatrix} \lambda + \frac{7}{75} & \frac{7}{150} \\ \frac{1}{36} & \lambda + \frac{1}{18} \end{vmatrix} = 0$$

的根．计算行列式我们得到方程

$$\frac{1\ 800\lambda^2 + 268\lambda + 7}{1\ 800} = 0$$

从而得到

$$\lambda = \frac{-67 \pm \sqrt{1\ 339}}{900}$$

因为两个特征值都具有负实部，所以这个平衡态是稳定的．

对连续时间动力系统的特征值检验需要少许的计算．这是计算机代数系统的一个恰当的应用．图5-1解释了运用计算机代数系统 Mathematica 对这个问题执行的第四步计算．

最后我们进行第五步．我们已经发现硬材树与软材树可以共存于一个平衡态．在一个成熟的、稳定的树林中每英亩大约有9 300吨硬材树和1 300吨软材树．这个结论基于对两类树种之间竞争程度的近似合理的假设．灵敏性分析的推导将确定这些假设对我们初步结

论的影响.

为进行灵敏性分析，我们仍假设 $b_i = ta_i$，且将放松假设 $t = 1/2$. 条件

142

$$b_i < a_i$$

$$\frac{r_i}{a_i} < \frac{r_j}{b_j}$$

隐含着 $0 < t < 0.6$. 平衡点的坐标$(x_1^0,\ x_2^0)$是

$$x_1^0 = \frac{10\,000 - 6\,000t}{1 - t^2}$$
$$x_2^0 = \frac{6\,000 - 10\,000t}{1 - t^2} \tag{5-6}$$

```
In[1]:= f1 = x1/10 - (x1^2/10)/10000 - (5 x1 x2/100)/10000

Out[1]= x1/10 - x1^2/100000 - x1 x2/200000

In[2]:= f2 = 25 x2/100 - (25 x2^2/100)/6000 - (125 x1 x2/1000)/6000

Out[2]= x2/4 - x1 x2/48000 - x2^2/24000

In[3]:= s = Solve[{f1/x1 == 0, f2/x2 == 0}, {x1, x2}]

Out[3]= {{x1 -> 28000/3, x2 -> 4000/3}}

In[4]:= df = {{D[f1, x1], D[f1, x2]}, {D[f2, x1], D[f2, x2]}};

In[6]:= MatrixForm[df]

Out[6]//MatrixForm=
( 1/10 - x1/50000 - x2/200000      -x1/200000                    )
( -x2/48000                         1/4 - x1/48000 - x2/12000    )

In[7]:= A = df /. s

Out[7]= {{{-7/75, -7/150}, {-1/36, -1/18}}}

In[8]:= Eigenvalues[A]

Out[8]= {1/900 (-67 - Sqrt[1339]), 1/900 (-67 + Sqrt[1339])}
```

图 5-1　运用计算机代数系统 Mathematica 对树木问题第四步的计算

这个系统的微分方程是 $x_i' = f_i(x_1,\ x_2)$，其中

$$f_1(x_1, x_2) = 0.10x_1 - \frac{0.10x_1^2}{10\,000} - \frac{0.10tx_1x_2}{10\,000}$$
$$f_2(x_1, x_2) = 0.25x_2 - \frac{0.25x_2^2}{6\,000} - \frac{0.25tx_1x_2}{6\,000} \tag{5-7}$$

143

偏导数是

$$\frac{\partial f_1}{\partial x_1} = \frac{10\,000 - tx_2}{100\,000} - \frac{x_1}{50\,000}$$

$$\begin{aligned}\frac{\partial f_1}{\partial x_2} &= \frac{-tx_1}{100\ 000}\\ \frac{\partial f_2}{\partial x_1} &= \frac{-tx_2}{24\ 000}\\ \frac{\partial f_2}{\partial x_2} &= \frac{-tx_1}{24\ 000} - \frac{x_2}{12\ 000} + \frac{1}{4}\end{aligned} \tag{5-8}$$

计算在平衡点(5-6)的偏导数值(5-8)并将其代回(5-1)式得到

$$A = \begin{pmatrix} \dfrac{5-3t}{50(t^2-1)} & \dfrac{t(5-3t)}{50(t^2-1)} \\ \dfrac{t(3-5t)}{12(t^2-1)} & \dfrac{3-5t}{12(t^2-1)} \end{pmatrix} \tag{5-9}$$

为求特征值我们必须求解的特征方程是

$$\left[\lambda - \frac{5-3t}{50(t^2-1)}\right]\left[\lambda - \frac{3-5t}{12(t^2-1)}\right] - \left[\frac{t(3-5t)}{12(t^2-1)}\right]\left[\frac{t(5-3t)}{50(t^2-1)}\right] = 0 \tag{5-10}$$

解方程(5-10)得到 λ 的两个根

$$\begin{aligned}\lambda_1 &= \frac{143t - 105 + \sqrt{9\ 000t^4 - 20\ 400t^3 + 20\ 449t^2 - 9\ 630t + 2\ 025}}{600(1-t^2)}\\ \lambda_2 &= \frac{143t - 105 - \sqrt{9\ 000t^4 - 20\ 400t^3 + 20\ 449t^2 - 9\ 630t + 2\ 025}}{600(1-t^2)}\end{aligned} \tag{5-11}$$

图 5-2 说明如何运用计算机代数系统 Maple 计算这个问题的特征值．当计算很复杂并且全部用手算会增加犯错误的风险时，采用计算机代数系统特别有效．大多数计算机代数系统带有图形工具．图与代数的结合对现在的这类问题是很重要的．画图经常是解不等式的最容易的方法．

图 5-3 显示了 λ_1 和 λ_2 随 t 在区间 $0<t<0.6$ 上的变化．从这个图我们可以看到，λ_1 和 λ_2 总是负的，因此不论竞争程度如何，平衡态总是稳定的．(如果你做了第 4 章的练习 1，从图分析你大概会得出相同的结论．)

```
> with(linalg):
> f1:=x1/10-(x1^2/10)/10000-(t*x1*x2/10)/10000;
```

$$f1 := \frac{1}{10}x1 - \frac{1}{100000}x1^2 - \frac{1}{100000}t\,x1\,x2$$

```
> f2:=25*x2/100-(25*x2^2/100)/6000-(25*t*x1*x2/100)/6000;
```

$$f2 := \frac{1}{4}x2 - \frac{1}{24000}x2^2 - \frac{1}{24000}t\,x1\,x2$$

```
> df1dx1:=diff(f1,x1);
```

$$df1dx1 := \frac{1}{10} - \frac{1}{50000}x1 - \frac{1}{100000}t\,x2$$

```
> df1dx2:=diff(f1,x2);
```

$$df1dx2 := -\frac{1}{100000}t\,x1$$

图 5-2　运用计算机代数系统 Maple 对树木问题进行灵敏性分析计算

```
> df2dx1:=diff(f2,x1);
```

$$df2dx1 := -\frac{1}{24000}\,t\,x2$$

```
> df2dx2:=diff(f2,x2);
```

$$df2dx2 := \frac{1}{4}-\frac{1}{12000}\,x2-\frac{1}{24000}\,t\,x1$$

```
> s:=solve({f1/x1=0,f2/x2=0},{x1,x2});
```

$$s := \{x2 = 2000\,\frac{-3+5\,t}{-1+t^2},\ x1 = 2000\,\frac{-5+3\,t}{-1+t^2}\}$$

```
> assign(s);
> A:=array([[df1dx1,df1dx2],[df2dx1,df2dx2]]);
```

$$A := \begin{bmatrix} \frac{1}{10}-\frac{1}{25}\,\frac{-5+3\,t}{-1+t^2}-\frac{1}{50}\,\frac{t\,(-3+5\,t)}{-1+t^2} & -\frac{1}{50}\,\frac{t\,(-5+3\,t)}{-1+t^2} \\ -\frac{1}{12}\,\frac{t\,(-3+5\,t)}{-1+t^2} & \frac{1}{4}-\frac{1}{6}\,\frac{-3+5\,t}{-1+t^2}-\frac{1}{12}\,\frac{t\,(-5+3\,t)}{-1+t^2} \end{bmatrix}$$

```
> eigenvals(A);
```

$$\frac{1}{2}\,\frac{-286\,t+210+2\sqrt{20449\,t^2-9630\,t+2025-20400\,t^3+9000\,t^4}}{600\,t^2-600},$$

$$\frac{1}{2}\,\frac{-286\,t+210-2\sqrt{20449\,t^2-9630\,t+2025-20400\,t^3+9000\,t^4}}{600\,t^2-600}$$

图 5-2　（续）

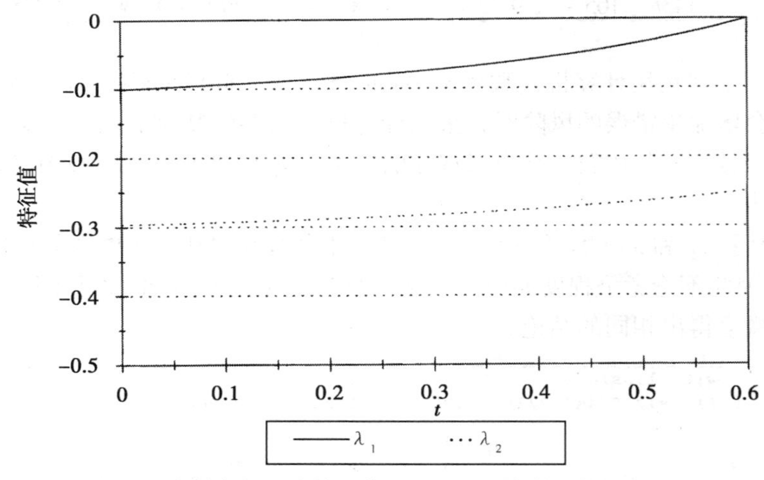

图 5-3　在树木问题中特征值 λ_1 和 λ_2 随参数 t 变化的图形

5.2　离散系统的特征值方法

前一节的方法仅适用于连续时间的动力系统．在这一节中我们将针对离散时间的动力系统的稳定性分析展示类似的方法．我们分析的基础仍是线性逼近，结合特征值的计算．

例 5.2　重新考虑例 4.3 的对接问题．现在假设需要 5 分钟进行控制调整，外加 10 分钟从其他工作再次转向观测速度指示器．在这些条件下，我们的调整速度的策略会成功吗？

五步方法的第一步总结在图 4-7 中．现在我们假设 $c_n = 5$，$w_n = 10$. 此时令 $k = 0.02$，

后面我们将对 k 的灵敏性进行分析.

第二步是选择建模的方法，包括求解方法. 我们将运用特征值方法.

给定一个离散时间的动力系统

$$\Delta x = F(x)$$

其中 $x=(x_1, \cdots, x_n)$ 和 $F=(f_1, \cdots, f_n)$，我们定义一个迭代函数

$$G(x) = x + F(x)$$

序列 $x(0)$，$x(1)$，$x(2)$，…是该差分方程组的解，当且仅当对所有的 n 有

$$x(n+1) = G(x(n))$$

平衡点 x_0 由它是函数 $G(x)$ 的不动点这一事实刻画，即 $G(x_0)=x_0$.

已有定理说明平衡点 x_0 是(渐近)稳定的，如果偏导数矩阵

$$A = \begin{pmatrix} \partial g_1/\partial x_1(x_0) & \cdots & \partial g_1/\partial x_n(x_0) \\ \vdots & & \vdots \\ \partial g_n/\partial x_1(x_0) & \cdots & \partial g_n/\partial x_n(x_0) \end{pmatrix} \tag{5-12}$$

的每一个特征值的绝对值小于 1. 如果特征值是复数 $a \pm ib$，我们提到的复数的绝对值是 $\sqrt{a^2+b^2}$. 对稳定性的这种简单检验类似于前一节介绍的对连续时间动力系统的特征值检验(参见[Hirsch and Smale(1974)], p. 280).

144～146

与连续情况一样，对离散时间动力系统的特征值检验也基于线性逼近. 尽管迭代函数 $G(x)$ 是非线性的，在平衡点 x_0 的邻域内我们仍有

$$G(x) \approx A(x - x_0)$$

换句话说，迭代函数 G 在平衡点 x_0 的邻域内的性质近似于线性函数 Ax 在原点附近的性质. 因此，原来非线性系统在平衡点 x_0 的邻域内的性质近似于线性离散时间动力系统的性质，它由迭代函数

$$x(n+1) = Ax(n)$$

在原点的邻域内确定. 这个线性逼近保证了如果原点是线性系统的稳定的平衡态，则 x_0 是原非线性系统的稳定的平衡态. 因此只需要讨论线性系统的稳定性条件.

矩阵 A 被称为**线性压缩**，如果对每个 x 有 $A^n x \to 0$. 已有定理表明如果矩阵 A 的每个特征值的绝对值小于 1，则 A 是线性压缩(参见[Hirsch and Smale(1974)], p. 279). 因此，当 A 的所有特征值的绝对值小于 1 时，原点是由 A 迭代生成的离散时间动力系统的稳定的平衡态. 我们用一个简单的情况解释这个结果的证明. 假设对**所有**的 x 有 $Ax=\lambda x$，则 λ 是 A 的一个特征值，且每个非零向量 x 是属于 λ 的特征向量. 对这种简单情况，我们总有

$$x(n+1) = Ax(n) = \lambda x(n)$$

于是原点是稳定的平衡态当且仅当 $|\lambda| < 1$.

现在我们回到对接问题. 第三步是推导这个模型的数学表达式，使得可以运用在第二步确定的方法. 此时我们已有一个以 $x_0=(0, 0)$ 为平衡态的线性系统. 迭代函数是

$$G(x_1, x_2) = x + F(x_1, x_2) = (g_1, g_2)$$

其中

$$g_1(x_1, x_2) = 0.8x_1 - 0.1x_2$$
$$g_2(x_1, x_2) = x_1$$

继续第四步，我们计算

147

$$\begin{vmatrix} \lambda - 0.8 & 0.1 \\ -1 & \lambda - 0 \end{vmatrix} = 0$$

或 $\lambda^2 - 0.8\lambda + 0.1 = 0$，由此可以得到

$$\lambda = \frac{4 \pm \sqrt{6}}{10}$$

这是 $n=2$ 个不同的特征值，两者都是实数且位于 -1 和 $+1$ 之间．因此这个平衡态 $x_0=0$ 是稳定的，对任意的初值我们将得到 $x(t) \to (0, 0)$．

第五步是用通俗的语言叙述我们的结果．假设控制调整的时间间隔为 15 秒：5 秒调整和 10 秒松弛．运用一个 1∶50 的修正因子，可以保证我们的控制比例方法成功．实际上，1∶50的修正因子是指，如果速度指示器读数为 50 米/秒，我们将设加速度控制为 −1 米/秒^2；如果速度指示器读数是 25 米/秒，我们将设加速度控制为 −0.5 米/秒^2，等等．

下面是对参数 k 的灵敏性分析．对一般的 k，给定的迭代函数为 $G=(g_1, g_2)$，其中

$$g_1(x_1, x_2) = (1 - 10k)x_1 - 5kx_2$$
$$g_2(x_1, x_2) = x_1$$

由此导出特征方程

$$\lambda^2 - (1 - 10k)\lambda + 5k = 0$$

特征值为

$$\lambda_1 = \frac{(1 - 10k) + \sqrt{(1 - 10k)^2 - 20k}}{2}$$
$$\lambda_2 = \frac{(1 - 10k) - \sqrt{(1 - 10k)^2 - 20k}}{2} \tag{5-13}$$

在(5-13)式中根号下的量在

$$k_1 = \frac{4 - \sqrt{12}}{20} \approx 0.027$$

和

$$k_2 = \frac{4 + \sqrt{12}}{20} \approx 0.373$$

之间取负值．图 5-4 显示了 λ_1 和 λ_2 在区间 $0 < k \leqslant k_1$ 上的图形．从这个图中可以看出，这两个特征值的绝对值小于 1，因此在整个区间上平衡态(0，0)是稳定的．当 $k_1 < k < k_2$ 时两个特征值都是复数，稳定性条件为

148

$$\left[\frac{(1 - 10k)^2}{2}\right] + \left[\frac{\sqrt{20k - (1 - 10k)^2}}{2}\right] < 1 \tag{5-14}$$

由此导出 $k<1/5$. 图 5-5 显示了 λ_1 和 λ_2 对应于 $k\geqslant k_2$ 的图形. 显然对所有的 k, 较小的特征值 λ_2 具有大于 1 的绝对值. 总之, 只要 $k<0.2$ 或者至少有一个 1:5 的修正因子, 这个方法就能够成功地调整速度. 当然, 能知道 k 取什么值是最有效的也很有意义. 我们将这个问题留作练习.

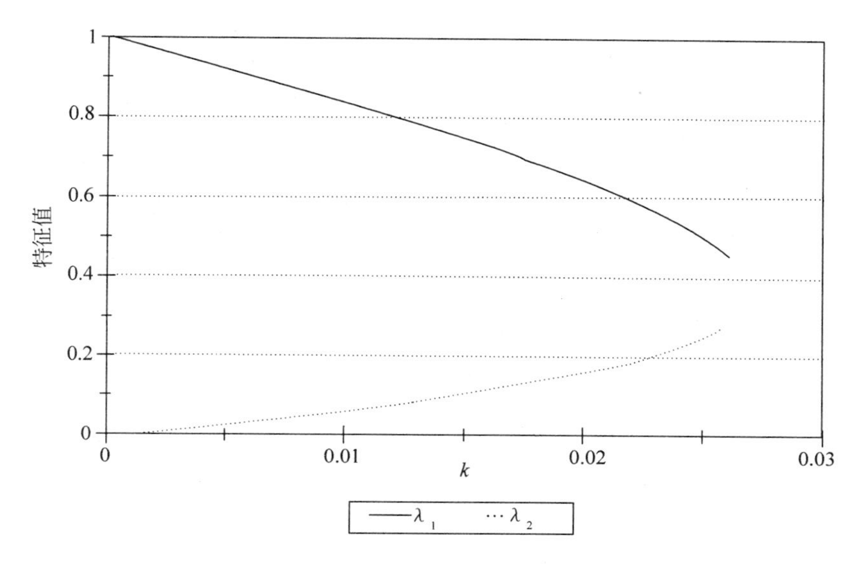

图 5-4　在对接问题中特征值 λ_1 和 λ_2 对应于控制参数 $k(0<k\leqslant k_1)$ 变化的图形

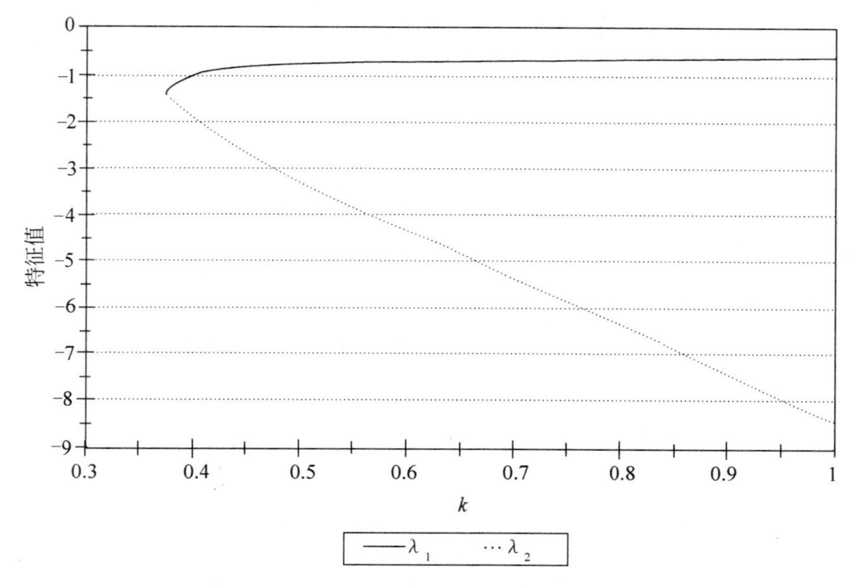

图 5-5　在对接问题中特征值 λ_1 和 λ_2 对应于控制参数 $k(k\geqslant k_2)$ 变化的图形

5.3　相图

在 5.1 节我们引入了特征值检验来考察连续时间动力系统的稳定性．这个检验基于在一个孤立的平衡点的邻域内的线性逼近的想法．本节我们将说明这个简单的想法如何用于获得一幅描述动力系统在平衡点附近的性质的图像．然后用该信息与向量场的草图一起获得在整个状态空间上动态行为的图形描述，称此图为相图．相图在非线性动力系统分析中是很重要的，因为在多数情况下不可能获得精确的解析解．在这一节的结尾我们将简单讨论离散时间动力系统的类似技巧，这些技巧同样是基于线性逼近的想法．

例 5.3　考虑图 5-6 中的电路图．该电路由一个电容、一个电阻和一个电感器构成一个简单闭路．电路中每个元件的作用由这个回路中的电流和电压之间的关系表示．一个理想的物理模型给出以下关系：

$$C\frac{\mathrm{d}v_C}{\mathrm{d}t} = i_C(\text{电容})$$

$$v_R = f(i_R)(\text{电阻})$$

$$L\frac{\mathrm{d}i_L}{\mathrm{d}t} = v_L(\text{电感})$$

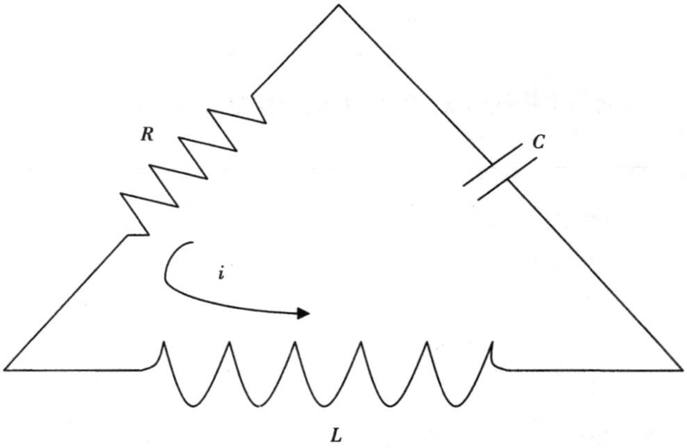

图 5-6　例 5.3 的 RLC 电路图

其中 v_C 表示电容上的电压，i_R 表示经过电阻的电流，等等．称函数 $f(x)$ 为电阻的 v-i 特征．通常，$f(x)$ 与 x 的符号相同．这称为被动电阻．一些控制电路使用主动电阻，其中对较小的 x 来说 $f(x)$ 与 x 的符号相反，见例 5.4. 在经典的 RLC 电路理论中我们假设 $f(x)=Rx$，其中 $R>0$ 表示电阻．基尔霍夫电流定律是说，进入一个节点的电流之和等于流出电流之和．基尔霍夫电压定律是说，闭路上所有电压差之和为零．对 $L=1$，$C=1/3$ 和 $f(x)=x^3+4x$，确定这个电路随时间变化的行为．

我们将应用五步方法．第一步的结果总结在图 5-7 中．第二步是选择建模方法．我们将运用连续时间动力系统为此问题建模，并通过画出完整的相图进行分析．

变量：v_C = 电容上的电压

i_C = 过电容的电流

v_R = 电阻上的电压

i_R = 过电阻的电流

v_L = 电感器上的电压

i_L = 过电感器的电流

假设：$C\mathrm{d}v_C/\mathrm{d}t = i_C$

$v_R = f(i_R)$

$L\mathrm{d}i_L/\mathrm{d}t = v_L$

$i_C = i_R = i_L$

$v_C + v_R + v_L = 0$

$L = 1$

$C = 1/3$

$f(x) = x^3 + 4x$

目标：确定六个变量随时间变化的行为

图 5-7　RLC 电路问题的第一步

149 ~ 151

设我们有一个动力系统 $x' = F(x)$，其中 $x = (x_1, \cdots, x_n)$ 且 F 在平衡点 x_0 的邻域内有一阶连续偏导数．设 A 是一阶偏导数矩阵在平衡点 x_0 的值，就像(5-1)式所定义的那样．前面我们已经提到，当 x 在 x_0 附近时系统 $x' = F(x)$ 的行为与线性系统 $x' = A(x - x_0)$ 相似．现在我们将更具体地说明．

连续时间动力系统的**相图**就是一个呈现了代表性地选择的解曲线的状态空间草图．对线性系统不难画出其相图(至少在 $\mathbb{R}^2$ 上)，因为对线性微分方程组我们总能得到其解的表达式．因此，我们只需要对几个初始条件画出解曲线，就可以得到相图．建议读者参考任何一本微分方程的教科书，以详细了解如何求解线性微分方程．对非线性系统，可以应用线性逼近的方法在孤立的平衡点邻域内画出一个近似的相图．

同胚是一个具有连续逆映射的连续函数．同胚的概念必须与形状及其一般性质联系起来理解．例如，考虑平面内的一个圆．这个圆在同胚映射

$$G: \mathbb{R}^2 \to \mathbb{R}^2$$

下的像可以是另一个圆或椭圆，甚至是一个正方形或一个三角形．但它不会是一条线段，那会破坏连续性．它也不会是一个形如数字 8 的图像，因为那样会破坏 G 有逆映射的性质(它必须是一一对应的)．已有定理说明如果 A 的特征值的实部都不为零，则存在一个同胚 G，它把系统 $x' = Ax$ 的相图映射为 $x' = F(x)$ 的相图，满足 $G(0) = x_0$(参见[Hirsch and Smale(1974)], p. 314)．这个定理指出，除了某些扭曲外，$x' = F(x)$ 在 x_0 附近的相图看起来像线性系统的相图．就好像在一张橡

皮纸上画线性系统的相图一样，我们可以任意拉伸，但不能扯破．这是一个非常强的结果．它意味着，仅通过分析线性逼近，我们可以得到一个非线性动力系统在孤立的平衡点附近的行为的真实图像(适于几乎所有的实际目的)．为了完成在状态空间其他部分的相图，我们要将已经知道的关于解在平衡点附近的性质与向量场草图所包含的信息结合起来．

152

第三步是推导模型的数学表达式．从考虑状态空间开始．开始有6个状态变量，我们可以利用基尔霍夫定律将自由度的数目(独立状态变量的个数)从6个减到2个．设 $x_1 = i_R$，注意到同样有 $x_1 = i_L = i_C$. 设 $x_2 = v_C$，则我们得到

$$
\begin{aligned}
\frac{x_2'}{3} &= x_1 \\
v_R &= x_1^3 + 4x_1 \\
x_1' &= v_L \\
x_2 + v_R + v_L &= 0
\end{aligned}
$$

代入得到

$$
\begin{aligned}
\frac{x_2'}{3} &= x_1 \\
x_2 + x_1^3 + 4x_1 + x_1' &= 0
\end{aligned}
$$

重新排列得到

$$
\begin{aligned}
x_1' &= -x_1^3 - 4x_1 - x_2 \\
x_2' &= 3x_1
\end{aligned}
\tag{5-15}
$$

现在，如果设 $x = (x_1, x_2)$，则(5-15)式可以写成形式 $x' = F(x)$，其中 $F = (f_1, f_2)$ 且

$$
\begin{aligned}
f_1(x_1, x_2) &= -x_1^3 - 4x_1 - x_2 \\
f_2(x_1, x_2) &= 3x_1
\end{aligned}
\tag{5-16}
$$

第三步完成．

第四步是求解此模型．我们将通过画出完整的相图来分析动力系统(5-15)．图5-8显示了这个动力系统的向量场的Maple图．手画这个向量场也是相当简单的．速度向量在曲线 $x_1 = 0$ 上是水平的，这里 $x_2' = 0$；而在曲线 $x_2 = -x_1^3 - 4x_1$ 上是垂直的，这里 $x_1' = 0$. 在两条曲线的交点，(0, 0)是平衡点．由向量场难以断定这个平衡点是否稳定．为了获得更多的信息，我们将分析在平衡点(0, 0)附近的行为接近式(5-15)的线性系统．

根据(5-16)式求偏导数，我们得到

$$
\begin{aligned}
\frac{\partial f_1}{\partial x_1} &= -3x_1^2 - 4 \\
\frac{\partial f_1}{\partial x_2} &= -1 \\
\frac{\partial f_2}{\partial x_1} &= 3 \\
\frac{\partial f_2}{\partial x_2} &= 0
\end{aligned}
\tag{5-17}
$$

153

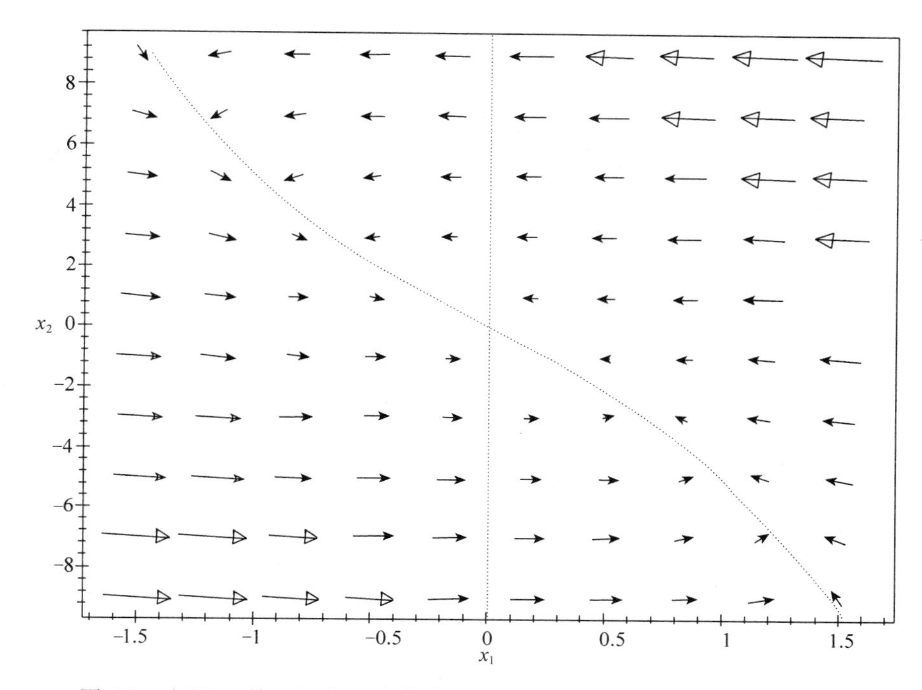

图 5-8　电压 x_2 关于电流 x_1 变化的图显示了例 5.3 的 RLC 电路问题的向量场

计算偏导数(5-17)在平衡点(0，0)的值，并将其代回(5-1)式，我们得到

$$A=\begin{pmatrix}-4 & -1\\ 3 & 0\end{pmatrix}$$

这个 2×2 矩阵的特征值是方程

$$\begin{vmatrix}\lambda+4 & 1\\ -3 & \lambda\end{vmatrix}=0$$

的根．计算行列式，我们得到方程

$$\lambda^2+4\lambda+3=0$$

于是有

$$\lambda=-3,\ -1$$

因为两个特征值都是负的，所以平衡态是稳定的．

为获得更多的信息，我们将解线性系统 $x'=Ax$. 此时有

$$\begin{pmatrix}x_1'\\ x_2'\end{pmatrix}=\begin{pmatrix}-4 & -1\\ 3 & 0\end{pmatrix}\begin{pmatrix}x_1\\ x_2\end{pmatrix}\tag{5-18}$$

利用特征值和特征向量解此方程．我们已经求得特征值 $\lambda=-3$，-1. 为了求相应于特征值 λ 的特征向量，我们必须求方程

154

$$\begin{pmatrix} \lambda+4 & 1 \\ -3 & \lambda \end{pmatrix}\begin{pmatrix} x_1 \\ x_2 \end{pmatrix} = \begin{pmatrix} 0 \\ 0 \end{pmatrix}$$

的非零解．对 $\lambda = -3$ 我们有

$$\begin{pmatrix} 1 & 1 \\ -3 & -3 \end{pmatrix}\begin{pmatrix} x_1 \\ x_2 \end{pmatrix} = \begin{pmatrix} 0 \\ 0 \end{pmatrix}$$

由此得

$$\begin{pmatrix} x_1 \\ x_2 \end{pmatrix} = \begin{pmatrix} -1 \\ 1 \end{pmatrix}$$

于是

$$\begin{pmatrix} -1 \\ 1 \end{pmatrix} e^{-3t}$$

是线性系统(5-18)的一个解．对 $\lambda = -1$ 我们有

$$\begin{pmatrix} 3 & 1 \\ -3 & -1 \end{pmatrix}\begin{pmatrix} x_1 \\ x_2 \end{pmatrix} = \begin{pmatrix} 0 \\ 0 \end{pmatrix}$$

由此得

$$\begin{pmatrix} x_1 \\ x_2 \end{pmatrix} = \begin{pmatrix} -1 \\ 3 \end{pmatrix}$$

于是

$$\begin{pmatrix} -1 \\ 3 \end{pmatrix} e^{-t}$$

是线性系统(5-18)的另一个解．则(5-18)的一般解可以写成

$$\begin{pmatrix} x_1 \\ x_2 \end{pmatrix} = c_1\begin{pmatrix} -1 \\ 1 \end{pmatrix} e^{-3t} + c_2\begin{pmatrix} -1 \\ 3 \end{pmatrix} e^{-t} \tag{5-19}$$

其中 c_1 和 c_2 是任意实常数．

图 5-9 显示了线性系统(5-18)的相图．这个图通过对选择的几对常数值 c_1，c_2 画解曲线(5-19)而获得．例如，当 $c_1 = 1$ 和 $c_2 = 1$ 时，画出

$$x_1(t) = -e^{-3t} - e^{-t}$$
$$x_2(t) = e^{-3t} + 3e^{-t}$$

的图．我们还附加上一个线性向量场的图以便确定解曲线的方向．画相图时，必须用箭头标明流的方向．

图 5-10 给出了原非线性动力系统(5-15)的完整相图．这个图的获得是通过综合图 5-8 和图 5-9 的信息，并且利用了非线性系统(5-15)的相图与线性系统 (5-18)的相图同胚的事实．在这个例子中，线性系统和非线性系统之间没有太多本质上的差异．

155

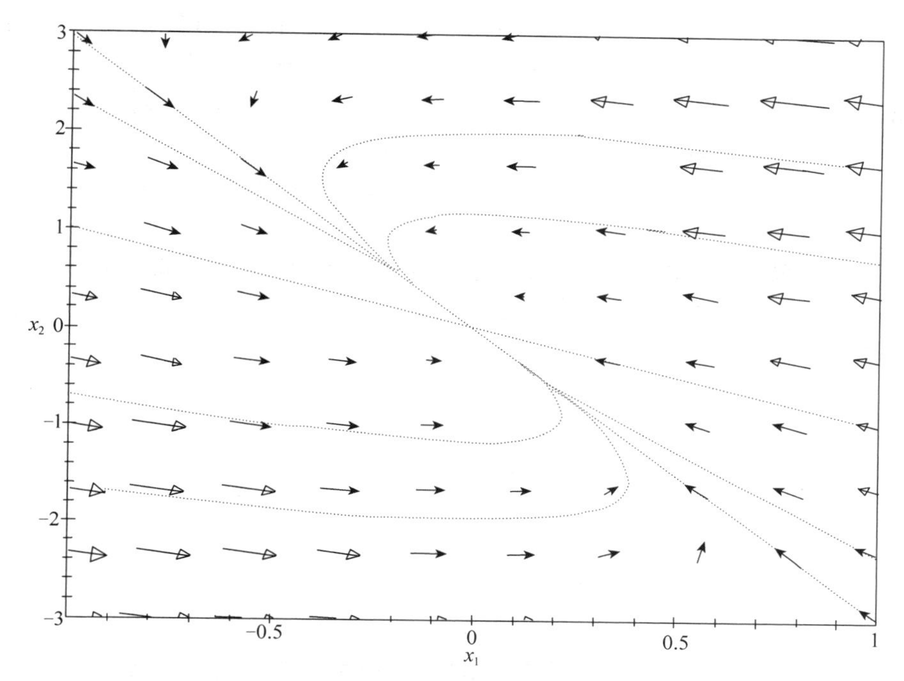

图 5-9　电压 x_2 关于电流 x_1 变化的图显示了对例 5.3 的 RLC 电路问题在(0，0)附近的相图的线性逼近

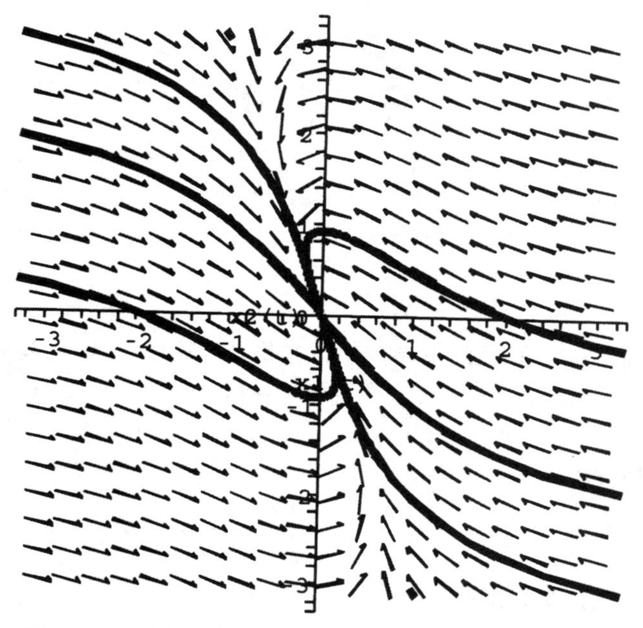

图 5-10　电压 x_2 关于电流 x_1 变化的图显示了例 5.3 的 RLC 电路问题的完整相图

第五步是回答问题．问题是描述 RLC 电路的行为．总的行为可以用两个量描述：通过电阻的电流和电容上的电压降．不论电路的初始状态如何，这两个量最终将趋于零．进一步来说，最终或者电压是正的且电流是负的，或者反之．电流和电压随时间变化的完整描述见图 5-10，其中 x_1 表示电流，x_2 表示电压．其他感兴趣的变量的性质可以由这两个变量表示．(图 5-7 给出了详细的关系．) 例如，x_1 实际上表示了这个回路上每个分支通过的电流．

下一步将进行灵敏性分析，以便确定我们假设中的微小变化对结论的影响．首先考虑电容 C. 在例子中我们假设 $C=1/3$. 现在通过让 C 未定来推广模型．此时取代(5-15)式，我们得到动力系统

$$\begin{aligned} x_1' &= -x_1^3 - 4x_1 - x_2 \\ x_2' &= \frac{x_1}{C} \end{aligned} \tag{5-20}$$

现在有

$$\begin{aligned} f_1(x_1, x_2) &= -x_1^3 - 4x_1 - x_2 \\ f_2(x_1, x_2) &= \frac{x_1}{C} \end{aligned} \tag{5-21}$$

对 1/3 附近的 C 值，(5-21)式的向量场基本与图 5-8 相同．速度向量在曲线 $x_1=0$ 上仍处于水平态，在曲线 $x_2=-x_1^3-4x_1$ 上仍处于垂直态．在两条曲线相交处仍存在一个平衡点(0，0).

求式(5-21)的偏导数，得到

$$\begin{aligned} \frac{\partial f_1}{\partial x_1} &= -3x_1^2 - 4 \\ \frac{\partial f_1}{\partial x_2} &= -1 \\ \frac{\partial f_2}{\partial x_1} &= \frac{1}{C} \\ \frac{\partial f_2}{\partial x_2} &= 0 \end{aligned} \tag{5-22}$$

156～157

计算式(5-22)在平衡点(0，0)处的偏导数值，并将其代回式(5-1)，我们得到

$$A = \begin{pmatrix} -4 & -1 \\ 1/C & 0 \end{pmatrix}$$

这个矩阵的特征值是方程

$$\begin{vmatrix} \lambda+4 & 1 \\ -1/C & \lambda \end{vmatrix} = 0$$

的根．计算这个行列式，我们得到方程

$$\lambda^2 + 4\lambda + \frac{1}{C} = 0$$

特征值是

$$\lambda = -2 \pm \sqrt{4 - \frac{1}{C}}$$

如果 $C > 1/4$，则我们有两个不同的都具有负实部的特征值，因此平衡态是稳定的．此时，线性系统的通解为

$$\begin{pmatrix} x_1 \\ x_2 \end{pmatrix} = c_1 \begin{pmatrix} -1 \\ 2+\alpha \end{pmatrix} e^{(-2+\alpha)t} + c_2 \begin{pmatrix} -1 \\ 2-\alpha \end{pmatrix} e^{(-2-\alpha)t} \tag{5-23}$$

其中 $\alpha^2 = 4 - 1/C$. 这个线性系统的相图与图 5-9 相似，只是解直线的斜率随 C 变化．当 C 的值大于 1/4 时，原来非线性系统的相图非常接近图 5-10. 总之，只要 $C > 1/4$，我们关于 RLC 电路的一般结论就对 C 的精确值不敏感．对于电感 L 也有类似的结论．一般来说，我们的解的重要特征(即特征向量)连续地依赖这些参数．

下一步考虑稳健性．我们已经假设 RLC 电路具有 v-i 特征 $f(x) = x^3 + 4x$. 更一般地假设 $f(0) = 0$ 且 f 是严格增加的．现在的动力系统方程是

$$\begin{aligned} x_1' &= -f(x_1) - x_2 \\ x_2' &= 3x_1 \end{aligned} \tag{5-24}$$

此时有

$$\begin{aligned} f_1(x_1, x_2) &= -f(x_1) - x_2 \\ f_2(x_1, x_2) &= 3x_1 \end{aligned} \tag{5-25}$$

设 $R = f'(0)$. 线性逼近应用

158

$$A = \begin{pmatrix} -R & -1 \\ 3 & 0 \end{pmatrix}$$

因此特征值是方程

$$\begin{vmatrix} \lambda + R & 1 \\ 3 & \lambda \end{vmatrix} = 0$$

的根．计算得

$$\lambda = \frac{-R \pm \sqrt{R^2 - 12}}{2}$$

只要 $R > \sqrt{12}$ 我们就有两个不同的实特征值，这个线性系统的行为就如图 5-9 描述的一样，而且原来非线性系统的行为不可能与图 5-10 的差别太大．我们已得到结论：RLC 电路关于我们对 v-i 特征形式的假设具有稳健性．

例 5.4 考虑非线性 RLC 电路，$L = 1$，$C = 1$ 且 v-i 特征 $f(x) = x^3 - x$. 确定这个电路随时间变化的行为．

建模的过程当然与前面的例子相同．令 $x_1 = i_R$ 和 $x_2 = v_C$，我们得到动力系统

$$\begin{aligned} x_1' &= x_1 - x_1^3 - x_2 \\ x_2' &= x_1 \end{aligned} \tag{5-26}$$

这个向量场的图参见图 5-11. 速度向量在曲线 $x_2 = x_1 - x_1^3$ 上是垂直的且在 x_2 轴上是水平的. 唯一的平衡点是原点(0, 0). 从向量场难以断定原点是否是一个稳定的平衡态.

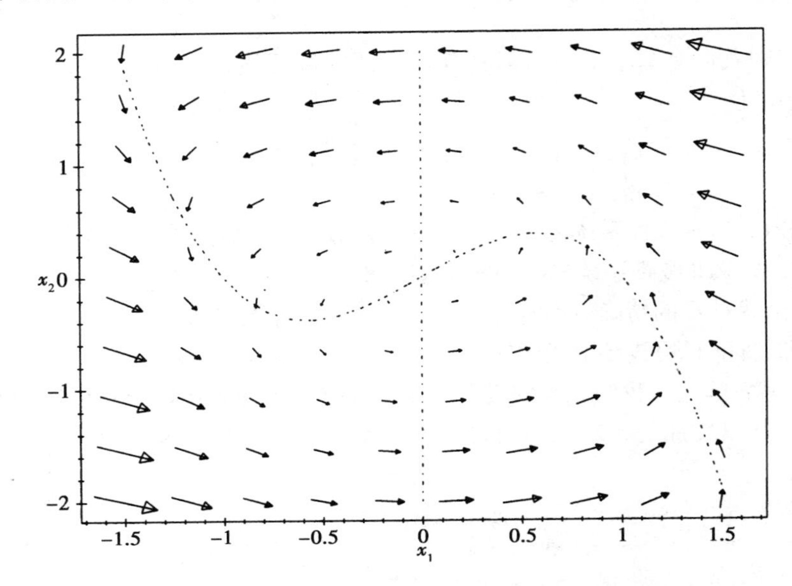

图 5-11　电压 x_2 关于电流 x_1 变化的图显示了例 5.4 的 RLC 电路问题的向量场

偏导数矩阵是

$$A = \begin{pmatrix} 1 - 3x_1^2 & -1 \\ 1 & 0 \end{pmatrix}$$

计算点 $x_1 = 0$, $x_2 = 0$ 处的值, 得到线性系统

$$\begin{pmatrix} x_1' \\ x_2' \end{pmatrix} = \begin{pmatrix} 1 & -1 \\ 1 & 0 \end{pmatrix} \begin{pmatrix} x_1 \\ x_2 \end{pmatrix}$$

它逼近非线性系统在原点附近的特性. 为求特征值我们必须求解

$$\begin{vmatrix} \lambda - 1 & 1 \\ -1 & \lambda - 0 \end{vmatrix} = 0$$

或者 $\lambda^2 - \lambda + 1 = 0$. 特征值为

$$\lambda = \frac{1}{2} \pm \mathrm{i}\frac{\sqrt{3}}{2}$$

因为特征值的实部是正的, 所以原点是不稳定的平衡态.

为了获得更多的信息, 我们将求解这个线性系统. 为了寻找属于特征值

$$\lambda = \frac{1}{2} + \mathrm{i}\frac{\sqrt{3}}{2}$$

的特征向量，求解

$$\begin{pmatrix} -1/2+\mathrm{i}\sqrt{3}/2 & 1 \\ -1 & 1/2+\mathrm{i}\sqrt{3}/2 \end{pmatrix}\begin{pmatrix} x_1 \\ x_2 \end{pmatrix} = \begin{pmatrix} 0 \\ 0 \end{pmatrix}$$

得到

$$x_1 = 2, \quad x_2 = 1 - \mathrm{i}\sqrt{3}$$

于是我们求得复数解

$$\begin{pmatrix} x_1 \\ x_2 \end{pmatrix} = \begin{pmatrix} 2 \\ 1-\mathrm{i}\sqrt{3} \end{pmatrix} \mathrm{e}^{(1/2+\mathrm{i}\sqrt{3}/2)t}$$

取实部和虚部得到两个线性无关的实值解：$u=(x_1, x_2)$，其中

$$x_1(t) = 2\mathrm{e}^{t/2}\cos\left(\frac{t\sqrt{3}}{2}\right)$$

$$x_2(t) = \mathrm{e}^{t/2}\cos\left(\frac{t\sqrt{3}}{2}\right) + \sqrt{3}\mathrm{e}^{t/2}\sin\left(\frac{t\sqrt{3}}{2}\right)$$

$v=(x_1, x_2)$，其中

$$x_1(t) = 2\mathrm{e}^{t/2}\sin\left(\frac{t\sqrt{3}}{2}\right)$$

$$x_2(t) = \mathrm{e}^{t/2}\sin\left(\frac{t\sqrt{3}}{2}\right) - \sqrt{3}\mathrm{e}^{t/2}\cos\left(\frac{t\sqrt{3}}{2}\right)$$

159
~
160

通解为 $c_1u(t)+c_2v(t)$. 这个线性问题的相图显示在图 5-12 中. 这幅图画出了相应于选择几个不同的参数值 c_1 和 c_2 的解. 我们附加上向量场的图以显示流的方向.

注意，如果放大或缩小这个线性相图中的原点邻域，它们看起来基本上是相同的. 线性向量场和线性相图定义的特征之一就是在任何尺度下它们看起来相同. 非线性系统在原点邻域的相图看似大致相同，有些变形. 在原点附近的解曲线逆时针向外旋转. 如果对非线性系统继续放大原点邻域的向量场或相图，它们看起来会越来越像线性系统. 但在远离原点处，非线性系统的行为可能与线性系统的明显不同.

为了获得非线性系统的完整相图，我们需要综合从图 5-11 和图 5-12 得到的信息. 图 5-11 中的向量场表明解曲线的行为在远离原点时发生巨大的变化. 仍然存在逆时针方向的流，但是解曲线不再像线性相图那样旋转地趋向无穷远. 从远离原点开始的解曲线看起来在继续它们的逆时针旋转，同时朝着原点方向移动. 因为在原点附近的解曲线是旋转向外的，远离原点的解是趋向内部的，并且我们知道解曲线不相交，所以在相图上一定会发生某种有趣的情况. 无论发生什么，都一定是从未发生在线性系统的情况. 在线性相图中，如果一条解曲线向外旋转，则它一定会一直向外旋转到无穷远. 在 6.3 节中我们将运用计算方法探讨动力系统(5-26)，到那时我们再给出完整的相图.

在结束线性逼近方法的讨论前，我们应该指出关于离散时间动力系统的几个要点. 假设有离散时间的动力系统

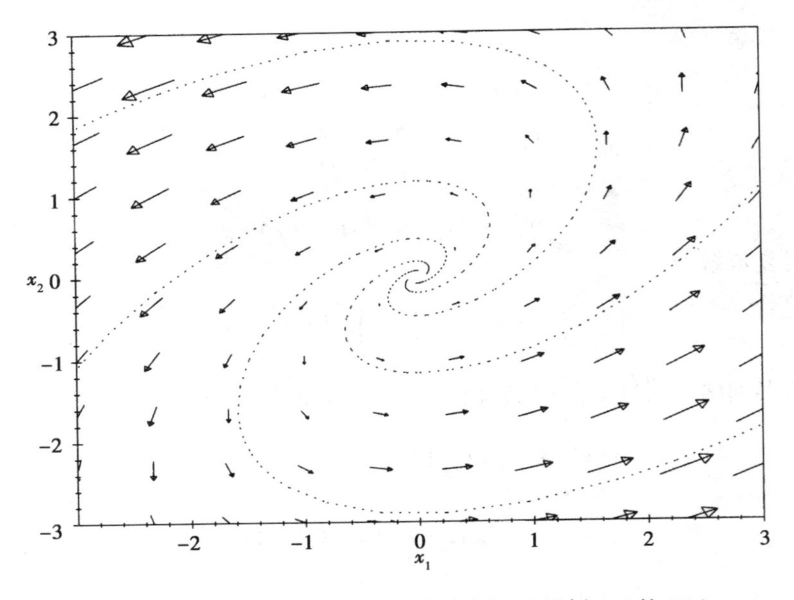

图 5-12 电压 x_2 关于电流 x_1 变化的图显示了例 5.4 的 RLC 电路问题在(0, 0)附近的相图的线性逼近

161

$$\Delta x = F(x)$$

其中 $x=(x_1, \cdots, x_n)$，且记

$$G(x) = x + F(x)$$

为迭代函数. 在平衡点 x_0 有 $G(x_0)=x_0$. 在 5.2 节对 x_0 附近的 x 我们采用逼近式

$$G(x) \approx A(x - x_0)$$

其中 A 是 $x=x_0$ 处的偏导数矩阵，就像(5-12)所定义的那样.

获得迭代函数 $G(x)$ 的图像的方法之一是针对不同的集合

$$S = \{x: | x - x_0 | = r\}$$

画出像集

$$G(S) = \{G(x): x \in S\}$$

在维数 $n=2$ 时集合 S 是个圆，在维数 $n=3$ 时集合 S 是个球. 可以证明，只要 A 是非奇异的，就存在一个微分同胚 $H(x)$，它在 x_0 的邻域内将 $A(S)$ 映到 $G(S)$ 上. 如果一个点 x 位于 S 的内部，则 $G(x)$ 将位于 $G(S)$ 的内部. 于是，对动态变化有一个图形解释. 图 5-13 到图 5-15 解释了例 5.2 对接问题的动态过程. 当 $G(S)=A(S)$ 时，G 为线性的. 从集合 S 上(或内部)的一个状态开始，如图 5-13 所示，下一个状态将在集合 $A(S)$ 上(或内部)，如图 5-14 所示，接着再下一个状态将在集合 $A^2(S)=A(A(S))$ 上(或内部)，如图 5-15 所示. 当 $n\to\infty$ 时，集合 $A^n(S)$ 逐渐地收缩到原点.

162

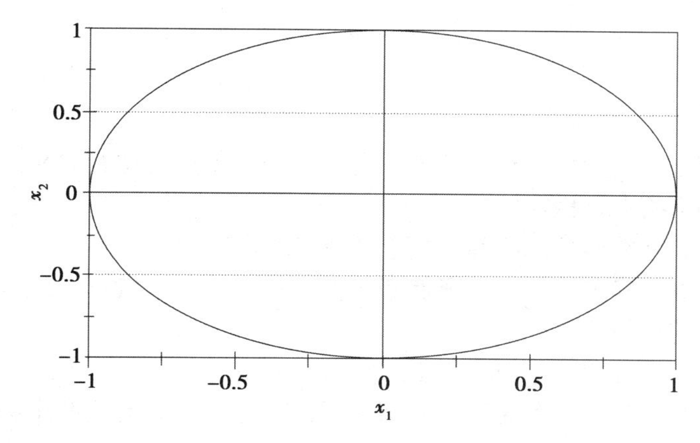

图 5-13　对接问题的动态过程，初始条件$S=\{(x_1,x_2):x_1^2+x_2^2=1\}$

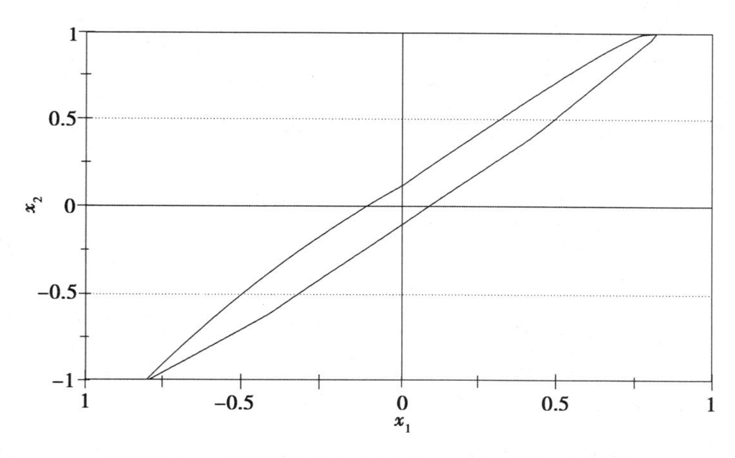

图 5-14　对接问题的动态过程，一次迭代 $A(S)$后

163

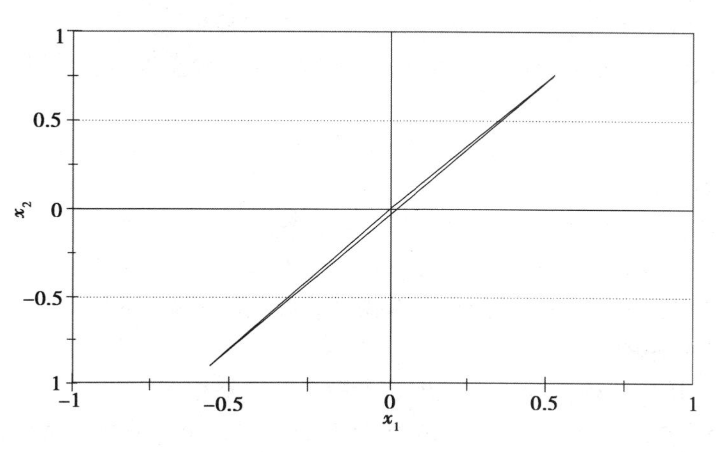

图 5-15　对接问题的动态过程，二次迭代 $A^2(S)$后

5.4 习题

1. 重新考虑第 4 章习题 4.
   (a) 画出这个模型的向量场. 确定状态空间中每个平衡点的位置. 从这个向量场你是否能指出哪些平衡点是稳定的?
   (b) 应用特征值方法检验状态空间中每个平衡点的稳定性.
   (c) 对每个平衡点，确定在这个平衡点邻域内逼近原动力系统行为的线性系统，然后画出线性系统的相图.
   (d) 利用从(a)和(c)获得的结果，画出这个系统的完整相图.
   (e) 目前估计有 5 000 条蓝鲸和 70 000 条长须鲸，这个模型对这两个物种的未来预测是什么?
2. 重新考虑第 4 章习题 5.
   164
   (a) 画出这个模型的向量场. 确定状态空间中每个平衡点的位置.
   (b) 应用特征值方法检验状态空间中每个平衡点的稳定性.
   (c) 对每个平衡点，确定在这个平衡点邻域内逼近原动力系统行为的线性系统，然后画出线性系统的相图.
   (d) 利用从(a)和(c)获得的结果，画出这个系统的完整相图.
   (e) 目前估计有 5 000 条蓝鲸和 70 000 条长须鲸，这个模型对这两个物种的未来预测是什么?
3. 重新考虑第 4 章习题 6. 假设捕捞系数 $q=10^{-5}$，捕捞能力 $E=3\,000$ 船 - 天/年.
   (a) 画出这个模型的向量场. 确定状态空间中每个平衡点的位置.
   (b) 应用特征值方法检验状态空间中每个平衡点的稳定性.
   (c) 对每个平衡点，确定在这个平衡点邻域内逼近原动力系统行为的线性系统，然后画出线性系统的相图.
   (d) 利用从(a)和(c)获得的结果，画出这个系统的完整相图.
   (e) 目前估计有 5 000 条蓝鲸和 70 000 条长须鲸，这个模型对这两个物种的未来预测是什么?
4. 重做习题 3，现在假设捕捞能力 $E=6\,000$ 船 - 天/年.
5. 重新考虑第 4 章习题 7.
   (a) 画出这个模型的向量场. 确定状态空间中每个平衡点的位置.
   (b) 应用特征值方法检验状态空间中每个平衡点的稳定性.
   (c) 对每个平衡点，确定在这个平衡点邻域内逼近原动力系统行为的线性系统，然后画出线性系统的相图.
   165
   (d) 利用从(a)和(c)获得的结果，画出这个系统的完整相图.
   (e) 假设生态灾难突然灭绝了这个地区 80% 的磷虾，留下 150 000 条蓝鲸和每英亩 100 吨磷虾. 我们的模型关于这些鲸鱼和磷虾的未来预测是什么?

6. 重新考虑第 4 章习题 9.
   (a)应用特征值方法确定(P, Q)平衡点的稳定性，采用连续时间模型.
   (b)对离散时间模型重复(a)的讨论. 你将这两个结果的差别归结为什么原因?
7. 重新考虑例 5.1 的树木问题. 假设 $t=1/2$.
   (a)画出这个模型的向量场. 确定状态空间中每个平衡点的位置.
   (b)对每个平衡点，确定在这个平衡点邻域内逼近原动力系统行为的线性系统，然后画出线性系统的相图.
   (c)利用从(a)和(c)获得的结果，画出这个系统的完整相图.
   (d)假设在一个成熟的软材树林中引入少量的硬材树，我们的模型对这个树林的未来预测是什么?
8. 重新考虑例 5.1 的树木问题，但是现在假设竞争强度太大以至于硬材树与软材树不能共存. 假设 $t=3/4$.
   (a)画出这个模型的向量场. 确定状态空间中每个平衡点的位置.
   (b)对每个平衡点，确定在这个平衡点邻域内逼近原动力系统行为的线性系统，然后画出线性系统的相图.
   (c)利用从(a)和(c)获得的结果，画出这个系统的完整相图.
   (d)假设在一个成熟的软材树林中引入少量的硬材树，我们的模型对这个树林的未来预测是什么?
9. 重新考虑例 5.3 的 RLC 电路问题，对参数 L 进行灵敏性分析，L 给出电容器的电感强度. 假设 $L>0$.
   (a)描述一般情形 $L>0$ 的向量场.
   (b)确定使得平衡点$(0, 0)$稳定的 L 的取值范围.
   (c)对有两个实特征值的情形画出线性系统的相图.
   (d)利用(a)和(c)的结果画出这个系统的完整相图. 评论 5.3 节中的结论对参数 L 的实际值的灵敏性.

166

10. 重新考虑例 5.3 的 RLC 电路问题，但是现在假设电容 $C=1/5$.
    (a)画出这个模型的向量场.
    (b)运用特征值方法检验在原点的平衡态的稳定性.
    (c)在原点邻域内确定逼近原动力系统行为的线性系统，然后画出线性系统的相图.
    (d)利用(a)和(c)的结果画出这个系统的完整相图. 当电容 C 降低时，RLC 电路的行为将如何变化?
11. (继续习题 10)重新考虑例 5.3 的 RLC 电路问题，现在考虑当电容 C 在整个区间 $0<C<\infty$ 上变化时的影响.
    (a)对情形 $0<C<1/4$，在原点邻域内画出逼近 RLC 电路行为的线性系统的相图. 与课文中已得到的 $C>1/4$ 情形的相图进行比较.
    (b)对情形 $0<C<1/4$，画出 RLC 电路的完整相图. 描述在两种情形 $0<C<1/4$ 和 $C>

1/4之间变化时相图的改变．

(c)对情形 $C=1/4$，画出线性系统的相图，此时只有一个特征值．画出此时的非线性系统的相图．解释此时的相图如何反映了具有两个不同实特征值($C>1/4$)和具有一对复共轭特征值($0<C<1/4$)这两种情形之间的中间过渡．

(d)重新考虑课文中例 5.3 的第五步对电路行为的描述，用通俗的语言针对一般情形 $C>0$ 描述 RLC 电路的行为．

12. 重新考虑例 5.2 的空间对接问题．

167

(a)画出这个问题的向量场．

(b)求相应于课文中得到的特征值

$$\lambda = \frac{4 \pm \sqrt{6}}{10}$$

的特征向量．在(a)给出的图中画上这些特征向量．在这些点，关于向量场你看到什么？

(c)从一个特征向量开始计算接近速度的下降率(% 每分钟)．

(d)一般来说，从任意的初值开始，对接近速度的下降率你能做什么预测？(提示：任意的初始条件是(在(b)中已求得的)两个特征向量的线性组合．)

13. (继续习题 12)重新考虑例 5.2 的空间对接问题．

(a)如习题 12，求接近速度下降率(% 每分钟)作为控制参数 k 的函数，其中 $0<k\leq 0.0268$．

(b)求接近速度下降率的最大值点 k.

(c)用控制参数 k 的有效性解释在(b)中得到的结果的意义．

(d)将这个习题中所使用的方法推广到在整个区间 $0<k<0.2$ 上寻求最有效的 k 值，在这个区间上我们有一个稳定的控制过程．

14. 重新考虑例 5.2 的空间对接问题，但是现在是逼近离散时间的动力系统

$$\Delta x_1 = -kwx_1 - kcx_2$$

$$\Delta x_2 = x_1 - x_2$$

利用它相应的连续时间的系统

$$\frac{dx_1}{dt} = -kwx_1 - kcx_2$$

$$\frac{dx_2}{dt} = x_1 - x_2.$$

(a)证明连续时间模型具有稳定的平衡点(0，0)．假设 $w=10$，$c=5$，$k=0.02$.

168

(b)利用特征值和特征向量求解连续模型．

(c)画出这个模型的完整相图．

(d)评论离散的和连续的模型行为上的任何差别．

15. (继续习题 14)重新考虑例 5.2 的空间对接问题．与习题 14 一样用相应的连续时间模型

代替离散时间模型.

(a)假设 $w=10$, $c=5$. 怎样的 k 值才能使得连续模型在(0, 0)有一个稳定的平衡态?

(b)利用特征值和特征向量求解连续模型.

(c)画出这个模型的完整相图. 相图是怎样依赖 k 的?

(d)评论离散的和连续的模型行为上的任何差别.

16. 重新考虑例 5.1 的树木问题.

(a)两种类型的树能否共处于一个稳定的平衡态? 假设 $b_i=a_i/2$. 运用五步方法, 采用离散时间动力系统, 一年为一个时间步长.

(b)运用特征值方法检验离散时间的动力系统, 确定在(a)中找到的平衡态的稳定性.

(c)对参数 t 进行灵敏性分析, 这里 $b_i=ta_i$, 确定 $0<t<0.6$ 的范围, 使得在(a)中找到的平衡态是稳定的.

(d)评论离散时间和连续时间的模型的结论的任何差别. 对实际问题, 我们对模型的选择是否会引起差别?

5.5 进一步阅读文献

1. Beltrami, E. (1987) *Mathematics for Dynamic Modeling.* Academic Press, Orlando, Florida.

2. Frauenthal, J. (1979) *Introduction to Population Modeling.* UMAP Monograph.

3. Hirsch, M. and S. Smale (1974) *Differential Equations, Dynamical Systems, and Linear Algebra.* Academic Press, New York.

4. Keller, M., *Electrical Circuits and Applications of Matrix Methods: Analysis of Linear Circuits.* UMAP modules 108 and 112.

169

5. Rescigno, A. and I. Richardson, The Struggle for Life I, Two Species. *Bulletin of Mathematical Biophysics*, vol. 29, pp. 377-388.

6. Smale, S. (1972) On the Mathematical Foundations of Circuit Theory. *Journal of Differential Geometry*, vol. 7, pp. 193-210.

170

7. Wilde, C., *The Contraction Mapping Principle.* UMAP module 326.

第 6 章　动态模型的模拟

模拟技术已经成为分析动态模型的最重要、最流行的方法．在微分方程入门课程中所讲述的精确解方法具有局限性．事实上，对非常多的微分方程我们都不知道如何求解．虽然前两章介绍的定性分析方法应用范围很广，但是对某些问题我们需要定量解和高精确度．模拟方法满足这两个要求，几乎所有的动态模型都可以按适当的精确程度模拟．而且，模拟技术非常灵活，可以比较容易地将一些诸如时滞或随机因素这样更复杂的属性引入模型，这些是难以用解析的方法处理的．

模拟的主要缺点在灵敏性分析方面．无法求助解析公式，检验一个特殊参数的灵敏性的唯一办法就是对这个参数的几个不同的值重复整个模拟过程，然后再进行插值．如果有几个参数要检验，这会很耗时，并且花费较高．尽管有这样的缺点，模拟仍是研究许多问题可取的方法．如果我们无法得到解析解，并且需要定量解，则除了模拟没有别的选择．

6.1　模拟简介

分析动力系统模型有两个基本的方法．解析方法企图根据各种情形的模型推测将会发生什么．模拟方法则通过模型的构造、运行，看到将会发生些什么．

例 6.1　两支军队，我们称为红军(R)和蓝军(B)，进行战斗．在这场常规战中，伤亡是由于直接交火(步兵)和火炮射击(炮兵)．假设直接交火的伤亡率与敌军步兵数成正比．由炮火造成的伤亡率与敌军的炮兵数和友军的密度两者都有关系．红军聚集了五个师袭击两个师的蓝军．蓝军具有防御能力强的武器精良的优势．蓝军为赢得战斗该付出多大的努力?

171

我们将应用五步方法．第一步的结果总结在图 6-1 中．我们已经假设由于炮火导致的伤亡直接正比于敌军武力水平和友军武力水平的乘积．在这里，一个似乎合理的假设是武力水平正比于军队的数量．又因为没有相对于步兵部队的火炮数量的任何信息，为了便于分析起见，我们简单地假设炮兵和步兵部队的伤亡正比于部队的数量，所以假设双方剩下的大炮或步兵部队正比于总的部队数量．

下面是第二步．我们将利用离散时间动态模型，对其用模拟方法求解．图 6-2 给出具有两个变量的离散时间动态模型：

$$\begin{aligned}\Delta x_1 &= f_1(x_1, x_2)\\ \Delta x_2 &= f_2(x_1, x_2)\end{aligned} \tag{6-1}$$

的求解算法．

下面是第三步．我们将用两个状态变量：$x_1 = R$——红军部队的兵力单位数量和 $x_2 = B$——蓝军部队的兵力单位数量，为战斗问题建立一个离散时间动态模型．差分方程为

$$\begin{aligned}\Delta x_1 &= -a_1 x_2 - b_1 x_1 x_2\\ \Delta x_2 &= -a_2 x_1 - b_2 x_1 x_2\end{aligned} \tag{6-2}$$

变量：R = 红军单位数（师）
B = 蓝军单位数（师）
D_R = 由直接交火导致的红军伤亡率（单位/小时）
D_B = 由直接交火导致的蓝军伤亡率（单位/小时）
I_R = 由间接交火导致的红军伤亡率（单位/小时）
I_B = 由间接交火导致的蓝军伤亡率（单位/小时）
假设：$D_R = a_1 B$
$D_B = a_2 R$
$I_R = b_1 RB$
$I_B = b_2 RB$
$R \geqslant 0$，$B \geqslant 0$
$R(0) = 5$，$B(0) = 2$
a_1，a_2，b_1，b_2 是正实数
$a_1 > a_2$，$b_1 > b_2$
目标：确定条件使得在 $B \to 0$ 之前 $R \to 0$

图 6-1 战斗问题第一步结果

算法：离散时间模拟
变量：$x_1(n)$ = 在时刻 n 的第 1 个状态变量
$x_2(n)$ = 在时刻 n 的第 2 个状态变量
N = 时间步长数
输入：$x_1(0)$，$x_2(0)$，N
过程：Begin
for $n = 1$ to N do
  Begin
    $x_1(n) \leftarrow x_1(n-1) + f_1(x_1(n-1), x_2(n-1))$
    $x_2(n) \leftarrow x_2(n-1) + f_2(x_1(n-1), x_2(n-1))$
  End
End
输出：$x_1(1)$，…，$x_1(N)$
$x_2(1)$，…，$x_2(N)$

图 6-2 离散时间模拟的伪代码

我们从 $x_1(0) = 5$ 和 $x_2(0) = 2$ 个师开始．使用 $\Delta t = 1$ 小时为一个时间步长．还需要确定 a_i 和 b_i 的值才能进行模拟过程．不幸的是，对它们应该取什么值我们还没有任何的信息，所以我们不得不进行一个有根据的推测．设一个典型的正规战斗大约进行 5 天，每天约持续 12 小时．这意味着一支部队在大约 60 小时的战斗中减员．如果一支队伍在 60 小时内每小时减员 5%，那么剩余的部分将是$(0.95)^{60} = 0.05$，结果看来正确．假设 $a_2 = 0.05$．因为炮火在杀伤力方面通常不如直接交火有效，所以假设 $b_2 = 0.005$.（注意到 b_i 与 x_1 和 x_2 相乘，这就是为什么我们要将它的值取得如此小．）现在假设蓝军比红军具有更有效的武器，因此 $a_1 > a_2$ 且 $b_1 > b_2$．假设 $a_1 = \lambda a_2$，$b_1 = \lambda b_2$，$\lambda > 1$．分析的目的是要确定最小的 λ 使得在 $x_2 \to 0$ 之前 $x_1 \to 0$ 成立．于是差分方程为

$$\begin{aligned} \Delta x_1 &= -\lambda(0.05)x_2 - \lambda(0.005)x_1x_2 \\ \Delta x_2 &= -0.05x_1 - 0.005x_1x_2 \end{aligned} \tag{6-3}$$

172 ~ 173

在第四步我们将通过对若干个 λ 的值运行模拟程序求解这个问题．分别对$\lambda=1$、1.5、2、3 和 5 运行这个模型．这样可以使我们知道 λ 应该是多大，同时也便于对照模拟结果与我们的直觉判断．例如，我们可以检验是否 λ 越大，对蓝军越有利．

模型的第一次运行结果显示在图 6-3 到图 6-7 中．我们所看到的结果总结在表 6-1 中．

对每次运行我们都记录了 λ 的值、战斗的时间、赢者和赢者剩下的部队．我们决定模拟 14 个战斗日(或者说 $N=168$ 小时)．战斗时间定义为实际作战的小时数(每天作战 12 小时)，直到变量 x_1 和 x_2 中的某一个为零或为负值．如果双方在 168 小时战斗后仍存在，我们称这场战斗为平局．

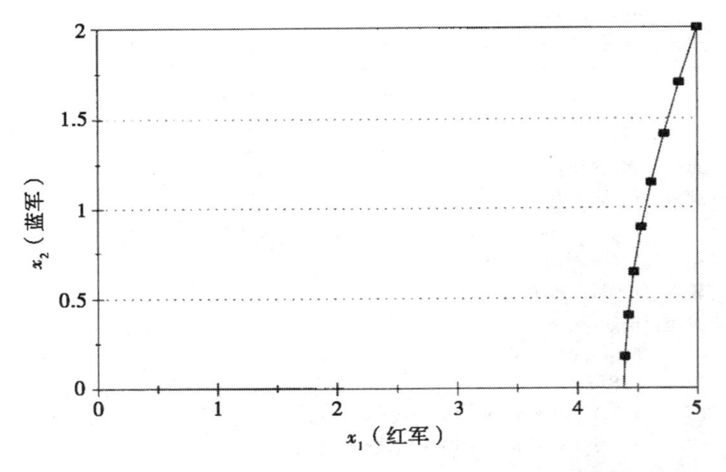

图 6-3　战斗问题：情形 $\lambda=1.0$，蓝军 x_2 个师对抗红军 x_1 个师的图

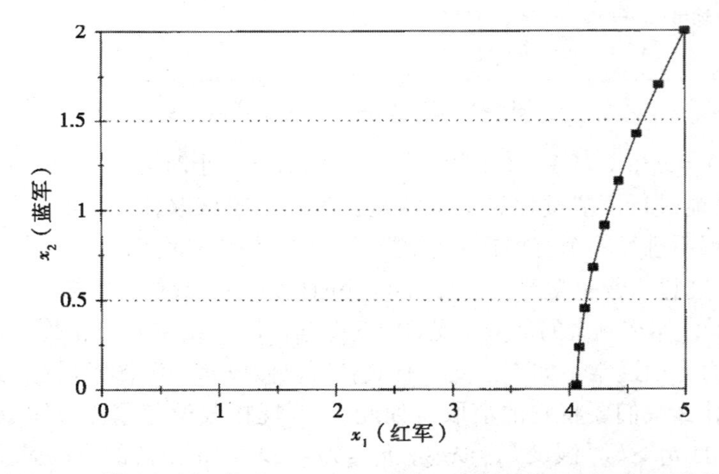

图 6-4　战斗问题：情形 $\lambda=1.5$，蓝军 x_2 个师对抗红军 x_1 个师的图

表 6-1　对战役问题模拟结果的总结

优势(λ)	战役经历小时数	赢　方	剩余队伍
1.0	8	红军	4.4
1.5	9	红军	4.1
2.0	9	红军	3.7
3.0	10	红军	3.0
5.0	17	红军	1.0

174

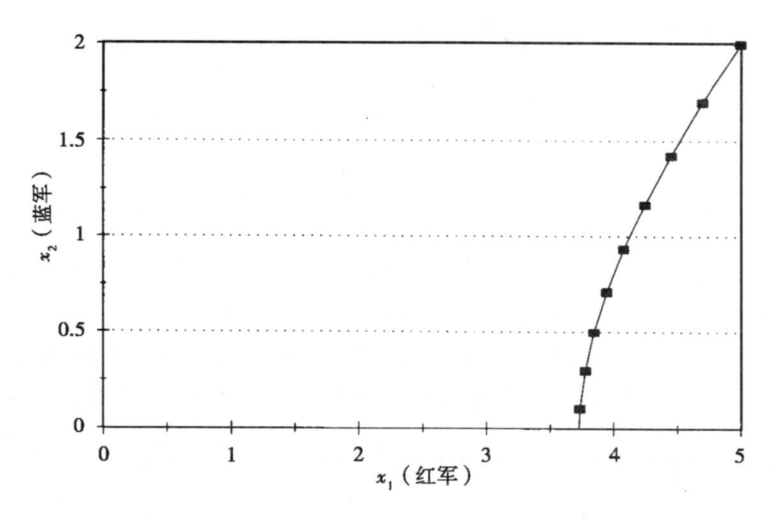

图 6-5　战斗问题：情形 $\lambda=2.0$，蓝军 x_2 个师对抗红军 x_1 个师的图

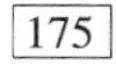

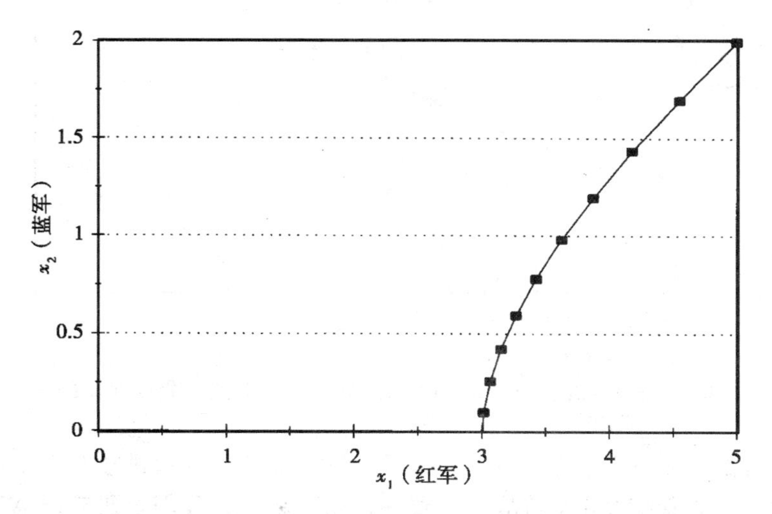

图 6-6　战斗问题：情形 $\lambda=3.0$，蓝军 x_2 个师对抗红军 x_1 个师的图

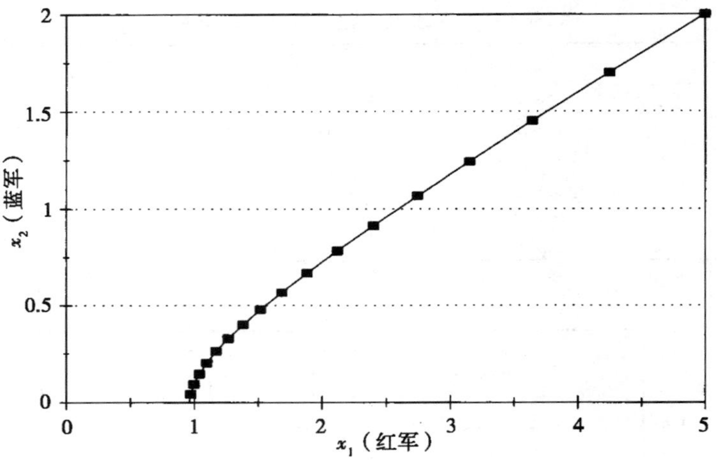

176

图 6-7　战斗问题：情形 $\lambda=5.0$，蓝军 x_2 个师对抗红军 x_1 个师的图

看起来蓝军的结果并不好．甚至在武器优势达 5:1 的情形下，蓝军仍将失败．我们决定做更多的模型运算，以便发现为使蓝军胜利的 λ 应该是多大．在$\lambda=6.0$ 时，蓝军在经历了 13 个小时的战斗后取胜，剩余 0.6 个单位(见图 6-8)．用二分法在区间 $5.0\leqslant\lambda\leqslant6.0$ 上搜寻，多运行几次模型，得到蓝军获胜的下界为 $\lambda=5.4$. 在 $\lambda=5.3$ 红军为赢者．

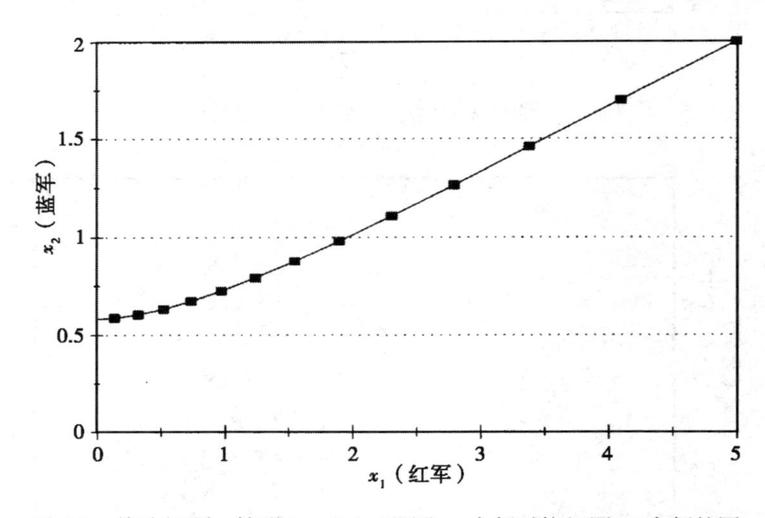

图 6-8　战斗问题：情形 $\lambda=6.0$，蓝军 x_2 个师对抗红军 x_1 个师的图

最后，我们要总结一下结果．我们模拟了一场 5 个师的红军进攻和 2 个师的蓝军防守的交战，假设双方全力投入并坚持战斗直到一方完全获胜．我们要研究能够弥补数量上处于5:2 的劣势的武器有效性(杀伤力)的强度．我们对不同的武器有效性比率模拟了若干次战斗，发现蓝军至少需要 5.4:1 的武器上的优势才能战胜数量处于优势的 5 个师的红军队伍．

在完成五步方法且回答了第一步中提出的问题之后，我们需要进行灵敏性分析．对这类多数数据完全来自猜测的问题做这样的分析特别重要．我们从研究伤亡系数的数值和战斗结果之间的关系入手．已经假设 $a_2=0.05$，$b_2=a_2/10$，$a_1=\lambda a_2$ 和 $b_1=\lambda b_2$．现在我们让 a_2 变化，且保持它与其他变量的关系．

我们将研究 λ_{min} 对 a_2 的依赖关系，这里 λ_{min} 定义为使得蓝军取胜的最小的 λ 值．于是，对每个 a_2 值运行模型若干次．不需要将结果都列表表示，因为对每种情形我们都检验（从 $a_2=0.01$ 到 $a_2=0.10$）发现 $\lambda_{min}=5.4$，正如在基本情形（$a_2=0.05$）得到的那样．显然，λ_{min} 对伤亡系数的数值一点都不敏感．

177

还可以进行其他各种灵敏性分析，并且分析过程可以继续下去，只要时间容许、好奇心持续不断、又没有其他工作压力．我们甚至对 λ_{min} 和红军与蓝军的数量上优势率之间的关系感兴趣，这里假设优势率为 5∶2．为研究这个问题我们回到基本情形，即 $a_2=0.05$，为确定 λ_{min}，对各种不同的红军力量强度初值 x_1 和固定的 $x_2=2$ 运行模型．这样进行的模型浏览得到的结果列于表 6-2 中．运行情形 $x_1=2$ 只是为了验证．我们得到此时 $\lambda_{min}=1.1$，因为 $\lambda=1$ 只会导致战平．

表 6-2 对战斗问题模拟结果的总结，显示力量对比率

力量对比率（红军∶蓝军）	所要求的优势（λ_{min}）
8∶2	11.8
7∶2	9.5
6∶2	7.3
5∶2	5.4
4∶2	3.6
3∶2	2.2
2∶2	1.1

6.2 连续时间模型

在这一节我们讨论模拟连续时间动力系统的基本问题．呈现在这里的方法是简单的，并且通常是有效的．基本的想法是借助逼近

$$\frac{dx}{dt}\approx\frac{\Delta x}{\Delta t}$$

用离散时间模型（差分方程）代替连续时间模型（微分方程）．然后我们可以利用前一节引入的模拟方法．

例 6.2 重新考虑例 4.2 的鲸鱼问题．从现有种群数量 $B=5\,000$，$F=70\,000$ 开始，假设竞争系数为 $\alpha<1.25\times10^{-7}$，在没有捕捞的情形下，两个鲸鱼种群将恢复到它们的自然水平．这需要多长时间？

178

我们将应用五步方法．第一步与前面相同（见图 4-3），只是现在的目标是确定从状态

$B=5\ 000$，$F=70\ 000$ 达到平衡态需要多长时间．

第二步是选择建模的方法．我们面对的是一个似乎需要定量方法的分析问题．第 4 章的图方法告诉我们将会发生什么，但没有告诉我们需要多长时间才会发生．第 5 章提到的分析方法实际上是局部的．这里我们需要一个整体分析方法，最好是求解这个微分方程，但我们不知道如何求解．我们将应用模拟方法，这似乎是仅有的选择．

问题是应采用离散时间的还是连续时间的模型．更一般地，考虑 n 个变量的动态模型 $x=(x_1,\ \cdots,\ x_n)$，给定每个变量 $x_1,\ \cdots,\ x_n$ 的变化率 $F=(f_1,\ \cdots,\ f_n)$，但我们还是没有确定对这个系统采用离散时间的还是连续时间的模型．离散时间模型看起来是

$$\begin{aligned}\Delta x_1 &= f_1(x_1,\ \cdots,\ x_n)\\ &\vdots\\ \Delta x_n &= f_n(x_1,\ \cdots,\ x_n)\end{aligned}\tag{6-4}$$

其中 Δx_i 表示在 1 个单位时间($\Delta t=1$)内 x_i 的变化．时间单位早已给定．对这样的系统的模拟方法在前一节已经讨论过．

如果决定用连续时间模型，将得到

$$\begin{aligned}\frac{\mathrm{d}x_1}{\mathrm{d}t} &= f_1(x_1,\ \cdots,\ x_n)\\ &\vdots\\ \frac{\mathrm{d}x_n}{\mathrm{d}t} &= f_n(x_1,\ \cdots,\ x_n)\end{aligned}\tag{6-5}$$

对此我们需要描述如何进行模拟．我们确实不能希望计算机对每一个 t 值计算出 $x(t)$，那将花费无穷的时间且得不到任何结果．实际上我们必须在有限个时间点上计算 $x(t)$．换句话说，为了模拟我们必须用一个离散时间模型代替连续时间模型．什么样的离散时间模型能够逼近这样的连续时间模型？如果应用时间步长 $\Delta t=1$，则将与我们在第一步选取的离散时间模型完全一致．除非因为选择 $\Delta t=1$ 导致错误，否则我们不必在离散与连续之间做选择．这样我们已完成第二步．

第三步是推导模型的数学表达式．如第 4 章所做的一样，令 $x_1=B$，$x_2=F$ 表示每个种群的种群水平．动力系统在状态空间 $x_1\geqslant 0$，$x_2\geqslant 0$ 的方程是

179

$$\begin{aligned}\frac{\mathrm{d}x_1}{\mathrm{d}t} &= 0.05x_1\left(1-\frac{x_1}{150\ 000}\right)-\alpha x_1x_2\\ \frac{\mathrm{d}x_2}{\mathrm{d}t} &= 0.08x_2\left(1-\frac{x_2}{400\ 000}\right)-\alpha x_1x_2\end{aligned}\tag{6-6}$$

为了模拟这个模型，我们将从在同样的状态空间上变换后的差分方程开始：

$$\begin{aligned}\Delta x_1 &= 0.05x_1\left(1-\frac{x_1}{150\ 000}\right)-\alpha x_1x_2\\ \Delta x_2 &= 0.08x_2\left(1-\frac{x_2}{400\ 000}\right)-\alpha x_1x_2\end{aligned}\tag{6-7}$$

这里，Δx_1 表示种群 x_1 在一年的时间阶段 $\Delta t=1$ 上的变化．为运行这个程序，我们必须提供 α 值．开始假设 $\alpha=10^{-7}$，后面我们将对 α 做灵敏性分析．

第四步是通过运用计算机执行图 6-2 中的算法，模拟方程组(6-7)的系统，从而求解这个问题．先模拟 $N=20$ 年，从

$$x_1(0) = 5\ 000$$

$$x_2(0) = 70\ 000$$

开始．图 6-9 和图 6-10 展示了模型运行的结果．蓝鲸和长须鲸有规律地增长，但在 20 年内它们没有接近第 4 章所预言的平衡态．

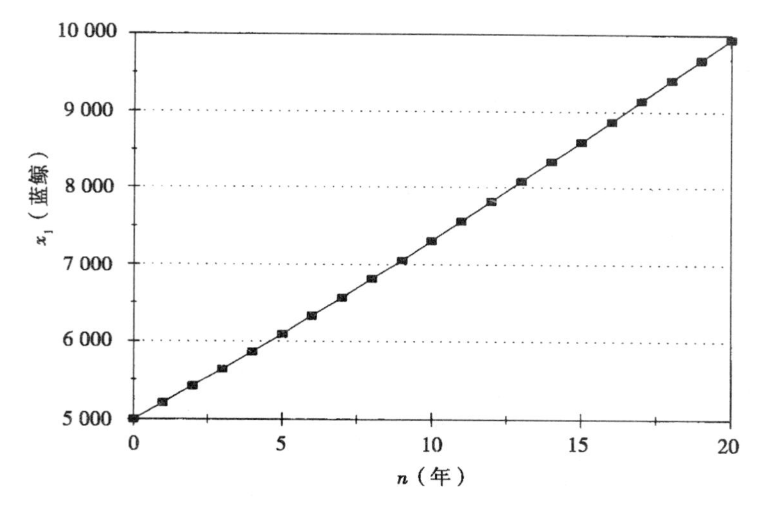

图 6-9　鲸鱼问题：当 $\alpha=10^{-7}$，$N=20$ 时蓝鲸 x_1 随时间 n 变化的图

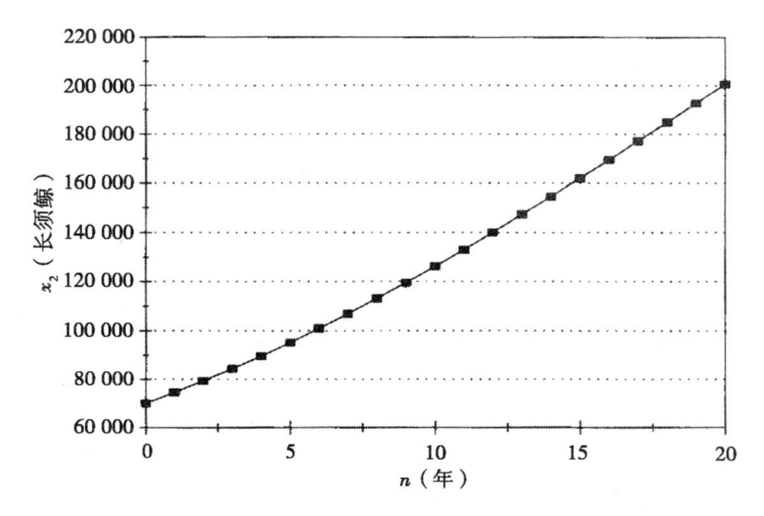

图 6-10　鲸鱼问题：当 $\alpha=10^{-7}$，$N=20$ 时长须鲸 x_2 随时间 n 变化的图

$$x_1 = 35\ 294$$

$$x_2 = 382\ 352$$

图 6-11 和图 6-12 展示了将 N 设得足够大，使得这个离散时间动力系统充分地接近它的平衡态时的模拟结果．

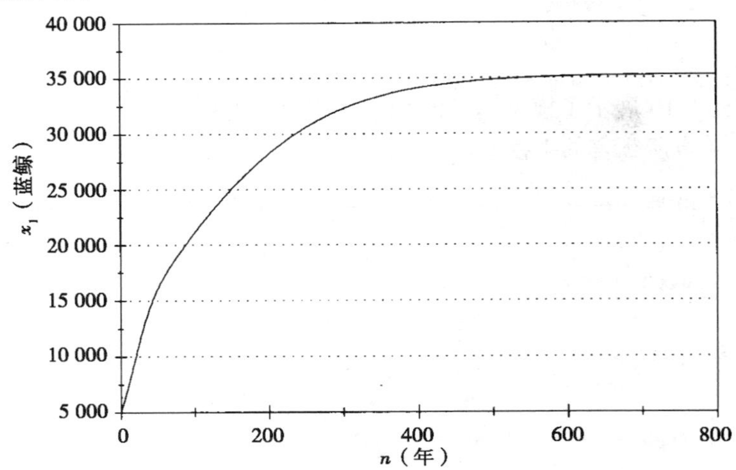

图 6-11　鲸鱼问题：当 $\alpha=10^{-7}$，$N=800$ 时蓝鲸 x_1 随时间 n 变化的图

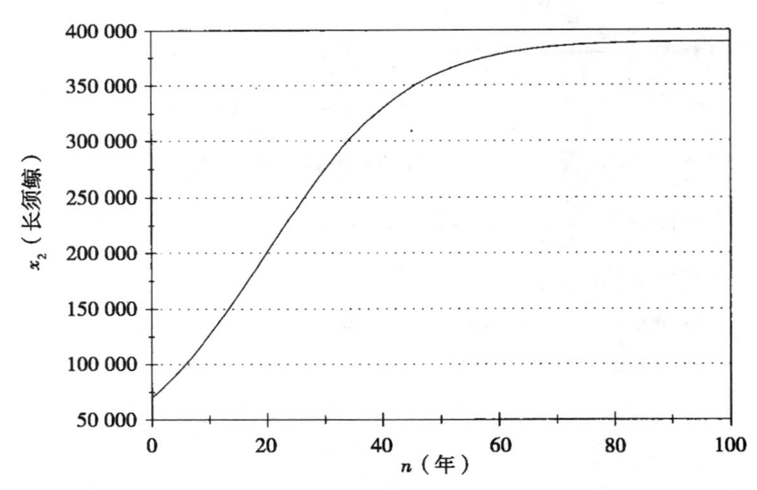

图 6-12　鲸鱼问题：当 $\alpha=10^{-7}$，$N=100$ 时长须鲸 x_2 随时间 n 变化的图

第五步是用通俗的语言表达我们的结果．鲸鱼种群的恢复需要很长的时间——长须鲸大约需要 100 年，而对更严重衰减的蓝鲸种群则需要几个世纪．

下面讨论我们的结果对参数 α 的灵敏性，这个参数反映了两个种群竞争的程度．图 6-13到图 6-18 展示了对几个不同的 α 值模拟运行的结果．当然，对不同的 α 值两个种群的平衡态不同．

180~182

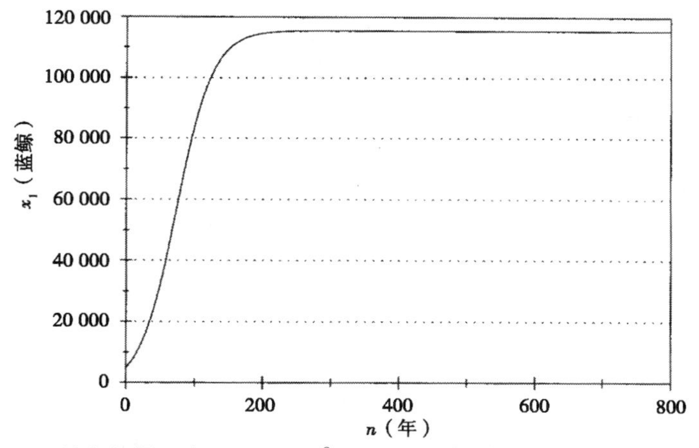

图 6-13　鲸鱼问题：当 $\alpha=3\times10^{-8}$，$N=800$ 时蓝鲸 x_1 随时间 n 变化的图

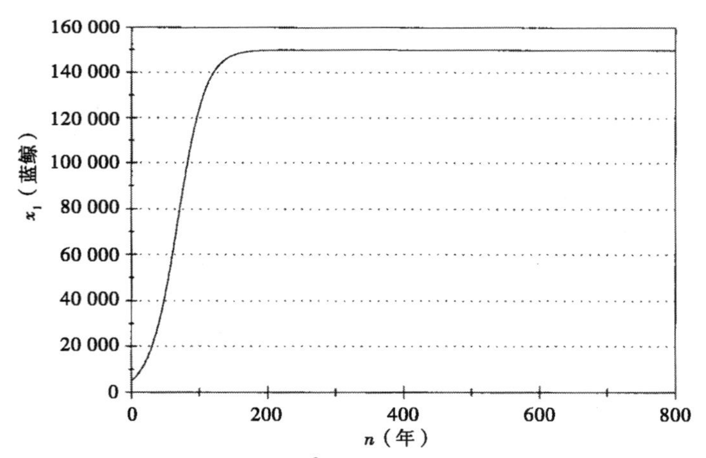

图 6-14　鲸鱼问题：当 $\alpha=10^{-8}$，$N=800$ 时蓝鲸 x_1 随时间 n 变化的图

183

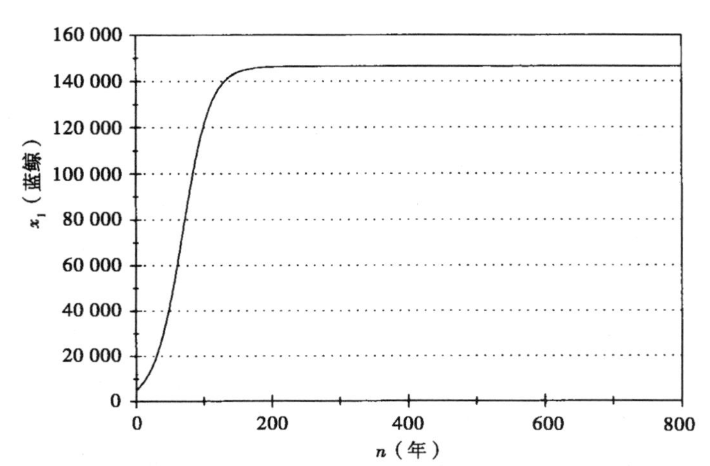

图 6-15　鲸鱼问题：当 $\alpha=10^{-9}$，$N=800$ 时蓝鲸 x_1 随时间 n 变化的图

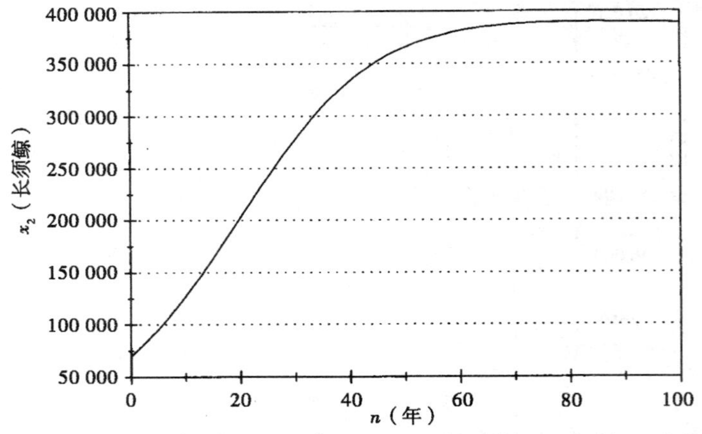

184

图 6-16　鲸鱼问题：当 $\alpha=3\times10^{-8}$，$N=100$ 时长须鲸 x_2 随时间 n 变化的图

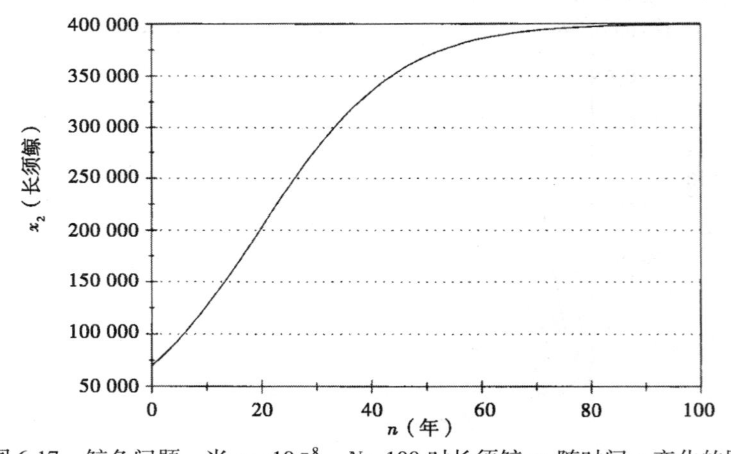

图 6-17　鲸鱼问题：当 $\alpha=10^{-8}$，$N=100$ 时长须鲸 x_2 随时间 n 变化的图

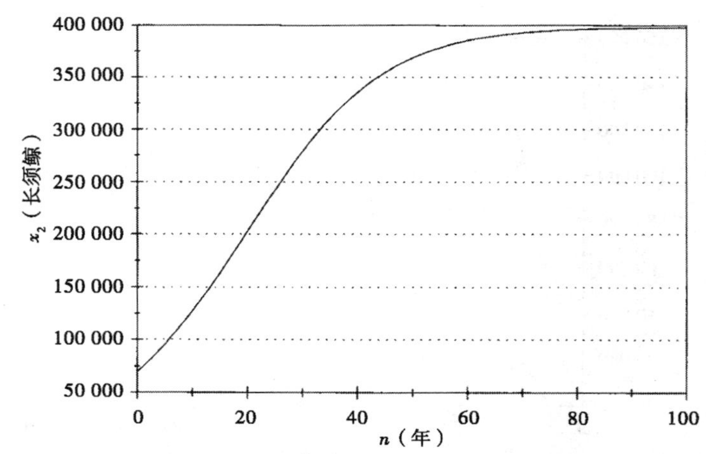

图 6-18　鲸鱼问题：当 $\alpha=10^{-9}$，$N=100$ 时长须鲸 x_2 随时间 n 变化的图

但是，收敛到平衡态所需的时间变化不大．因此，我们的一般结论对任何的竞争程度都是有效的：鲸鱼种群需要几个世纪才能恢复．

185

6.3　欧拉方法

我们模拟动态模型的理由之一就是为了获得系统行为的准确的定量信息．对某些应用来说，前一节简单的模拟技巧太不精确．而且，确实有更精巧的数值分析技巧可用，对几乎任何微分方程模型都可以求得初值问题的精确解．在这一节我们提供一个最简单的能够达到所需精确度的求解微分方程组的有效方法．

例 6.3　重新考虑前一章例 5.4 的 RLC 电路问题．描述这个电路的行为．

在 5.3 节我们仅仅是成功地确定了动力系统

$$
\begin{aligned}
x_1' &= x_1 - x_1^3 - x_2 \\
x_2' &= x_1
\end{aligned}
\tag{6-8}
$$

在(0，0)邻域内的局部性质，这是该系统唯一的平衡点．这个平衡点不稳定，附近的解曲线逆时针方向旋转向外．向量场的草图(见图 5-11)几乎没有提供任何新的信息．存在逆时针的旋转流，但是(在缺少附加信息下)难以断定解曲线是旋转向内还是向外或两者都不是．

我们将使用欧拉方法模拟动力系统(6-8)．图 6-19 给出欧拉方法的算法．考虑连续时间的动力系统模型

算法： 欧拉方法

变量： $t(n) = n$ 步后的时间

$x_1(n) =$ 在时刻 $t(n)$ 的第 1 个状态变量

$x_2(n) =$ 在时刻 $t(n)$ 的第 2 个状态变量

$N =$ 步数

$T =$ 模拟结束时间

输入： $t(0)$，$x_1(0)$，$x_2(0)$，N，T

过程： Begin

　　$h \leftarrow (T - t(0))/N$

　　for $n = 0$ to $N - 1$ do

　　　Begin

　　　$x_1(n+1) \leftarrow x_1(n) + hf_1(x_1(n), x_2(n))$

　　　$x_2(n+1) \leftarrow x_2(n) + hf_2(x_1(n), x_2(n))$

　　　$t(n+1) \leftarrow t(n) + h$

　　　End

　　End

输出： $t(1)$，…，$t(n)$

$x_1(1)$，…，$x_1(N)$

$x_2(1)$，…，$x_2(N)$

图 6-19　欧拉方法的伪代码

$$x' = F(x)$$

其中 $x = (x_1, \cdots, x_n)$ 且 $F = (f_1, \cdots, f_n)$，带有初始条件 $x(t_0) = x_0$.

从初始条件开始，利用

$$x(t + h) - x(t) \approx hF(x(t))$$

当步长 h 变小时，即步数 N 增大，欧拉方法的精确度增加．对小的 h 值，状态变量的最终值 $x(N)$ 估计的误差大约与 h 成正比．换句话说，使用两倍多的步数(即 h 减小一半)会增加两倍的精确度．

图 6-20 和图 6-21 说明对方程组(6-8)应用计算机执行欧拉方法得到的结果．在图 6-20 和图 6-21 中，每个图形都是几次模拟运行后得到的结果．对每个初始条件集合，我们需要对输入参数 T 和 N 进行灵敏性分析．

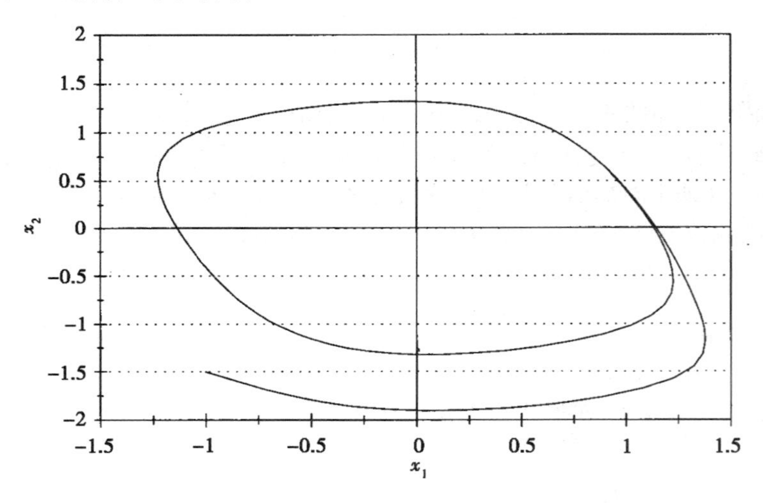

图 6-20　非线性 RLC 电路问题：当 $x_1(0) = -1.0$，$x_2(0) = -1.5$ 时，电压 x_2 随电流 x_1 变化的图

首先增大 T，直到进一步的增大也产生基本相同的图像(求解仅仅是多做了几次的循环)．然后增大 N(即减小步长)检验精确度．如果两倍的 N 产生的图像与前一个图像没有明显的不同，我们就认为对我们的要求来说 N 已经足够大了．

在图 6-20 中，我们从 $x_1(0) = -1$，$x_2(0) = -1.5$ 开始．结果解曲线逆时针方向旋转地趋向原点．但是，在它接近原点时，解开始或多或少地具有周期行为，绕着原点旋转．在图 6-21 中，当我们从原点附近出发时，同样的行为发生了，只是现在解曲线旋转向外．在两种情形下，解都逼近同一条绕着原点的闭轨线，这条闭轨线被称为**极限环**．

图 6-22 展示了这个动力系统的完整相图．对除了$(x_1, x_2) = (0, 0)$以外的任何初始条件，解曲线都趋向于同一个极限环．从这个环的内部开始，解曲线旋转向外；从这个环的外部开始，解曲线旋转向内．在图 6-22 中看到的这种行为在线性系统中不会出现．如果线

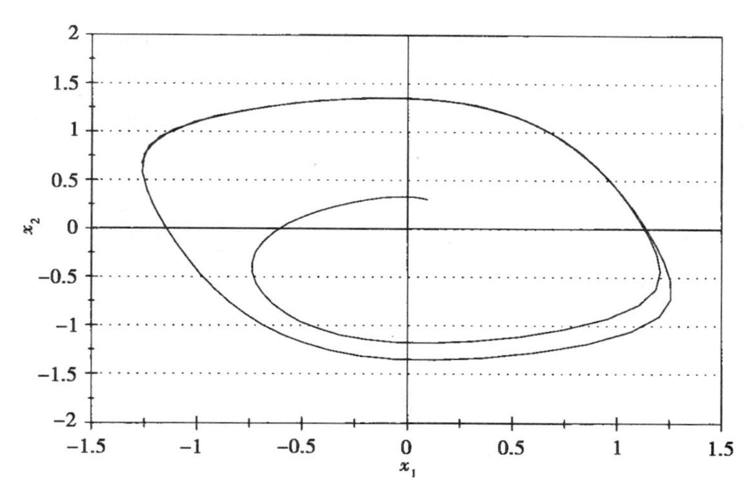

图 6-21　非线性 RLC 电路问题：当 $x_1(0)=0.1$，$x_2(0)=0.3$ 时，电压 x_2 随电流 x_1 变化的图

性动力系统的解旋转地趋向原点，则它将总是旋转地趋向原点．如果它旋转向外，则它总是旋转向外直到无穷远．这个观察含有建模的暗示．任何一个具有图 6-22 中所显示的那种行为的动力系统都不能用线性微分方程恰当地建模．

186
~
188

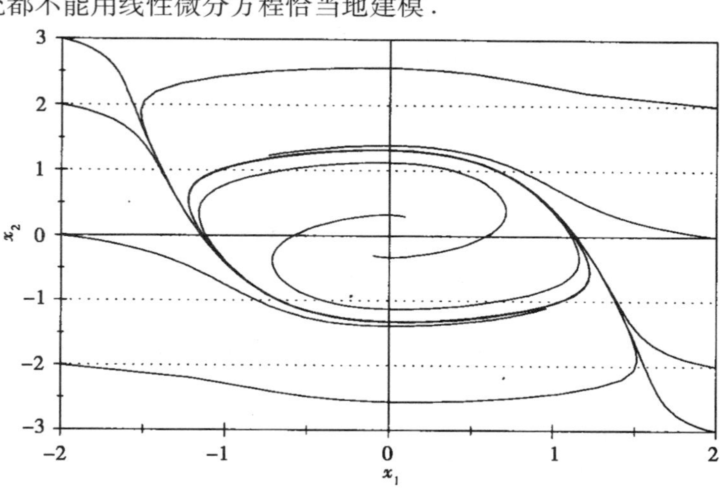

图 6-22　电压 x_2 随电流 x_1 变化的图，展示了例 6.3 非线性 RLC 电路问题的完整相图

制作图 6-20 到图 6-22 中的图像应用了欧拉方法的电子表格软件．电子表格软件的优势是将计算与作图放在同一个平台执行，并且改变初始条件所产生的结果可以及时观测到．一个简单的执行这个算法的计算机程序也是有效的，但是如果没有图形会很难解释输出的结果．许多图形计算器和计算机代数系统也内置有微分方程求解工具，其中大

多数基于某种改进的欧拉方法．龙格－库塔方法是一种在 $x(t)$ 和 $x(t+h)$ 之间使用了更精细插值的改进方法，见这一章末的习题21．不论用哪一种数值方法求解微分方程，一定要通过对控制精度的参数进行灵敏性分析来检验结果．除非细心地使用，否则最精细的算法都可能导致严重的错误．

下一步将进行灵敏性分析，以确定假设的微小改变对我们一般结果的影响．这里我们将讨论电容 C 的灵敏性．对灵敏性和稳健性的其他问题的讨论放在本章末的习题中．在我们的例子中假设 $C=1$．对更一般的情形我们获得动力系统

189

$$\begin{aligned} x_1' &= x_1 - x_1^3 - x_2 \\ x_2' &= \frac{x_1}{C} \end{aligned} \tag{6-9}$$

对任意 $C>0$，向量场都基本与图5-11相同．速度向量在曲线 $x_2=x_1-x_1^3$ 上呈垂直态，在 x_2 轴上呈水平态．唯一的平衡态是原点(0，0)．

偏导数矩阵是

$$A = \begin{pmatrix} 1-3x_1^2 & -1 \\ 1/C & 0 \end{pmatrix}$$

计算它在 $x_1=0$，$x_2=0$ 的值，得到线性系统

$$\begin{pmatrix} x_1' \\ x_2' \end{pmatrix} = \begin{pmatrix} 1 & -1 \\ 1/C & 0 \end{pmatrix}\begin{pmatrix} x_1 \\ x_2 \end{pmatrix} \tag{6-10}$$

它与我们的非线性系统在原点附近有类似的性质．为获得特征值，我们必须求解

$$\begin{vmatrix} \lambda-1 & 1 \\ -1/C & \lambda-0 \end{vmatrix} = 0$$

或 $\lambda^2-\lambda+1/C=0$．特征值是

$$\lambda = \frac{1 \pm \sqrt{1-\frac{4}{C}}}{2} \tag{6-11}$$

只要 $0<C<4$，根号下的值为负，我们就有两个正实部的复共轭特征值，于是原点是不稳定的平衡态．

下一步需要考虑线性系统的相图．尽管比较繁琐，但可以通过求特征值和特征向量的方法来求解方程(6-10)．幸运的是，在目前情况下为画出相图并不需要确定方程(6-10)精确的解析解的公式．我们已经知道这个系统的特征值具有形式 $\lambda=a\pm ib$，其中 a 为正数．正如我们在5.1节提到的(在讨论例5.1的第二步)，这暗示了任何解曲线的坐标必为两个函数项 $e^{at}\cos(bt)$ 和 $e^{at}\sin(bt)$ 的线性组合．换句话说，每条解曲线向外旋转．对方程(6-10)的向量场的粗略检验得知，旋转必须按逆时针方向．于是我们得到对任意 $0<C<4$，方程(6-10)的线性系统的相图看起来与图5-10中的非常相像．

我们对线性系统(6-10)的检验表明，对任意处于原始的 $C=1$ 附近的 C 值，非线性系统在原点附近的行为必须基本上与图6-22的一样．为了考察远离原点处的情况，我们需要

190

进行模拟．图 6-23 到图 6-26 展示了利用欧拉方法对几个不同的 1 附近的 C 值模拟动力系统(6-9)的结果．每次模拟运行我们都从与图 6-21 一样的初值开始．

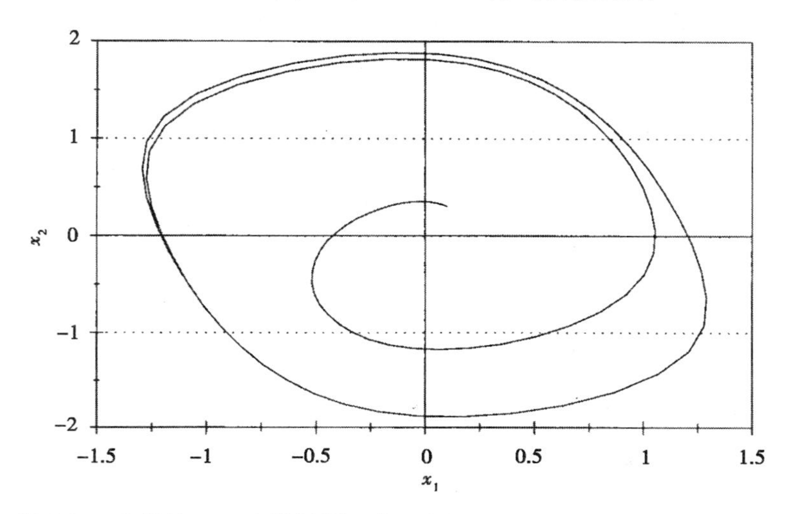

图 6-23　非线性 RLC 电路问题：当 $x_1(0)=0.1$，$x_2(0)=0.3$，$C=0.5$ 时，电压 x_2 随电流 x_1 变化的图

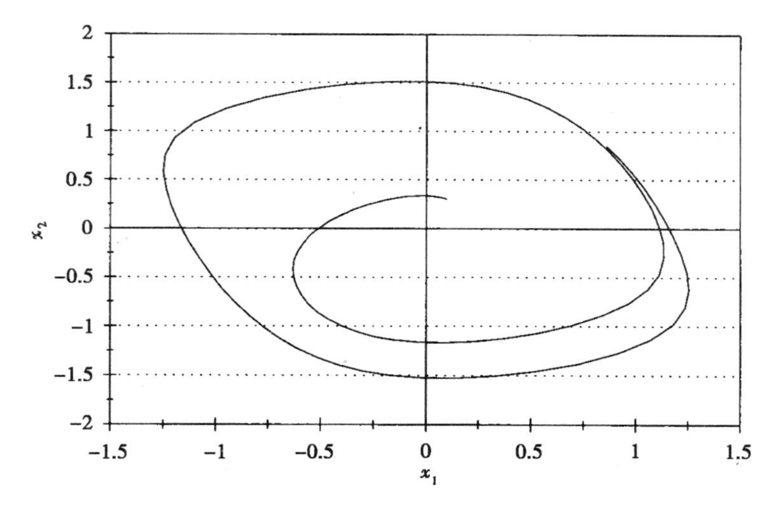

图 6-24　非线性 RLC 电路问题：当 $x_1(0)=0.1$，$x_2(0)=0.3$，$C=0.75$ 时，电压 x_2 随电流 x_1 变化的图

每次解曲线都旋转向外且逐渐地被吸引向极限环．当 C 增大时，极限环缩小．对每个 C 值都用几个不同的初始条件实验．(附加的模拟没有都展示出来．)显然，对每种情况都只有一个极限环吸引离开原点的解曲线．总之，例 6.3 的 RLC 电路对所有处于 1 附近的电容值 C，具有图 6-22 所展示的行为．

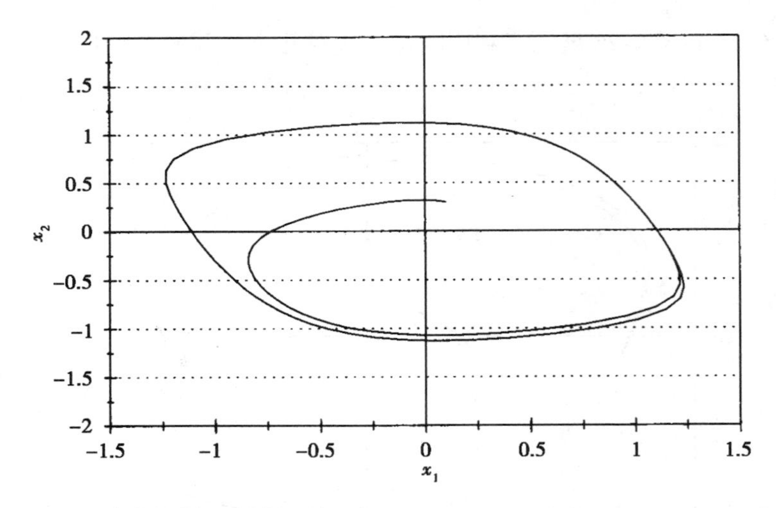

图 6-25　非线性 RLC 电路问题：当 $x_1(0)=0.1$，$x_2(0)=0.3$，$C=1.5$ 时，电压 x_2 随电流 x_1 变化的图

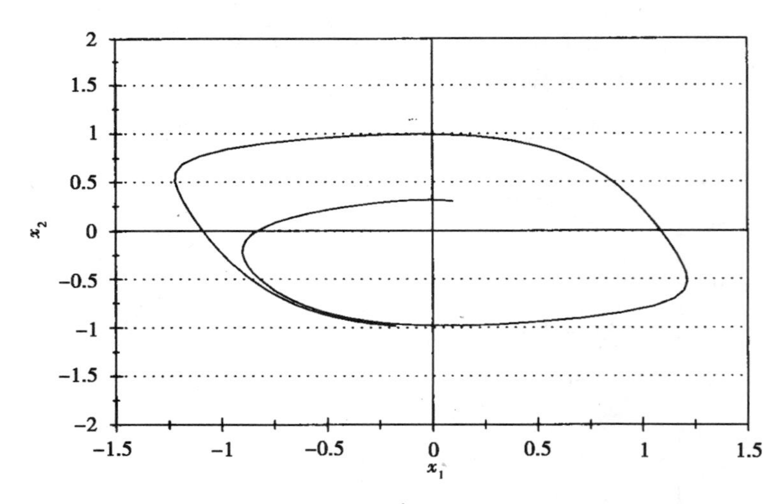

图 6-26　非线性 RLC 电路问题：当 $x_1(0)=0.1$，$x_2(0)=0.3$，$C=2.0$ 时，电压 x_2 随电流 x_1 变化的图形

6.4　混沌与分形

20 世纪最令人兴奋的数学发现之一是某些动态模型的混沌特性．混沌的特征是解的明显的随机行为，以及对初始条件的极端敏感性．混沌动力系统能产生被称为分形的奇异极限集．混沌动力系统模型被用于处理湍流、具有非周期种群波动的生态系统、心律不齐、地球磁极的偶然逆转、复杂的化学反应、激光和股票市场．其中大多数应用都是有争议的，并且仍在探索它们内在的本质．混沌最令人惊讶的事情之一是它能从简单的非线性动态模

191～192

型中显现出来的这种途径.

例 6.4 重新考虑例 4.2 的鲸鱼问题，但现在用一个离散模型刻画种群的增长，以若干年为一个时间步长. 我们知道以一年为一个时间步长，离散的和连续的时间模型的行为基本相同. 我们可以用多少年作为一个时间步长，才能使模型仍然保留连续时间模型同样的定性特性？如果使用太长的时间步长，模型将会发生什么变化？

我们将使用五步方法. 第一步的结果与图 4-3 所示相同. 在第二步我们具体给定一个连续时间动力系统模型，并用欧拉方法模拟求解.

考虑一个连续时间的动力系统模型

$$\frac{dx}{dt} = F(x) \tag{6-12}$$

其中 $x = (x_1, \cdots, x_n)$ 且 $F = (f_1, \cdots, f_n)$，带有初始条件 $x(t_0) = x_0$. 欧拉方法利用一个离散时间动力系统

$$\frac{\Delta x}{\Delta t} = F(x) \tag{6-13}$$

193

逼近连续时间系统的行为. 使用大步长的理由之一是给出大范围的预测. 例如，如果时间 t 以年为单位度量，则 $\Delta x = F(x)\Delta t$ 是根据现在状态的信息，对状态变量 x 在经过 Δt 年以后的变化量的一个简单预测. 如果步长大小的选择使得相对变化量 $\Delta x/x$ 仍然很小，则离散时间系统(6-13)的行为将与原来连续时间系统 (6-12)的行为非常相像. 如果步长太大，则离散时间系统将展现非常不同的行为.

例 6.5 考虑简单的线性微分方程

$$\frac{dx}{dt} = -x \tag{6-14}$$

将方程(6-14)的解的行为与它的离散时间的相似方程

$$\frac{\Delta x}{\Delta t} = -x \tag{6-15}$$

的解的行为进行比较. (6-14)的解具有形式

$$x(t) = x(0)e^{-t} \tag{6-16}$$

原点是稳定的平衡态，且每条解曲线指数阶地衰减到零. 而方程(6-15)的迭代函数是

$$\begin{aligned} G(x) &= x + \Delta x \\ &= x - x\Delta t \\ &= (1 - \Delta t)x \end{aligned}$$

(6-15)的解具有形式

$$x(n) = (1 - \Delta t)^n x(0)$$

如果 $0 < \Delta t < 1$，则 $x(n) \to 0$ 有指数阶那样快，并且行为与连续时间微分方程的非常相像. 如果 $1 < \Delta t < 2$，我们仍然可以得到 $x(n) \to 0$，但是 $x(n)$ 的符号在正负之间振荡. 最后，当 $\Delta t > 2$ 时，$x(n)$ 在振荡的同时发散到无穷. 总之，当时间步长的选择使得相对变化率 $\Delta x/x$

很小时，方程(6-15)的解的行为与(6-14)的非常相像．如果时间步长太大，则方程(6-15)所展现的行为与类似的连续时间的方程(6-14)的完全不同．

对线性动力系统，离散逼近特有的时滞会导致出乎意料的行为．稳定的平衡态可能会 194 变成不稳定的，且可能出现新的振荡．对于线性系统，这是离散逼近的行为不同于原来连续系统的仅有的可能方式．但是，对于非线性连续时间动力系统，离散逼近还可能导致混沌行为．混沌动力系统对初始条件有着异常的灵敏性，明显地伴随着个别解的随机行为．混沌通常出现在这样的情形，即相互邻近的解趋向于分离但整体保持有界．这种因素的组合只可能出现在非线性系统中．

对离散时间动力系统混沌现象的研究是一个很活跃的研究领域．某些迭代函数产生复杂的样本轨线，包括分形．典型的分形是状态空间的一个点集，它是自相似的且其维数不是整数．自相似的意思是物体包含更小的片段，它们是物体自身在缩小尺度下的复制品．确定维数的简单方法是计算覆盖物体所需的小盒子的数目．对一维物体，如果小盒子是 $1/n$ 大小，那就需要 n 个小盒子．对二维物体，则需要 n^2 个小盒子，等等．对一个分形维数为 d 的物体，当盒子大小 $1/n$ 趋于零时，盖住这个物体的盒子数以 n^d 倍增加．

第三步是推导模型的数学表达式．从连续时间动力系统模型开始：

$$\begin{aligned}\frac{\mathrm{d}x_1}{\mathrm{d}t} &= f_1(x_1,x_2) = 0.05x_1\left(1-\frac{x_1}{150\ 000}\right)-\alpha x_1x_2 \\ \frac{\mathrm{d}x_2}{\mathrm{d}t} &= f_2(x_1,x_2) = 0.08x_2\left(1-\frac{x_2}{400\ 000}\right)-\alpha x_1x_2\end{aligned} \tag{6-17}$$

状态空间是 $x_1 \geqslant 0$，$x_2 \geqslant 0$，其中 x_1 表示蓝鲸种群，x_2 表示长须鲸种群．为进行模拟，我们将其转化为在同一个状态空间中的差分方程组

$$\begin{aligned}\Delta x_1 &= f_1(x_1,x_2)\Delta t \\ \Delta x_2 &= f_2(x_1,x_2)\Delta t\end{aligned} \tag{6-18}$$

例如，Δx_1 表示在经过 Δt 年后蓝鲸种群的变化量．开始假设 $\alpha = 10^{-8}$，后面我们将对 α 进行灵敏性分析．我们的目标是确定离散时间动力系统(6-18)解的行为，并将其与我们已知的连续时间模型(6-17)解的行为进行比较．

在第四步我们对几个不同的 $h = \Delta t$ 的值运用欧拉方法的计算机程序模拟方程(6-17)求解．与例 6.2 一样假设 $x_1(0) = 5\ 000$，$x_2(0) = 70\ 000$．图 6-27 解释了经过 $N = 50$ 次迭代，令时间 195 步长为 $h = 1$ 年所得到的模拟结果．在 50 年后长须鲸增长恢复稳定，但还没有完全达到它们的最终平衡态水平．图 6-28 中我们将步长增加到 $h = 2$ 年．现在经过 $N = 50$ 次迭代后长须鲸种群数量接近了其平衡态值．用更大的时间步长 h 是一个探究更远的未来的有效方法，但是有趣的事情发生了．图6-29 显示了采用时间步长 $h = 24$ 年的结果．问题的解仍然逼近它的平衡态，但是出现了振荡．图 6-30 显示了采用时间步长 $h = 27$ 年所得到的结果．现在种群实际上偏离了平衡态且最终进入了周期 2 的离散的极限环．

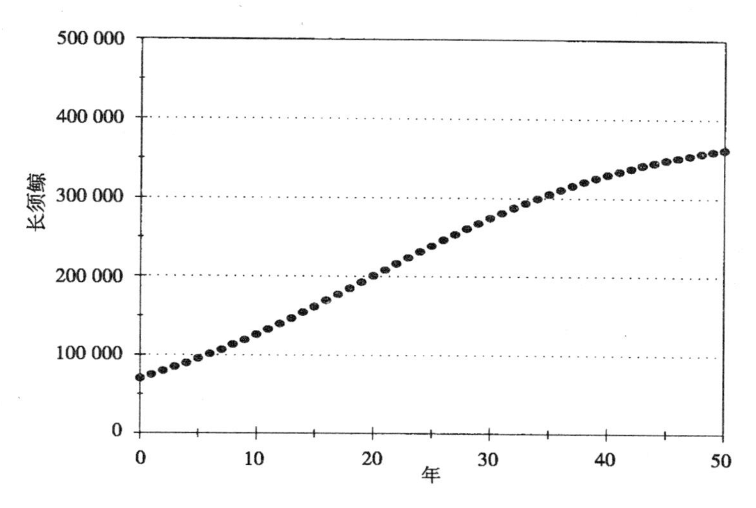

图 6-27　当时间步长 $h=1$ 时对鲸鱼问题的离散时间模拟结果：长须鲸 x_2 随时间 t 变化的图形

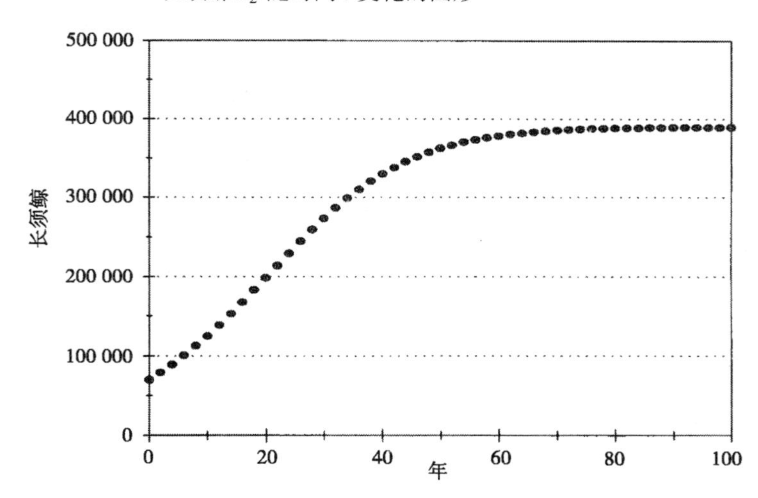

图 6-28　当时间步长 $h=2$ 时对鲸鱼问题的离散时间模拟结果：长须鲸 x_2 随时间 t 变化的图形

当 $h=32$ 时解最终进入周期 4 的极限环，见图 6-31. 图 6-32 说明了当 $h=37$ 时解展现了混沌行为. 这个效果类似于一个随机数发生器. 当 $h=40$ 时(没有图示)，解迅速地发散到无穷远. 蓝鲸种群的行为也类似. 不同的初始条件和不同的 α 值也产生类似的结果. 在每一种情况下，当步长 h 增加时都出现从稳定到不稳定的过渡. 当平衡态变得不稳定时，首先出现振荡，然后是离散的极限环，接着是混沌. 最后，如果 h 太大，解就直接发散.

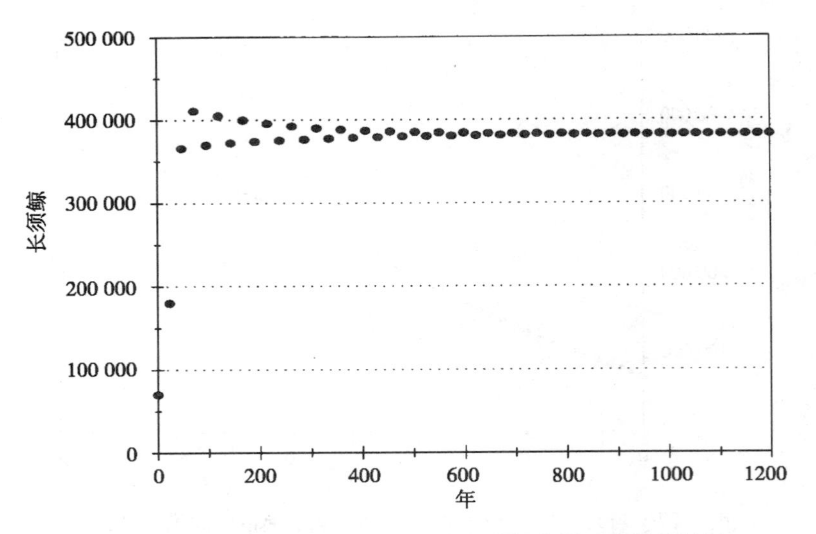

图 6-29　当时间步长 $h=24$ 时对鲸鱼问题的离散时间模拟结果：长须鲸 x_2 随时间 t 变化的图形

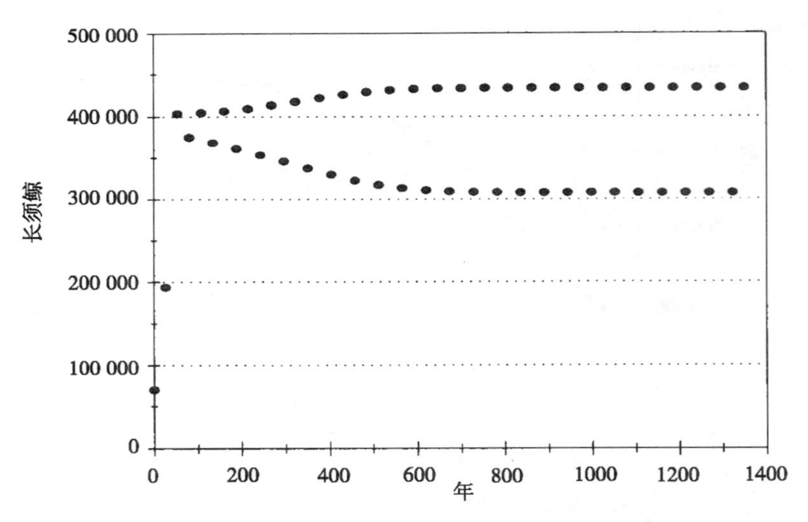

图 6-30　当时间步长 $h=27$ 时对鲸鱼问题的离散时间模拟结果：长须鲸 x_2 随时间 t 变化的图形

第五步是回答问题．对连续时间模型的离散逼近是有效的，只要时间步长小到足以保证状态变量在每个时间步长上的相对变化率很小即可．用大的时间步长，我们可以探究更远的未来，但是当时间步长太大时，离散时间系统的行为不再与原来连续时间模型的类似．在使用较大的时间步长时，观察到离散时间系统的奇怪行为是有趣的；但是这种行为与我们正尝试模拟的现实情况没有明显的联系．

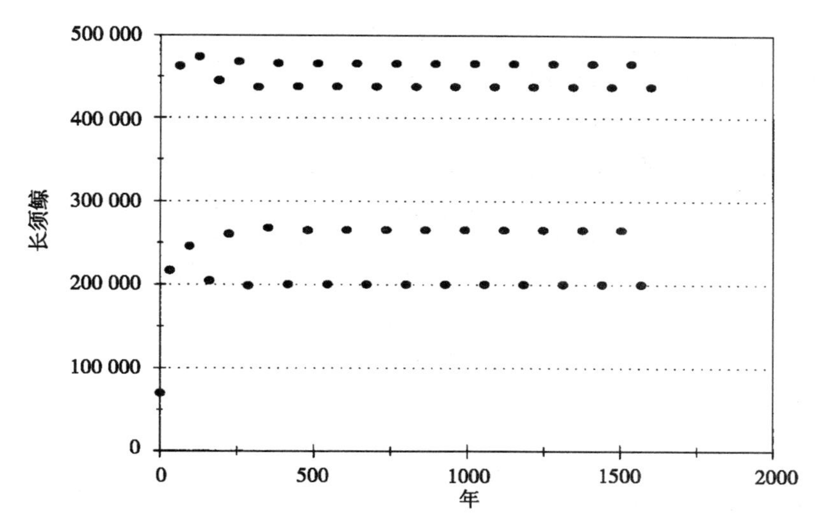

图 6-31 当时间步长 $h = 32$ 时对鲸鱼问题的离散时间模拟结果：长须鲸 x_2 随时间 t 变化的图形

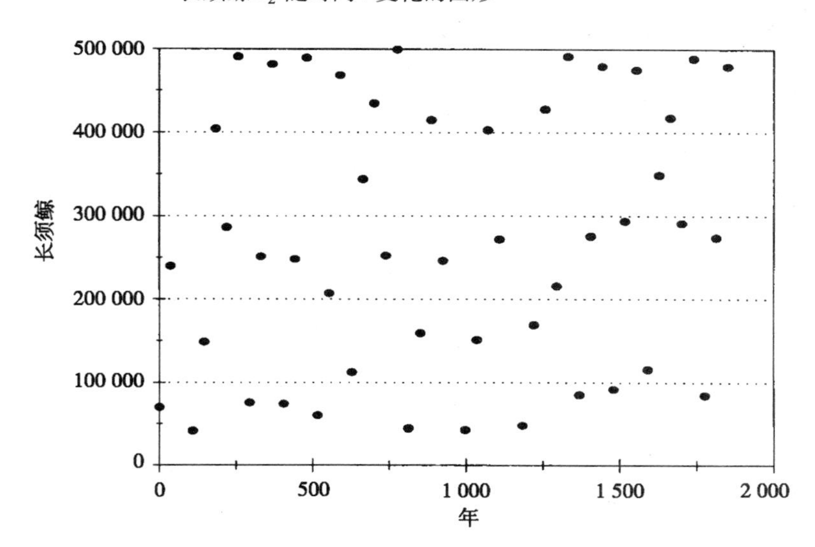

图 6-32 当时间步长 $h = 37$ 时对鲸鱼问题的离散时间模拟结果：长须鲸 x_2 随时间 t 变化的图形

许多种群模型基于 Logistic 模型 $x' = rx(1 - x/K)$ 的某种变形．这些模型中的大多数在离散逼近时都呈现出混沌．当时间步长增加时动力系统呈现如下典型的变化：从稳定的平衡态到极限环到混沌(然后到不稳定的发散)．在从极限环到混沌变化时，极限集通常变成分形．本章末的习题 25 给出一个解释．关于混沌和分形已有许多书籍和文章．对大学高年级和研究生低年级的学生，[Strogatz(1994)]是一本很好的参考书．

混沌从鲸鱼问题的离散逼近中呈现出来是有趣的，但似乎与实际没有什么关系．说得好听些，它是一则数学奇闻；说得难听些，它是数值计算的弊病．但是，下一个例子表明混沌和分形也会出现在实际的物理模型中．

196
~
199

例 6.6　考虑一个从底部加热的空气层．在常规的情形，上升的热空气与下降的冷空气相互作用形成湍流圈．运动动力学的完整推导涉及一个偏微分方程组，这可以用傅里叶变换方法求解；见[Lorentz(1963)]．一个简化的表达式包含三个状态变量．x_1 表示对流环旋转的速度，x_2 表示上升与下降气流的温差，x_3 表示垂直温度剖面的线性偏差，x_3 为正值说明边界附近温度的变化更快．这个系统的运动方程是

$$\begin{aligned} x_1' &= f_1(x_1, x_2, x_3) = -\sigma x_1 + \sigma x_2 \\ x_2' &= f_2(x_1, x_2, x_3) = -x_2 + r x_1 - x_1 x_3 \\ x_3' &= f_3(x_1, x_2, x_3) = -b x_3 + x_1 x_2 \end{aligned} \tag{6-19}$$

我们将考虑当 $\sigma=10$，$b=8/3$ 时的实际情况．参数 r 表示空气层底部与顶部的温差，增加 r 将注入更多的能量到这个系统，产生更强的动力．动态方程组(6-19)被称为洛伦兹方程组，以纪念研究它的气象学家 E. Lorentz.

为求方程(6-19)的平衡点，求解三个状态变量的方程组：

$$\begin{aligned} -\sigma x_1 + \sigma x_2 &= 0 \\ -x_2 + r x_1 - x_1 x_3 &= 0 \\ -b x_3 + x_1 x_2 &= 0 \end{aligned}$$

显然(0，0，0)是一个解．第一个方程隐含着 $x_1=x_2$．带入第二个方程，我们得到

$$\begin{aligned} -x_1 + r x_1 - x_1 x_3 &= 0 \\ x_1(-1 + r - x_3) &= 0 \end{aligned}$$

因此，如果 $x_1 \neq 0$，则 $x_3=r-1$．于是从第三个方程我们得到 $x_1^2=bx_3=b(r-1)$．如果 $0<r<1$，这个方程没有实根，因此原点是唯一的平衡点．如果 $r=1$，则 $x_3=0$，原点仍是唯一的平衡点．如果 $r>1$，则存在三个平衡点：

$$\begin{aligned} E_0 &= (0,0,0) \\ E^+ &= (\sqrt{b(r-1)}, \sqrt{b(r-1)}, r-1) \\ E^- &= (-\sqrt{b(r-1)}, -\sqrt{b(r-1)}, r-1) \end{aligned}$$

做向量场的图形分析是很困难的，因为我们现在面对的是三维问题．所以我们通过特征值分析来检验这三个平衡点的稳定性．偏导数矩阵是

$$DF = \begin{pmatrix} -\sigma & \sigma & 0 \\ r - x_3 & -1 & -x_1 \\ x_2 & x_1 & -b \end{pmatrix}$$

200

在平衡点 $E_0=(0，0，0)$，参数值为 $\sigma=10$，$b=8/3$，这个矩阵变为

$$A = \begin{pmatrix} -10 & 10 & 0 \\ r & -1 & 0 \\ 0 & 0 & -8/3 \end{pmatrix}$$

对任意的 $r>0$ 它具有三个实特征值：

$$\lambda_1 = \frac{-11-\sqrt{81+40r}}{2}$$

$$\lambda_2 = \frac{-11+\sqrt{81+40r}}{2}$$

$$\lambda_3 = \frac{-8}{3}$$

如果 $0<r<1$，则所有这些特征值是负的，于是原点是稳定的平衡点．如果 $r>1$，则 $\lambda_2>0$，于是原点是不稳定的平衡点．

对其他两个平衡点的分析相当复杂．幸运的是，在 E^+ 和 E^- 上的特征值是相同的．对 $1<r<r_1\approx1.35$，所有三个特征值都是实的且是负的．对任意的 $r>r_1$ 存在一个特征值 $\lambda_1<0$ 和一对复共轭特征值 $\lambda_2=\alpha+\mathrm{i}\beta$，$\lambda_3=\alpha-\mathrm{i}\beta$. 当 $r_1<r<r_0$ 时实部 α 是负的，当 $r>r_0$ 时实部 α 是正的，$r_0\approx24.8$. 因此，当 $1<r<r_0$ 时，在 E^+ 和 E^- 上有两个稳定的平衡点，而当 $r>r_0$ 时每个平衡点都是不稳定的．在这两个平衡点附近的解与线性系统 $x'=Ax$ 的解具有非常相似的行为，A 是偏导数矩阵 DF 在平衡点的估计值．线性解的每个分量可以写成形如 $\mathrm{e}^{\lambda_1 t}$，$\mathrm{e}^{\alpha t}\cos(\beta t)$ 和 $\mathrm{e}^{\alpha t}\sin(\beta t)$ 函数项的线性组合．当 $r_1<r<r_0$ 时解曲线向非零平衡点盘旋，而当 $r>r_0$ 时解曲线向外盘旋．最终，当 $r>r_0$ 时，解并不是发散到无穷大．从前面例 5.4 的非线性 RLC 电路问题我们已经看到这种现象．计算机模拟结果表明解曲线最终进入极限环．现在我们将模拟动力系统(6-19)，以确定解的长期行为．

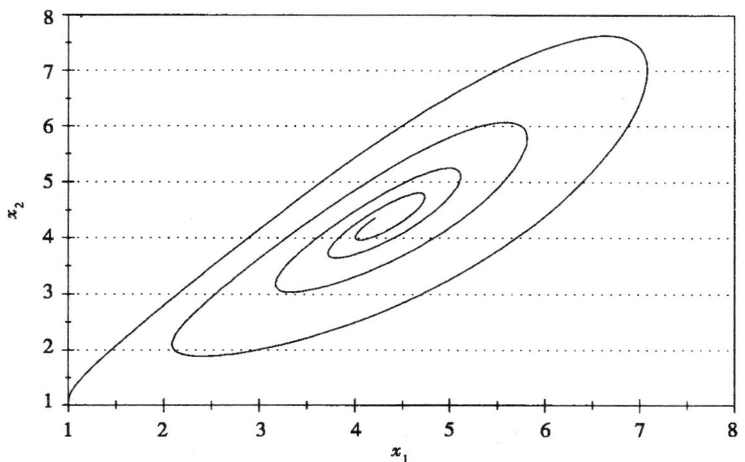

图 6-33　当 $r=8$，初始条件$(x_1, x_2, x_3)=(1, 1, 1)$时，天气问题的温度差 x_2 关于对流率 x_1 变化的图形

三个状态变量的欧拉方法使用与图6-19中所示的算法完全相同的算法，只是多增加一个状态变量．算法的计算机程序被用于模拟方程(6-19)在情形 $\sigma=10$ 和 $b=8/3$ 时的解．图6-33显示了 $r=8$，初始条件 $(x_1, x_2, x_3)=(1, 1, 1)$ 时的模拟结果．我们画 x_2 关于 x_1 变化的图，是因为这些变量最容易被解释．取 $N=500$ 和 $T=5$ 使得步长大小为 $h=0.01$. 此外还做了灵敏性分析以确信模拟时间 T 的增加或步长 h 的减小会导致基本相同的图像．正如我们在早期分析所猜测的那样，解曲线向在 $x_1=x_2=4.32$（且 $x_3=7$）的平衡点盘旋．注意，x_1 表示对流环的旋转速度，x_2 表示上升与下降气流的温差．当 $r=8$ 时这两个量最终趋向于一个稳定的平衡点．图6-34展示了对情况 $r=8$，初始条件 $(x_1, x_2, x_3)=(7, 1, 2)$ 的模拟结果．记住这个图实际上是三维图形的投影．当然，实际的解曲线不自交，那将会破坏解的唯一性．解再次向平衡点盘旋．

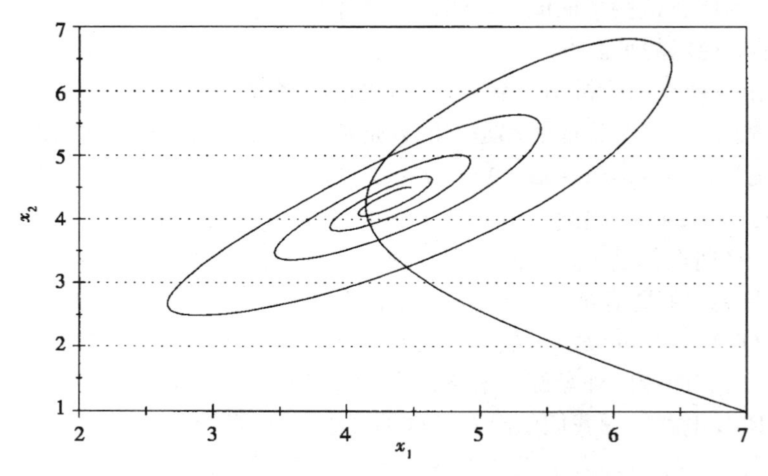

图6-34　当 $r=8$，初始条件 $(x_1, x_2, x_3)=(7, 1, 2)$ 时，天气问题的温度差 x_2 关于对流率 x_1 变化的图形

当我们增加 r 的值时，模拟变得对离散方式非常敏感．图6-35展示了对情况 $r=18$，初始条件 $(x_1, x_2, x_3)=(6.7, 6.7, 17)$ 的模拟结果．取 $N=500$ 和 $T=2.5$，于是步长为 $h=0.005$. 解曲线在非常缓慢地向内盘旋时绕平衡点 $E^+=(6.733, 6.733, 17)$ 快速地旋转．图6-36展示了采用 $N=500$ 和 $T=5$，对稍微大的步长 $h=0.01$ 得到的相同模拟结果．此时解向外盘旋，离开平衡点．当然这不是连续时间模型真正会发生的情况，只是我们的模拟方法所导致的不真实的情况．因为系统非常接近稳定和不稳定之间的点，我们必须小心地对参数 N 和 T 进行灵敏性分析，以保证离散时间系统的行为确实反映了连续时间模型所发生的情况．

最后我们考虑情形 $r>r_0$，此时平衡点都是不稳定的．图6-37显示了采用 $r=28$，初始条件 $(x_1, x_2, x_3)=(9, 8, 27)$ 时的模拟结果．取 $N=500$ 和 $T=10$，于是步长为 $h=0.02$. 经过对参数 N 和 T 的细致的灵敏性分析以证实解曲线的确反映了连续时间模型的行为．首先解曲线迅速地绕着平衡点 $E^+=(8.485, 8.485, 27)$ 旋转，同时它非常缓慢地向外盘旋．

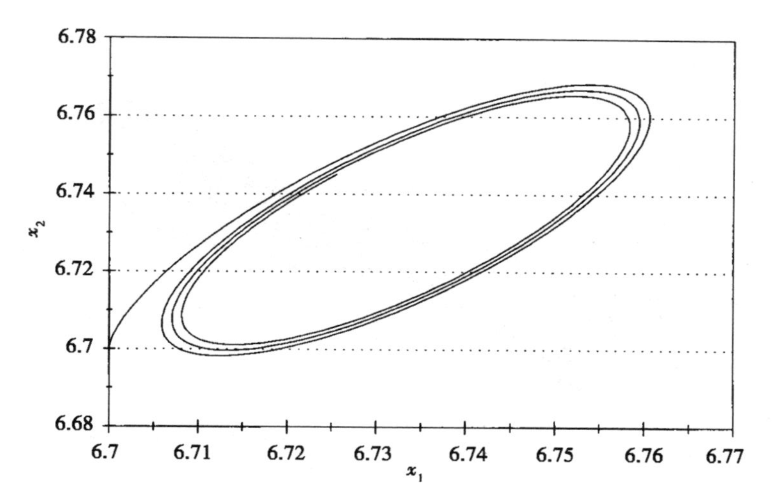

图 6-35　当 $r=18$，初始条件 $(x_1, x_2, x_3)=(6.7, 6.7, 17)$，步长 $h=0.005$ 时，天气问题的温度差 x_2 关于对流率 x_1 变化的图形

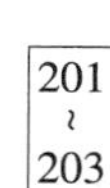
201~203

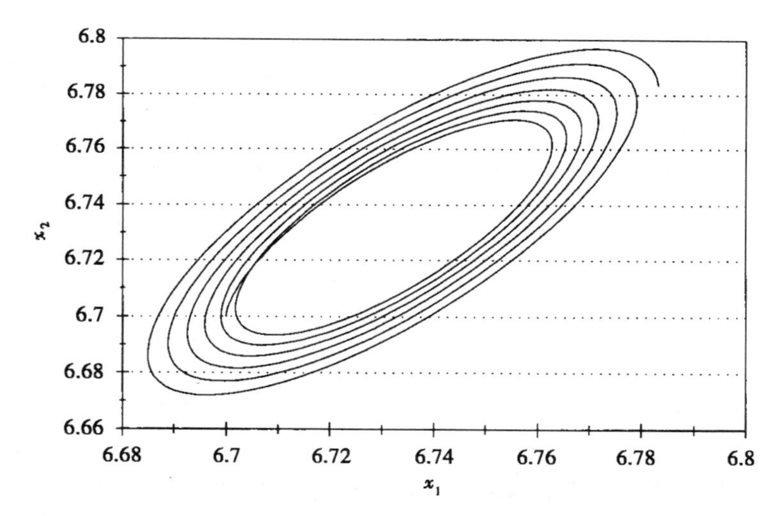

图 6-36　当 $r=18$，初始条件 $(x_1, x_2, x_3)=(6.7, 6.7, 17)$，步长 $h=0.01$ 时，天气问题的温度差 x_2 关于对流率 x_1 变化的图形

最后解曲线朝向平衡点 $E^-=(-8.485, -8.485, 27)$ 的反方向，在那里它盘旋了一阵，再回头朝向 E^+. 采用较大的 N 和 T 值模拟，以证实解从不重复已走过的路线，并且始终保持有界．它继续在 E^+ 周围和 E^- 周围的区域之间穿梭．

初始条件相近的其他解表现出基本相同的行为．也存在对初始条件的异常的灵敏性．开始非常靠近的解最终相互远离．在图 6-37 中，解在时刻 $t=0$ 从点 $(x_1, x_2, x_3)=(9, 8, 27)$ 出发，到时刻 $t=10$ 盘旋在 E^- 周围．一条相近的解曲线，在时刻 $t=0$ 从点 $(x_1, x_2,$

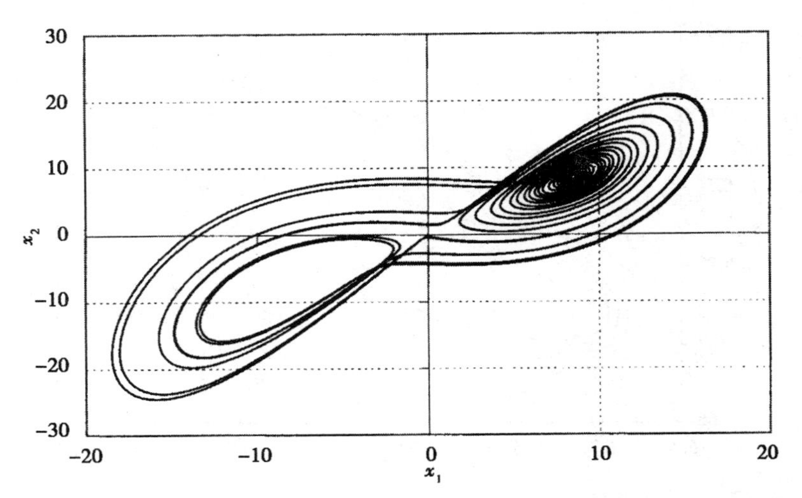

图 6-37　当 $r=28$，初始条件$(x_1, x_2, x_3)=(9, 8, 27)$时，天气问题的温度差 x_2 关于对流率 x_1 变化的图形

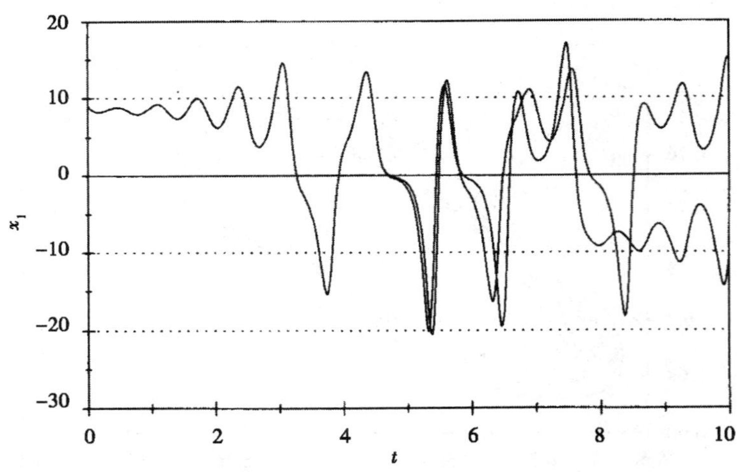

图 6-38　当 $r=28$ 时，天气问题的对流率 x_1 关于时间 t 变化的图，比较两个初始条件$(x_1, x_2, x_3)=(9, 8, 27)$和$(x_1, x_2, x_3)=(9.01, 8, 27)$

$x_3)=(9.01, 8, 27)$出发，到时刻 $t=10$ 盘旋在 E^+ 周围．图 6-38 比较了这两条解曲线的 x_1 坐标经过的路径．通过时刻 $t=10$ 的状态不可能猜想到这两个解是从几乎相同的初始条件出发的．如果我们取模拟时间 T 越来越大，可看到这两条解曲线在状态空间画出的图形有着几乎完全相同的形状．这个极限集被称为奇怪吸引子．虽然它是有界的，但它的长度是无穷的，且截面(例如，曲线与平面 $x_3=0$ 相交的点集)是典型的分形．事实上，对奇怪吸引子的合理的分析方法是考虑从一个给定相交点到下一个相交点的映射．这个迭代函数很像为分析例 6.4 种群增长的 Logistic 模型所构造的函数．用这种颇为意外的分析方法，对离散和连续时间的动力系统的分析发现了新的关联．

204
~
205

6.5 习题

1. 重新考虑例 6.1 战斗问题．对这个问题我们考虑天气对战争的影响．坏天气和糟糕的能见度会降低双方直接交火武器的效率．间接交火武器的效率相对而言不太受天气的影响．我们可以在模型中表达坏天气的影响如下：记 w 为坏天气条件导致的武器效率的下降，用

$$\begin{aligned}\Delta x_1 &= -w\lambda(0.05)x_2 - \lambda(0.005)x_1x_2 \\ \Delta x_2 &= -w0.05x_1 - 0.005x_1x_2\end{aligned} \tag{6-20}$$

代替动力系统(6-3)．这里参数 $0 \leqslant w \leqslant 1$ 表示天气条件的变化范围，$w=1$ 表示最好的天气，$w=0$ 表示最糟糕的天气．

(a) 运用计算机实现图 6-2 的算法来模拟离散时间动力系统(6-20)，取 $\lambda=3$. 假设不利的天气引起双方武器效率降低 75%（$w=0.25$）．谁将赢得这场战斗，且战斗将进行多长时间？胜利的一方还剩下多少个师？

(b) 对 $w=0.1$，0.2，0.5，0.75 和 0.9 各种情况重复上面的分析，且将结果列表．回答(a)中提出的问题．

(c) 哪一方从不利的天气条件中受益？如果你是蓝军指挥官，你希望红军在晴天还是雨天进攻？

(d) 检验你在(a)、(b)和(c)所得到的结论对蓝军相对于红军的武器优势程度依赖的灵敏性．对 $\lambda=1.5$，2.0，4.0 和 5.0 重复你在(a)和(b)所做的模拟，将结果列表．重新考虑在你在(c)所得的结论．它们仍然正确吗？

2. 重新考虑例 6.1 战斗问题．对这个问题我们考虑战术对战斗结果的影响．红军指挥官正在考虑选择五个师中的两个师保留到战斗的第二天或第三天．你可以做两个独立的实验去模拟偏离基本情况的每种可能．首先模拟战斗的第一天或前两天，两个蓝军师对抗三个红军师．然后将模拟得到的结果作为下一步战斗的初始条件，除此之外红军增加两个师．

206

(a) 运用计算机实现图 6-2 的算法来模拟第一阶段的战斗，在这一阶段两个蓝军师对抗三个红军师．假设 $\lambda=2$，并将最后力量在两种情形(12 或 24 小时战斗)下列表．

(b) 用(a)的结果模拟下一阶段的战斗，红军增加两个师，继续模拟．对每种情形指出哪方赢得战斗，赢者还剩多少兵力，战斗进行多长时间(两个阶段战斗共进行多少时间)．

(c) 红军指挥官可能选择在第一天就投入全部力量，或者保留两个师一天或两天．这三个战术哪个较好？在取得胜利的基础上以损失最少的兵力为最优．

(d) 对描述蓝军武器优势程度的参数 λ 进行灵敏性分析．对 $\lambda=1.0$，1.5，3.0，5.0 和 6.0 重复(a)和(b)，对每个 λ 值确定最优战术．叙述你关于红军最优战术的一般结果．

3. 重新考虑例 6.1 战斗问题．对这个问题我们考虑战术核武器对战争的影响．处在绝望情

形，蓝军指挥官考虑实施一次战术核武器攻击．估计这样一次攻击会杀害或重创70%的红军和35%的蓝军．

(a)运用计算机实现图6-2的算法来模拟离散时间动力系统(6-3)，假设蓝军指挥官下令立刻进行一次核攻击．从初始条件 $x_1=(0.30)5.0$，$x_2=(0.65)2.0$ 开始，取 $\lambda=3$，谁将赢得战斗，战斗将持续多长时间？赢方还剩下多少师的兵力？在这种情形下蓝军如何从进行一次核攻击中得益？

(b)模拟蓝军指挥官在等待六小时后下达核攻击命令的情形．从 $x_1=5$ 和 $x_2=2$ 开始模拟六小时的战斗．然后减少双方的队伍数量以反映一次核攻击后的结果，再接着模拟．回答在(a)部分提出的同样的问题．

(c)将(a)和(b)的结果与本章总结的消耗战的情况比较．讨论由蓝军提议进行的战术核攻击的益处．这样的提议有效吗？如果有效，指挥官应在何时要求进行核攻击？

207

(d)检验你在(c)部分的结论对蓝军武器优势程度 λ 的灵敏性．对 $\lambda=1.0$，1.5，2.0，5.0和6.0重复(a)和(b)部分的模拟，回答上面相同的问题．

4. 重新考虑例5.2的空间对接问题．假设初始接近速度为50m/s，加速度为零．

(a)确定对接所需要的时间，假设控制因子为 $k=0.02$. 运用计算机执行在图6-2给出的算法来模拟离散时间动力系统．假定当接近速度的绝对值一直小于0.1m/s时对接完成．

(b)对 $k=0.01$，0.02，0.03，…，0.20各种情况重复(a)部分的模拟，确定每种情况进行对接所需要的时间．在这些 k 值中，哪个导致最短的对接时间？

(c)假设初始接近速度为25m/s，重复(b)部分的模拟．

(d)假设初始接近速度为100m/s，重复(b)部分的模拟．对这个对接过程，关于 k 的最优值你得到什么结论？

5. 重新考虑第4章习题10引入的疾病传染问题．运用计算机实现图6-2给出的算法来模拟离散时间动力系统．回答原习题中从(a)到(d)部分所提的问题．

6. 在第4章习题4中，我们为鲸鱼问题引入了一个简化的种群增长模型．

(a)模拟这个模型，假设现有5 000条蓝鲸和70 000条长须鲸．假设 $\alpha=10^{-7}$ 且运用6.2节简单的模拟技术．根据这个模型，经过长时期两个鲸鱼种群将发生什么变化？

(b)检验在(a)部分你的结论对现有5 000条蓝鲸条件的灵敏性．分别假设现有3 000，4 000，6 000或7 000条蓝鲸，重复(a)部分的模拟．你的结论对海洋中现有的准确蓝鲸数的灵敏程度如何？

(c)检验在(a)部分你的结论对蓝鲸的内禀增长率为每年5%的灵敏性．分别假设每年的增长率为3%，4%，6%或7%，重复(a)部分的模拟．你的结论对实际的内禀增长率的灵敏程度如何？

208

(d)检验在(a)部分你的结论对竞争系数 α 的灵敏性．分别假设 $\alpha=10^{-9}$，10^{-8}，10^{-6} 和 10^{-5}，重复(a)部分的模拟．你的结论对两个种群之间竞争强度的灵敏程度如何？

7. 在第4章习题5中，我们为鲸鱼问题引入一个复杂的种群增长模型．

(a) 模拟这个模型，假设现有 5 000 条蓝鲸和 70 000 条长须鲸．假设 $\alpha = 10^{-8}$ 且运用 6.2 节简单的模拟技术．根据这个模型，经过长时期两个鲸鱼种群将发生什么变化？两个鲸鱼种群是否能够恢复，或者一个或两个种群将灭亡？这需要多长时间？

(b) 检验在 (a) 部分你的结论对现有 5 000 条蓝鲸条件的灵敏性．分别假设现有 3 000，4 000，6 000 或 8 000 条蓝鲸，重复 (a) 部分的模拟．你的结论对海洋中现有的准确蓝鲸数的灵敏程度如何？

(c) 检验在 (a) 部分你的结论对蓝鲸的内禀增长率为每年 5% 的灵敏性．分别假设每年的增长率为 2%，3%，4%，6% 或 7%，重复 (a) 部分的模拟．你的结论对实际的内禀增长率的灵敏程度如何？

(d) 检验在 (a) 部分你的结论对假设最小的有效蓝鲸种群水平是 3 000 条的灵敏性．分别假设实际水平是 1 000，2 000，4 000，5 000 或 6 000 条，重复 (a) 部分的模拟．你的结论对蓝鲸的实际最小有效种群水平的灵敏程度如何？

8. 重新考虑第 4 章习题 6，假设 $\alpha = 10^{-8}$，现有种群水平为 $B = 5\ 000$ 和 $F = 70\ 000$.

(a) 用计算机实现 6.2 节运用的简单算法来确定捕捞的影响．假设 $E = 3\ 000$ 船 - 天/年．根据这个模型，经过长时期两个鲸鱼种群将发生什么变化？两个鲸鱼种群是否能够恢复，或者一个或两个种群将灭亡？这需要多长时间？

(b) 假设 $E = 6\ 000$ 船 - 天/年，重复 (a) 部分的模拟．

(c) E 在什么范围内能够使得两个鲸鱼种群水平逼近非零的平衡态？

209

(d) 分别对 $\alpha = 10^{-9}$，10^{-8}，10^{-6} 和 10^{-5} 重复 (c) 部分的模拟，并将结果列表．讨论你的结果对两个种群之间的竞争程度的灵敏性．

9. 重新考虑第 4 章习题 6 的鲸鱼问题．对这个问题我们探讨经济利益驱动导致一类鲸鱼种群灭绝．假设现有 5 000 条蓝鲸和 70 000 条长须鲸．

(a) 假设 $E = 3\ 000$ 船 - 天/年，模拟这个模型．运用 6.2 节简单的模拟技巧，且假设 $\alpha = 10^{-7}$．确定长期的每年以蓝鲸为单位计算的捕捞量 (2 条长须鲸 = 1 条蓝鲸单位).

(b) 确定捕捞的力度，使得长期的以蓝鲸为单位计算的捕捞率最大．分别模拟当 $E = 500$，1 000，1 500，…，7 500 船 - 天/年的情况．哪种情形可以导致最高的可实现的产量？

(c) 假设按使得长期的以蓝鲸为单位计算的捕捞率最大的捕捞力度捕捞．根据这个模型，经过长期捕捞后这两个种群将会发生什么变化？两个种群都会恢复，或一个或两个种群都灭亡？这些将在多久以后发生？

(d) 某些经济学家争辩说，捕鲸人为了鲸鱼行业将会维持长期的可持续的最大产量．如果这样，连续捕捞是否会导致一个或两个鲸鱼种群的灭绝？

10. (继续习题 9) 某些经济学家争辩说，捕鲸人将会为整个捕鲸行业获得最大的税收补贴确定捕捞计划．假设捕捞产生税金是每蓝鲸单位 10 000 美元，并且税收减免率为 10%．如果在第 i 年税金为 R_i，整个税金补贴为

$$R_0 + \lambda R_1 + \lambda^2 R_2 + \lambda^3 R_3 + \cdots$$

其中 λ 表示补贴率(此题取 $\lambda=0.9$).

(a)假设 $E=3\ 000$ 船 - 天/年，模拟这个模型. 运用 6.2 节简单的模拟技巧，且假设 $\alpha=10^{-7}$. 确定此时的整体税收补贴.

(b)确定使得整体税收补贴最大的捕捞计划. 分别模拟各种情况 $E=500$，1 000,1 500，…，7 500 船 - 天/年. 哪种情况使整体税收补贴值最大?

(c)假设鲸鱼捕捞量使得整体税收补贴最大. 根据这个模型，经过长期捕捞后这两个种群将会发生什么变化? 两个种群都会恢复，或一个或两个种群都灭亡? 这些将在多久以后发生?

210

(d)对反映两个种群之间的竞争程度的参数 α 进行灵敏性分析. 分别考虑 $\alpha=10^{-9}$，10^{-8}，10^{-6}和 10^{-5}，并将结果列表. 讨论你的结果对两个种群之间的竞争程度的灵敏性.

11. 重新考虑第 4 章习题 7 的捕食 - 被捕食模型.

(a)通过模拟确定鲸鱼和磷虾的平衡态. 运用 6.2 节简单的模拟技巧，从几个不同的初值开始，一直运行到两个种群水平达到稳定状态.

(b)在两个种群水平达到稳定状态后，假设一场生态灾害杀害了 20% 的鲸鱼和 80% 的磷虾. 描述两个种群将发生什么变化，且这种变化需要经历多长时间.

(c)假设捕捞使得鲸鱼只剩下其平衡态的 5%，而磷虾保持平衡态的数量. 描述一旦停止捕捞将发生什么情况. 鲸鱼恢复需要多长时间? 磷虾种群将发生什么变化?

(d)检验你在(c)部分的结论对鲸鱼剩余量 5% 假设的灵敏性. 分别模拟当只剩下 1%，3%，7% 和 10% 时的情况，且将你的结果列表. 鲸鱼种群恢复所需的时间对它受损害的程度的灵敏性如何?

12. 重新考虑例 5.1 的树木问题.

(a)确定硬材树和软材树增长到它们的稳定的平衡态的 90% 所需的时间. 假设初始种群为软材树 1 500 吨/英亩，硬材树 100 吨/英亩. 正是在这种情况下，我们打算引入一种新的更有价值的树种到这个现存的生态系统. 假设$b_i=a_i/2$，并运用 6.2 节简单的模拟技巧.

(b)确定硬材树的生物量处于增长速度最快的点.

(c)假设硬材树每吨价格是软材树的 4 倍，确定森林价值(美元/英亩)增长速度最快的点.

211

13. (继续考虑习题 12)皆伐就是将森林的所有树同时砍光然后重新植树.

(a)确定最优的森林收获策略，即确定在多少年后将树砍光重新植树. 假设重新种上硬材树 100 吨/英亩和软材树 100 吨/英亩. 你需回答每年每英亩会产生多少价值(美元).

(b)假设只种植硬材树(200 吨/英亩)，确定最优的森林收获策略.

(c)重新讨论(b)，但现在假设只种植软材树(200 吨/英亩).

(d) 向森林管理员解释最优的皆伐策略．在什么情况下你会考虑卖土地而不是重新种植树？

14. 重新考虑第 4 章习题 5 更复杂的种群竞争模型．假设 $\alpha = 10^{-8}$.
    (a) 运用欧拉方法的计算机程序模拟这个模型的行为，从初始条件 $x_1 = 5\ 000$ 条蓝鲸和 $x_2 = 70\ 000$ 条长须鲸开始．像课文一样，对 N 和 T 进行灵敏性分析以保证你的结果的有效性．根据这个模型，在长时间以后这两个种群将发生什么变化？两个种群都会恢复，或者一个或两个种群都灭亡？这些将在多久以后发生？
    (b) 对初始条件中蓝鲸和长须鲸的某个数量范围重复 (a) 的讨论．将你的结果列表，并对每种情况回答 (a) 部分提出的相同的问题．
    (c) 利用 (a) 和 (b) 的结果给出这个系统的完整相图．
    (d) 确定相图中的区域，在这个区域中一个或两个种群都注定灭亡．

15. 重新考虑例 6.3 的 RLC 电路问题，对表示电感的参数 L 进行灵敏性分析．
    (a) 将动力系统模型 (6-8) 推广到一般情形 $L > 0$. 这个模型的向量场如何随 L 变化？
    (b) 确定在原点邻域内逼近非线性 RLC 电路行为的线性系统．计算线性系统的特征值，它是 L 的函数．确定 L 的取值范围，使得两个特征值是具有正实部的复数，就像 $L = 1$ 的情况一样．
    (c) 分别对各种情况 $L = 0.5$，0.75，1.5 和 2.0，运用欧拉方法的计算机程序模拟 RLC 电路行为．使用与图 6-21 同样的初始条件 $x_1 = 0.1$，$x_2 = 0.3$. 像课文一样，在每种情况下对 T 和 N 进行灵敏性分析以保证你的结果的有效性．

212

    (d) 对 (c) 中提出的每个 L 值模拟若干个初始条件，对每种情况画出完整的相图．描述这些相图是如何随电感 L 而变化的．

16. 重新考虑例 6.3 的 RLC 电路问题，现在考虑当电容 $C > 4$ 时将会发生什么情况．
    (a) 对 $C > 4$ 的情况利用特征值和特征向量方法求解线性系统 (6-10).
    (b) 画出这个线性系统的相图．相图如何作为 C 的函数而变化？
    (c) 分别对各种情况 $C = 5$，6，8 和 10，运用欧拉方法的计算机程序模拟 RLC 电路．使用与图 6-21 一样的初始条件 $x_1 = 0.1$，$x_2 = 0.3$. 像课文一样，在每种情况下对 N 和 T 进行灵敏性分析以保证你的结果的有效性．
    (d) 对 (c) 中提出的每个 C 值模拟若干个初始条件，对每种情况画出完整的相图．与课文中所讨论的 $0 < C < 4$ 的情形对比．当我们在这两种情形之间变化时，相图中出现了什么变化？

17. 重新考虑例 6.3 的 RLC 电路问题，现在考虑我们的一般结论关于电阻假设的稳健性，在这个 RLC 电路中假设电阻具有 v-i 特征 $f(x) = x^3 - x$. 此处我们假设 $f(x) = x^3 - ax$，其中参数 a 是正实数．($a = -4$ 是例 5.3 的选择．)
    (a) 推广动力系统模型 (6-8) 到一般情形 $a > 0$. 这个模型的向量场如何随 a 变化？
    (b) 确定在原点邻域内逼近非线性 RLC 电路行为的线性系统．计算线性系统的特征值，它是 a 的函数．

(c)画出这个线性系统的相图．相图如何作为 a 的函数而变化？

(d)分别对各种情况 $a=0.5$，0.75，1.5 和 2.0，运用欧拉方法的计算机程序模拟 RLC 电路，并对每种情况画出完整的相图．当我们改变 a 时，相图将发生什么变化？关于这个模型的稳健性，你的结论是什么？

213

18. 重新考虑例 6.3 的 RLC 电路问题，现在考虑我们的一般结论关于电阻假设的稳健性，在这个 RLC 电路中假设电阻具有 v-i 特征 $f(x)=x^3-x$. 此处我们假设 $f(x)=x|x|^{1+b}-x$，其中 $b>0$.

(a)推广动力系统模型(6-8)到一般情形 $b>0$. 这个模型的向量场如何随 b 变化？

(b)确定在原点邻域内逼近非线性 RLC 电路行为的线性系统．计算线性系统的特征值，它是 b 的函数．

(c)画出这个线性系统的相图．相图如何作为 b 的函数而变化？

(d)分别对各种情况 $b=0.5$，0.75，1.25 和 1.5，运用欧拉方法的计算机程序模拟 RLC 电路，并对每种情况画出完整的相图．当我们改变 b 时相图将发生什么变化？关于这个模型的稳健性，你的结论是什么？

19. 一个钟摆由一个系在 120 厘米长的轻棍棒的一端上的 100 克重物构成．棍棒的另一端固定，且可以自由地摆动．作用在这个运动的钟摆上的摩擦力被认为大致正比于它的角速度．

(a)钟摆被抬高到使棍棒与垂直方向呈 45°角的位置，然后放开钟摆．确定钟摆后来的运动．运用五步方法，并构建一个连续时间的动力系统．运用欧拉方法模拟．假设摩擦力大小为 $k\theta'$，其中 θ' 是角速度(以弧度/秒计)，摩擦系数 $k=0.05$ 克/秒．

(b)用线性逼近的方法确定在平衡态附近这个系统的行为．假设摩擦力大小为 $k\theta'$，局部的行为如何依赖 k？

(c)确定钟摆的周期．周期是如何随 k 变化的？

(d)这种钟摆被用作古老时钟的一部分机械装置．为了保持摆动的确定周期，使用了一个周期外力．为了使摆幅达到 ±30°，这个外力应该多大？外力的周期是多少？这个答案如何依赖所要求的摆幅？[提示：模拟钟摆振荡的一个周期，变化初始角速度以获得周期性质．]

214

20. (混沌)这个问题解释了连续时间和离散时间动力系统的显著差别，这个差别甚至会出现在简单模型中．

(a)证明对任意的 $a>1$，连续时间动力系统

$$
\begin{aligned}
x_1' &= (a-1)x_1 - ax_1^2 \\
x_2' &= x_1 - x_2
\end{aligned}
$$

有一个稳定的平衡态 $x_1=x_2=(a-1)/a$.

(b)证明对任意的 $a>1$，类似的离散时间动力系统

$$
\begin{aligned}
\Delta x_1 &= (a-1)x_1 - ax_1^2 \\
\Delta x_2 &= x_1 - x_2
\end{aligned}
$$

也有一个平衡态 $x_1=x_2=(a-1)/a$.

(c) 对离散时间动力系统运用模拟的方法探讨平衡态 $x_1=x_2=(a-1)/a$ 的稳定性和它附近的解的行为. 对每种情况 $a=1.5$, 2.0, 2.5, 3.0, 3.5 和 4.0, 分别取平衡态附近的不同的初值进行模拟, 并介绍你所看到的事实. [提示: $a=4.0$ 表现了一个简单的混沌模型, 即一个确定性模型的明显的随机行为.]

21. (编程练习) 另一个可以用于模拟动力系统的计算方法是龙格 – 库塔方法. 图 6-39 给出了一个用龙格 – 库塔方法模拟具有两个变量的动力系统

$$\frac{dx_1}{dt}=f_1(x_1,x_2)$$

$$\frac{dx_2}{dt}=f_1(x_1,x_2)$$

的计算方法. 对合理的小步长 h, 龙格 – 库塔方法具有以下性质: 对双倍的步数 (一半的 h) 会产生约 16 倍的精度.

算法:　龙格 – 库塔方法

变量: $t(n)=n$ 步后的时间

$x_1(n)=$ 在时刻 $t(n)$ 的第 1 个状态变量

$x_2(n)=$ 在时刻 $t(n)$ 的第 2 个状态变量

$N=$ 步数

$T=$ 模拟时间

输入: $t(0)$, $x_1(0)$, $x_2(0)$, N, T

过程: Begin

$h\leftarrow(T-t(0))/N$

for $n=0$ to $N-1$ do

Begin

$r_1\leftarrow f_1(x_1(n),\ x_2(n))$

$s_1\leftarrow f_2(x_1(n),\ x_2(n))$

$r_2\leftarrow f_1(x_1(n)+(h/2)r_1,\ x_2(n)+(h/2)s_1)$

$s_2\leftarrow f_2(x_1(n)+(h/2)r_1,\ x_2(n)+(h/2)s_1)$

$r_3\leftarrow f_1(x_1(n)+(h/2)r_2,\ x_2(n)+(h/2)s_2)$

$s_3\leftarrow f_2(x_1(n)+(h/2)r_2,\ x_2(n)+(h/2)s_2)$

$r_4\leftarrow f_1(x_1(n)+hr_3,\ x_2(n)+hs_3)$

$s_4\leftarrow f_2(x_1(n)+hr_3,\ x_2(n)+hs_3)$

$x_1(n+1)\leftarrow x_1(n)+(h/6)(r_1+2r_2+2r_3+r_4)$

$x_2(n+1)\leftarrow x_2(n)+(h/6)(s_1+2s_2+2s_3+s_4)$

$t(n+1)\leftarrow t(n)+h$

End

End

输出: $t(1)$, …, $t(N)$

$x_1(1)$, …, $x_1(N)$

$x_2(1)$, …, $x_2(N)$

图 6-39　龙格 – 库塔方法的伪代码

(a)在计算机上实现龙格－库塔方法.

(b)通过解第5章的线性系统(5-18)，检验你的计算机程序. 对情况 $c_1=1$，$c_2=0$，将你的结果与(5-19)式的解析解比较.

(c)检验例6.3的RLC电路问题中图6-20和图6-21得到的结果.

22. 重新考虑例6.4的鲸鱼问题. 在这个问题中我们将探讨蓝鲸种群的行为. 假设 $\alpha=10^{-8}$，从 $x_1=5\ 000$ 条蓝鲸和 $x_2=70\ 000$ 条长须鲸开始.

(a)对 $h=\Delta t=1$ 年运用欧拉方法，模拟 $N=50$ 次，描述蓝鲸种群随时间变化的行为.

(b)分别对每种情形 $h=5$，10，20，30，35，40，取 $N=50$，重复(a)部分所做的模拟. 蓝鲸种群的行为随着时间步长的增加如何变化?

(c)对 $\alpha=10^{-7}$ 和 $\alpha=10^{-9}$ 重复(b)部分所做的模拟. 你在(b)部分的结论对 $\alpha=10^{-8}$ 的假设的灵敏性如何?

(d)从初始条件 $x_1=150\ 000$ 条蓝鲸和 $x_2=400\ 000$ 条长须鲸开始，假设 $\alpha=10^{-8}$，重复在(b)部分所做的模拟. 你在(b)部分的结论对初始条件 $x_1=5\ 000$ 条蓝鲸和 $x_2=70\ 000$ 条长须鲸的假设的灵敏性如何?

215～216

23. 重新考虑例6.4的鲸鱼问题. 在这个问题中，我们将探讨混沌动力系统对初始条件的灵敏性. 假设 $\alpha=10^{-8}$，从 $x_2(0)=70\ 000$ 条长须鲸开始.

(a)对 $h=\Delta t=35$ 年运用欧拉方法，通过模拟确定在 $T=1\ 750$ 年($N=50$)以后蓝鲸的数量 $x_1(T)$，采用初始条件 $x_1(0)=5\ 000$ 条蓝鲸.

(b)采用初始条件 $x_1(0)=5\ 050$ 条蓝鲸，重复(a)部分所做的模拟，以确定在 $T=1\ 750$ 年以后蓝鲸的数量 $x_1(T)$. 与(a)的结果比较，并计算最终的种群水平对初始条件的灵敏性. 注意，初始条件的相对变化率是 $\Delta x_1(0)/x_1(0)=0.01$，最终种群水平的相对变化率是 $\Delta x_1(T)/x_1(T)$.

(c)分别对每个初始条件 $x_1=5\ 005$，5 000.5，5 000.05，5 000.005，重复(b)部分所做的模拟，并且评论灵敏性与初始条件变化 $\Delta x_1(0)$ 的关系.

(d)这个动力系统对初始条件微小变化的灵敏性如何? 如果估计了这样的系统的目前状态，我们是否能确信地预言它的将来?

24. 重新考虑例6.4的鲸鱼问题. 在这个问题中，我们将探讨在方程(6-18)的离散逼近中当步长 $h=\Delta t$ 增加时，从稳定到不稳定的变化. 假设 $\alpha=10^{-8}$.

(a)计算连续时间模型(6-17)的平衡态在第一象限内的坐标. 运用对连续时间动力系统的特征值检验来证明这个平衡态是稳定的.

(b)解释为什么离散逼近的迭代函数是 $G(x)=x+hF(x)$，其中 $h=\Delta t$. 写出方程(6-18)的离散时间动力系统的迭代函数.

(c)写出在(a)部分确定的平衡点的偏导数矩阵 $A=DG$，并计算这个矩阵的特征值，它是步长 h 的函数.

(d)利用对离散时间动力系统的特征值检验，确定使得在(a)部分确定的平衡态在离散逼近过程中保持稳定的最大步长 h. 与课文中的结果进行比较.

25. 重新考虑例 6.4 的鲸鱼问题．在这个问题中，我们将应用模拟的方法探讨在方程(6-18)取不同步长 $h=\Delta t$ 的离散逼近时的分形极限集．

217

(a)用欧拉方法的计算机程序重新实现课文中的图 6-31．假设 $\alpha=10^{-8}$，取步长 $h=\Delta t=32$ 年，初始条件 $x_1(0)=5\ 000$ 条蓝鲸和 $x_2(0)=70\ 000$ 条长须鲸．

(b)画出长须鲸 $x_2(n)$ 关于蓝鲸 $x_1(n)$ 变化的图，$n=100$，…，1 000．你的图应该展示出由四点构成的极限集．

(c)对步长 $h=33$，34，…，37，重复(a)部分所做的模拟．对每种情况画出(b)部分所做的极限集．这些极限集随着步长的增加如何变化?

(d)对初始条件 $x_1(0)=150\ 000$ 条蓝鲸和 $x_2(0)=400\ 000$ 条长须鲸，重复(c)部分所做的分析．极限集是否依赖初始条件?

(e)对 $\alpha=3\times10^{-8}$ 重复(c)部分所做的分析．极限集是否依赖竞争参数 α?

26. 重新考虑例 6.6 的天气问题．

(a)用欧拉方法的计算机程序重新实现课文中的图 6-33．假设 $\sigma=10$，$b=8/3$，$r=8$，初始条件为 $(x_1, x_2, x_3)=(1, 1, 1)$．

(b)利用(a)部分得到的结果画出温度轮廓主线的偏离 x_3 相对于环流旋转率 x_1 变化的图．对步长 h 进行灵敏性分析，以保证你画的图确实反映了连续时间动力系统的行为．

(c)对初始条件 $(x_1, x_2, x_3)=(7, 1, 2)$，重复(b)部分所做的模拟．解曲线是否逼近课文中确定的平衡态?

(d)对 $r=18$ 和 $r=28$，重复(b)部分所做的模拟．当 r 增加时解的行为如何变化?

27. 重新考虑例 6.6 的天气问题．

(a)用欧拉方法的计算机程序重新实现课文中的图 6-35，取 $N=500$ 和 $T=2.5$(步长 $h=0.005$)．假设 $\sigma=10$，$b=8/3$，$r=18$，初始条件为 $(x_1, x_2, x_3)=(6.7, 6.7, 17)$．

(b)对较大的步长 $h=0.01$，0.015，…，0.03，重复(a)部分所做的模拟．你可以保持 $N=500$，增加 $T=5$，7.5，10，12.5，15．当步长增加时，模拟的解曲线如何变化?

(c)当 $\sigma=10$，$b=8/3$，$r=24$ 时，求平衡态 E^+ 的坐标．通过模拟证实．也就是以 E^+ 为初始条件进行模拟，验证解将留在这点．

218

(d)在(c)部分找到的平衡态 E^+ 是稳定的吗？通过模拟证实．也就是从初始条件 $E^+ + (0.1, 0.1, 0)$ 开始模拟，以确定解是否趋向平衡态 E^+．必须用多小的步长来保证模拟的结果确实反映了连续时间动力系统的行为?

6.6 进一步阅读文献

1. Acton, F. (1970) *Numerical Methods That Work.* Harper and Row, New York.

2. Brams, S., Davis, M. and Straffin, P. *The Geometry of the Arms Race.* UMAP module 311.

3. Dahlquist, G. and Bjorck, A. *Numerical Methods.* Prentice-Hall, Englewood Cliffs, New Jersey.

4. Gearhart, W. and Martelli, M. *A Blood Cell Population Model, Dynamical Diseases, and Chaos.* UMAP module 709.

5. Gleick, J. (1987) *Chaos: Making a New Science.* R. R. Donnelley, Harrisonburg, Virginia.

6. Press, W., Flannery, B., Teukolsky, S. and Vetterling, W. (1987). *Numerical Recipies.* Cambridge University Press, New York.

7. Smith, H. *Nuclear Deterrence.* UMAP module 327.

8. Strogatz, S. (1994) *Nonlinear Dynamics and Chaos: With Applications to Physics, Biology, Chemistry, and Engineering.* Addison Wesley, Reading, Massachusetts.

9. Zinnes, D., Gillespie, J. and Tahim, G. *The Richardson Arms Race Model.* UMAP module 308.

219 ~ 220

第三部分 概率模型

第7章 概率模型简介

许多现实生活问题包含不确定性因素．在某些模型中，我们可以引入随机变量来描述人类行为的不确定性．在另外的模型中，我们或者不能确定系统中确切的物理参数，或者不能确定控制一个系统动态特性的准确的物理规律．这时我们可以像量子力学那样认为物理参数和物理规律实质上是随机的．有时把概率引入模型当中会使问题简便，有时是必需的．在这两种情况下，进入概率论的领域都使得数学建模更加重要、更加有用．

概率是一个常见和直观的概念．在这一章我们开始讨论概率模型．这里不像正式的概率论那样先介绍一些背景知识，而是以很自然的方式引入在实际问题的研究中出现的概率论的基本概念．

7.1 离散概率模型

许多简单且直观的概率模型都包含有离散的可能结果的集合，同时没有随时间变化的元素．这样的模型在现实世界中经常遇到．

例7.1 一个电子器件工厂生产一种二极管．质量控制工程师负责保证在产品出厂前检验出次品．估计这个厂生产的二极管有0.3%是次品．可以对每个二极管逐个进行检验，也可以把若干二极管串联起来成组进行检验．如果检验通不过，也就是说其中必定有一个或几个二极管是次品．已知检验一个二极管的花费是5分钱，检验一组$n>1$个二极管的花费是$4+n$分钱．如果成组检验没有通过，则这一组的每个二极管都必须逐个重新检验以便找出次品．确定检验次品的质量控制步骤，使得用于检验的花费最少．

221
~
223

我们将使用五步方法．图7-1总结了第一步的结果．变量n是决策变量，同时随便选取$n=1$，2，3，…，变量C是我们所选择的质量控制步骤的随机结果．C是随机变量．然而，量A不是随机的，它表示随机变量C/n的平均值或期望值．

第二步是选择建模的方法．我们将使用离散概率模型．

考虑随机变量X，它可以取以下离散数值集合中的任何一个数值：

$$X \in \{x_1, x_2, x_3, \cdots\}$$

同时假设$X=x_i$的概率是p_i．我们记

变量：n = 每个检验组内二极管的数目
C = 一组元件的检验费用（分）
A = 平均检验费用（分/二极管）
假设：如果 $n=1$，则 $A=5$ 分
否则（$n>1$），若分组检验表明全部二极管都是好的，则 $C=4+n$；
若分组检验表明有次品，则 $C=(4+n)+5n$
A =（C 的平均值）$/n$
目标：求 n 的数值，使 A 最小

图 7-1 二极管问题第一步的结果

$$\Pr\{X = x_i\} = p_i$$

显然，这时有

$$\sum p_i = 1$$

因为 X 以概率 p_i 取数值 x_i，所以 X 的平均值或期望值一定是所有可能的 x_i 的加权平均，权值就是相应的概率值 p_i. 可以写为

$$EX = \sum x_i p_i \tag{7-1}$$

这一组概率值 $\{p_i\}$ 表明了随机变量 X 的概率分布．

例 7.2 一个简单的掷骰子游戏．你每次玩这个游戏时需要付一定的费用．同时投掷两个骰子，庄家将按照两个骰子所示的点数付给你同等面值的美元数．需要付多少钱你才愿意玩这个游戏？

224

用 X 表示骰子所示的点数．一共有 $6\times6=36$ 种可能的结果，每种结果出现的可能性是相同的．这里只有一种方式投出 2 点，因此有

$$\Pr\{X = 2\} = \frac{1}{36}$$

有两种方式投出 3 点（1 和 2 或 2 和 1），所以有

$$\Pr\{X = 3\} = \frac{2}{36}$$

图 7-2 给出了 X 的全部概率的分布．

X 的期望值是

$$EX = 2\left(\frac{1}{36}\right) + 3\left(\frac{2}{36}\right) + \cdots + 12\left(\frac{1}{36}\right)$$

或 $EX=7$. 多次重复这个游戏你将期望每一次赢得 7 美元．因此，如果你每一次游戏所付的费用不超过 7 元，就是值得去玩的．

更加特别的是，假设你一次又一次玩这个游戏．用 X_n 表示第 n 次投掷所赢得的总数．每个 X_n 有相同的分布，同时不同的 X_n 是独立的，也就是说每一次投掷所赢的钱数不依赖于前面投掷所赢的钱数．有一个定理，称为“强大数定律”：对于任何独立的、同分布的随机变量序列 X_1，X_2，X_3，…，如果 EX 是有限的，那

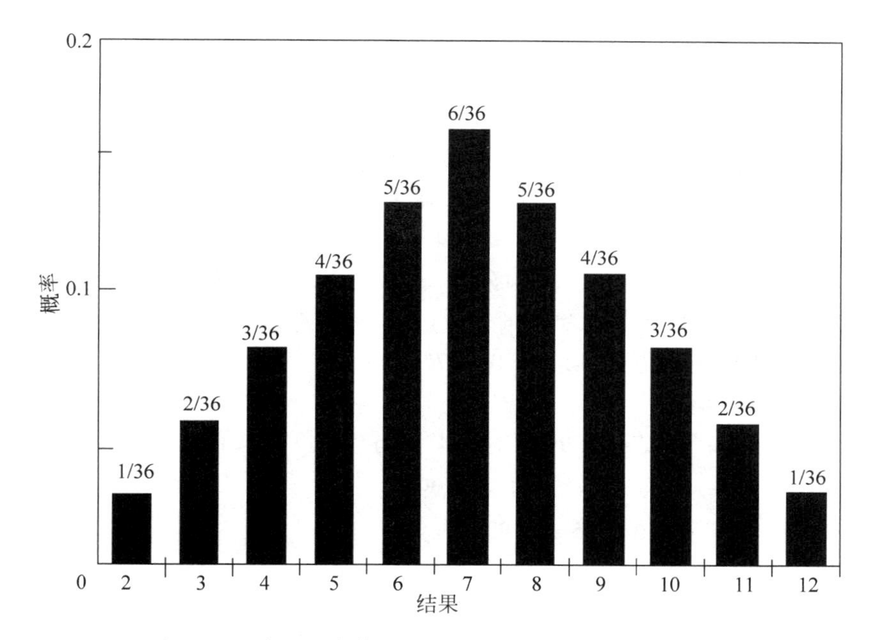

图 7-2　两个骰子点数之和的结果及其概率分布的直方图

225

么我们有

$$\frac{X_1 + \cdots + X_n}{n} \to EX \tag{7-2}$$

当 $n \to \infty$ 时概率为 1. 换句话说，如果你长时间玩这个游戏，你实际上确实可以每次赢得大约 7 美元[Ross(1985)，p. 70].

关于**独立性**的形式定义如下：令 Y，Z 表示两个随机变量，

$$Y \in \{y_1, y_2, y_3, \cdots\}$$

和

$$Z \in \{z_1, z_2, z_3, \cdots\}$$

我们说 Y 和 Z 是独立的，如果

$$\Pr\{Y = y_i, Z = z_j\} = \Pr\{Y = y_i\} \Pr\{Z = z_j\} \tag{7-3}$$

一般来说是真的.

例如，用 Y 和 Z 分别表示第一个和第二个骰子出现的点数，则

$$\Pr\{Y = 2, Z = 1\} = \Pr\{Y = 2\} \Pr\{Z = 1\} = \left(\frac{1}{6}\right)\left(\frac{1}{6}\right) = \left(\frac{1}{36}\right)$$

对于每一个可能的结果都是一样. 随机变量 Y 和 Z 是独立的. 第二个骰子出现的点数与第一个骰子出现的点数没有关系.

再回到例 7.1 的二极管问题. 我们看到，对于任何的 $n > 1$，随机变量 C 取两个可能数值中的一个：如果所有的二极管都是好的，则

$$C = 4 + n$$

否则

$$C = (4 + n) + 5n$$

因为我们必须重新检验每一个二极管．用 p 表示所有的二极管都是正品的概率，剩下的可能性(有一个或更多的次品)一定有概率 $1-p$. 则 C 的平均值或期望值是

$$EC = (4+n)p + [(4+n) + 5n](1-p) \tag{7-4}$$

接下来进行第四步．一共有 n 个二极管，一个二极管为次品的概率是 0.003. 换句话说，一个二极管是正品的概率为 0.997. 假设每个二极管都是相互独立的，于是一个检验组内的 n 个二极管全部是正品的概率为 $p = 0.997^n$.

226

随机变量 C 的期望值是

$$\begin{aligned} EC &= (4+n)0.997^n + [(4+n) + 5n](1-0.997^n) \\ &= (4+n) + 5n(1-0.997^n) \\ &= 4 + 6n - 5n(0.997)^n \end{aligned}$$

每一个二极管的平均检验费用为

$$A = \frac{4}{n} + 6 - 5(0.997)^n \tag{7-5}$$

强大数定律告诉我们，如果一直使用每组 n 个二极管的分组检验方法，这个公式提供了长期的平均检验费用．这时我们需要做的就是求 A 作为 n 的函数的极小值．我们把推导的细节留给读者(习题1)．当 $n=17$ 时，最小值 $A=1.48$ 分/二极管．

第五步给出结论．对于检验次品二极管的质量控制步骤，可以使用分组检验的方法做得非常经济．逐个检验的花费是 5 分/个．次品的二极管出现得很少，仅有 3‰. 使用每组 17 个二极管串联起来分组检验，在不影响质量的前提下可以将检验费用降低到三分之一(即 1.5 分/二极管).

在这一类问题中，灵敏性的分析是关键．质量控制步骤的实行将依赖于若干模型范围之外的因素．采用 10 个或 20 个一批或者 n 取 4 或 5 的倍数的二极管检验可能更容易，这取决于我们的生产过程的细节．幸运的是，对于我们的问题来说，在 $n=10$ 和 $n=35$ 之间时检验的平均花费 A 没有明显的变化．分析的细节我们仍然留给读者完成．在生产过程中，次品率 $q=0.003$ 同样也是必须考虑的．例如，这个数值可能会随着工厂内的环境条件而发生变化．将上面的模型推广，我们有

$$A = \frac{4}{n} + 6 - 5(1-q)^n \tag{7-6}$$

在 $n=17$ 时，我们有

$$S(A,q) = \frac{dA}{dq} \cdot \frac{q}{A} = 0.16$$

于是，q 的微小改变可能不会导致检验费用大的变化．

更一般的稳健性分析要考虑独立性的假设．这里必须假设在生产过程中接连出现次品

的次数之间是无关的．事实上，有可能由于生产环境中的一些异常的原因，如工作台的颤动或电源的波动，使得次品趋向于出现在一些批次中．这时，独立随机变量模型的数学分析就不能完全处理这个问题．下一章介绍的随机过程模型可以描述某些有依赖性的问题，然而对另外一些有依赖性的问题就不能给出容易处理的解析表达式了．有关稳健性的问题是当前概率论研究中一个非常活跃和吸引人的分支．实际上，模拟的结果倾向于表明基于独立随机变量的期望值模型是相当稳健的．更重要的是，经验表明，在许多情形下，这样的模型为现实生活提供了有用和精确的近似．

227

7.2　连续概率模型

这一节我们研究基于取值连续的随机变量的概率模型．这些模型对表示随机的时间特别方便．所需要的数学理论除了使用积分来代替求和之外，完全类似于离散的情况．

例 7.3　“Ⅰ型计数器”可以用来测量可裂变物质的样品放射性的衰变．衰变是以未知的速率随机发生的，计数器的目的就是测量衰变率．每一次放射性衰变把计数器锁住 3×10^{-9} 秒，在这段时间内所发生的任何衰变都不会被计数．如何调整从计数器接收数据以考虑丢失的信息？

我们将使用五步方法．图 7-3 总结了第一步的结果．第二步是选择建模的方法．我们将使用连续概率模型．

变量： λ = 衰变率（每秒） T_n = 第 n 次观测到衰变的时间 **假设：** 放射性衰变以速率 λ 随机发生． 对于任何 n，$T_{n+1}-T_n\geqslant 3\times10^{-9}$ **目标：** 根据有限的观测值 T_1，…，T_n 求出 λ

图 7-3　放射性衰变问题第一步的结果

假设 X 是在实数轴上取值的随机变量．描述 X 的概率结构的恰当方式是使用函数

$$F(x)=\Pr\{X\leqslant x\}$$

称之为 X 的**分布函数**．如果 $F(x)$ 是可微的，我们称函数

$$f(x)=F'(x)$$

为 X 的**密度函数**．对于任何 a 和 b，我们有

$$\Pr\{a<X\leqslant b\}=F(b)-F(a)=\int_a^b f(x)\,\mathrm{d}x \tag{7-7}$$

228

换句话说，密度曲线下面的面积就给出了概率．X 的平均值或期望值定义为

$$EX=\int_{-\infty}^{\infty} xf(x)\,\mathrm{d}x \tag{7-8}$$

如果把它写成黎曼和就可以看出，它是由离散的情形直接类推过来的．（详情参见

习题13.)值得指出的是，这些表示法和术语是从物理学的问题(也就是质心的问题)中来的．如果一根金属线或硬杆放在 x 轴上，$f(x)$ 表示在 x 点处的密度(克/厘米)，则 $f(x)$ 的积分就表示质量，$xf(x)$ 的积分就表示质心(当我们研究概率问题时，要假设总的质量等于1).

在应用中经常出现随机到达的特殊情形．假设一个到达的现象(例如，顾客的到达、电话的呼叫、放射性衰变)以速率 λ 随机出现，令 X 表示两次连续到达现象之间的随机时间．通常假设 X 有分布函数

$$F(t) = 1 - e^{-\lambda t} \tag{7-9}$$

所以 X 的密度函数是

$$f(t) = \lambda e^{-\lambda t} \tag{7-10}$$

我们称这个分布为带有速率参数 λ 的**指数分布**.

指数分布的一个非常重要的性质是“无记忆”．对于任何的 $t>0$ 和 $s>0$，我们有

$$\Pr\{X > s + t \mid X > s\} = \frac{\Pr\{X > s + t\}}{\Pr\{X > s\}} = \frac{e^{-\lambda(s+t)}}{e^{-\lambda s}} = e^{-\lambda t} = \Pr\{X > t\} \tag{7-11}$$

换句话说，对于下一次到达现象发生这件事情来说，我们已经等待的 s 单位的时间并不影响直到下一次到达现象发生的时间的(条件)分布，指数分布“忘记”我们已经等待了多长时间．方程(7-11)中的概率称为**条件概率**．按照定义，已知事件 B 发生时事件 A 发生的概率是

$$\Pr\{A \mid B\} = \frac{\Pr\{A, B\}}{\Pr\{B\}} \tag{7-12}$$

229

换句话说，$\Pr\{A \mid B\}$ 是事件 B 发生的所有可能的事件中事件 A 出现的相对可能性.

现在我们开始第三步，即推导模型的数学表达式．假设放射性衰变以一个未知的速率 λ 随机地发生．我们将在如下的假设下组建模型：所有相继两次放射性衰变之间的时间是独立的，而且都服从带有速率参数 λ 的指数分布．令

$$X_n = T_n - T_{n-1}$$

表示相继两次观测到放射性衰变之间的时间．当然，由于计数器闭锁时间的原因，X_n 与相继两次衰减之间的时间的分布是不同的．事实上，$X_n \geqslant 3 \times 10^{-9}$ 秒以概率1发生，对于指数分布来说这确实不是真的.

随机时间 X_n 由两部分组成．首先我们必须等待 $a = 3 \times 10^{-9}$ 秒，这时计数器被锁住了，同时我们还要多等待 Y_n 秒直到下一次衰变发生．现在的 Y_n 不只是两次衰减之间的时间，因为它开始于计数器被锁住时间的末尾而不是在一次衰变时间．然而，指数分布的无记忆性保证 Y_n 仍然服从带有速率参数 λ 的指数分布.

第四步是求解模型．因为 $X_n = a + Y_n$，所以 $EX_n = a + EY_n$，其中

$$EY_n = \int_0^{\infty} t\lambda e^{-\lambda t} dt$$

用分部积分求出 $EY_n = 1/\lambda$. 于是，$EX_n = a + 1/\lambda$. 强大数定律告诉我们

$$\lim_{n \to \infty} \frac{X_1 + \cdots + X_n}{n} = a + \frac{1}{\lambda}$$

的概率为 1. 换句话说，有$(T_n/n) \to a + 1/\lambda$. 当 n 很大时，近似地有

$$\frac{T_n}{n} = a + \frac{1}{\lambda} \tag{7-13}$$

对 λ 求解，得到

$$\lambda = \frac{n}{T_n - na} \tag{7-14}$$

最后，完成第五步．我们得到了一个衰变率的公式，它矫正了由于计数器被锁住而引起的衰变现象的丢失．全部需要做的事情就是记录观测时间的长度和所记录的衰变次数．在观测间隔内的那些衰变的分布对于确定 λ 是不必要的．

灵敏性分析应考虑计数器被锁住的时间 a，它是由经验确定的．确定 a 的精确度将影响到 λ 的精确度．从方程(7-14)我们算得

$$\frac{d\lambda}{da} = \lambda^2$$

于是 λ 对 a 的灵敏性是

$$S(\lambda, a) = \lambda^2 \left(\frac{a}{\lambda}\right) = \lambda a$$

230

这也是在计数器被锁住期间衰变次数的期望值．因此，我们就得到对于放射性不强的放射源的 λ 的一个(相对来说)较好的估计值．达到这一点的一个简单方式就是只取很少一点放射性材料作为样品．另一个潜在误差的来源就是假设

$$\frac{(X_1 + \cdots + X_n)}{n} = a + \frac{1}{\lambda}$$

显然，这个式子不是绝对成立的．虽然当 $n \to \infty$ 时它是收敛的，但随机波动将使得经验性的速率在均值附近变化．研究随机波动是下一节的任务．

最后是稳健性的问题．关于衰变过程我们做了一个看来是很特殊的假设．我们假设衰变之间的时间是独立的，同时它服从一个特定的分布(带有速率参数 λ 的指数分布)．称这样的一个到达过程为*泊松过程*(Poisson process)．泊松过程通常用于表示随机到达的现象．许多现实世界中的到达过程的间隔时间至少是近似地服从指数分布，这一事实部分地证明了这种用法是可以接受的．这个结论可以通过收集关于到达时间的数据验证，但是这并没有回答我们的问题：*为什么会出现指数分布*．

下面给出一个到达过程是泊松分布的数学根据．考虑一个大量的到达过程，它们彼此之间是独立的．我们不做关于到达过程的到达时间间隔分布的假设，而仅仅假设到达的时间间隔是独立且同分布的．这里有一个定理，说的是在相当一般的条件下，将所有独立的到达过程合并所得到的到达过程看起来是泊松过程．(当合并过程的个数趋于无穷大时，合

并过程趋于泊松过程.)这就是为什么基于指数分布的泊松过程是一个稳健的模型.(参见[Feller(1971), p. 370].)

7.3 统计学简介

在任何建模问题中,人们总是希望得到模型性能的定量度量.对于概率模型来说,得到系统行为的这些参数又增加了复杂性.我们必须要有办法处理表征概率模型特性的系统行为的随机波动.统计学就是研究存在随机波动时的度量的.采用适当的统计方法必然是任何概率模型分析的一部分.

例 7.4　在过去的一年内,(美国)一个社区 911 应急服务中心平均每月要收到 171 个房屋火灾的电话.基于这个资料,房屋的火灾报警率被估计为每月 171 次.下一个月收到的火灾报警电话只有 153 个.这表明房屋的火灾率实际上减少还是只是一个随机波动?

231

我们将使用五步方法.图 7-4 总结了第一步的结果.假设报警电话有指数的间隔时间.第二步是确定建模的方法,我们将把它处理为统计推断问题.

变量: λ = 报告的房屋火灾率(每月)
X_n = 第 $n-1$ 次和第 n 次火灾之间的时间(月)

假设: 房屋火灾以速率 λ 随机发生,即 X_1, X_2, …是独立的且每个 X_n 有速率参数为 λ 的指数分布.

目的: 给定 $\lambda = 171$,确定每月收到 153 次这样少的电话报警的概率有多大.

图 7-4　关于房屋火灾问题第一步的结果

假设 X, X_1, X_2, X_3, …是独立的随机变量,全部都有相同的分布.对于 X 是离散的情况,它的平均值或期望值是

$$EX = \sum x_k \Pr\{X = x_k\}$$

如果 X 是连续的,带有密度 $f(x)$,则

$$EX = \int x f(x)\,\mathrm{d}x$$

另一个称为**方差**的分布参数度量 X 偏离其平均数 EX 的程度.一般来说,定义为

$$VX = E(X - EX)^2 \tag{7-15}$$

如果 X 是离散的,我们有

$$VX = \sum (x_k - EX)^2 \Pr\{X = x_k\} \tag{7-16}$$

如果 X 是连续的,带有密度 $f(x)$,则

$$VX = \int (x - EX)^2 f(x)\,\mathrm{d}x \tag{7-17}$$

有一个称为**中心极限定理**的结果,说的是当 $n \to \infty$ 时,和式 $X_1 + \cdots + X_n$ 的分布越来越接近于一个确定类型的分布,称为**正态分布**.特别是,如果 $\mu = EX$, $\sigma^2 =$

VX，则对于所有的实数 t，我们有

$$\lim_{n\to\infty}\Pr\left\{\frac{X_1+\cdots+X_n-n\mu}{\sigma\sqrt{n}}\leqslant t\right\}\to\Phi(t) \tag{7-18}$$

232

其中 $\Phi(t)$ 是一个特殊的分布函数，称为**标准正态分布**. 标准正态分布的密度函数定义为：对所有的 x，

$$g(x)=\frac{1}{\sqrt{2\pi}}\mathrm{e}^{-x^2/2} \tag{7-19}$$

于是对所有的 t，我们有

$$\Phi(t)=\int_{-\infty}^{t}\frac{1}{\sqrt{2\pi}}\mathrm{e}^{-x^2/2}\mathrm{d}x \tag{7-20}$$

图 7-5 给出了标准正态分布的图像. 数值积分表明，当 $-1\leqslant x\leqslant 1$ 时，面积近似于 0.68；当 $-2\leqslant x\leqslant 2$ 时，面积近似于 0.95. 于是，对于足够大的 n，我们在大约 68% 的时间有

$$-1\leqslant\frac{X_1+\cdots+X_n-n\mu}{\sigma\sqrt{n}}\leqslant 1$$

同时，在大约 95% 的时间有

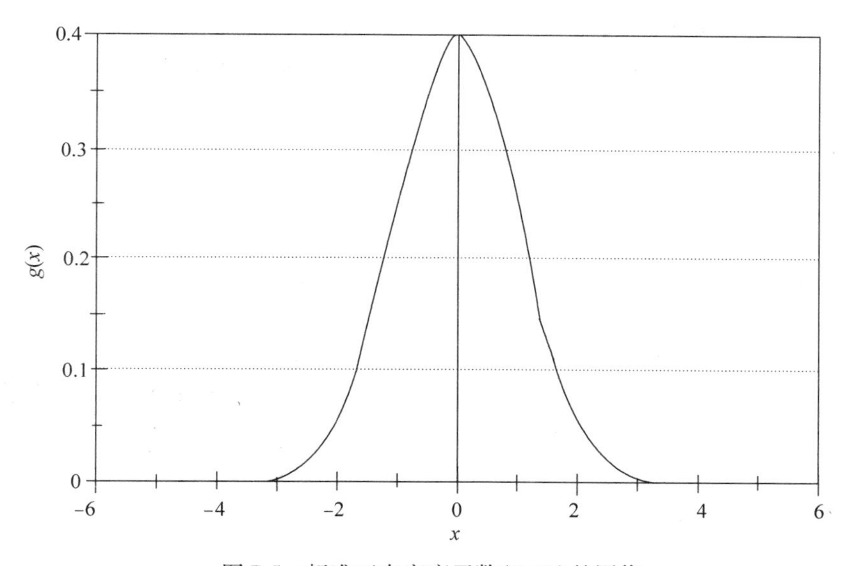

图 7-5　标准正态密度函数(7-19)的图像

$$-2\leqslant\frac{X_1+\cdots+X_n-n\mu}{\sigma\sqrt{n}}\leqslant 2 \tag{7-21}$$

换句话说，我们有 68% 的把握断言

233

$$n\mu - \sigma\sqrt{n} \leqslant X_1 + \cdots + X_n \leqslant n\mu + \sigma\sqrt{n}$$

同时有95%的把握断言

$$n\mu - 2\sigma\sqrt{n} \leqslant X_1 + \cdots + X_n \leqslant n\mu + 2\sigma\sqrt{n} \tag{7-22}$$

通常，在实践上我们接受这个95%的区间(7-22)作为随机样本中正常的变化范围. 对于 $X_1 + \cdots + X_n$ 没有落入区间(7-22)的那些情形，我们说随机样本的变化在95%的水平上是**统计显著的**.

现在进入第三步，即推导模型的数学表达式. 假设报警电话之间的时间 X_n 服从密度函数为

$$f(x) = \lambda e^{-\lambda x}$$

的指数分布. 我们有前面计算的结果

$$\mu = EX_n = \frac{1}{\lambda}$$

方差

$$\sigma^2 = VX_n$$

由下式给出:

$$\sigma^2 = \int_0^\infty \left(x - \frac{1}{\lambda}\right)^2 \lambda e^{-\lambda x} dx$$

中心极限定理给出了$(X_1 + \cdots + X_n)$在它的平均值 n/λ 附近变化范围的概率估计. 特别是，我们知道(7-22)式以概率95%成立.

进行第四步，利用分部积分计算

$$\sigma^2 = \frac{1}{\lambda^2}$$

把 $\mu = 1/\lambda$ 和 $\sigma = 1/\lambda$ 代入(7-22)式，可求得如下关系式:

$$\frac{n}{\lambda} - \frac{2\sqrt{n}}{\lambda} \leqslant X_1 + \cdots + X_n \leqslant \frac{n}{\lambda} + \frac{2\sqrt{n}}{\lambda} \tag{7-23}$$

必定以概率95%成立. 将 $\lambda = 171$ 和 $n = 153$ 代入(7-23)式，我们有95%的把握断言

$$\frac{153}{171} - \frac{2\sqrt{153}}{171} \leqslant X_1 + \cdots + X_{153} \leqslant \frac{153}{171} + \frac{2\sqrt{153}}{171}$$

也就是说，以这样的把握断言

$$0.75 \leqslant X_1 + \cdots + X_{153} \leqslant 1.04$$

因此，我们的观察结果

234

$$X_1 + \cdots + X_{153} \approx 1$$

是在正常的变化范围之内.

最后，我们完成第五步. 断言火灾报警率降低的证据是不充分的，所观测到的报警电话的数量变化也许是正态随机变量的正常变化. 当然，如果每月报警电话的数量连续这样

低，我们就需要重新评估这一情况 .

只有很少的问题应该包括在我们的灵敏性分析中 . 首先，我们已经断言：每月 153 个报警电话的总数是在正常的变化范围之内 . 更一般地，在一个月内收到了 n 个报警电话 . 将 $\lambda = 171$ 代入(7-23)式，我们得到

$$\frac{n}{171} - \frac{2\sqrt{n}}{171} \leqslant X_1 + \cdots + X_n \leqslant \frac{n}{171} + \frac{2\sqrt{n}}{171} \tag{7-24}$$

以概率 95% 成立 . 因为对于任何的 $n \in [147, 199]$，区间

$$\frac{n}{171} \pm \frac{2\sqrt{n}}{171}$$

总会包含 1，所以我们有更一般的结论，有 95% 的时间这个社区每月报警电话的次数在 147 到 198 之间 .

现在考虑我们的结论对于“报警电话实际的期望值是每月 171 次”的假设的灵敏性 . 不考虑特殊性，假设每月报警电话的平均值是 λ. 我们有一个月报警电话次数的观测值 $n = 153$. 将它代入(7-23)式，得到

$$\frac{153}{\lambda} - \frac{2\sqrt{153}}{\lambda} \leqslant X_1 + \cdots + X_{153} \leqslant \frac{153}{\lambda} + \frac{2\sqrt{153}}{\lambda} \tag{7-25}$$

以概率 95% 成立 . 因为对于任何的 $\lambda \in [128, 178]$，区间

$$\frac{153}{\lambda} \pm \frac{2\sqrt{153}}{\lambda}$$

总会包含 1，所以我们断言，对于任何社区，只要其平均每月报警电话数在 128 ~ 178 次之间，一个月有 153 次报警就属于正常的变化范围 .

最后要讨论关于稳健性的问题 . 我们假设了报警电话之间的时间 X_n 服从指数分布 . 然而，只要 μ 和 σ 有限，中心极限定理对于任何的分布都是正确的 . 因此，我们的结论事实上对于指数分布的假设是不灵敏的 . 这里仅仅要求 σ 与 μ 相比较不是特别小(对于指数分布，有 $\mu = \sigma$). 正如我们在 7. 2 节最后所指出的那样，有很好的理由认为就是这样的情况 . 当然，我们总能够使用由数据估计出来的 μ 与 σ 进行检验 .

235

7. 4 扩散

7. 3 节中介绍的正态密度函数在其他情形下也是很重要的 . 布朗运动是粒子独立地做微小的随机游动累加的结果 . 这些随机游动的总和描述了粒子的位置 . 中心极限定理是说，这个和式的分布可以用正态概率密度逼近 . 因此，正态密度是微小粒子扩散的一个模型 . 这一节我们介绍扩散方程——一个关于粒子扩散的偏微分方程，采取的方式是突出确定性模型同它对等的概率模型之间的紧密联系 .

例 7. 5 距离一个小镇 10 公里的一家工厂发生了意外事故，释放出一种气体污染物. 释放后一个小时，形成了 2 000 米长的毒云以每小时 3 公里的速度向小镇的方向漂去 . 毒云中污染物的最大浓度是安全水平的 20 倍 . 当它到达小镇时，污染物的最大浓度有多大?

要经过多长时间污染物的浓度才会降低到安全水平以下？

仍然使用五步方法．第一步是提出问题．我们希望知道小镇上空污染物的浓度以及这个浓度如何随时间变化．假设污染的云是以定常的速度向小镇移动．由于扩散的原因，污染物将随着它的运动弥散，降低其峰值浓度．因此，可以认为污染物的浓度将随时间逐渐降低．我们假设风的速度是常数(每小时 3 公里)，所以小镇与毒云中心之间的距离将以每小时 3 公里的速度减小．我们可以用毒云在第一个小时已经扩散 2 000 米这个事实来估计扩散的速率．目的是预报当污染物的毒云通过小镇的上空时，小镇上空的云雾浓度如何随时间而变化．第一步的结果总结在图 7-6 中．

变量：t = 从释放污染物开始的时间(小时)
μ = 毒云中心经过的距离(公里)
x = 毒云和小镇之间的距离(公里)
s = 在时间 t 毒云扩散的范围(公里)
P = 小镇上空污染物的浓度(安全水平的百分数)

假设：$\mu = 3t$
$x = 10 - \mu$
当 $t = 1$(小时)时峰值浓度 $P = 20$
在 $t = 1$(小时)毒云扩散 2000 米

目标：确定小镇上空的最大污染水平
求污染下降到安全水平的时间

图 7-6 污染问题第一步的结果

第二步是选择建模的方法．我们将使用扩散模型．

扩散是由于微小的随机游动使粒子产生的散布现象．时刻 t 在位置 x 污染物的相对浓度 $C(x, t)$ 由称为**扩散方程**的偏微分方程来描述．这里所说的**相对浓度**是指已经规范化的浓度函数，所以粒子的总质量 $\int C(x,t)\,dx = 1$. 这将有利于强调它与概率论的联系．扩散方程是基于如下两个考虑得到的：首先，质量守恒定律指出

$$\frac{\partial C}{\partial t} = -\frac{\partial q}{\partial x} \tag{7-26}$$

这里 $q(x, t)$ 是**粒子流量**，即单位时间通过点 x 的粒子的个数．在位于 x 点宽度为 Δx 的小区间内浓度的变化是由在小区间的左端点进入的粒子流量 $q(x, t)$ 减去在其右端点流出的粒子流量 $q(x+\Delta x, t) \approx q(x, t) + \Delta x\, \partial q/\partial x(x, t)$. 如果 $\partial q/\partial x > 0$，则在右端流出的物质快于在左端进入的物质，浓度将是减少的．在时间区间 Δt 内物质的净减少量为$\Delta M \approx -\Delta x\, \partial q/\partial x \Delta t$，因此，浓度 $C = M/\Delta x$ 的改变量为 $\Delta C = \Delta M/\Delta x \approx -\partial q/\partial x \Delta t$，由此可得 $\Delta C/\Delta t \approx -\partial q/\partial x$．令 $\Delta x \to 0$ 取极限就得到质量守恒方程(7-26)．第二个考虑是 Fick **定律**，经验观测数据表明，扩散的

粒子流量正比于其浓度的梯度(粒子一般是从高浓度区向低浓度区扩散)，换句话说，有

$$q=-\frac{D}{2}\frac{\partial C}{\partial x} \tag{7-27}$$

其中 $D>0$ 是个常数，称为**扩散系数**．将(7-26)与(7-27)结合就得到扩散方程

$$\frac{\partial C}{\partial t}=\frac{D}{2}\frac{\partial^2 C}{\partial x^2} \tag{7-28}$$

可以对它求解预报污染物的扩散．

求解扩散方程的最简单方式是使用**傅里叶变换**．函数 $f(x)$ 的傅里叶变换由如下的积分公式给出：

$$\hat{f}(k)=\int_{-\infty}^{\infty}\mathrm{e}^{-\mathrm{i}kx}f(x)\,\mathrm{d}x \tag{7-29}$$

使用分部积分，容易看出函数 $f(x)$ 的导数 $f'(x)$ 有傅里叶变换 $(\mathrm{i}k)\hat{f}(k)$．计算傅里叶变换有广泛可用的傅里叶变换表，也可以用计算机代数系统(诸如 Maple 和 Mathematica 计算傅里叶变换及其逆变换(即给定 $\hat{f}(k)$ 计算 $f(x)$，反之亦然)．使用傅里叶变换表或计算机代数系统可以验证一个有用的公式，即标准正态密度(7-19)有傅里叶变换

236~237

$$\hat{g}(k)=\int_{-\infty}^{\infty}\mathrm{e}^{-\mathrm{i}kx}\frac{1}{\sqrt{2\pi}}\mathrm{e}^{-\frac{x^2}{2}}\mathrm{d}x=\mathrm{e}^{-\frac{k^2}{2}} \tag{7-30}$$

标准正态分布与扩散模型是有联系的，因为独立的粒子游动的总和渐近地服从正态分布．既然我们关心粒子随时间散布的分布问题，就需要了解正态密度的度量特征．如果 Z 是均值为 0、方差为 1 的标准正态随机变量，则 $X=\sigma Z$ 的均值为 0，方差为 $E(X^2)=E(\sigma^2 Z^2)=\sigma^2$. X 的分布函数为

$$F(x)=P(X\leqslant x)=P(\sigma Z\leqslant x)=P(Z\leqslant x/\sigma)=\int_{-\infty}^{x/\sigma}g(t)\,\mathrm{d}t$$

代入 $u=\sigma t$，得到

$$F(x)=\int_{-\infty}^{x}g(\sigma^{-1}u)\sigma^{-1}\,\mathrm{d}u$$

它表明随机变量 $X=\sigma Z$ 有密度函数

$$f(x)=\frac{1}{\sqrt{2\pi\sigma^2}}\mathrm{e}^{-x^2/(2\sigma^2)}$$

在(7-30)中作变量变换 $x=\sigma t$，就可以得到这个密度函数的傅里叶变换为

$$\hat{f}(k)=\mathrm{e}^{-(\sigma^2k^2)/2}$$

在 $\sigma\downarrow 0$ 的极限情况下，傅里叶变换恒等于 1. 它对应于随机变量凝聚于原点的情况，因此它的散布就是零．

现在来看如何使用傅里叶变换求解扩散方程．在扩散方程(7-28)中做傅里叶变换

$$\hat{C}(k,t)=\int_{-\infty}^{\infty}\mathrm{e}^{-\mathrm{i}kx}C(x,t)\mathrm{d}x$$

得到

238

$$\frac{\mathrm{d}\hat{C}}{\mathrm{d}t}=\frac{D}{2}(\mathrm{i}k)^2\hat{C}=-\frac{D}{2}k^2\hat{C} \tag{7-31}$$

这是一个非常简单的关于浓度的傅里叶变换的常微分方程($u'=au$). 对于所有的 k, 给定初始条件 $\hat{C}(k, 0)=1$, 这个微分方程的解为 $\hat{C}(k, t)=\mathrm{e}^{-Dtk^2/2}$. 这个初始条件意味着在时刻 $t=0$, 污染物的云雾聚集在点 $x=0$($\sigma\downarrow 0$ 的极限情形). 做傅里叶变换的逆变换, 得到扩散方程(7-28)的点源解

$$C(x, t)=\frac{1}{\sqrt{2\pi Dt}}\mathrm{e}^{-x^2/(2Dt)} \tag{7-32}$$

现在可以给出扩散方程(7-28)和7.3节的中心极限定理之间的显式关系. 假设在一个小的时间区间 Δt 上, 一个污染物粒子作微小的随机游动 X_i, 并且这些移动是独立的. 这时, 在时间 $n\Delta t$ 粒子的位置由这些位移的总和 $X_1+\cdots+X_n$ 给出. 假设平均跳跃 $E(X_i)=0$, 跳跃的方差是 $\sigma^2=E(X_i^2)$. 那么, 中心极限定理(7-18)蕴涵

$$\frac{X_1+\cdots+X_n}{\sigma\sqrt{n}}\approx Z$$

近似地是标准正态的随机变量. 于是, 在近似地具有相同分布的意义下, 有

$$X_1+\cdots+X_n\approx\sigma\sqrt{n}Z$$

因此, 在时刻 $t=n\Delta t$ 粒子位置的概率分布近似于方差为 $n\sigma^2=(t/\Delta t)\sigma^2$ 的正态分布. 令 $D=\sigma^2/\Delta t$, 则有 $n\sigma^2=Dt$, 我们就可以把随机游动的粒子在时刻 t 的极限位置 $\sqrt{Dt}Z$ 与(7-32)中的概率密度 $C(x, t)$ 联系起来. 例如, 这个关系表明污染物是以正比于 $\sqrt{t}$ 的速度向外扩散的. 扩散方程的正态密度解表示的是污染物的相对浓度, 因为它的积分等于1.

为了表示浓度, 只需要乘以污染物的总质量.

回到污染问题, 继续进行第三步. 污染物的浓度 P 在时刻 $t=1$ 时是安全水平的20倍, 同时扩散到 $s=2000$ 米的宽度. 假定给定坐标系, 使得污染物在 $x=0$ 点被释放, 同时小镇位于 $x=10$ 公里处. 同时假设云雾的中心在 t 小时后移动到 $\mu=3t$ 公里处. 使用扩散模型, 我们可以把在 $t=1$ 时刻污染物的云雾表示为具有中心或均值 $\mu=3$ 公里且标准差为 $\sigma=0.500$ 公里的正态密度, 所以在区间 $\mu\pm2\sigma$ 内包含了污染物的绝大部分(大约为95%). 换句话说, 我们假设 $s=4\sigma$. 于是, 可以使用方程(7-32)作为在时刻 t 距离云雾中心 x 公里处污染物相对浓度的模型, 其中 $D=\sigma^2=0.25$. 由此得到关于在时刻 t 距离云雾中心 x 公里处相对浓度的方程

239

$$C(x, t)=\frac{1}{\sqrt{0.5\pi t}}\mathrm{e}^{-x^2/(0.5t)} \tag{7-33}$$

我们注意到污染浓度 P 与相对浓度 C 成正比．使用安全水平的 % 单位，我们希望当 $t=1$ 和 $x=0$ 时有 $P=20$. 因此，我们解出

$$P=20=P_0\frac{1}{\sqrt{0.5\pi}}e^{-0^2/0.5}$$

得到 $P=P_0C$，其中 $P_0=20\sqrt{0.5\pi}$．将这些放在一起，就得到在时刻 t 和距离云雾中心 $x=10-\mu=10-3t$ 公里处小镇的污染水平可由下式给出：

$$P=\frac{20}{\sqrt{t}}e^{-(10-3t)^2/(0.5t)} \tag{7-34}$$

我们需要回答下面的问题：P 的最大值是多少？何时它会出现？什么时候 P 将降到安全水平 $P=1$ 之下？

现在转到第四步，我们希望在集合 $t>0$ 上求函数(7-34)的最大值，同时在 $t>0$ 上解出方程 $P=1$ 的最大正根．我们把求解的细节留给读者(参看习题 15)．最大值是 $P=10.97$，它出现在 $t_0\approx 3.3$. 方程 $P=1$ 在区间 $t>0$ 上有两个根，它们(近似地)出现在 $t=2.7$ 和 $t=4.1$.

最后进行第五步．污染物的云雾将使小镇受到高于安全水平 11 倍的污染．污染的峰值水平将在污染事故发生大约 3 小时 20 分后出现．大约 4 小时后污染水平将下降到安全水平以下. 我们还要指出，小镇的污染水平在事故发生 2 小时 40 分钟后开始上升到安全水平以上．

灵敏性分析要集中在模型中包含显著不确定性的参数上．最大的不确定性很可能是风的速度 v，它可能随时间而变化．在我们的模型中假设了 $v=3.0$ 公里/小时．推广模型，有

$$P=\frac{20}{\sqrt{t}}e^{-(10-vt)^2/(0.5t)} \tag{7-35}$$

并且对于 v 的不同数值重复分析．表 7-1 给出了这个习题的结果．显然风的速度对于小镇的污染水平有明显的影响．较高的风速会缩短小镇暴露在污染环境下的时间但是处于较高的污染水平．较低的风速会产生相反的结果，它将加长暴露时间但是污染水平较低. 在风速为 $v=3.03$(增加 1%)再次求解这个问题，就得到最大浓度 M 增加 0.5%，于是我们得到 $S(M,v)=0.5$. 最大浓度 M 到达的时间 T 提前了 1%，于是有 $S(T,v)=-1$. 当风速增加 1% 时污染物的浓度下降到安全水平以下的时间 L 同样也提前了 1%，有 $S(L,v)=-1$. 当然，我们也能从表 7-1 计算这些灵敏性，结果几乎是相同的．我们还可以使用这些灵敏性分析的结果给出当风速变化时风险参数的变化范围．例如，如果风速的变化在未来的几个小时内是在每小时 3 公里和 4 公里之间，则我们可以保守地估计小镇的最大污染程度将不会超出安全水平的 12.7 倍，同时浓度将在 4.1 个小时内下降到安全水平以下．

240

表 7-1 污染问题的灵敏性分析结果

风速(公里/秒)	最大浓度	最高水平的时间(小时)	回落到安全水平的时间(小时)
1.0	6.3	9.9	13.4
2.0	9.0	5.0	6.3
3.0	11.0	3.3	4.1
4.0	12.7	2.5	3.0
5.0	14.2	2.0	2.3

最后，讨论模型的稳健性．因为扩散方程的正态解是与中心极限定理有联系的，可以预期模型将有较高的稳健性．独立的随机粒子的跳跃一定收敛于一个正态的分布，而无论单个粒子的跳跃服从什么分布．模型的另一个限制是我们假设风的速度在空间的每个点上是相同的．真实情况是风的速度可能是变化的，在我们的模型中可以很容易解决这个问题，只需要令速度 $v(t)$ 随时间变化就可以了．于是，如果我们能够得到关于风速变化的精确的数据资料或者预报，就可以进行同样的计算．在任何情形下，扩散模型预测粒子云雾将以正比于时间的平方根的速率从质心向外扩散．这是基于粒子的密度描述一个标准差(扩散)为 $\sqrt{Dt}$ 的正态随机变量 $\sqrt{Dt}Z$ 的事实．在许多应用中，可以发现扩散的粒子云是以不同于上述经典模型所预报的速度扩散的．这种扩散称为**异常扩散**，是一个非常活跃的研究领域．作为例子，可以参看习题 18.

7.5 习题

1. 考虑例 7.1 的二极管问题．令

$$A(x) = \frac{4}{x} + 6 - 5(0.997)^x$$

241

表示平均费用函数．

(a) 证明在区间 $x>0$ 内 $A(x)$ 在满足 $A'(x)=0$ 的点上有唯一的最小值．

(b) 使用数值方法估计这个最小值(误差在 0.1 内)．

(c) 在集合 $x=1, 2, 3, \cdots$ 内求 $A(x)$ 的最小值．

(d) 在集合 $10 \leqslant x \leqslant 35$ 上求 $A(x)$ 的最大值．

2. 再考虑例 7.1 的二极管问题．在这个习题中我们将研究次品率 q 的问题．在例 7.1 中我们假设 $q=0.003$，换句话说，就是每 1 000 个二极管中有 3 个次品．

(a) 假设我们检验 1 000 个二极管并且发现有 3 个是次品．在这个基础上，我们估计 $q=3/1\,000$. 使用五步方法和一个统计推断问题的模型，分析这个估计的精度是多大？[提示：定义一个随机变量 X_n 表示第 n 个二极管的状态．$X_n=0$ 表示第 n 个二极管是好的，如果第 n 个二极管是次品，则 $X_n=1$. 于是和式

$$\frac{X_1 + \cdots + X_n}{n}$$

表示次品所占的比例，中心极限定理就可以用来估计这个和式与真实的均值 q 之差的可能的变化.]

(b)假设 10 000 个二极管中发现 30 个是次品. 重复(a)的分析.

(c)检验多少二极管就可以以 95% 的可信度确信所确定的次品率在真值的 10% 的误差范围内？假定真值接近于我们原来的估计 $q=0.003$.

(d)检验多少二极管就可以以 95% 的可信度确信所确定的次品率在真值的 1% 的误差范围内？假定真值接近于我们原来的估计 $q=0.003$.

3. 考虑例 7.3 的放射性衰变问题，假设我们的计数器记录了 30 秒周期内 10^7 次/秒的平均衰变率.

(a)使用(7-14)式估计实际的衰变率 λ.

(b)用中心极限定理推广(7-13)式. 对于任意的真实衰变率 λ 值，计算所观测的衰变率 T_n/n(以 95% 正常变化的范围.

(c)如果观测的衰变率 $T_n/n=10^7$ 以 95% 的概率位于正常的变化范围内，确定 λ 的范围. 我们在(a)中给出的估计值的精确度有多大？

242

(d)要对放射性材料抽样检验多长时间才能使我们以 95% 的可信度断定真实的衰变率有 6 位有效数字(也就是误差在 $0.5\times10^{-6}\lambda$ 范围内)？

4. 可以证明，标准正态密度函数(见式(7-19))图像下方在区间 $-3\leqslant x\leqslant 3$ 的面积近似于 0.997. 也就是说，对于充分大的 n，我们大约有 99.7% 的把握断言

$$n\mu-3\sigma\sqrt{n}\leqslant X_1+\cdots+X_n\leqslant n\mu+3\sigma\sqrt{n}$$

利用这个事实，在 99.7% 的可信度水平下重复习题 3 的计算. 在这个可信度水平下，对(d)中的答案的灵敏性给出评论.

5. 考虑例 7.4 的房屋火灾问题. 在这个习题中我们将研究火灾电话报警率 λ 的问题.

(a)假设在一年中收到 2 050 个报警电话，估计每月的火灾电话报警率 λ.

(b)假设 λ 的真实数值是每月 171 个电话，计算一年中收到报警电话数的正常变化范围.

(c)如果一年 2 050 个电话处于正常变化范围之内，计算 λ 的范围. 我们给出的真实火灾电话报警率 λ 的估计值的精确度有多大？

(d)为了得到 λ 精确到最接近的整数的估计(误差为 ±0.5)，需要多少年的资料？

6. 再次考虑例 7.4 中的房屋火灾问题. 我们采用的基本的随机过程称为泊松过程，因为在长度为 t 的时间区间内(电话)到达的数目 N_t 服从泊松分布. 特别地，对于所有的 $n=1$，2，…

$$\Pr\{N_t=n\}=\frac{e^{-\lambda t}(\lambda t)^n}{n!}$$

(a)证明

$$EN_t=\lambda t$$

和

$$VN_t = \lambda t$$

(b)使用泊松分布计算在一个给定的月份收到的电话次数偏离平均数(171 次)18 次的概率.

243

(c)将(b)中的计算推广为确定一个月周期内电话次数正常变化(以 95% 的概率)的准确范围.

(d)将(c)中使用的方法与例 7.4 关于灵敏性分析的讨论中正常变化范围的近似计算进行比较.对于确定一天内电话次数的正常变化范围，哪一个方法更精确？对于一年又如何？

7. 密歇根州的彩票有一种博彩，方法是你用一美元买一张彩票，其中有你所挑选的三位数码.如果你的数码在当天被抽中，你就赢得 500 美元.

(a)假如你每周买一张彩票，买了一年.你在这一年内成为赢家的机会有多大？[提示：容易计算成为输家的概率!]

(b)如果每周购买多张彩票，这一年能否改善你成为赢家的机会？如果每周你买 $n(n = 1, 2, 3, \cdots, 9)$张彩票，计算你成为赢家的概率.

(c)如果这种博彩每周卖出 1 000 000 张彩票.这个州在一周内所赚的钱数的可能变化范围是什么？这个州有多大可能性输钱？使用中心极限定理.

(d)使用中心极限定理解答(a)和(b)的错误是什么？

8. (Murphy 法则——部分Ⅰ)你住在一个市区的旅馆.旅馆的前面有一个出租汽车站.出租汽车的到达是随机的，大约每五分钟一辆.

(a)假设你走出来时，旅馆前没有汽车.你期待等到一辆出租汽车要多长时间？

(b)下一辆汽车到达的时间称为*向前递推时间*.从最近一次到达到现在的时间称为*向后递推时间*.对于泊松过程，可以证明向前和向后递推时间服从相同的分布.(如果让时间倒流，这个过程的概率特性是相同的.)使用这个事实，计算平均来说前面一辆出租汽车到达后多长时间你就从旅馆出来了.

(c)如果出租汽车到达之间的平均时间长度是五分钟.你刚错过的那辆汽车与你必须等待的下辆汽车到达时间之间的平均间隔是多少？

244

9. (Murphy 法则——部分Ⅱ)你站在超市收款台前等待收款.在你等待了超乎寻常的长时间交款之后，你决定进行一项试验.一个接一个地观测每一个顾客等待时间的长度，一直进行下去，直到发现一个人，他等待的时间比你还长.

(a)令 X 表示你必须等待的时间，X_n 表示第 n 个顾客等待的时间.令 N 表示 $X_n \geq X$ 中第一个顾客 n 的编号.为公平起见，假设 $X, X_1, X_2, \cdots$是同分布的.解释为什么 $N \geq n$(即在你和前面的 $n-1$ 个顾客组成的群体之中，你等待的时间最长)的概率一定等于 $1/n$.

(b)计算随机变量 N 的概率分布.

(c)计算期望值 EN，它表示直到你发现比你等待时间更长的人为止你所观测的平均顾客人数.

10. (Murphy 法则——部分Ⅲ)一位繁忙的内科医生大约平均每两周一次被召唤到医院处理严重的心脏病人．假设这位医生的病人群体中，心脏病以这样的比率随机出现．一次这样的紧急召唤就是一个挑战，每天两次这样的召唤就是大灾难．
 (a)这位医生每年平均处理多少心脏病人?
 (b)解释为什么 n 个心脏病人在一年内全部在不同天发病的概率是

$$\frac{365}{365}\cdot\frac{364}{365}\cdot\frac{363}{365}\cdots\frac{365-n+1}{365}$$

 (c)这位医生在一年内的同一天处理两个或多个心脏病人的概率是多大?

11. 16 架轰炸机组成的中队需要穿过空中防线到达它的目标．它们要么低空飞行将自己暴露于空防火炮之下，要么高空飞行将自己暴露于地空导弹的射程之内．在这两种情形下，空防火炮的射击按照三个阶段顺序进行．首先侦察目标，然后发现目标(锁定目标)，最后攻击目标．这三个阶段的每一个也许成功，也许不成功．它们的概率如下：

空防类型	$P_{侦察}$	$P_{发现}$	$P_{攻击}$
低空	0.90	0.80	0.05
高空	0.75	0.95	0.70

245

火炮每分钟射击 20 发，导弹每分钟发射 3 发．所计划的飞行路线如果是低空飞行一分钟将暴露飞机，如果是高空飞行则要五分钟．
 (a)确定最优的飞行路线：低空或高空．目标是使安全到达攻击目标的轰炸机的数量达到最大．
 (b)每一架轰炸机有 70% 的机会摧毁目标．利用(a)的结果确定完成任务(目标被摧毁)的机会有多大．
 (c)为保证有 95% 的可能完成任务，最少需要多少架轰炸机?
 (d)关于一架轰炸机能够摧毁目标的概率 $p=0.7$ 作灵敏性分析．考虑必须派出的轰炸机的架数，以保证有 95% 的可能完成任务．
 (e)恶劣的天气将会降低发现目标的概率 $P_{侦察}$ 和轰炸机摧毁目标的概率 p. 如果所有这些概率均以相同的比率降低，哪一方将在恶劣的天气下占优势?

12. 扫描无线电通信传感器试图查明无线电发射器并确定它们的位置．传感器扫描 4 096 个频带．传感器要用 0.1 秒去发现信号．如果没有发现信号，它就移动到下一个频率．如果检测到了一个信号，就需要再加 5 秒的时间来确定它的位置．除了大约 100 个频带之外没有其他的信号，但是传感器不知道哪一个频带被使用了，因此全部都需要扫描．在繁忙的频率上，占用率(即信号所占用时间的比例)在 30% ~70% 变化．还有一个困难是，同一个频率的发射信号可能来自不同的发射源，因此，传感器必须连续扫描所有的频率，即使在一个发射源被定位之后．
 (a)确定这个系统近似的检测率．假设所有的频带被逐个扫描．
 (b)假设传感器能够记忆 25 个高优先级的频带，这些频带和其他频带一样被扫描 10 次之多．假设传感器最终能够识别25个繁忙的频率，同时对它们赋予高优先级．检测率如何变化？

(c)假设为了得到有用的信息，我们必须能够以每三分钟一次的最小速率检测在特定频率上的发射源．确定最优的高优先级频道的数目．

246

(d)对(c)的结果，关于繁忙频率的平均占用率作灵敏性分析．

13. 在这个问题中，我们研究离散和连续随机变量之间的相似性．假设X是连续的随机变量，具有分布函数$F(x)$和密度函数$f(x)=F'(x)$．对于每个n，我们定义离散的随机变量X_n有近似于X的分布．把实轴划分为长度为$\Delta x=n^{-1}$的区间，同时令I_i表示划分中的第i个区间．对于每个i，在第i个区间内选择点x_i，同时定义

$$p_i = \Pr\{X_n = x_i\} = f(x_i)\Delta x$$

(a)解释为什么我们总能选择点x_i，使得对于所有的i有

$$p_i = \Pr\{X \in I_i\}$$

它保证$\Sigma p_i=1$.

(b)对于任意两个实数a和b，以密度函数f的形式给出表示$a<X_n\leqslant b$的概率的公式．

(c)以密度函数f的形式给出表示均值EX_n的公式．

(d)使用(b)的结论证明：当$n\to\infty$时(或$\Delta x\to 0$时)，对任意的两个实数a和b有

$$\Pr\{a < X_n \leqslant b\} \to \Pr\{a < X \leqslant b\}$$

我们说X_n在分布上收敛于X.

(e)使用(c)的结论证明：当$n\to\infty$时(或$\Delta x\to 0$时)，我们有

$$EX_n \to EX$$

我们说X_n在均值上收敛于X.

14. (几何分布)在这个问题中，我们研究指数分布的离散形式．假设一个到达的事件在时间点$i=1, 2, 3, \cdots$随机发生，则两次连续的到达之间的时间X服从几何分布

$$\Pr\{X = i\} = p\{1-p\}^{i-1}$$

其中p是一个到达事件在时间i发生的概率．

(a)证明$\Pr\{X>i\}=(1-p)^i$.(提示：使用几何级数$1+x+x^2+x^3+\cdots=(1-x)^{-1}$.)

(b)使用(a)的结论证明：X具有无记忆性$\Pr\{X>i+j \mid X>j\}=\Pr\{X>i\}$.

(c)计算$EX=1/p$.(提示：对几何级数求导，得到$1+2x+3x^2+\cdots=(1-x)^{-2}$.)解释为什么$p$是离散过程的到达率．

247

(d)顾客以每10分钟一人的速率随机地到达一个公用电话亭．如果Y是第一个下午到达的时间，使用指数模型计算$\Pr\{Y>5\}$．如果X是直到下一次到达的分钟数(使用钟表时间Y同时只记录分钟的X)，使用几何模型计算$\Pr\{X>5\}$．进行比较．

15. 考虑例7.5的污染问题．令

$$P(t)=\frac{20}{\sqrt{t}}e^{-(10-3t)^2/(0.5t)}$$

表示时刻t小镇的污染浓度．

(a)绘出函数 $P(t)$ 的图形，并且指出它的重要特征．

(b)证明在区间 $t>0$ 上 $P(t)$ 有唯一的最大值，在这个点上 $P'(t)=0$．

(c)使用数值方法估计最大值，精度为 0.1.

(d)证明方程 $P(t)=1$ 有两个正根．

(e)使用数值方法估计方程 $P(t)=1$ 的每个正根，精度为 0.1.

16. 化学溢出物污染了一口市政水井附近的地下水．溢出事故之后一年，污染范围是溢出地下游 500 米，宽为 200 米．污染地中心的浓度为百万分之 3.6.

(a)多长时间后最大浓度就会到达 1 800 米下游的市政水井？浓度有多大？假设像例 7.5 那样是一维扩散模型，具有定常的速度．

(b)何时市政水井处的污染浓度回落到百万分之 0.001 的安全水平以下？

(c)计算(a)和(b)的答案对于地下水的流速的灵敏性．

(d)计算(a)和(b)的答案对于污染范围的度量宽度的灵敏性．

17. (二维污染问题)在这个问题中，我们考虑例 7.5 的污染问题的二维扩散模型．在时刻 t 位置 (x,y) 的相对浓度 $C(x,y,t)$ 可理解为二元正态分布

$$C(x,y,t)=\frac{1}{\sqrt{2\pi Dt}}\mathrm{e}^{-x^2/(2Dt)}\cdot\frac{1}{\sqrt{2\pi Dt}}\mathrm{e}^{-y^2/(2Dt)}$$

248

其中污染中心位于 $x=0$，$y=0$. 这个二元密度函数是二维扩散方程

$$\frac{\partial C}{\partial t}=\frac{D}{2}\frac{\partial^2 C}{\partial x^2}+\frac{D}{2}\frac{\partial^2 C}{\partial y^2}$$

的解，与概率模型的联系和前面的讨论相同，除此之外我们还要考虑在 y 轴方向微小的随机跳跃扩散的效果．与例 7.5 一样，一个小镇上风 10 公里的工厂发生了意外事故，释放出气体污染物．释放后一个小时，形成了 2 000 米长的毒云以每小时 3 公里的风速向小镇的方向漂去．毒云中污染物的最大浓度是安全水平的 20 倍．假设风是吹向 x 的正向，于是在时刻 t 毒云的质心位于(3，0)，同时小镇位于(10，0).

(a)绘制在时刻 $t=1$ 的毒云浓度的 $3-D$ 图，指出它的重要特征．

(b)需要多长时间最大浓度将会到达位于下风 10 公里远的小镇？浓度将有多高？

(c)什么时候浓度将会回落到百万分之 0.001 的安全水平以下？

(d)假设风不是直接吹向小镇，重复(b)和(c). 假设在时刻 $t=1$ 小时毒云的质心位于(2.95，0.5). 风吹的方向产生多大的影响？

(e)将(b)和(c)的结果与课文中的结论作比较．使用一维或二维扩散模型是否有明显的区别？

18. (异常扩散)在这个习题中，我们将讨论一个异常超扩散模型，其中毒云的扩散速度要快于传统的扩散方程所预测的速度．重新考虑例 7.5 的污染问题，但是现在假设扩散度 $D(t)$ 是随时间增加的，在方程(7-32)中有 $D(t)=0.25t^{0.4}$.

(a)重复例 7.5 的计算．需要多长时间最大浓度将会到达位于下风 10 公里远的小镇？浓度将有多高？

(b)什么时候浓度将会回落到安全水平以下?

(c)检查(a)和(b)的结果对比例参数 $p=0.4$ 的灵敏性. 重复(a)和(b)关于 $p=0.2$, 0.3, 0.5, 0.6 的灵敏性.

(d)将(b)和(c)的结果与课文中的结论作比较. 异常超扩散的可能性如何影响课文中的结论?

249

7.6 进一步阅读文献

1. Barnier, W. *Expected Loss in Keno.* UMAP module 574.
2. Berresford, G. *Random Walks and Fluctuations.* UMAP module 538.
3. Billingsley, P. (1979) *Probability and Measure.* Wiley, New York.
4. Carlson, R. *Conditional Probability and Ambiguous Information.* UMAP module 391.
5. Feller, W. (1971) *An Introduction to Probability Theory and Its Applications.* Vol. 2, 2nd ed., Wiley, New York.
6. Moore, P. and McCabe, G. (1989) *Introduction to the Practice of Statistics.* W.H. Freeman, New York.
7. Ross, S. (1985) *Introduction to Probability Models.* 3rd ed., Academic Press, New York.
8. Watkins, S. *Expected Value at Jai Alai and Pari-Mutuel Gambling.* UMAP module 631.
9. Wheatcraft, S. and Tyler, S. (1988) An explanation of scale-dependent dispersivity in heterogeneous aquifers using concepts of fractal geometry. *Water Resources Research* **24**, 566–578.

250

10. Wilde, C. *The Poisson Random Process.* UMAP module 340.

第8章　随机模型

本书第二部分的确定性动态模型无法对不确定性给出显式的表达式．当考虑随机效应时，所得到的模型称为随机模型．当今，广泛地使用着几类一般的随机模型．在这一章我们将介绍几个最重要且经常使用的随机模型．

8.1　马尔可夫链

马尔可夫链是一个离散时间的随机模型．它是4.3节介绍的离散时间动力系统模型的推广．虽然这个模型简单，但其应用的数量之大、花样之多是令人惊讶的．这一节我们将介绍一般的马尔可夫链模型，还介绍适用于随机模型的定常态的概念．

例8.1　一个宠物商店出售20加仑㊀的水族箱．每个周末商店的老板要盘点存货，开出订单．商店的策略是，如果当前所有的存货都被售出了，就在这个周末进三个新的20加仑的水族箱．只要店内还有一个存货，就不再进新的水族箱．这个策略是基于商店平均每周仅出售一个水族箱的事实提出的．这个策略是不是能够防止当商店缺货时顾客需要水族箱而无货销售的损失？

我们将使用五步方法．第一步是提出问题．在每个销售周的开始，这个商店的存货在1～3个水族箱之间．在一周内销售的个数依赖于供给和需求两方面．需求是每周平均一个，但是是随机波动的．完全有可能在某些周需求超过供给，即使一周的开始就有三个水族箱的最大库存．我们希望计算需求超过供给的概率．为了得到明确的答案，我们需要给出关于需求的概率特征的假设．似乎有理由假设潜在的购买者在每周以一定的概率随机到达．因此，在一周内潜在的购买者的数目服从均值为1的泊松分布．（泊松分布在第7章的习题6中做了介绍．）图8-1给出了第一步的结果．

第二步是选择建模的方法．我们将使用马尔可夫链模型．

马尔可夫链可以描述为一个随机跳跃的序列．对于这本书来说，假设这个跳跃序列仅包含有限个离散的位置或状态的集合，且随机变量 X_n 在有限的离散集合中取值．不妨假设

$$X_n \in \{1,2,3,\cdots,m\}$$

我们说序列 $\{X_n\}$ 是马尔可夫链，如果 $X_{n+1}=j$ 的概率仅仅依赖于 X_n．如果定义

$$p_{ij} = \Pr\{X_{n+1} = j \mid X_n = i\} \tag{8-1}$$

则过程 $\{X_n\}$ 将来的全部性质就由 p_{ij} 和 X_0 的初始概率分布确定了．当然，这里说“确定了”是指概率 $\Pr\{X_n = i\}$ 被确定了．X_n 的实际数值将依赖于随机因素．

㊀ 1加仑=3.785 dm^3（美加仑）=4.546 dm^3（英加仑）．

变量：S_n = 第 n 周开始水族箱的供给

D_n = 第 n 周内水族箱的需求

假设：如果 $D_{n-1} < S_{n-1}$，则 $S_n = S_{n-1} - D_{n-1}$

如果 $D_{n-1} \geqslant S_{n-1}$，则 $S_n = 3$

$\Pr\{D_n = k\} = e^{-1}/k!$

目标：计算 $\Pr\{D_n > S_n\}$

图 8-1 存货问题第一步的结果

例 8.2 描述如下的马尔可夫链的特性：状态变量

$$X_n \in \{1,2,3\}$$

如果 $X_n = 1$，则 $X_{n+1} = 1$，2 或 3 以相等的概率出现．如果 $X_n = 2$，则 $X_{n+1} = 1$ 以概率 0.7 出现，$X_{n+1} = 2$ 以概率 0.3 出现．如果 $X_n = 3$，则 $X_{n+1} = 1$ 以概率 1 出现．

252

状态转移概率 p_{ij} 由下式给出：

$$p_{11} = \frac{1}{3}$$

$$p_{12} = \frac{1}{3}$$

$$p_{13} = \frac{1}{3}$$

$$p_{21} = 0.7$$

$$p_{22} = 0.3$$

$$p_{31} = 1$$

其他的为零．习惯上将 p_{ij} 写成矩阵的形式：

$$P = (p_{ij}) = \begin{pmatrix} p_{11} & \cdots & p_{1m} \\ \vdots & & \vdots \\ p_{m1} & \cdots & p_{mm} \end{pmatrix} \tag{8-2}$$

这里

$$P = \begin{pmatrix} 1/3 & 1/3 & 1/3 \\ 0.7 & 0.3 & 0 \\ 1 & 0 & 0 \end{pmatrix}$$

另一个更方便的方法称为**状态转移图**(参见图 8-2)．很容易看出，马尔可夫链是一个随机跳跃的序列．假设 $X_0 = 1$. 则 $X_1 = 1$，2 或 3 各以概率 1/3 出现．$X_2 = 1$ 的概率可以通过计算与从状态 1 在两步内转移到状态 1 的每一个跳跃序列有关的概率得到．于是

$$\Pr\{X_2 = 1\} = \left(\frac{1}{3}\right)\left(\frac{1}{3}\right) + \left(\frac{1}{3}\right)(0.7) + \left(\frac{1}{3}\right)(1) = 0.67\overline{7}$$

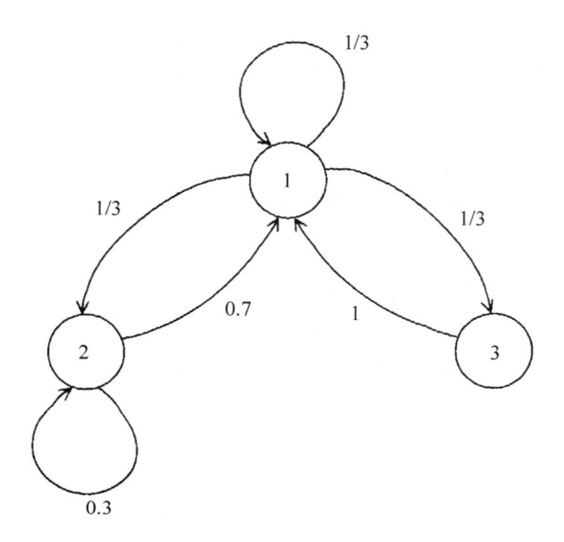

图8-2 例8.2的状态转移图

253

类似地，

$$\Pr\{X_2 = 2\} = \left(\frac{1}{3}\right)\left(\frac{1}{3}\right) + \left(\frac{1}{3}\right)(0.3) = 0.21\overline{1}$$

和

$$\Pr\{X_2 = 3\} = \left(\frac{1}{3}\right)\left(\frac{1}{3}\right) = \frac{1}{9}$$

为了对于较大的 n 计算 $\Pr\{X_n = j\}$，注意到下面的式子是有益的：

$$\Pr\{X_{n+1} = j\} = \sum_i p_{ij}\Pr\{X_n = i\} \tag{8-3}$$

在时间 $n+1$ 达到状态 j 的途径只能是在时间 n 达到状态 i，然后从 i 跳到 j. 因此我们能够算出

$$\Pr\{X_2 = 1\} = p_{11}\Pr\{X_1 = 1\} + p_{21}\Pr\{X_1 = 2\} + p_{31}\Pr\{X_1 = 3\}$$

等等. 这里正是矩阵表示法表现出其优越性之处. 如果令

$$\pi_n(i) = \Pr\{X_n = i\}$$

则式(8-3)可以写成如下形式

$$\pi_{n+1}(j) = \sum_i p_{ij}\pi_n(i) \tag{8-4}$$

如果令 π_n 表示项为 $\pi_n(1)$，$\pi_n(2)$，…的向量，同时令 P 表示式(8-2)中的矩阵，则 π_{n+1} 与 π_n 关系的方程组能够写成更紧凑的形式：

$$\pi_{n+1} = \pi_n P \tag{8-5}$$

例如，我们有 $\pi_2 = \pi_1 P$，或者

$$\left(0.67\bar{7},0.21\bar{1},\frac{1}{9}\right)=\left(\frac{1}{3},\frac{1}{3},\frac{1}{3}\right)\begin{pmatrix}1/3 & 1/3 & 1/3\\ 0.7 & 0.3 & 0\\ 1 & 0 & 0\end{pmatrix}$$

现在我们能够计算 $\pi_3=\pi_2 P$，得到

254

$$\pi_3=(0.485,0.289,0.226)$$

精确到3位小数．继续下去，我们得到

$$\begin{aligned}\pi_4&=(0.590,0.248,0.162)\\ \pi_5&=(0.532,0.271,0.197)\\ \pi_6&=(0.564,0.259,0.177)\\ \pi_7&=(0.546,0.266,0.188)\\ \pi_8&=(0.556,0.262,0.182)\\ \pi_9&=(0.551,0.264,0.185)\\ \pi_{10}&=(0.553,0.263,0.184)\\ \pi_{11}&=(0.553,0.263,0.184)\\ \pi_{12}&=(0.553,0.263,0.184)\end{aligned}$$

注意，概率 $\pi_n(i)=\Pr\{X_n=i\}$ 随着 n 的增加趋向于确定的极限值．我们说随机过程趋于定常态．这个定常态或者平衡态的概念与确定性动态模型相应的概念是不同的．由于随机波动，我们不能期望当系统稳定时状态变量停留在一个数值上，最好的期望是状态变量的概率分布将趋于一个极限分布．我们称它为**定常态分布**.在例8.2中，我们有

$$\pi_n\to\pi$$

这里定常态概率向量为

$$\pi=(0.553,0.263,0.184)\tag{8-6}$$

精确到3位小数．

一个较快的计算定常态向量的方式如下：假设

$$\pi_n\to\pi$$

自然有

$$\pi_{n+1}\to\pi$$

如果令式(8-5)两边取 $n\to\infty$，可以得到

$$\pi=\pi P.\tag{8-7}$$

我们能够通过求解线性方程组来计算 π. 对于例8.2，我们有

$$(\pi_1,\pi_2,\pi_3)=(\pi_1,\pi_2,\pi_3)\begin{pmatrix}\frac{1}{3} & \frac{1}{3} & \frac{1}{3}\\ 0.7 & 0.3 & 0\\ 1 & 0 & 0\end{pmatrix}$$

255

不难算出(8-6)式在

$$\sum \pi_i = 1$$

时是这个方程组的唯一解．并不是每一个马尔可夫链都将趋于稳定的状态．例如，考虑两状态的马尔可夫链，其中

$$\Pr\{X_{n+1} = 2 \mid X_n = 1\} = 1$$

和

$$\Pr\{X_{n+1} = 1 \mid X_n = 2\} = 1$$

状态变量在状态 1 和 2 之间选择．确实 π_n 不趋于一个极限向量．我们说这个马尔可夫链是 2 **周期的**．一般地，我们说 i 是 δ 周期的，如果在 $X_n = i$ 开始，这个链仅仅在时间 $n + k\delta$ 又回到状态 i. 如果 $\{X_n\}$ 是**非周期的**($\delta = 1$)，而且如果对于每个 i 和 j，在有限的步长内可以从 i 跳转至 j，我们称 X_n 是**遍历的**．有一个定理说，遍历的马尔可夫链一定趋于稳定的状态．此外，X_n 的分布趋于同一个定常态的分布，且与系统的初始状态无关(参见[Cinlar(1975)，p. 152])．于是，在例 8.2 中，如果从 $X_0 = 2$ 或 $X_0 = 3$ 开始，仍然可以看到 π_n 收敛于由(8-6)式给出的同一个定常态的分布 π. 计算定常态概率向量 π 的问题在数学上相当于在状态空间 $\pi \in \mathbb{R}^m$ 寻求离散时间动力系统的平衡态的问题，其中 $0 \leqslant \pi_j \leqslant 1$，

$$\sum \pi_i = 1$$

迭代函数是

$$\pi_{n+1} = \pi_n P$$

前面提到的定理说的是，只要 P 表示一个遍历的马尔可夫链，这个系统就有唯一的渐近稳定的平衡态 π.

下面回到例 8.1 的存货问题．我们将使用马尔可夫链来给这个问题建模．第三步是推导模型的数学表达式．我们从研究状态空间开始．这里状态的概念与确定性的动力系统是一样的．状态包含为预报这个过程(概率上)的将来所必需的全部信息．取 $X_n = S_n$ 作为状态变量，它表明在销售周一开始 20 加仑水族箱的存货数量．需求量 D_n 与模型的动态有关，将用来构成状态转移矩阵 P. 状态空间是

$$X_n \in \{1, 2, 3\}$$

256

我们不知道初始状态，但是似乎有理由假设 $X_0 = 3$. 为了确定 P，我们将从画状态转移图开始．参见图 8-3. 需求量的分布为

$$\begin{aligned}
\Pr\{D_n = 0\} &= 0.368 \\
\Pr\{D_n = 1\} &= 0.368 \\
\Pr\{D_n = 2\} &= 0.184 \\
\Pr\{D_n = 3\} &= 0.061 \\
\Pr\{D_n > 3\} &= 0.019
\end{aligned} \tag{8-8}$$

于是，如果 $X_n = 3$，则

$$\Pr\{X_{n+1} = 1\} = \Pr\{D_n = 2\} = 0.184$$

$$\Pr\{X_{n+1}=2\}=\Pr\{D_n=1\}=0.368$$
$$\Pr\{X_{n+1}=3\}=1-(0.184+0.368)=0.448$$

其余的状态转移概率可类似地计算．状态转移矩阵是

$$P=\begin{pmatrix}0.368 & 0 & 0.632\\ 0.368 & 0.368 & 0.264\\ 0.184 & 0.368 & 0.448\end{pmatrix} \tag{8-9}$$

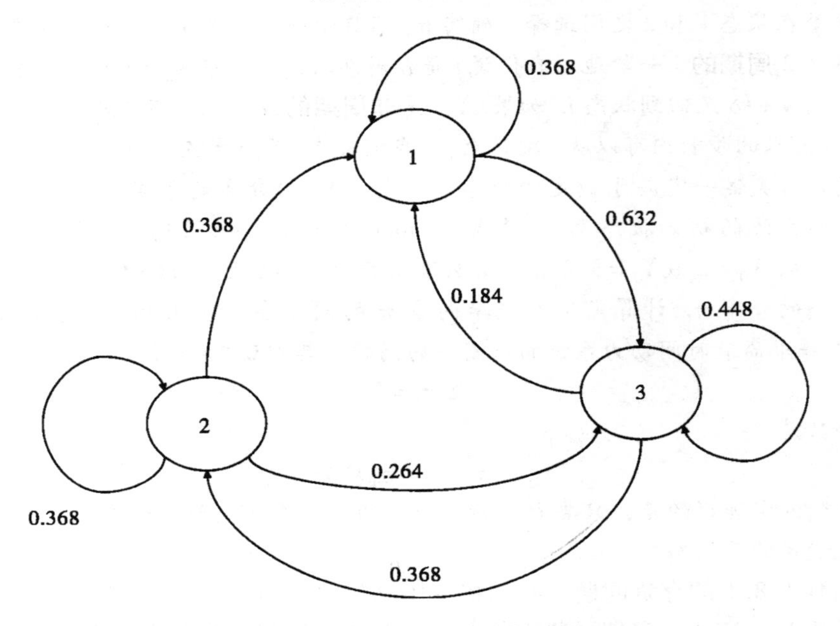

图 8-3　存货问题的状态转移图

现在进行第四步．分析的目标是计算需求超过供给的概率

257

$$\Pr\{D_n>S_n\}$$

一般来说，这个概率依赖于 n. 更具体地说，它依赖于 X_n. 如果 $X_n=3$，则

$$\Pr\{D_n\geqslant S_n\}=\Pr\{D_n>3\}=0.019$$

等等．为了得到关于需求多么经常超过供给的更好想法，我们需要更多关于 X_n 的信息．

因为 $\{X_n\}$ 是一个遍历的马尔可夫链，所以我们知道一定存在唯一的定常态概率向量 π，它可以通过求解定常态方程计算出来．将方程(8-9)代回(8-7)式，得到

$$\begin{aligned}\pi_1&=0.368\pi_1+0.368\pi_2+0.184\pi_3\\ \pi_2&=0.368\pi_2+0.368\pi_3\\ \pi_3&=0.632\pi_1+0.264\pi_2+0.448\pi_3\end{aligned} \tag{8-10}$$

我们需要在条件

$$\pi_1+\pi_2+\pi_3=1$$

下求解得到 X_n 的定常态分布．因为现在是四个方程含三个变量，我们能够从方程组(8-10)中消去一个，然后求解，得到

$$\pi = (\pi_1, \pi_2, \pi_3) = (0.285, 0.263, 0.452)$$

对于充分大的 n，近似有

$$\Pr\{X_n = 1\} = 0.285$$
$$\Pr\{X_n = 2\} = 0.263$$
$$\Pr\{X_n = 3\} = 0.452$$

将它与我们关于 D_n 的信息放在一起，得到

$$\begin{aligned}\Pr\{D_n > S_n\} &= \sum_{i=1}^{3} \Pr\{D_n > S_n \mid X_n = i\} \Pr\{X_n = i\} \\ &= (0.264)(0.285) + (0.080)(0.263) + (0.019)(0.452) \\ &= 0.105\end{aligned}$$

从长远来看，需求将有 10% 的时间超过供给．

容易计算定常态的概率分布．图 8-4 描述了使用计算机代数系统 Maple 求解方程组(8-10)得到定常态概率分布的过程．

计算机代数系统在这样的问题中是相当有用的，特别是在进行灵敏性分析时．如果你利用计算机代数系统，将有助于计算本章后面的习题．假如你善于手算求解方程组，你就有能力去验证你的结果．

```
> s:={pi1=.368*pi1+.368*pi2+.184*pi3,
>      pi2=.368*pi2+.368*pi3,
>      pi1+pi2+pi3=1};
      s := {π1 = 0.368 π1 + 0.368 π2 + 0.184 π3, π2 = 0.368 π2 + 0.368 π3, π1 + π2 + π3 = 1}
> solve(s,{pi1,pi2,pi3});
      {π2 = 0.2631807648, π1 = 0.2848348783, π3 = 0.4519843569}
>
```

图 8-4　对于存货问题在一周开始 20 加仑水族箱的存货数量的定常态分布的计算，使用计算机代数系统 Maple

最后，进行第五步．当前的存货策略导致大约 10% 的时间无货销售的损失，或者说每年至少有 5 次缺货．这主要是由于当仅有一个水族箱的存货时我们没有更多地进货．虽然每周平均仅仅出售一个水族箱，但每周潜在的销售数(需求)是波动的．因此，当从仅有一个水族箱存货的这一周开始销售时，我们冒着很大(大约是四分之一)的由于不充足的存货而失去潜在的销售机会的损失．如果不存在其他因素，例如对预订三个或更多的水族箱时打折等，似乎有理由尝试新的策略，使得不会在开始一周的销售时仅有一个水族箱．

258

下面进行灵敏性和稳健性的分析．主要的灵敏性来自于潜在的购买者的到达率 λ 对需求超过供给的概率的影响．当前是每周到达 $\lambda = 1$ 个顾客．对于任意的 λ，利用 D_n 服从泊

松分布的事实，X_n 的状态转移矩阵由下式给出：

$$P = \begin{pmatrix} e^{-\lambda} & 0 & 1-e^{-\lambda} \\ \lambda e^{-\lambda} & e^{-\lambda} & 1-(1+\lambda)e^{-\lambda} \\ \lambda^2 e^{-\lambda}/2 & \lambda e^{-\lambda} & 1-(\lambda+\lambda^2/2)e^{-\lambda} \end{pmatrix} \tag{8-11}$$

虽然从这一点有可能实现 $p=\Pr\{D_n>S_n\}$ 的计算，但相当繁琐．更有意义的化简是对在 1 附近选择的少数 λ 值重复第四步的计算．这个演算的结果示于图 8-5 中．可以确信我们的基本结论对精确的 λ 值不是特别敏感的．灵敏性 $S(p, \lambda)$ 大约是 1.5.（灵敏性分析的另一个微妙选择是使用计算机代数系统进行冗长的计算．参见本章后面的习题 2.）

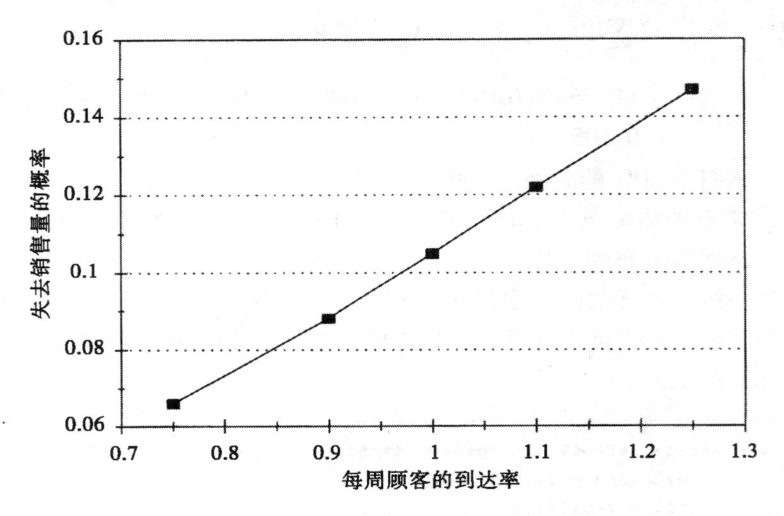

图 8-5　存货问题中失去销售量的概率对到达率的灵敏性

最后，考虑模型的稳健性．假设马尔可夫链是基于到达过程的泊松过程模型．泊松过程模型作为一个更一般到达过程的代表，其稳健性已经在 7.2 节的最后简单地讨论过了．有理由认为，如果到达过程不是精确的泊松过程，我们的结论也不会有明显的变化．这里的基本假设是到达过程表示大量独立的到达过程的合并．不同的顾客在不同的时间到达商店去买 20 加仑的水族箱，有理由假设他们彼此间没有沟通到达时间．当然，某些商店的活动（如宣传水族箱的销售价格）将会使得这个假设无效，从而导致需要重新检验我们的模型的结论．如果需求有明显的季节性，也是同样的情况．

259

另一个模型的基本假设是库存水平 S_n 表示了这个系统的状态．一个更精巧的模型是考虑到商店经理对长时间销售量波动（如季节性的变化）的反应．这样的模型的数学分析是非常复杂的，但是与我们这里所做的没有本质区别．我们只需将状态空间扩展到包含过去的销售信息，比如说 S_n，S_{n-1}，S_{n-2}，S_{n-3}. 当然，现在的转移矩阵 P 将是 81×81 而不是 3×3.

许多不同的库存策略是可取的，其中一些放在了本章最后的习题中．哪些策略是最好的？研究这个问题的一种方式是构造一个基于一般的马尔可夫链模型的最优化模型．库存策略用一个或几个决策变量描述，目标由结果的定常态概率确定．这类模型的研究被称为马尔可夫决策论，其详细情况可以在任何运筹学的入门教材中找到(参见[Hillier 等(1990)])． 260

8.2 马尔可夫过程

马尔可夫过程模型是上一节介绍的马尔可夫链模型在连续时间情形下的类推，也可以将它看成是连续时间动力系统模型在随机情形下的类推．

例 8.3 一个在重型设备修理厂工作的技工负责铲车的维护和修理．当铲车损坏时，将被送到修理厂，按到达先后顺序进行修理．工厂内可以存放27台铲车，过去的一年工厂修理了54台铲车．修理一台铲车平均约三天的时间．在刚刚过去的几个月，这个操作的有效性和效率上出现了一些问题．两个核心的问题是修理铲车所用的时间和技工负责这一任务的时间占用的比例．

我们使用机器维修的数学模型来分析这一状况．铲车以每月 $54/12=4.5$ 台的速率到达工厂来修理．每月修理的铲车数量最多为 $22/3\approx7.3$ 台，这是基于每月平均有22个工作日得到的．令 X_t 表示时间 t 维修车间的铲车数量．我们关心的是时间 t 维修车间的平均铲车台数 EX_t 和技工修理铲车的时间所占的比例 $\Pr\{X_t>0\}$．图8-6总结了第一步的结果．

我们将使用马尔可夫过程来模拟这个修理厂的状况．

> **变量：** X_t = 在时间 t 月内修理的铲车数量
>
> **假设：** 待修理铲车的到达率为每月4.5台，每月最多修理铲车7.3台
>
> **目标：** 计算 EX_t，$\Pr\{X_t>0\}$

图8-6 铲车问题第一步的结果

马尔可夫过程是上一节介绍的马尔可夫链在连续时间情形下的类推．像前面那样我们将假设状态空间是有限的，即假设

$$X_t \in \{1,2,3,\cdots,m\}$$

随机过程 $\{X_t\}$ 是马尔可夫过程，如果当前的状态 X_t 真实地描绘着系统的状态，也就是说，它完全确定了过程将来的概率．这个条件可以用式子写成 261

$$\Pr\{X_{t+s}=j\mid X_u:u\leqslant t\}=\Pr\{X_{t+s}=j\mid X_t\} \tag{8-12}$$

马尔可夫性质等式(8-12)有两个重要的含义：首先，下一次转移的时刻不依赖于当前的状态维持多长时间．换句话说，在特定状态下维持的时间分布具有无记忆性．令 T_i 表示状态 i 维持的时间．则马尔可夫性质是说

$$\Pr\{T_i>t+s\mid T_i>s\}=\Pr\{T_i>t\} \tag{8-13}$$

在7.2节我们展示了指数分布有这个性质，于是 T_i 应该有密度函数

$$F_i(t)=\lambda_i e^{-\lambda_i t} \tag{8-14}$$

事实上，只有指数分布是具有无记忆性的概率分布．(这是实分析中的一个很深刻

的定理．参见[Billingsley(1979)，p. 160]．)因此，对于一个马尔可夫过程，特定状态下维持的时间分布是参数为 λ_i 的指数分布，参数值一般来说依赖于状态 i.

马尔可夫性质的第二个重要含义与状态转移有关．下一个状态的概率分布仅仅依赖于当前的状态．于是，这个过程所经历的状态序列构成一个马尔可夫链．如果令 p_{ij} 表示过程从状态 i 跳跃到状态 j 的概率，则所嵌入的马尔可夫链就具有状态转移概率矩阵 $P=(p_{ij})$.

例 8.4　考虑一个马尔可夫链，它具有状态转移概率矩阵

$$P=\begin{pmatrix}0 & 1/3 & 2/3\\ 1/2 & 0 & 1/2\\ 3/4 & 1/4 & 0\end{pmatrix} \tag{8-15}$$

通过假设 $\{X_t\}$ 的跳跃服从这个马尔可夫链，状态1、2和3持续的平均时间分别为1、2和3，构成一个马尔可夫过程．

定常态方程 $\pi=\pi P$ 的解表明，跳跃到状态1、2和3的比例分别为0.396、0.227和0.377. 然而，在每一个状态停留的时间比例还依赖于在下一个跳跃之前在这个状态停留了多长时间．校正这个结果，得到相对比例为1(0.396)、2(0.227)和3(0.377)．如果将它归一化(每一项除以它们的总和)，得到0.200、0.229和0.571. 因此，这个马尔可夫过程大约有57.1%的时间处于状态3，等等．我们称之为马尔可夫过程的定常态分布．一般来说，如果 $\pi=(\pi_1,\cdots,\pi_m)$ 是嵌入的马尔可夫链的定常态分布，且 $\lambda=(\lambda_1,\cdots,\lambda_m)$ 是速率向量，则停留于各状态的时间比例由下式给出：

262

$$P_i=\frac{\left(\dfrac{\pi_i}{\lambda_i}\right)}{\left(\dfrac{\pi_1}{\lambda_1}\right)+\cdots+\left(\dfrac{\pi_m}{\lambda_m}\right)} \tag{8-16}$$

速率 λ_i 的倒数表示处于状态 i 的平均时间．概括来说，可以将马尔可夫过程看成是一个马尔可夫链，其中两次跳跃之间的时间服从依赖于当前状态的指数分布．

一个等价的模型可以如下构成．给定 $X_t=i$，令 T_{ij} 服从参数为 $a_{ij}=\lambda_i p_{ij}$ 的指数分布．此外，假设 $T_{i1},\cdots,T_{im}$ 是独立的．则一直到下一次跳跃的时间 T_i 是 $T_{i1},\cdots,T_{im}$ 中的最小者，且如果下一个状态是状态 j，则 T_{ij} 是 $T_{i1},\cdots,T_{im}$ 中的最小者．马尔可夫过程模型的这两个式子之间的数学等价性可由如下事实得到：

$$T_i=\min(T_{i1},\cdots,T_{im})$$

服从参数为

$$\lambda_i=\sum_j a_{ij}$$

的指数分布，且

$$\Pr\{T_i=T_{ij}\}=p_{ij}$$

（证明留给读者．参见本章末的习题 7.）参数

$$a_{ij} = \lambda_i p_{ij}$$

表示这个过程从状态 i 趋向状态 j 的速率．习惯上，将速率 a_{ij} 以**速率图**的方式描绘出来．例 8.4 的速率图由图 8-7 给出．通常，马尔可夫过程的结构都是由这样的图来描绘的．

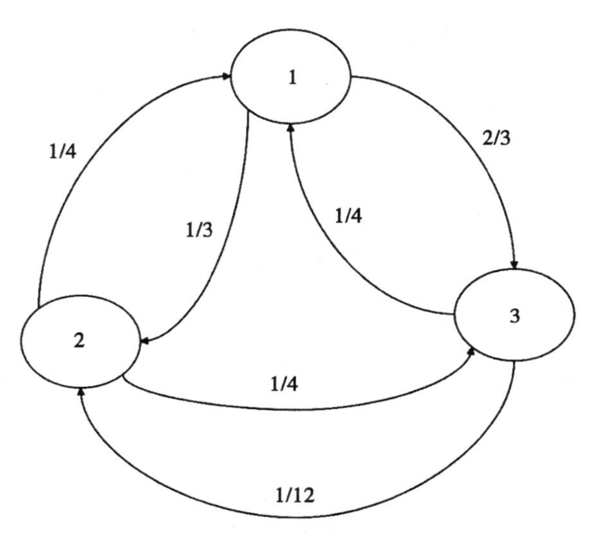

图 8-7　例 8.4 的速率图，图中的速率表明这个过程从一个状态跳跃到另一个状态的趋势

这种马尔可夫过程的表达方式为我们提供了基于速率图来计算定常态分布的简便方法．像前面一样，我们定义

$$a_{ij} = \lambda_i p_{ij}$$

为过程从状态 i 趋向状态 j 的速率，且令

$$a_{ii} = -\lambda_i$$

表示过程趋于离开状态 i 的速率．可以看出，概率函数

$$P_i(t) = \Pr\{X_t = i\} \tag{8-17}$$

一定满足微分方程

$$\begin{aligned} P_1'(t) &= a_{11}P_1(t) + \cdots + a_{m1}P_m(t) \\ &\vdots \\ P_m'(t) &= a_{1m}P_1(t) + \cdots + a_{mm}P_m(t) \end{aligned} \tag{8-18}$$

（参见[Cinlar(1975)]，p. 255.）使用**流体流动**来类比，更容易理解这个基本的条件．直观地说，将概率 $P_i(t)$ 看作在每个状态 i 流体（概率物质）的总量．速率 a_{ij} 表示流体流动的速率，同时事实

$$P_1(t) + \cdots + P_m(t) = 1$$

意味着流体的总量保持等于1. 在例8.4的情形下，我们有

$$
\begin{aligned}
P_1'(t) &= -P_1(t) + \frac{1}{4}P_2(t) + \frac{1}{4}P_3(t) \\
P_2'(t) &= \frac{1}{3}P_1(t) - \frac{1}{2}P_2(t) + \frac{1}{12}P_3(t) \\
P_3'(t) &= \frac{2}{3}P_1(t) + \frac{1}{4}P_2(t) - \frac{1}{3}P_3(t)
\end{aligned}
\tag{8-19}
$$

马尔可夫过程的定常态分布相应于微分方程组的定常态解. 对于所有的 i，令 $P_i'=0$，我们得到

$$
\begin{aligned}
0 &= -P_1 + \frac{1}{4}P_2 + \frac{1}{4}P_3 \\
0 &= \frac{1}{3}P_1 - \frac{1}{2}P_2 + \frac{1}{12}P_3 \\
0 &= \frac{2}{3}P_1 + \frac{1}{4}P_2 - \frac{1}{3}P_3
\end{aligned}
\tag{8-20}
$$

将线性方程组(8-20)与条件

$$P_1 + P_2 + P_3 = 1$$

联立求解，得到

$$P = \left(\frac{7}{35},\frac{8}{35},\frac{20}{35}\right)$$

这与前面的结论相同.

确定表示一个马尔可夫过程是定常态分布的线性方程组的一种简便方法是使用流体流动进行类比. 流体流入或流出每个状态. 为使系统保持平衡，流体流入每个状态的速率一定等于流体流出该状态的速率. 例如，在图8-7中，流体从状态1流出的速率为 $1/3 + 2/3 = 1 \times P_1$. 流体从状态2流回到状态1的速率为 $1/4 \times P_2$，从状态3流回到状态1的速率为 $1/4 \times P_3$，于是我们有条件

$$P_1 = \frac{1}{4}P_2 + \frac{1}{4}P_3$$

将[流出]=[流入]的原理应用于另两个状态也一样，于是得到了方程组

$$
\begin{aligned}
P_1 &= \frac{1}{4}P_2 + \frac{1}{4}P_3 \\
\frac{1}{2}P_2 &= \frac{1}{3}P_1 + \frac{1}{12}P_3 \\
\frac{1}{3}P_3 &= \frac{2}{3}P_1 + \frac{1}{4}P_2
\end{aligned}
\tag{8-21}
$$

263～265

它相当于方程组(8-20). 我们称方程组(8-21)为马尔可夫过程模型的**平衡方程**，它们表示每个状态流入速率和流出速率平衡的条件.

在8.1节我们提到了遍历的马尔可夫链将总是趋于定常态的结论. 现在

我们将论述对于马尔可夫过程的相应结果．一个马尔可夫过程被称为是**遍历的**，如果对于每一对状态 i 和 j，都可能通过有限步的转移从状态 i 跳到状态 j. 有一个定理保证了一个遍历的马尔可夫过程总会趋于定常态．此外，X_t 的分布趋于相同的定常态分布，且与系统的初始状态无关．(参见[Cinlar (1975), p. 264].) 令

$$P(t) = (P_1(t), \cdots, P_m(t))$$

表示马尔可夫过程当前的概率分布．则这个定理说的是，对于状态空间上任何的初始概率分布 $P(0)$，我们将总可以看到当 $t \to \infty$ 时，马尔可夫过程状态向量 X_t 的概率分布 $P(t)$ 收敛于相同的定常态分布

$$P = (P_1, \cdots, P_m)$$

描述概率分布 $P(t)$ 动态性质的微分方程组(8-18)可以写成矩阵的形式：

$$P'(t) = P(t)A \tag{8-22}$$

其中 $A = (a_{ij})$ 是速率矩阵．这是在空间

$$S = \{x \in \mathbb{R}^m: \ 0 \leqslant x_i \leqslant 1; \ \Sigma x_i = 1\} \tag{8-23}$$

上的线性微分方程组．我们的定理说的是，如果动力系统(8-22)表示一个遍历的马尔可夫过程，则一定存在唯一稳定的平衡解 P. 进而，对于任何初始条件 $P(0)$，我们将有当 $t \to \infty$ 时，$P(t) \to P$. 关于马尔可夫过程(时间依赖的)瞬时性质的更详细信息可以通过使用通常的方法显式地求解线性方程组(8-22)得到．

现在我们回到例 8.3 的铲车问题．我们希望关于在 t 个月的时间内修理的铲车数量 X_t 组建一个马尔可夫过程的模型．因为工厂仅可以存放 27 台铲车，所以我们有

$$X_t \in \{0, 1, 2, \cdots, 27\}$$

266

问题所允许发生的转移仅仅是从 $X_t = i$ 到 $X_t = i + 1$ 或 $i - 1$. 除了不能从状态 27 向上转移和不能从状态 0 向下转移之外，向上和向下转移的速率分别是 $\lambda = 4.5$ 和 $\mu = 7.3$. 这个问题的速率图表示于图 8-8.

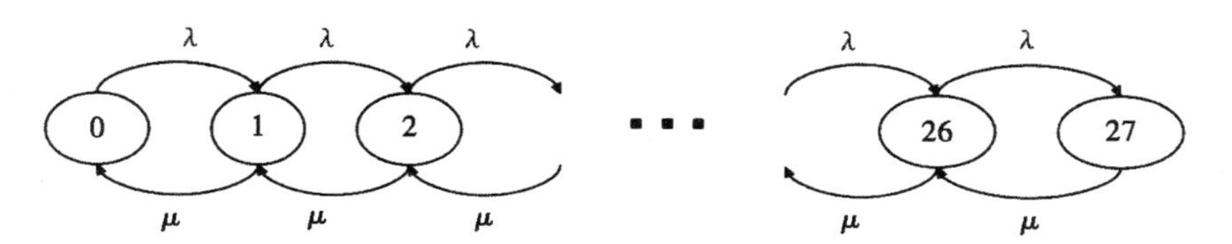

图 8-8 铲车问题的速率图，图中的速率是待修铲车的数量趋于增加和减少的概率

定常态方程 $PA = 0$ 可以通过使用

$$[流出] = [流入]$$

的原理从速率图得到．从图 8-8 我们得到

$$\begin{aligned} \lambda P_0 &= \mu P_1 \\ (\mu+\lambda)P_1 &= \lambda P_0 + \mu P_2 \\ (\mu+\lambda)P_2 &= \lambda P_1 + \mu P_3 \\ &\vdots \\ (\mu+\lambda)P_{26} &= \lambda P_{25} + \mu P_{27} \\ \mu P_{27} &= \lambda P_{26} \end{aligned} \tag{8-24}$$

与

$$\sum P_i = 1$$

联立求解，将得到定常态 $\Pr\{X_t = i\}$. 我们关心

$$\Pr\{X_t > 0\} = 1 - \Pr\{X_t = 0\} = 1 - P_0$$

和

267

$$EX_t = \sum iP_i$$

进行第四步，我们首先依据 P_0 求解 P_1，然后依据 P_1 求解 P_2，等等，对于所有的 $n=1$，2，3，…，27，得到

$$P_n = \left(\frac{\lambda}{\mu}\right)P_{n-1}$$

则对于所有的 n，有

$$P_n = \left(\frac{\lambda}{\mu}\right)^n P_0$$

因为

$$\sum_{n=0}^{27} P_n = P_0 \sum_{n=0}^{27}\left(\frac{\lambda}{\mu}\right)^n = 1$$

所以一定有

$$P_0 = \frac{1-\rho}{1-\rho^{28}}$$

其中 $p=\lambda/\mu$. 这里我们使用了有限项几何级数求和的公式. 对于 $n=1$，2，3，…，27，我们有

$$P_n = \rho^n P_0 = \frac{\rho^n(1-\rho)}{1-\rho^{28}} \tag{8-25}$$

现在 $\rho=\lambda/\mu=4.5/7.3\approx 0.616$，于是 $1-\rho^{28}\approx 0.999\,998\,7$. 因此，对于实用的目的，可以假设 $P_0=1-\rho$，且对于所有的 $n\geqslant 1$，$P_n=\rho^n(1-\rho)$.

268

现在我们计算两个指标的数值. 首先，我们有

$$\Pr\{X_t > 0\} = 1 - P_0 = \rho \approx 0.616$$

其次，我们有

$$
\begin{aligned}
EX_t &= \sum_{n=0}^{27} nP_n \\
&= \sum_{n=0}^{27} n\rho^n(1-\rho)
\end{aligned}
\tag{8-26}
$$

由此可以得到 $EX_t = 1.607$.

概括来说(第五步)，我们考虑一个系统，其中铲车以每月 4.5 台的速率损坏，同时被送到每月能修理 7.3 台铲车的修理厂修理．因为铲车送修理厂的速率大约是修理厂潜在修理能力的60%，所以技工大约有 60% 的时间忙于这一工作．然而，铲车的损坏实质上是随机的，有时即使技工没有误工也会出现在同一时间有多台铲车停在修理厂的情形．事实上，平均一天我们将期望在修理厂看到 1.6 台铲车．对于这一点，我们是说，如果每天跟踪在修理厂的铲车数量，则到年底这些数的平均大约是 1.6. 更详细地，我们期望有如图 8-9 所示的分布．

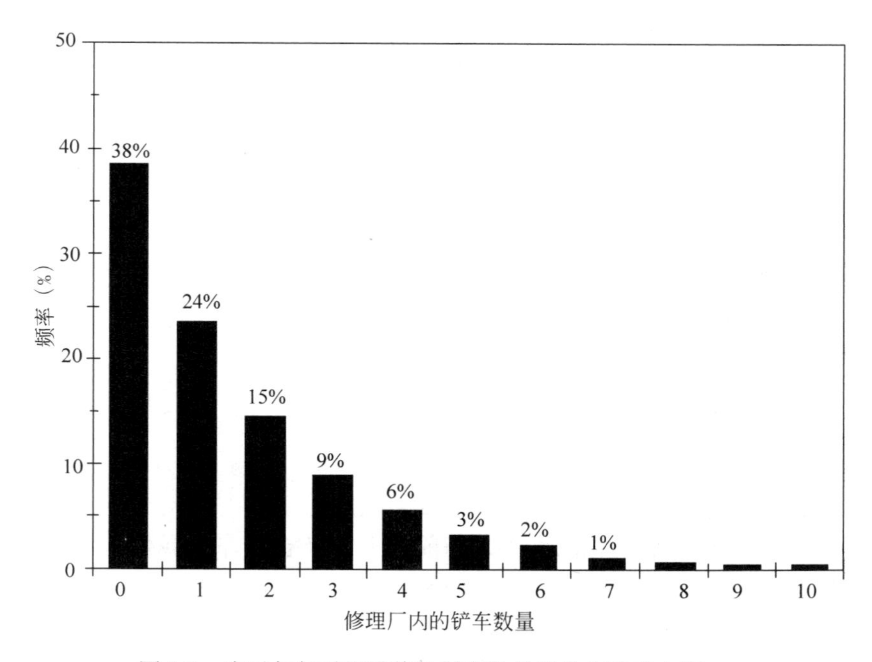

图 8-9　表示任何时间维修的铲车数量的分布的直方图

很明显，这里的情形符合 Murphy 法则．即使工人是努力工作的，一年中 8% 的工作日仍将有 5 台或更多的铲车留在了修理厂．而每 3 天修理一台铲车，这表明大约是三周的积压量．假设一年 250 个工作日，则一年内大约有 20 天出现这个不幸的状况．同时，一项时间的研究表明技工大约有 60% 的时间忙于这部分工作．这个矛盾可以用如下简单的事实来解释，即铲车的损坏并不总是保持均匀的间隔．有时，纯粹由于运气太坏，几台铲车接连损坏，使得技工应接不暇．而有时候两次铲车损坏之间的时间间隔很长，技工又没有工作可做．

这里实际上有两个管理的问题．一个是闲散时间的问题．没有办法回避这种工作的时有时无特征，闲散时间是非常值得关心的．经理也许会考虑在闲散时间安排技工去做其他的工作，这些工作应该是在损坏的铲车到来时很容易被停止的．

第二个问题是工作的积压．有时会有几台铲车在等待修理．这时需要确定是不是在繁忙的时间增派劳动力进行修理的工作，这一问题是需要研究的．(这个问题是本章末习题8的问题．)

269

最后，讨论非常重要的灵敏性和稳健性的问题．这两个特性的度量依赖于比值

$$\rho = \frac{\lambda}{\mu}$$

当前它等于0.616. 关系式

$$\Pr\{X_t > 0\} \approx \rho \tag{8-27}$$

无须进一步解释．如果令 $A = EX_t$ 表示系统的平均数，则(使用 $1 - \rho^{28} \approx 1$)我们有

$$A = \sum_{n=0}^{27} n\rho^n(1 - \rho) \tag{8-28}$$

可以化简为

$$A = \rho + \rho^2 + \rho^3 + \cdots + \rho^{27} - 27\rho^{28}$$

近似地有

$$\rho(1 + \rho + \rho^2 + \rho^3 + \cdots) = \frac{\rho}{1 - \rho}$$

于是得

$$\frac{dA}{d\rho} \approx \frac{1}{(1 - \rho)^2}$$

因此

$$S(A,\rho) \approx 2.6$$

ρ 的小误差不会明显地影响我们基于 $A = EX_t$ 的结论．

我们同样考虑工厂存储面积的大小，当前是 $K = 27$ 台铲车．我们看到，对于中等大小的 ρ(不是特别接近于1)，当继续使用近似公式

$$1 - \rho^{K+1} \approx 1$$

时，这个参数的差别很小．这个近似相当于假设这里对于待修的铲车有无限的存储能力，实际上是假设 $K = \infty$．如果增加更多的存储能力，它并不会改变待修铲车的到达率 λ．于是参数 $\rho = \lambda/\mu$ 将保持不变，工厂性能的两个指标对于 K 是不灵敏的．增加 K(即开辟更多的存储空间)的效果仅仅是增加了可等待修理的铲车数量．

我们用以描述修理厂的模型是*排队模型*的特殊情形．排队模型描述的是一个包含一个或几个用来为到达的顾客服务的设施的系统，这些到达的顾客在没有接受到服务时需要排队等候服务．关于排队模型有大量的文献，包括最新的研究．关于运筹学的教科书(例如，[Hillier 等(1990)])对于初学者来说是很适用的．我们打算放宽的最重要的假设是服务时

270

间服从指数分布．我们有足够的理由认为顾客到达是随机的．基于前面给出的假设 $K=\infty$，对于具有方差 σ^2 的一般服务时间的分布，一个结果表明 $\rho=\lambda/\mu$ 是服务台繁忙的概率且定常态

$$EX_t = \rho + \frac{\lambda^2\sigma^2 + \rho^2}{2(1-\rho)} \tag{8-29}$$

在指数服务时间的情形下，它可以化简为 $\rho/(1-\rho)$，这时 $\sigma=1/\mu$. 从这个公式可以得到一般的结论：随着服务时间的方差的增加，等待修理的车辆的平均数将会增加．于是，关于修理时间的不确定性将会导致更长的等待时间．

8.3　线性回归

最普遍使用的随机模型是假设状态变量的期望值是时间的线性函数．这个模型之所以引人注目，不仅是因为它的应用范围很广，还因为有很好的软件工具．

例 8.5　私人家庭可调节的抵押贷款率(Adjustable-Rate Mortgages，ARM)通常是基于联邦家庭贷款银行制定的若干市场指数之一确定的．贷款者的抵押贷款是依据每年 5 月美国的一年期公债(one-year Constant Maturity，CM1)到期的指数来调节的．从 1986 年 6 月开始的三年期间的历史资料列于表 8-1(来源：美国联邦储备委员会)．使用这些信息给出下一次调节时，即 1990 年 5 月这个指数的估计值．

表 8-1　可能的抵押贷款调节率指数

	TB3	TB6	CM1	CM2	CM3	CM5
6/86	6.21	6.28	6.73	7.18	7.41	7.64
7/86	5.84	5.85	6.27	6.67	6.86	7.06
8/86	5.57	5.58	5.93	6.33	6.49	6.80
9/86	5.19	5.31	5.77	6.35	6.62	6.92
10/86	5.18	5.26	5.72	6.28	6.56	6.83
11/86	5.35	5.42	5.80	6.28	6.46	6.76
12/86	5.49	5.53	5.87	6.27	6.43	6.67
1/87	5.45	5.47	5.78	6.23	6.41	6.64
2/87	5.59	5.60	5.96	6.40	6.56	6.79
3/87	5.56	5.56	6.03	6.42	6.58	6.79
4/87	5.76	5.93	6.50	7.02	7.32	7.57
5/87	5.75	6.11	7.00	7.76	8.02	8.26
6/87	5.69	5.99	6.80	7.57	7.82	8.02
7/87	5.78	5.86	6.68	7.44	7.74	8.01
8/87	6.00	6.14	7.03	7.75	8.03	8.32
9/87	6.32	6.57	7.67	8.34	8.67	8.94
10/87	6.40	6.86	7.59	8.40	8.75	9.08
11/87	5.81	6.23	6.96	7.69	7.99	8.35
12/87	5.80	6.36	7.17	7.86	8.13	8.45
1/88	5.90	6.31	6.99	7.63	7.87	8.18
2/88	5.69	5.96	6.64	7.18	7.38	7.71

（续）

	TB3	TB6	CM1	CM2	CM3	CM5
3/88	5.69	5.91	6.71	7.27	7.50	7.83
4/88	5.92	6.21	7.01	7.59	7.83	8.19
5/88	6.27	6.53	7.40	8.00	8.24	8.58
6/88	6.50	6.76	7.49	8.03	8.22	8.49
7/88	6.73	6.97	7.75	8.28	8.44	8.66
8/88	7.02	7.36	8.17	8.63	8.77	8.94
9/88	7.23	7.43	8.09	8.46	8.57	8.69
10/88	7.34	7.50	8.11	8.35	8.43	8.51
11/88	7.68	7.76	8.48	8.67	8.72	8.79
12/88	8.09	8.24	8.99	9.09	9.11	9.09
1/89	8.29	8.38	9.05	9.18	9.20	9.15
2/89	8.48	8.49	9.25	9.37	9.32	9.27
3/89	8.83	8.87	9.57	9.68	9.61	9.51
4/89	8.70	8.73	9.36	9.45	9.40	9.30
5/89	8.40	8.39	8.98	9.02	8.98	8.91
6/89	8.22	8.00	8.44	8.41	8.37	8.29

我们将使用五步方法．第一步是提出问题．我们试图估计描述随机波动且随时间而增长的变量将来的变化趋势．令 X_t 表示 1986 年 5 月以后第 t 月美国的一年期公债到期的指数．图 8-10 给出了 $t=1$，…，37 时 X_t 的散点图．我们希望估计 X_{48}．如果假设 X_t 部分地依赖于随机元素，则我们不能期望精确地预测 X_{48}．最好是得到平均值 EX_{48} 和不确定性大小的某种度量．目前我们将专注于得到 EX_{48} 的估计，而把其他的内容放在灵敏性分析中讨论．

271～272

第二步是选择建模的方法．我们将使用线性回归的方法组建这个模型．

线性回归模型假设

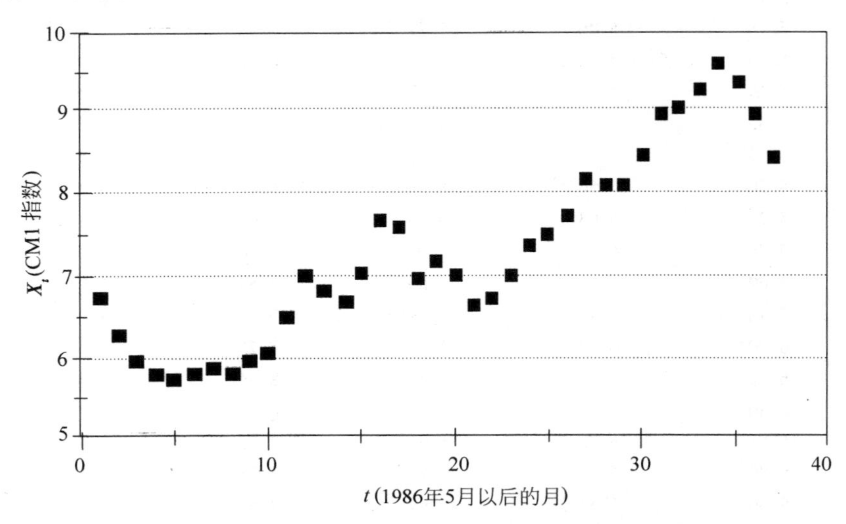

图 8-10　ARM 问题中 CM1 指数与时间的散点图

$$X_t = a + bt + \varepsilon_t \tag{8-30}$$

其中 a 和 b 是实常数，ε_t 是表示随机波动效应的随机变量．假设

$$\varepsilon_1, \varepsilon_2, \varepsilon_3, \cdots$$

是独立同分布的，且均值为 0. 一般还假设 ε_t 是正态的，也就是对于某个 $\sigma > 0$，随机变量

$$\frac{\varepsilon_t}{\sigma}$$

服从标准正态分布．在由 ε_t 表示的随机波动是相当大量的随机因子相加的结果的情形下，根据中心极限定理，这个正态性的假设是正确的．(正态密度和中心极限定理在 7.3 节作了介绍．)

因为误差项 ε_t 的均值为 0,

$$EX_t = a + bt \tag{8-31}$$

估计 EX_t 的问题就化为估计参数 a 和 b 的问题了．如果在图 8-10 上画出直线

273

$$y = a + bt \tag{8-32}$$

我们希望数据点(CM1 图上的小方块)位于这条直线的附近，某些在上面，某些在下面．由参数 a 和 b 的最优估计所表示的最佳拟合直线将最小化数据点与直线之间的偏离程度．

给定一组数据点

$$(t_1, y_1), \cdots, (t_n, y_n)$$

我们使用数据点$(t_i,\ y_i)$和回归直线(8-32)上 $t = t_i$ 的点之间的垂直距离

$$|y_i - (a + bt_i)|$$

度量回归线的拟合优度．为了避免绝对值符号在优化问题上带来的麻烦，我们使用

$$F(a,b) = \sum_{i=1}^{n} (y_i - (a + bt_i))^2 \tag{8-33}$$

来度量整体的拟合优度．

最佳的拟合直线将由目标函数(8-33)的全局最小值所表征．令偏导数 $\partial F/\partial a$ 和 $\partial F/\partial b$ 等于零，得到

$$\begin{aligned} \sum_{i=1}^{n} y_i &= na + b\sum_{i=1}^{n} t_i \\ \sum_{i=1}^{n} t_i y_i &= a\sum_{i=1}^{n} t_i + b\sum_{i=1}^{n} t_i^2 \end{aligned} \tag{8-34}$$

关于两个未知参数 a 和 b 求解这两个线性方程．

回归方程(8-32)预测的效率的估计可以如下得到：令

$$\bar{y} = \frac{1}{n}\sum_{i=1}^{n} y_i \tag{8-35}$$

表示数据点 y 的平均值，且对于每个 i，令

$$\hat{y}_i = a + bt_i \tag{8-36}$$

任意数据点与平均值之间的差 $y_i - \bar{y}$ 可以表示为如下的和式：

$$y_i - \bar{y} = (y_i - \hat{y}_i) + (\hat{y}_i - \bar{y}) \tag{8-37}$$

式(8-37)右端的第一项表示误差(数据点距回归线的垂直距离)，第二项表示在回归线上 y 的改变量．通过简单的代数变换，可以看出

274

$$\sum_{i=1}^{n}(y_i - \bar{y})^2 = \sum_{i=1}^{n}(y_i - \hat{y}_i)^2 + \sum_{i=1}^{n}(\hat{y}_i - \bar{y})^2 \tag{8-38}$$

统计量

$$R^2 = \frac{\sum_{i=1}^{n}(\hat{y}_i - \bar{y})^2}{\sum_{i=1}^{n}(y_i - \bar{y})^2} \tag{8-39}$$

度量了在全部的变化中由回归线解释的部分．总变差中剩余的部分是随机误差，也就是 ε_t 的影响．如果 R^2 接近于1，则数据点非常接近直线．如果 R^2 接近于0，则数据点相当随机．

许多教学实验室的计算机都装有用于统计分析的软件包，它可以根据数据集自动地计算 a，b 和 R^2．对于许多个人计算机，一些同样类型的价格便宜的软件也是可用的，甚至某些计算器也有内置的线性回归函数．对于本书中的线性回归问题，这些方法中的任何一个都是足够的．我们不建议用手算来解决这些问题．

第三步是推导模型的数学表达式．令 X_t 表示1986年5月后第 t 月CM1指数的值，且假设模型为(8-30)式给出的线性回归模型．数据是

$$\begin{aligned}(t_1, y_1) &= (1, 6.73)\\ (t_2, y_2) &= (2, 6.27)\\ &\vdots\\ (t_{37}, y_{37}) &= (37, 8.44)\end{aligned} \tag{8-40}$$

最佳的拟合回归线是通过求解线性方程组(8-34)来求出 a 和 b 得到．拟合优度统计量 R^2 能够由(8-39)式得到．使用这个线性回归模型的计算工具，可避免大量繁杂的计算．

第四步是求解这个模型．我们使用Minitab统计软件包就得到回归直线

$$y = 5.45 + 0.0970t \tag{8-41}$$

和

$$R^2 = 83.0\%$$

(参见图 8-11.)为此，我们首先将 CM1 数据输入 Minitab 工作表的一列，将时间指数 $t=1$，2，3，…，37 输入另一列．然后通过下拉菜单发出命令 Stat > Regression > Regression，并指定 CM1 数据为响应，而时间指数数据为预测因子．为了得到 $t=48$ 的预测区间，在回归窗口中选择 Options 按钮，并在 Prediction intervals for new observations 框中输入“48”．如果使用不同的统计软件包、带有回归工具的电子表格软件甚至手算计算器(可能不具备预测区间这样的特征)，这一过程的细节和得到的输出基本上是类似的．

275

```
The regression equation is
cm1 = 5.45 + 0.0970 t

Predictor       Coef   SE Coef      T      P
Constant      5.4475    0.1615  33.73  0.000
t           0.096989  0.007409  13.09  0.000

S = 0.481203   R-Sq = 83.0%   R-Sq(adj) = 82.6%

Unusual Observations

Obs    t     cm1     Fit  SE Fit  Residual  St Resid
  1  1.0  6.7300  5.5445  0.1551    1.1855     2.60R

R denotes an observation with a large standardized residual.

Predicted Values for New Observations

New
Obs      Fit  SE Fit         95% CI              95% PI
  1  10.1030  0.2290  (9.6381, 10.5678)  (9.0211, 11.1848)X

X denotes a point that is an outlier in the predictors.

Values of Predictors for New Observations

New
Obs     t
  1  48.0
```

图 8-11 使用统计软件包 Minitab 求解 ARM 问题

(8-41)式给出了穿过数据点(8-40)的最佳拟合直线．图 8-12 是它的图像表示．CM1 指数在 1986 年 6 月到 1989 年 6 月期间平均每月增长 0.097 0. 将 $t=48$ 代入(8-41)式，我们得到 1990 年 CM1 指数的估计值为

276

$$EX_{48} = 5.45 + 0.0970(48) = 10.1$$

因为 $R^2=83.0\%$，所以回归方程说明了 CM1 指数总的变化中的 83%．这就使 EX_{48} 的估计值有相当高的置信水平．当然，由于随机波动的原因，X_{48} 的实际值可能不同．关于这个波动的大致规模的更详细分析将在灵敏性分析中给出．

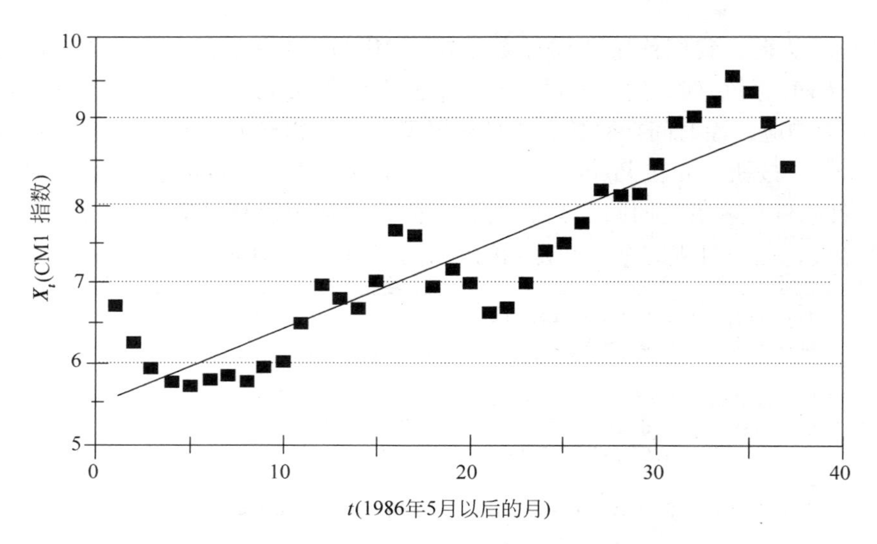

图 8-12　对于 ARM 问题 CM1 指数随时间变化图及回归直线

最后进入第五步．我们得到了关于 CM1 指数每月增长大约 0.097 个点的一般趋势．这个数字是基于前三年的历史观测得到的．基于这一点，我们得到 1990 年 5 月指数的估计值为 10.1. 它大约比 1989 年 5 月高出 1.1 个点，于是 1990 年贷款者应估计到他的 ARM 支出还要增加．

这里最重要的灵敏性分析问题是 X_t 的随机波动量．我们假设在(8-30)的线性回归模型中，ε_t 服从均值为零的正态分布．我们的回归软件包基于这些数据估计的标准差 $\sigma \approx 0.4812$. 换句话说，$\varepsilon_t/0.4812$ 近似于标准正态．大约 95% 的数据点不会在直线(8-41) $\pm 2\sigma$ 之外. 如果它表示了将来波动的大小，则我们有 95% 的置信度期望 X_{48} 应介于 $10.1 \pm 2\sigma$ 之间，即有

277

$$9.1 \leqslant X_{48} \leqslant 11.1$$

在统计软件包中还有更精细的方法，它考虑包含在估计值 EX_{48} 内的附加的不确定性．利用这个方法在 95% 的置信水平下得到 $9.02 \leqslant X_{48} \leqslant 11.19$. 参见图 8-11.

下面我们考虑模型对于非正常的数据值的灵敏性．假设线性模型由(8-30)式给出．多数时间随机误差 ε_t 将是很小的，但是仍然存在使误差较大的小概率，即一个或更多的数据点位于远离回归线的位置．需要考虑我们的算法对于这样的异常点(称为远离点)的灵敏性．

不难看到，对于数据集$(t_1, y_1), \cdots, (t_n, y_n)$，回归线总是通过点$(\bar{t}, \bar{y})$，

$$\bar{t} = \frac{t_1 + \cdots + t_n}{n}$$
$$\bar{y} = \frac{y_1 + \cdots + y_n}{n} \tag{8-42}$$

在我们的模型中，有 $\bar{t}=19$ 和 $\bar{y}=7.29$. 回归程序选择了通过点(19，7.29)的最佳拟合直线. 因为程序的实质是最小化回归线和数据点之间的垂直距离，所以远离点有将回归线拉向它自己的趋势，而不管其他数据点的位置. 当 n 很小时，情况将更糟，因为每一个数据点会有更大的影响. 同样当它与基础点($\bar{t}$，$\bar{y}$)的距离加大时也会更糟，因为越远离回归线影响就越大.

在图 8-11 中，统计软件包 Minitab 标明数据点(1，6.73)是非正常点. 如果将 $t=1$ 代入回归方程，得到

$$\hat{y}_1 = 5.45 + 0.0970(1) = 5.547$$

垂直距离或残差 $y_1-\hat{y}_1$ 是 1.18，这就意味着这个数据点在回归线上大约 2.6 个标准差. 为了确定我们的模型对远离点的灵敏性，删去数据点(1，6.73)，重复回归计算. 图 8-13 显示了这个灵敏性分析的结果.

```
The regression equation is
cm1 = 5.30 + 0.103 t

Predictor        Coef    SE Coef      T      P
Constant       5.3045     0.1554  34.13  0.000
t            0.102634   0.007034  14.59  0.000

S = 0.438450   R-Sq = 86.2%   R-Sq(adj) = 85.8%
```

图 8-13 使用统计软件包 Minitab 对 ARM 问题的灵敏性分析

新的回归方程是

$$EX_t = 5.30 + 0.103t$$

$R^2=86.2\%$. 预测值为 $EX_{48}=5.30+0.103(48)=10.24$，这是 1990 年 5 月 CM1 指数的新估计值. 新的标准差是 0.438 450，因此我们期望 1990 年 5 月 CM1 指数在 $10.24\pm2(0.44)$ 之间. 换句话说，95% 的预测区间为

$$9.36 < X_{48} < 11.12$$

278

更精细的预测区间是使用 Minitab 计算出来的(没有在图 8-13 中显示出来)：$9.24\leqslant X_{48}\leqslant 11.22$. 用任何一种方法得到的结果都大致与前面相同，因此，结论是我们的模型对于远离点不是十分敏感.

主要的稳健性问题是我们对线性模型(8-30)的选择. 更一般地，可以假设

$$X_t = f(t) + \varepsilon_t \tag{8-43}$$

其中 $f(t)$ 表示美国的一年期公债在时间 t 的真实价值，ε_i 表示市场的波动值. 在这个更一般的情形下，线性回归模型表示 $f(t)$ 的线性近似

$$f(t) \approx a + bt \tag{8-44}$$

且在基础点($\bar{t}$，$\bar{y}$)近似度很高. 在图 8-11 中，Minitab 标明了点 $t=48$ 远离中心点 $t=19$. 对

于 $1 \leqslant t \leqslant 37$，我们有数据和在这个区间上线性关系的强有力的证据（$R^2=83\%$）. 换句话说，线性近似(8-44)在这个区间上至多包含有一个小的百分数的误差. 然而，当我们从这个区间移出时，肯定会增大这个线性近似所包含的误差. 另一个稳健性问题来自于随机误差 ε_t 是独立同分布的假设. 有一个更复杂的模型考虑到了随机变量间的依赖性. 我们将在 8.5 节探讨这一问题.

我们的线性回归模型是时间序列模型的简单的例子. 时间序列模型是随时间变化的一个或多个变量的随机模型. 许多经济学的预报可以用时间序列模型处理. 更复杂的时间序列模型描述了几个变量的交互和这些变量的随机波动的依赖性. 时间序列分析是统计学的一个分支. 下一节将介绍时间序列分析的基本知识. 要学习更多有关时间序列模型的内容，可以阅读书籍[Box 等(1976)].

279

8.4　时间序列

时间序列是随时间变化的一个随机过程，通常是在固定的时间区间上观测. 每天的温度和降雨量、每月的失业率以及年收入都是时间序列的典型例子. 时间序列建模的基本工具是 8.3 节介绍的线性回归. 因此，这一节可以看成是 8.3 节的继续，将进一步介绍一些应用和方法. 下面我们讨论的例题仍然是上一节提到的 ARM 问题的继续. 这一节需要进行多重回归，也就是具有多个预测因子的线性回归的数值实现. 统计软件包(例如 SAS、SPSS)或电子表格软件(如 Excel)是必要的. 因为依靠手算来解决这些问题是不可能的，所以全部的计算公式都不会给出.

例 8.6　再来考虑例 8.5 的 ARM 问题，但是，现在考虑不同时间的抵押指数之间的关系. 使用前面所提供的 1986 年 6 月到 1989 年 6 月 CM1 指数的资料回答和前面相同的问题：估计 1990 年 5 月 CM1 指数的数值.

我们将使用五步方法. 第一步与前面相同，此外我们还希望考虑在不同的时间 CM1 指数之间的依赖关系. 我们试图估计一个变量随时间变化的趋势，这个变量伴随着某些随机波动展现出增长的趋势. 令 X_t 表示 1986 年 5 月后第 t 月美国的一年期公债到期的指数(CM1). 图 8-10 给出了 $X_t(t=1, \cdots, 37)$的图像. 我们希望估计 X_{48}. 假设 X_t 依赖于时间 t，以及前面的数值 X_{t-1}，X_{t-2}，$\cdots$，并且是随机的变量. 于是，我们希望预测平均值 EX_{48}，并且对不确定性作出估计.

第二步是选择建模的方法. 我们将使用时间序列模拟这个问题并且拟合一个自回归模型.

时间序列是一个随时间 $t=0, 1, 2, \cdots$ 按照某个随机模式变化的随机变量序列 $\{X_t\}$. 时间序列模型的关键是其模式. 典型的假设是在**平稳的时间序列**中附加一个**趋势**. 这个趋势是随时间变化的非随机函数，它表示了序列的平均状态. 一旦这个趋势被移走了，剩下的将是一个平均为 0 的时间序列，我们希望模拟这个依赖结构. 最简单的情形是剩余的时间序列包含的是独立随机变量. 问题是要找到这些变量之间的依赖性. 我们将用**协方差**来度量变量间的依赖性. 对于两个随

机变量 X_1 和 X_2，它们之间的协方差为

$$\mathrm{Cov}(X_1, X_2)=E[(X_1-\mu_1)(X_2-\mu_2)],$$

其中 $\mu_i=E(X_i)$ 为期望值或平均值．协方差度量了两个变量之间的线性关系．如果 X_1 和 X_2 是独立的，则它们的协方差 $\mathrm{Cov}(X_1, X_2)=0$. 正的协方差意味着高于平均的 X_1 值很可能找到高于平均值的 X_2 与它为伴，同样，较低的 X_1 值通常会与较低的 X_2 值在一起．例如，如果 X_1 是一个人的收入，X_2 是他的所得税，则 $\mathrm{Cov}(X_1, X_2)$ 将是正的．你不可能仅仅依赖一个人的收入来推断他应交的所得税是多少，但是你完全可以确信某个高收入的人要缴纳更多的税，而低收入的人缴纳的所得税要少．在数学上，$(X_1-\mu_1)$ 是收入与均值的离差，$(X_2-\mu_2)$ 也同样．协方差是平均了它们的乘积．如果其中之一的趋势是正的而另一个也趋向于正，且一个是负的另一个也趋向于负，则协方差是正的，它表明二者有**正向关系**．再举一个例子，一个城镇住房的中间价格 X_1 与这个城镇拥有住房的家庭的百分率 X_2 负相关．其中 μ_1 是所有城镇住房的中间价格，μ_2 是所有城镇拥有住房的家庭的百分率的平均数．当 $X_1-\mu_1$ 是正的时，$X_2-\mu_2$ 很可能是负的，反之亦然，于是，它们的平均 $\mathrm{Cov}(X_1, X_2)$ 将是负的，表明这两个变量之间有**负向关系**．要指出这里提到的相关仅仅是描述了线性关系．看一个例子，这里 X_1 是汽车轮胎内的气压，X_2 是轮胎的寿命．如果 X_1 接近于平均值 μ_1，即标定的气压，则 X_2 将是最长的．如果 X_1 小于或者大于这个平均值，X_2 将会减少．协方差就反映不出这类关系．最后要指出的是，由于 $\mathrm{Var}(X)=\mathrm{Cov}(X, X)$，在这个意义下协方差可以理解为方差的推广．

280

协方差的一个紧密的衍生概念是**相关**

$$\rho=\mathrm{corr}(X_1, X_2)=\frac{\mathrm{Cov}(X_1, X_2)}{\sigma_1\sigma_2}=E\left[\frac{(X_1-\mu_1)}{\sigma_1}\frac{(X_2-\mu_2)}{\sigma_2}\right]$$

它是协方差的无量纲形式．其中 $\sigma_i^2=\mathrm{Var}(X_i)$ 是方差，因此 σ_i 是随机变量 X_i 的标准差．因为 μ_i 和 σ_i 二者与 X_i 的单位相同，式中的单位就被削去了，留下了一个依赖性的无量纲测度．再有，如果 X_1 和 X_2 是独立的，则 $\mathrm{corr}(X_1, X_2)=0$，我们说 X_1 和 X_2 是无关的．还可以证明这个相关性的统计量对于所有的情况都有 $-1\leqslant\rho\leqslant 1$，极端情形 $\rho=\pm 1$ 对应于 X_2 是 X_1 的线性函数这种理想的依赖关系．如果 $\rho>0$，我们说 X_1 和 X_2 是**正相关的**；如果 $\rho<0$，我们说它们是**负相关的**．

在时间序列中，相关是度量依赖性的有用工具．在课文中我们称 $\rho(t, h)=\mathrm{corr}(X_t, X_{t+h})$ 为时间序列的**自相关函数**．它度量了在不同的时期时间序列之间的序列依赖性．时间序列被称为是**平稳的**(或者有时称为是**弱平稳的**)，如果其均值 $E(X_t)$ 和自相关函数 $\rho(x, t)$ 在时间上是常数．在时间序列分析中，经常需要使用将序列的**趋势分离**以得到某些平稳的序列的方法．在例 8.5 中，我们使用回归的方法辨识一个线性关系 $a+bt$ 以便在 CM1 时间序列 X_t 中将它分离得到一个零

281

平均(中心的)误差项 ε_t，将它模拟为独立同分布的变量．在时间序列分析上下文中，称它为**随机噪声**．它是最简单的中心时间序列．更一般地，人们希望中心序列至少是平稳的，随着时间的变化具有相同的相关结构．有不同的方法来检验平稳性，最简单的是画出误差 ε_t 随时间变化的图像，观察它服从某个(随机)模式的表现．非平稳性的一个典型表现是 ε_t 随时间的分布加宽或者变窄．这称为**异方差性**，意味着方差是变化的．一旦一个中心时间序列是平稳的，我们就可以尝试模拟其协方差的结构．最简单有用的模型称为**自回归过程**

$$X_t = a + bt + c_1 X_{t-1} + \cdots + c_p X_{t-p} + \varepsilon_t \tag{8-45}$$

为方便起见，我们把趋势也包含在模型中．参数 p 称为自回归过程的**阶**，有时将它简记为 AR(p)．在线性回归上下文中，我们能够使用将观测值 X_t 关于多个预测因子进行回归的方法拟合一个自回归过程的参数．首先像 8.3 节那样选择预测因子 t. 其余的预测因子是先前的观测值 X_{t-1}，…，X_{t-p}．现在的问题是如何选取合理的参数 p 值，有两个方法实现它．一个方法是关注 R^2 的数值，它度量了当 X_t 被选为预测因子时的可变性有多大．因为任何附加的数据都会对预测结果有一定程度的改进，所以加上一个预测因子总能使得 R^2 增加．然而，为了一个很小的增量是不值得再多添加另一个因子的．于是，我们可以一个一个地添加预测因子 X_{t-1}，X_{t-2}，…，直到因子的添加使得 R^2 的改善达到最小．有些软件包也输出一个调整过的 R^2 值，它包含了一个当增加预测因子的个数时的罚值．如果这个调整是适当的，人们就可以简单地增加预测因子直到调整过的 R^2 开始减少为止(或者更一般地，考虑几个模型，挑选具有最大的调整过的 R^2)．这样的软件包还列出**序贯平方和**，可以将其解释为 R^2 统计量的延伸．回忆简单的(一个预测因子)线性回归模型，关于 R^2 的公式(8-39)就是回归值 $(\hat{y}_i - \bar{y})$ 的平方和除以全体变化 $(y_i - \bar{y})$ 的平方和．序贯平方和刚好是一个预测因子每次回归的平方和中单个的成分，它可以用于度量增加每个因子时发生的变化．序贯平方和是另一种度量引入另一个预测因子时的增加值的方式，本质上说它相当于考虑 R^2 值的改变．估计的回归系数 a，b 和 c_i 的 **p－值**中包含有附加的信息．p－值表明这个参数值偶然出现的可能性，甚至于这个预测因子是不属于模型的(或者相当于它以系数 0 属于这个模型)．因此，一个小的 p－值(比如说 $p < 0.05$)意味着有很强的证据表明这个因子是属于模型的．然而，当使用 R^2 作为指标时，p－值的显著性是不重要的，因为一个因子可以显著地与我们将要预报的因变量 X_t 相关，但是，它仅仅能增加很少的信息．因此，我们也可能不会考虑将它包含在模型中．这就是所谓的**吝啬原理**．建模时，在不牺牲预测能力的前提下，模型越简单越好．

282

自回归建模的第二个方法是考虑时间序列模型的**残差**，即误差项 ε_t 的估计值．一旦我们由回归给出了参数 a，b 和 c_i 的估计，就可以使用公式

$$\varepsilon_t = X_t - (a + bt + c_1 X_{t-1} + \cdots + c_p X_{t-p})$$

来估计误差．因为我们的目的是将足够的因子包括在模型中以便于发现它们之间的依赖结构，所以我们希望作为结果的ε_t序列是一个不相关的噪声序列．可以通过计算残差的自相关函数来检验这一点．许多统计软件包都会自动地计算残差和它们的自相关函数，也会计算自相关函数$\rho(h)$的p－值或误差条形图．误差条形图表示了在噪声序列的情形下$\rho(h)$的可能值，这些条形图以外的数值(同样由较低的p－值所标示，例如小于0.05)表明了一个统计上的显著相关．因为自相关函数设想了一个平稳过程，所以它也可用于对图形显示的残差进行检验．

第三步是推导模型的数学表达式．我们将使用带有线性趋势的自回归时间序列来模拟自1986年5月之后t个月时间的CM1指数X_t. 因此，假设关系式(8-45)对于某些常数a，b，c_1，…，c_p和某个误差ε_t是成立的．为了选择适当的参数p值，我们将考虑一个序列逐渐复杂的模型，即$p=0, 1, 2, \cdots$，直到得到一个满意的结果为止，这个模型具有不相关的残差噪声序列并且包括(所希望的)最少个数的预测因子．于是，我们能够估计(预测)在$t=48$(即1990年5月)时的CM1指数X_t的数值．

283

第四步是求解问题．我们将使用统计软件包Minitab，它具有便捷的多重回归、时间序列分析和图形显示的功能．我们从更详细地检验例8.5模拟的结果开始．在那里我们拟合了一个形如$X_t=a+bt+\varepsilon_t$的简单线性回归模型．结果总结在图8-11中．最佳拟合回归直线由$a=5.45$和$b=0.097$给出，它表明CM1指数X_t向上的趋势．统计量$s=0.48$估计了误差ε_t的标准差，统计量R^2表明这个趋势预测了CM1指数X_t 83%的变化．两个参数a和b的p－值为0.000，有很强的统计学的显著性，表明这些参数是不等于零的．后面的分析和预测将基于假设了误差ε_t是独立同分布的噪声序列的简单回归模型．我们现在就使用图形显示和相关函数来检验这个假设．

就像8.3节所描述的那样，使用参数a和b的估计值以及方程$\varepsilon_t=X_t-(a+bt)$就可以计算残差或估计的误差．预测值$\hat{y}_t=a+bt$与原始数据一起画在图8-12中．残差是数据值与回归直线之间的垂直偏差$(y_t-\hat{y}_t)$，其中$y_t=X_t$是CM1指数的第t个观测值．例如，第2个数据值是$y_2=6.27$，拟合值是$\hat{y}_2=5.45+0.097\times2=5.64$，于是，得到残差为$y_2-\hat{y}_2=0.63$，表明在图8-12中第2个数据点位于回归直线上方0.63个单位．

图8-14给出了残差的图像．它是由Minitab计算出来的，在回归(regression)窗口中点击Storage按钮，并检查Residuals框．在Minitab中同样可以画图，使用命令Graph > Scatterplot. 数据看起来是平稳的，因为这些数值的散布似乎不是随着时间t而增加或者减少的. 然而，它表明这里可能存在某些序列的依赖性，特别是对于$t\geqslant20$的情形，这时似乎有向上的趋势．这可能告诉我们许多事情，包括非平稳性、序列依赖结构发生变化或者某些相关．

更进一步地研究，我们计算残差的自相关函数．图8-15给出了将Minitab命令Stat > Time Series > Autocorrelation应用于作为回归计算的一部分存储的残差所得到的计算结果. 竖直的条形线表示相关函数$\rho(h)=\mathrm{corr}(\varepsilon_t, \varepsilon_{t+h})$，它是时间滞后$h=1, 2, 3, \cdots$的函

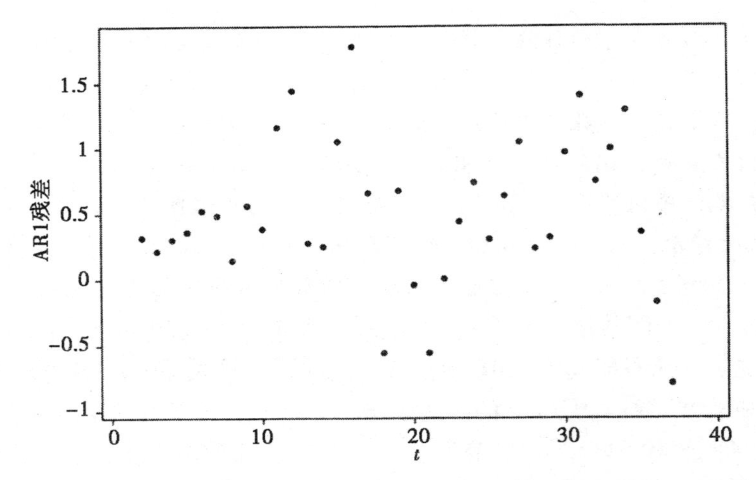

图 8-14　对于方程(8-30)的简单回归模型不同时间的 CM1 残差 ε_t 的图像

数，点画线表示 95% 误差条线．这里所画的自相关函数是模型自回归的统计估计，误差条形线表示无关的噪声序列的统计估计的正常变化范围．因此，条形线外面的数值显示出具有非零自相关的强有力的证据．在图 8-15 中，第一个值 $\rho(1)$ 明显在条形线的外面．这表明在简单的回归得到的残差 ε_t 中存在一连串的相关，显然为了得到简单的不相关的(白)噪声序列需要更复杂的模型．这类很强的正相关就能够产生图 8-14 中所看到的那种趋势，因为一个较大的正数 ε_t 使得它下面的一个数值很可能是大的，一直下去．

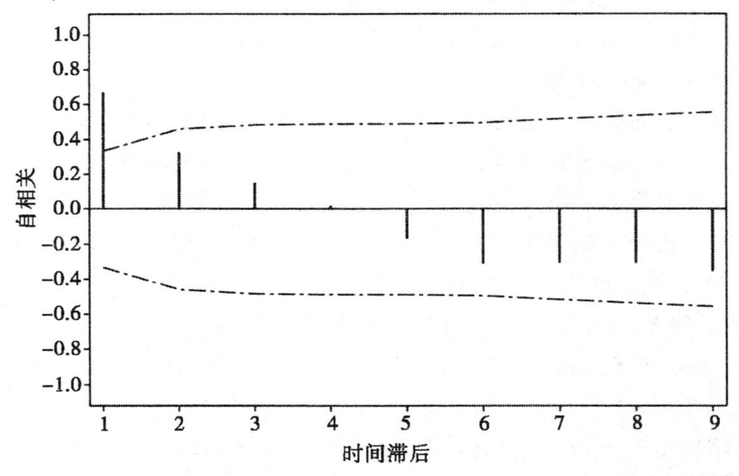

图 8-15　对于方程(8-30)的简单回归模型，CM1 的残差 ε_t 的自相关函数随时间滞后的变化

现在我们考虑关于 CM1 指数时间序列数据的更复杂的自相关时间序列模型(8-45)．我们的目标是根据过程的过去历史资料寻找一个预测因子的个数 p，使得它在某种意义下是最优的．从 $p=1$ 和一个预测因子 X_{t-1} 开始重复回归的程序．首先，准备另外的一列数 X_{t-1}，它是将 CM1 指数向下平移一个位置得到的．使用简单的“复制”(copy)和“粘贴”

(paste)或者 Minitab 命令 Stat > Time Series > Lag 就可以实现．在滞后的这一列中，最后的一个 CM1 指数值必须要拿掉，因为统计软件包要求作为预测数据的预测因子的长度必须是相同的(这组数据的第一个位置是空白的或是缺失的，在 Minitab 中在这个位置由“ * ”表示)．对于不同的软件包，要求是不同的，但是步骤是类似的．现在我们就可以重复回归命令并存储计算的结果．

图 8-16 显示了 Minitab 计算机输出的部分内容．回归方程是 $X_t = 1.60 + 0.033t + 0.698X_{t-1}$，其中 X_t 是 1986 年 5 月后第 t 个月的 MC1 指数．它表明一个连同后来的几个月 CM1 指数之间的依赖关系一起的增长趋势．统计量 $R^2 = 94.1\%$ 表明趋势和最后一个月的 CM1 指数的组合预测了这个月 CM1 指数变化的 94.1%．这是对于例 8.5 的简单回归模型所得到的 $R^2 = 83.0\%$ 的一个显著改进．

284 ~ 285

```
The regression equation is
CM1 = 1.60 + 0.0330 t + 0.698 X(t-1)

Predictor      Coef   SE Coef     T      P
Constant     1.5987    0.5652  2.83  0.008
t           0.03299   0.01144  2.88  0.007
X(t-1)       0.6977    0.1046  6.67  0.000

S = 0.290471   R-Sq = 94.1%   R-Sq(adj) = 93.8%

Analysis of Variance

Source          DF      SS      MS       F      P
Regression       2  44.676  22.338  264.75  0.000
Residual Error  33   2.784   0.084
Total           35  47.460

Source   DF  Seq SS
t         1  40.924
X(t-1)    1   3.752
```

图 8-16　使用统计软件包 Minitab 得到的 ARM 问题的自相关模型

这里，调整的 $R^2 = 93.8\%$ 同样也高于例 8.5 的图 8-11 中的 82.6%，附加的证据表明自回归模型是更优越的．方差分析的统计给出了 R^2 的计算的更多细节．回忆公式(8-39)，我们看到 R^2 是两个平方和的比值．回归平方和 $\sum_i (\hat{y}_i - \bar{y})^2 = 44.676$ 和总变化的平方和 $\sum_i (y_i - \bar{y})^2 = 47.460$．这二者之比为 $R^2 = 44.676/47.460 = 0.941$. 序贯平方和表给出 44.676 的剩余平方和中有 40.924 来自于第一个预测因子 t，多余的 3.752 来自于第二个预测因子 X_{t-1}. 如果我们按相反的顺序列出这两个因子，计算结果会有变化，因为这两个预测因子 t 和 X_{t-1} 是不完全独立的，但是它们之和仍然是 44.767. 我们还指出常数 $a = 1.598\ 7$ 的 p - 值是 0.008，预测因子 t 的系数 $b = 0.032\ 99$ 的 p - 值是 0.007，X_{t-1} 的系数 $c_1 = 0.697\ 7$ 的 p - 值是 0.000. 这些附加的证据表明所有这些系数从统计学上讲是显著不等于零的，应该包含在模型之中．

图 8-17 给出了拟合模型 $1.60+0.033t+0.698\ X_{t-1}$ 连同数据 X_t 的图像以检验拟合的效果．看起来这个拟合的结果要优于图 8-12 所给出的简单回归直线．X_{48} 的预测可以由 $t=37$ 开始反复计算方程 $X_t=1.60+0.033t+0.698X_{t-1}$ 来实现(例如，使用手算或者电子表格软件计算)，可以得到

286

$$X_{38}=1.60+0.0330\times 38+0.698\times 8.44=8.75$$
$$X_{39}=1.60+0.0330\times 39+0.698\times 8.75=8.99$$
$$\vdots$$
$$X_{48}=1.60+0.0330\times 48+0.698\times 10.16=10.28.$$

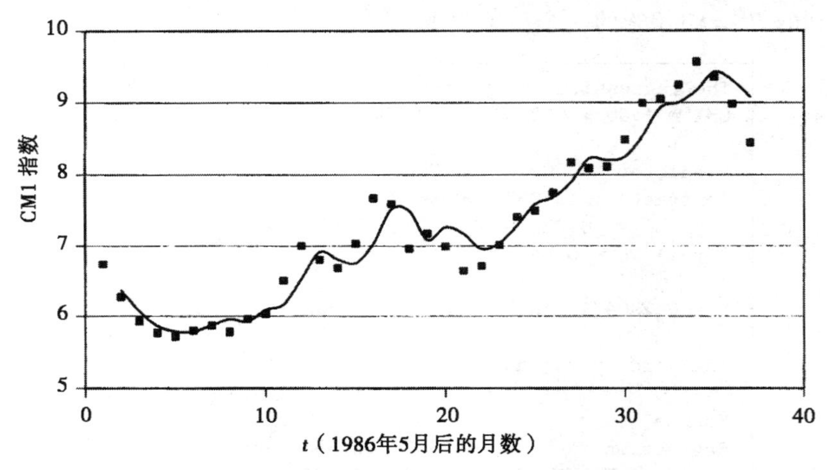

图 8-17　拟合了方程(8-45)当 $p=1$ 时的自回归模型的 CM1 指数随时间 t 变化的图像

于是我们可以预测 1990 年 5 月 CM1 指数值为 10.28. 使用模型 $X_t=1.60+0.033t+0.698X_{t-1}+\varepsilon_t$ 连同估计的 ε_t 的标准差 0.290 471，我们(以 95% 信度)预测 1990 年 5 月 CM1 指数将在 $10.28\pm 2\times 0.29$ 之间，或者换句话说，在 9.7 和 10.9 之间．这是一个比例 8.5 更加精确的估计，因为回归的模型拟合得更紧密，误差的标准差更小．从图形上说，标准差是指数据点距离预测线的垂直变化，因此紧密的拟合就给出了较小的标准差．然而，底部的线与前面的是相同的：贷款者的 ARM 利率在 1990 年可能还要增加．事实上，这个修正的模型给出了比 1990 年 5 月 CM1 指数稍高一些的数值．

287

下面我们检查模型的残差以确定它们是否类似一个无关的(白)噪声序列．图 8-18 显示了这个 AR(1)模型的残差随时间变化的图像．在不存在明显的序列相关的证据方面这个图要比图 8-14 更加令人满意．如同前面所做的那样，我们同样可以检验这些残差的自相关函数，这个图像(这里没有画出)表明不存在序列相关，因为所有的自相关数值均在误差条形线之内．因此，有理由断言对于 $p=1$ 的AR(1) 模型(8-45)包括了几乎所有的 CM1 时间序列的相关性．为了证实这个结论，可以考虑带有三个预测因子 t，X_{t-1} 和 X_{t-2} 的回归模型．我们将这个分析的细节作为练习(习题 19)留给读者．

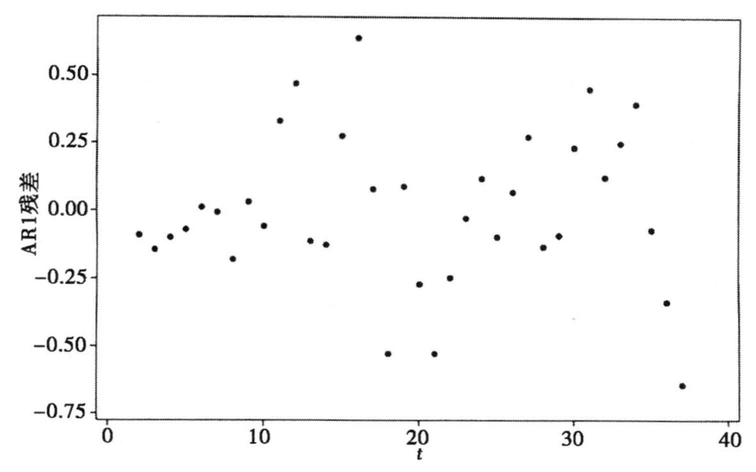

图 8-18　对于 $p=1$ 时方程(8-45)的自回归模型，CM1 指数的残差 ε_t 随时间变化的图像

最后，我们进入第五步．例 8.6 可以看做是例 8.5 的稳健性分析．在例 8.5 中我们预测了 1990 年 5 月 CM1 指数为 10.1，高于 1989 年 5 月 CM1 指数 8.98 大约 1.1 个点．这里考虑的更复杂模型给出了一个更精确的稍高一点的估计 10.2. 回到例 8.5，我们在 95% 信度下得到了一个预测区间(9.1，11.1)．在精确的模型中得到了明显缩紧的区间(9.7，10.9)．将这些结果放在一起，我们期望 1990 年 5 月 CM1 指数似乎要稍高于 1989 年 5 月 CM1 指数值 1 个点，同时有理由相信将提高至少 3/4 个百分点．

灵敏性分析应该包括许多因素．例如，$t=16$，37 的两个观测值被 Minitab 作为具有很大的残差的点标志出来(两者均具有高于 2.2 个距平均值的标准差)．因此，我们要对删除的这两个数值进行分析，观察这是否会产生明显的差异．我们需要考虑不同的趋势函数，例如 $a+bt+ct^2$(参考习题 16)或 at^b(参看习题 18，其中我们使用这个趋势去描述设备安置问题的响应时间数据)．我们还需要增加更多的预测因子 X_{t-2}，X_{t-3}，…，检验是否会产生较大的变化(参看习题 19)．各种可能的情况从字面上说是无止境的，需要作出一定的判断. 于是就出现了吝啬原理．我们的目标是基于一组合适的数据得到一个合理的 1990 年 5 月 CM1 指数的估计值．将例 8.5 中的简单回归模型精确化到例 8.6 中的 AR(1)模型可能是值得的，虽然在点估计上用 9.1 代替 9.2 的改善并不大，但是在预测区间上却表现出明显的收紧．如果我们仅仅关注点估计的结果，简单线性回归可能就是很好的模型了．是否值得沿着这个思路再继续考虑其他的模型，如更多的预测因子和/或更复杂的趋势函数，是不明显的．在现实世界中，灵敏性分析能够延续多远要取决于时间和经费，一个聪明的建模者会在适当的时机宣布工作的胜利结束并且转向新的挑战．

许多有趣的稳健性问题在现实世界的时间序列分析中是很重要的．一个问题是趋势．虽然我们使用了线性趋势，但也可考虑其他的选择，如高次多项式(习题 16)或者非线性趋势(习题 18)．添加更多的参数总会改进拟合的程度，于是必须关注参数的个数．检验调整的 R^2 值是避免引入过量参数的一个途径．趋势函数的选择通常依赖于应用问题的特点．例

288 ~ 289

如，对于收入或者人口数据，人们总是偏向采用指数函数来代替线性增长．另一个重要的问题是变点分析问题，也就是说，时间序列的基本相关结构或趋势函数是否会在数据集合周期中的某个点发生变化？例如，这是关于全球变暖争论的重要部分．时间序列是在应用和理论两方面都在增长的领域．系统学习更多的基本理论的好书是 Brockwell and Davis (1991).

8.5 习题

1. 再次考虑例 8.1 的存货问题，但是现在假设商店的策略是：如果在周末存货少于两个水族箱就进更多的水族箱．在这两种情况下(还剩下零个或一个)，商店将进足够的货使得水族箱的存货总数恢复到三个．
   (a)计算在给定的一周内对于水族箱的需求超过供给的概率．使用五步方法和定常态的马尔可夫链模型．
   (b)对于需求率 λ 作灵敏性分析．假设 $\lambda=0.75$，0.9，1.0，1.1 和 1.25，计算需求超过供给的定常态概率，同时像图 8-5 那样以图的形式表示出来．
   (c)令 p 表示需求超过供给的定常态概率．使用(b)的结果估计 $S(p,\lambda)$.
2. (需用计算机代数系统)再次考虑例 8.1 的存货问题．在这个问题中，我们将探讨需求超过供给的概率 p 对需求率 λ 的灵敏性．
   (a)对任意的 λ 画出状态转移的流程图．说明式(8-11)是表示这个问题的合适的状态转移概率矩阵．
   (b)写出类似于(8-10)的方程组，它用于对一般的 λ 求解而得到定常态的分布．使用计算机代数系统求解这些方程．
   (c)令 p 表示需求超过供给情况下的定常态概率．使用(b)的结果得到用 λ 表示 p 的公式. 绘制在范围 $0\leqslant\lambda\leqslant2$ 下 p 关于 λ 的图像．
   (d)使用计算机代数系统对(c)中得到的 p 的公式求导数．计算当 $\lambda=1$ 时精确的灵敏性 $S(p,\lambda)$.

290

3. 再次考虑例 8.1 的存货问题，但是现在假设存货策略依赖于近期的销售情况．当存货降到零的时候，进货的数量等于 2 加上过去一周的销售数量．
   (a)确定所存的水族箱数的定常态概率．使用五步方法和马尔可夫链模型．
   (b)确定需求超过供给的定常态概率．
   (c)确定再次供货单的平均大小．
   (d)现在假设周需求服从每周平均两个顾客的泊松分布，重复(a)和(b)的分析．
4. 再次考虑例 8.1 的存货问题，但是现在假设如果在周末存货少于两个水族箱就进三个新的水族箱．
   (a)确定在任意给定的一周内需求超过供给的概率．使用五步方法和定常态的马尔可夫链模型．
   (b)使用(a)中的定常态概率计算在这个存货策略下每周期望销售的水族箱数．

(c)对于例8.1的存货策略，重复(b)的计算.

(d)假设商店每出售一个20加仑的水族箱获得利润5美元.实行新的存货策略，商店会获利多少?

5. 我们考虑股票市场，有三种状态：1. 熊市，2. 强牛市，3. 弱牛市.从历史上看，当市场分别处于状态1、2和3时，一类合作基金的年收益分别是−3%、28%和10%.假设状态转移概率矩阵

$$P=\begin{pmatrix}0.90 & 0.02 & 0.08\\ 0.05 & 0.85 & 0.10\\ 0.05 & 0.05 & 0.90\end{pmatrix}$$

应用于股票市场每周的状态转换.

(a)确定市场的定常态分布.

(b)假设将10 000美元投资于这个基金10年.确定期望的总利润.状态转移的顺序会不会发生变化?

291

(c)在最坏的情形下，每个状态持续的期望时间比例分别是40%、20%和40%.对(b)的答案有什么影响?

(d)在最好的情形下，每个状态持续的期望时间比例分别是10%、70%和20%.对(b)的答案有什么影响?

(e)这个合作基金是否比当前利润大约为8%的货币市场基金提供了更好的投资机会?考虑到货币市场基金具有较低的风险.

6. 关于洪水的马尔可夫链模型使用状态变量$X_n=0,1,2,3,4$，其中状态0意味着平均日流量低于1 000立方英尺每秒(cfs)，状态1是1 000～2 000cfs，状态2是2 000～5 000cfs，3是5 000～10 000cfs，4是超过10 000cfs.这个模型的状态概率转移矩阵是

$$P=\begin{pmatrix}0.9 & 0.05 & 0.025 & 0.015 & 0.01\\ 0.3 & 0.7 & 0 & 0 & 0\\ 0 & 0.4 & 0.6 & 0 & 0\\ 0 & 0 & 0.6 & 0.4 & 0\\ 0 & 0 & 0 & 0.8 & 0.2\end{pmatrix}$$

(a)画出这个模型的状态转移概率图.

(b)求出这个模型的定常态概率分布.

(c)超大洪水(超过10 000cfs)出现得有多频繁?

(d)一个预防干旱的水库，其存储量依赖于河流的流量.当流量超过5 000cfs时，水库允许每天存储1 000英亩−英尺的水.当流量低于1 000cfs时，水库就需要每天将100英亩−英尺的水放回河流中去.请计算水库中年平均蓄水量的英亩−英尺数.这个数是正的还是负的?这意味着什么?

7. 这个习题叙述了马尔可夫过程模型的两个公式的等价性.

(a)假设 T_{i1}，…，T_{im} 是独立的随机变量，同时 T_{ij} 服从速率参数为 $a_{ij}=p_{ij}\lambda_i$ 的指数分布．假设 $\sum p_{ij}=1$ 和 $\lambda_i>0$．证明

$$T_i = \min(T_{i1},\cdots,T_{im})$$

服从速率参数为 λ_i 的指数分布．[提示：对所有的 $x>0$，使用事实

292

$$\Pr\{T_i > x\} = \Pr\{T_{i1} > x,\cdots,T_{im} > x\}.]$$

(b)假设 $m=2$，则 $T_i=\min(T_{i1},\ T_{i2})$，证明 $\Pr\{T_i=T_{i1}\}=p_{i1}$．[提示：使用事实

$$\Pr\{T_i = T_{i1}\} = \Pr\{T_{i2} > T_{i1}\}$$

$$= \int_0^\infty \Pr\{T_{i2} > x\} f_{i1}(x)\,\mathrm{d}x,$$

其中 $f_{i1}(x)$ 是随机变量 T_{i1} 的概率密度函数．]

(c)使用(a)和(b)的结果，证明在一般的情形下 $\Pr\{T_i=T_{ij}\}=p_{ij}$.

8. 再次考虑例 8.3 的铲车问题，但是现在假设当两台或更多台的铲车需要修理时第二个技工将被招来．

(a)使用五步方法和马尔可夫过程模型确定需要修理的铲车数的定常态分布．

(b)使用(a)的结果计算在修理厂的铲车的定常态的期望数量、第一个技工繁忙的概率和第二个技工被招来的概率．将你的答案与例 8.3 中关于一个技工的结论进行比较．

(c)第二个技工的费用是每天 250 美元，同时技工是每天按工作付钱．在铲车积压(两台或更多)的情况下，另一个选择是为顾客租一台铲车作为代用品，他的铲车仍然等待修理，每台车每周的租金是 125 美元．这两个方案哪一个更合算?

(d)关于在铲车积压期间招来第二个技工的实际花费有一些不确定性．第二个技工每天最小的费用是多少，这个费用可以租用一台较好的代用铲车吗?

9. 有五个地点由无线电相互联系．无线电联系有 20% 的时间是激活的，在其余 80% 的时间无线电不再活动．主要的地点送出无线电信息平均 30 秒，其他四个地点发送信息的平均长度为 10 秒．所有无线电信息的一半是针对主要的地点，其余的等分给另外四个地点．

(a)对于每个地点，确定这个场所在任何给定的时间都发送信息的定常态概率．使用五步方法和马尔可夫过程模型．

(b)监测站对这个网络的无线电发射每五分钟抽一次样．平均需要多长时间监测器才能发现从一个特定的地点发出的信息?

293

(c)如果在监测器开始监听后，信号至少延续 3 秒监测器才能够识别无线电信号的来源．要多长时间监测器才能确定一个特定地点的位置?

(d)进行灵敏性分析，看看(c)的结果如何受无线电的百分利用率(当前为 20%)的影响．

10. 汽油加油站有两个油泵，每一个可以同时服务两辆汽车．如果两个泵是繁忙的，汽车将排成一队等待加油．由于加油站之间的竞争，可以认为顾客一旦遇到这个站排着长队等待加油时，就选择去另一个加油站．

(a)构建模型，预测等待队伍的定常态概率和期望的队长．使用五步方法和马尔可夫

过程模型．需要给出某些关于顾客的需求、服务时间和终止等候(拒绝排队)的附加假设．

(b)使用(a)的模型估计由于顾客终止等候而失去的潜在生意的比例．考虑顾客需求的可能水平范围．

(c)根据加油站经理获得的数据来判断顾客的需求水平(潜在的销售量)的最容易方式是什么?

(d)在什么情况下你应该建议加油站再购进一个油泵?

11. 一类单细胞的生物通过细胞分裂繁殖，产生两个后代．在细胞分裂前的平均寿命是一小时，同时每个细胞在它繁殖之前有10%的可能死亡．

(a)构造描述种群大小随时间变化的模型．使用马尔可夫过程，同时画出速率图．

(b)用通俗的语言描述你对这个种群随时间变化的推测．

(c)将定常态结果应用于这个模型的问题是什么?

12. 表8-2给出了亚洲10个最贫困的国家1982年的人均收入(美元)和每平方英里的人口密度(资料来源：Wbster's New World Atlas(1988))．

表8-2 亚洲10个最贫困的国家的人均收入和人口密度

国　家	1982年人均收入	人口密度(人数/平方英里)
尼泊尔	168	290
柬埔寨	117	101
孟加拉国	122	1 740
缅甸	171	139
阿富汗	172	71
不丹	142	76
越南	188	458
中国	267	284
印度	252	578
老挝	325	45

(a)这个资料是否支持如下的命题：国家的富裕是与人口密度有关?使用线性回归得到公式，以人口密度的线性函数来预测人均收入．

(b)在人均收入中，总变化的多大百分率能够贡献于人口密度的变化?

(c)如果去掉每平方英里高于千人的国家(孟加拉国)，对(a)和(b)的答案有什么影响?

(d)基于你的回归模型，如果设法使一个国家的人口减少25%，估计这个国家的公民可能得到的收益．

13. 再次考虑习题12(a)，但是通过手算求解这个最优化问题．令t_i表示国家i的人口密度，y_i为人均收入，对于备选的回归直线

$$y = a + bt$$

拟合优度由课文的(8-33)式给出．结合数据点(t_i, y_i)计算函数$F(a, b)$．这时通过对

所有的$(a, b)\in\mathbb{R}^2$最小化$F(a, b)$就可以得到最佳拟合直线．

14. 再次考虑例 8.5 的 ARM 问题．假设仅仅知道 1986 年 6 月到 1988 年 6 月这一期间的数据，我们试图预测 1989 年 5 月 CM1 指数的值．
(a)使用计算机或能做线性回归的计算器得到对这份数据的回归直线．
(b)根据(a)的回归模型预测 1989 年 5 月 CM1 指数的值．
(c)对于(a)的模型，R^2 的数值是什么？你如何解释这个数值？
(d)与 1989 年 5 月 CM1 指数的实际数值相比较．预测值的接近情况如何？它是否在两倍标准差之内？

294～295

15. 重复习题 14，但是使用表 8-1 中的 TB3 指数．
16. 再次考虑例 8.5 的 ARM 问题．使用多重回归的计算机程序，通过拟合二次多项式预测 CM1 指数的发展趋势．当你把时间指数 $t=1, 2, 3, \cdots$输入一列，把 CM1 数据输入另一列之后，准备另外一个数据列包含时间指数的二次方 $t^2=1, 4, 9, \cdots$．多重回归将给出最佳拟合的二次多项式

$$\mathrm{CM1} = a + bt + ct^2$$

同时 R^2 的含义和前面一样．这个技术被称为多项式最小二乘法．
(a)使用能做多重线性回归的计算器得到以 t 的二次函数预测 CM1 指数的公式．
(b)使用(a)得到的公式预测 1990 年 5 月 CM1 指数的期望值．
(c)CM1 指数总变化的百分之多少可以使用这个模型来说明？
(d)将这个多重回归模型的 R^2 值与 8.3 节所做的进行比较．哪一个模型给出了最佳拟合？
17. (例 3.2 的响应时间公式)一个郊区的社区打算更新消防队的设备．作为计划过程的一部分，在前一个季度收集了响应时间的数据．平均要用 3.2 分钟派遣消防队员．这个派遣时间变化很小．消防队员到达火灾现场的时间(行车时间)变化很大，它依赖于火灾现场的距离．行车时间的数据列于表 8-3 中．

表 8-3　关于火灾现场位置问题的响应时间数据

距离(英里)	行车时间(分)	距离(英里)	行车时间(分)
1.22	2.62	3.19	4.26
3.48	8.35	4.11	7.00
5.10	6.44	3.09	5.49
3.39	3.51	4.96	7.64
4.13	6.52	1.64	3.09
1.75	2.46	3.23	3.88
2.95	5.02	3.07	5.49
1.30	1.73	4.26	6.82
0.76	1.14	4.40	5.53
2.52	4.56	2.42	4.30
1.66	2.90	2.96	3.55
1.84	3.19		

(a)使用线性回归得到用行车距离的线性函数预测行车时间的公式．然后确定全部响应时间(包括派遣时间)的公式．

(b)行车时间全部变化的百分之多少可以由(a)中得到的公式解释？

(c)画出对于表8-3所列的数据，行车时间与距离的散点图．这些数据点是否显示出一条直线的趋势？

(d)在(c)得到的图中画出(a)的回归直线．这条直线是否是数据的好的预测因子？

18. (习题17的继续)得到行车时间 d 与距离 r 的关系的另一个方式是使用指数模型．假设 d 和 r 之间的关系形如 $d = ar^b$. 两端取对数得到

$$\ln d = \ln a + b \ln r$$

则在这个线性方程中可以应用线性回归估计参数 $\ln a$ 和 b.

(a)在表8-3中，对行车时间 d 和距离 r 取对数作数据变换．绘制 $\ln d$ 对 $\ln r$ 的散点图．这个图是否提示了 $\ln d$ 和 $\ln r$ 之间的线性关系？

(b)使用线性回归得出用 $\ln r$ 的线性函数预测 $\ln d$ 的公式．然后，确定全部响应时间(包括派遣时间)作为到火灾现场的距离 r 的函数的公式．将其与例3.2的公式进行比较．

296
≀
297

(c)对于(b)的回归模型，R^2 的值是什么？你如何解释这个数？

(d)画出行车时间 d 和距离 r 的散点图，同时大致描绘在(b)中得到的 d 作为 r 的函数的草图．这个指数模型是否对这个数据给出了更好的拟合？

(e)将(c)和(d)中得到的结果与习题17的结果进行比较．哪一个模型对数据给出了更好的拟合？验证你的答案．

19. (对于CM1数据的模型选择)重新考虑例8.6的ARM问题，但是现在考虑具有前两个月的数据作为预测因子的时间序列模型．

(a)使用多重线性回归的计算机软件包用模型

$$X_t = a + bt + c_1 X_{t-1} + c_2 X_{t-2} + \varepsilon_t$$

拟合CM1数据．

(b)解释这个模型的 R^2 值，并且与例8.6的结果作比较．

(c)类似于课文中的图8-18，画这个模型的残差图．这些残差是不是形成平稳的无关噪声序列？

(d)迭代从(a)得到的模型方程，同时估计1990年5月的CM1指数．使用标准差给出95%信度下的预测区间．与例8.6的结果进行比较．这个新模型是否明显要好？

20. (对于TB3数据的模型选择)重新考虑例8.5和例8.6中的ARM问题，但是现在考虑表8-1中的TB3数据．

(a)像例8.5那样使用简单线性回归拟合模型 $X_t = a + b\ t + \varepsilon_t$．预测1989年9月的TB3指数，同时给出95%信度下的预测区间．

(b)计算(a)中模型的残差，同时检验它的稳定性和序列依赖性．这个模型是不是足够了？

(c)像例8.6那样使用自回归模型 $X_t = a + bt + c_1 X_{t-1} + \varepsilon_t$ 重复(a)和(b)，并且计算(a)和(b)的结果．

(d)这两个模型你推荐哪一个？证明你的结论．

298

8.6 进一步阅读文献

1. Arrow, K. et al. (1958) *Studies in the Mathematical Theory of Inventory and Production.* Stanford University Press, Stanford, California.
2. Billingsley, P. (1979) *Probability and Measure.* Wiley, New York.
3. Box, G. and Jenkins, G. (1976) *Time Series Analysis, Forecasting, and Control.* Holden-Day, San Francisco.
4. Brockwell, P. and Davis, R. (1991) *Time Series: Theory and Methods.* 2nd Ed., Springer–Verlag, New York.
5. Çinlar, E. (1975) *Introduction to Stochastic Processes.* Prentice–Hall, Englewood Cliffs, New Jersey.
6. Cornell, R., Flora, J. and Roi, L. *The Statistical Evaluation of Burn Care.* UMAP module 553.
7. Freedman, D. et al. (1978) *Statistics.* W. W. Norton, New York.
8. Giordano, F., Wells, M. and Wilde, C. *Dimensional Analysis.* UMAP module 526.
9. Giordano, M., Jaye, M. and Weir, M. *The Use of Dimensional Analysis in Mathematical Modeling.* UMAP module 632.
10. Hillier, F. and Lieberman, G. (1990) *Introduction to Operations Research.* 5th Ed., Holden-Day, Oakland CA.
11. Hogg, R. and Tanis, E. (1988) *Probability and Statistical Inference.* Macmillan, New York.
12. Huff, D. (1954) *How to Lie with Statistics.* W. W. Norton, New York.
13. Kayne, H. *Testing a Hypothesis: t–Test for Independent Samples.* UMAP module 268.
14. Keller, M. *Markov Chains and Applications of Matrix Methods: Fixed–Point and Absorbing Markov Chains.* UMAP modules 107 and 111.
15. Knapp, T. *Regression Toward the Mean.* UMAP module 406.
16. Meerschaert, M. and Cherry, W. P. (1988) Modeling the behavior of a scanning radio communications sensor. *Naval Research Logistics Quarterly,* Vol. 35, 307–315.
17. Travers, K., and Heeler, P. *An Iterative Approach to Linear Regression.* UMAP module 429.
18. Yates, F. *Evaluating and Analyzing Probabilistic Forecasts.* UMAP module 572.

299 ~ 300

第9章　概率模型的模拟

最优化问题的计算方法是很重要的，因为许多最优化的问题非常难于解析地解出来．对于动态模型，通常人们能够解析地确定定常态的行为，但是，关于瞬时(时变的)行为的研究则需要计算机模拟．概率模型更加复杂．不具有时间动态特性的模型有时能够解析地求解出来，且对于简单的随机模型，定常态的结果是可用的．但是对于许多情况，概率模型是用模拟的办法解出的．这一章我们将讨论概率模型中一些最常用的模拟方法．

9.1　蒙特卡罗模拟

随机过程中包含有瞬时或时变的行为的问题是很难解析地解出的．蒙特卡罗模拟是有效地解决这一类问题的一般建模技术．蒙特卡罗模拟软件开发是很耗时间的，为了提高精确度需要多次模拟，灵敏性分析也可能变得相当费时间．尽管如此，蒙特卡罗模拟模型仍然享有非常广泛的声誉．模型很直观且易于解释，同时也是对许多复杂的随机系统进行建模的仅有的方法．蒙特卡罗模拟模型的随机行为．它是基于诸如抛硬币或掷骰子这类简单的随机化处理的办法，但通常使用了计算机的伪随机数发生器．由于包含有随机元素，所以模型的每次重复将产生不同的结果．

例9.1　你的假期来了，但当地的气象预报告诉你这一周每天有50%的可能下雨．连续三天下雨的可能性有多大？

我们将使用五步方法．第一步是提出问题．在这个过程中我们选定一些重要的量(即变量)，同时明确我们关于这些变量的假设．第一步的结果列于图9-1.

变量：$X_t=\begin{cases}0 & 第\ t\ 天没下雨\\ 1 & 第\ t\ 天下雨\end{cases}$

假设：X_1，X_2，…，X_7 是独立的

$\Pr\{X_t=0\}=\Pr\{X_t=1\}=1/2$

目标：确定对于 $t=1$，2，3，4或5，$X_t=X_{t+1}=X_{t+2}=1$ 的概率

图9-1　雨天问题第一步的结果

第二步是选择建模的方法．我们将使用蒙特卡罗模拟的方法．

蒙特卡罗模拟是可以应用于任何概率模型的技术．一个概率模型包含有若干随机变量，必须明确每一个随机变量的概率分布．蒙特卡罗模拟使用随机化的设备按照它们的概率分布给出每个随机变量的值．因为模拟的结果依赖于随机因素，所以接连重复同样的模拟将会产生不同的结果．通常，蒙特卡罗模拟将被重复若干次，以便于确定平均数或期望的结果．

蒙特卡罗模拟通常用于估计系统的一个或多个性能的度量值(MOP). 重复的模拟可以被看做是独立的随机试验. 现在, 我们考虑仅有一个模拟参数 Y 被检验的情况. 重复模拟的结果得到 Y_1, Y_2, $\cdots$, Y_n, 这些都可以看做是独立同分布的随机变量, 它们的分布是未知的. 根据强大数定律, 我们知道, 当 $n \to \infty$ 时

$$\frac{Y_1 + \cdots + Y_n}{n} \to EY \tag{9-1}$$

因此, 我们可以使用 Y_1, Y_2, $\cdots$, Y_n 的平均数来估计 Y 的真实期望值. 令

$$S_n = Y_1 + \cdots + Y_n$$

由中心极限定理可知, 当 n 足够大时

302

$$\frac{S_n - n\mu}{\sigma\sqrt{n}}$$

近似于标准正态分布, 其中 $\mu = EY$, $\sigma^2 = VY$. 在大多数情形下, 当 $n \geqslant 10$ 时, 正态近似得相当好. 即使我们不知道 μ 或 σ, 中心极限定理仍然给予我们一些重要的认识. 观测的平均值 S_n/n 与真实的均值 $\mu = EY$ 之差是

$$\frac{S_n}{n} - \mu = \frac{\sigma}{\sqrt{n}}\left(\frac{S_n - n\mu}{\sigma\sqrt{n}}\right) \tag{9-2}$$

于是, 我们能够期望观测的平均值趋于零的变化速度与 $1/\sqrt{n}$ 一样快. 换句话说, 要使 EY 的精确度增加一位小数就需要多模拟100次之多. 可以作更精细的统计分析, 但是现在基本的想法是很清楚的. 如果要使用蒙特卡罗模拟, 我们必须要满足于平均行为的相当粗略的估计.

作为一个实际的问题, 有许多可能引起误差和建模问题中的变化, 由蒙特卡罗模拟产生的额外变化并不特别严重. 明智地应用灵敏性分析完全可以保证模拟结果的适当使用.

下面进行第三步, 即推导模型的数学表达式. 图 9-2 给出了雨天问题的蒙特卡罗模拟的算法.

与第3章一样, 记法 Random$\{S\}$ 表示从集合 S 中随机地选择一个点. 在我们的模拟中, 每一天的天气用区间$[0, 1]$中的随机数表示. 如果这个数选出来是小于 p 的, 我们假设这是一个雨天. 否则, 就是一个晴天. 于是, p 就是任何一天下雨的概率. 变量 C 简单地统计了连续雨天的天数. 图 9-3 显示了稍作修改的算法. 修改的部分是将蒙特卡罗模拟重复 n 次, 且统计了下雨的周数. 记号

$$Y \leftarrow \text{Rainy Day Simulation}(p)$$

表示运行图 9-2 的雨天问题模拟算法, 当输入参数为 p 时得到的输出变量 Y.

```
算法：雨天模拟
变量：  P = 一个雨天的概率
        X(t) = { 1   第 t 天下雨
               { 0   第 t 天不下雨
        Y = { 1   ≥3 个连续的雨天
            { 0   <3 个连续的雨天
输入：p
过程：Begin
      Y←0
      C←0
      for t = 1 to 7 do
        Begin
        if Random{[0, 1]} < p then
          X(t) = 1
        else
          X(t) = 0
        if X(t) = 1 then
          C←C + 1
        else
          C←0
        if C≥3 then Y←1
        End
      End
输出：Y
```

图 9-2　雨天问题的蒙特卡罗模拟的伪代码

```
算法：重复雨天模拟
变量：p = 一个雨天的概率
      n = 模拟的周数
      S = 下雨的周数
输入：p，n
过程：Begin
      S←0
      for k = 1 to n do
        Begin
        Y ←Rainy Day Simulation(p)
        S←S + Y
        End
      End
输出：S
```

图 9-3　雨天问题中重复进行蒙特卡罗模拟以确定平均行为的伪代码

第四步是求解问题．我们在计算机上运行图 9-3 所示的算法，令参数 $p=0.5$，$n=100$. 模拟的结果是 100 次中有 43 个下雨的周．在这个基础上我们估计出现下雨的周的概率是 43%．可以做若干次模拟以确认这个结果．在每一次模拟中，结果大约是每 100 次有 40 个下雨的周. 给出以 50% 的概率来估计下雨的可能时误差的大小, 这基本上就是这个问题中我们所需要的精确度. 关于模拟结果对随机因素的灵敏性的更多细节, 将在稍后进行灵敏性分析时再讨论.

最后进行第五步. 你的假期来了, 但是你发现当地的气象台预报这一周每天有 50% 的可能下雨. 模拟结果显示, 如果这个预报是正确的, 则只有 40% 的可能在这一周将至少连续三天下雨. 这个结果应用于晴天和雨天的结果是一样的, 于是最后可以稍微乐观地注意到, 这一周每天有 50% 的可能是晴天, 同时有 40% 的可能有至少三个连续的晴天. 享受你的假期吧!

我们将通过检验模拟结果对于随机因素的灵敏性来开始灵敏性分析. 每个模型模拟了 $n=100$ 次假期周且记下了下雨周的数目. 使用第二步的术语, MOP 是 Y, 其中 $Y=1$ 意味着一个下雨周, $Y=0$ 表示相反的方面. 我们的模型模拟了 $n=100$ 个独立的随机变量 Y_1, Y_2, …, Y_n, 它们都有与 Y 相同的分布. 这里 $Y_k=1$ 表明第 k 周是下雨周, $Y_k=0$ 则表示相反. 我们的模型输出了随机变量 $S_n=Y_1+Y_2+\cdots+Y_n$, 它表示下雨周的数目. 令

$$q = \Pr\{Y = 1\} \tag{9-3}$$

表示下雨周的概率. 不难算出

$$\begin{aligned} \mu &= EY = q \\ \sigma^2 &= VY = q(1-q) \end{aligned} \tag{9-4}$$

运行第一个模型得到 $S_n=43$. 以此为基础, 可以使用强大数定律(9-1)去估计

$$q = EY \approx \frac{S_n}{n} = 0.43 \tag{9-5}$$

这个估计值有多好呢? 根据中心极限定理, 从(9-2)式可知 S_n/n 与 $\mu=q$ 之差不太可能大于 $2\sigma/\sqrt{n}$, 因为有 95% 的把握确信标准正态随机变量的绝对值小于 2. 使用式(9-4)和式(9-5), 可以得到式(9-5)中的估计值应在 q 的真实值的

$$2\sqrt{\frac{(0.43)(0.57)}{100}} \approx 0.1 \tag{9-6}$$

的范围之内.

303
~
305

研究我们的模拟结果对于随机因素的灵敏性的更加初等的方式是比较模型多次运行的结果. 图 9-4 给出了运行 40 次模型的结果, 每一次模拟 100 个假期周. 所有这些结果得到了估计值 $S_n/n\approx 0.4$, 同时没有结果落在区间 0.4 ± 0.1 之外. 此外, 还可以看到 S_n 的分布近似于正态.

我们同样能够检验模拟结果对于预报的 50% 下雨的可能性的灵敏性. 图 9-5 给出了对于每天降雨的概率 $p=0.3$, 0.4, 0.5, 0.6 和 0.7 的每一种情况运行 10 次模型的结果. 图中显示了平均结果(下雨周的百分率), 竖短线表示在每种情形下结果的范围. 当每天降雨概率为 40% 时, 一周内至少连续三天下雨的概率大约是 20%, 等等. 当连续三天下雨的概率变化相当小的时候, 似乎可以放心地说如果每天下雨的可能性适中, 一周内连续三个雨天的可能性也是如此.

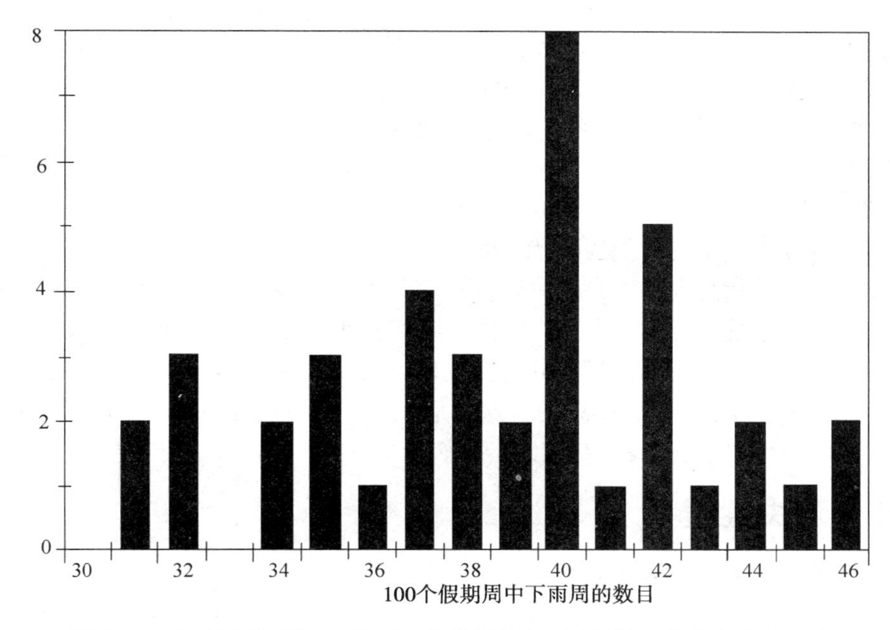

图 9-4　对于雨天问题，表示 100 个假期周中下雨周数目的分布的直方图

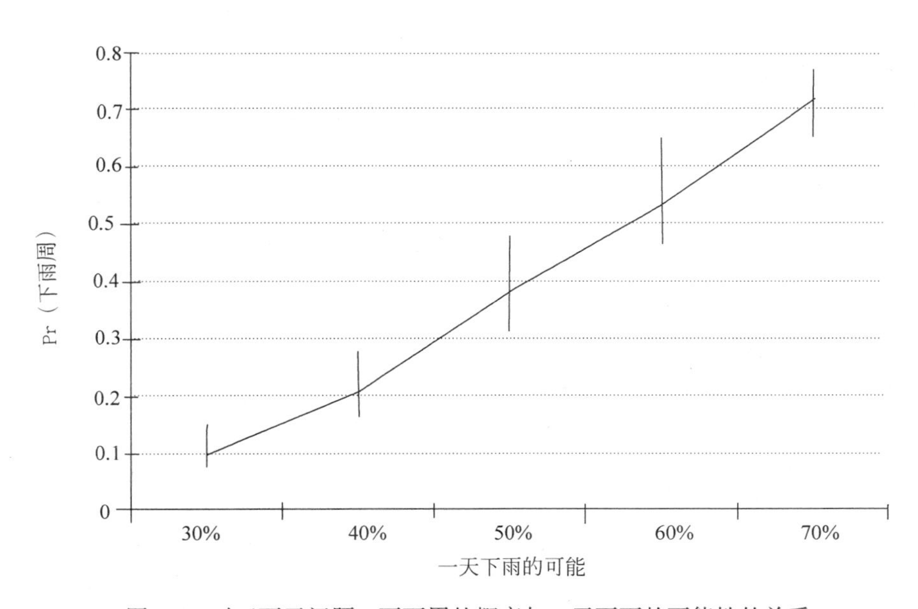

图 9-5　对于雨天问题，下雨周的概率与一天下雨的可能性的关系

稳健性如何？我们将检验在构造模型时所做的严格的假设．在第一步我们假设指标变量 X_1，…，X_7 是独立同分布的．换句话说，每一天降雨的可能是相同的，同时一天的天气独立于任何另外一天的天气．现假设 $\Pr\{X_t=1\}$ 随着 t 而变化，而仍然保持独立性的假设．可以使用灵敏性分析的结果得到连续三个雨天的概率的上界和下界，理由是这个概率应该

是随着任何 $\Pr\{X_t=1\}$ 的增加而单调增加的．提高的第 t 天降雨的可能性就意味着提高了连续三天雨天的概率．于是，如果全部 $\Pr\{X_t=1\}$ 都在 0.4 和 0.6 之间(40% 到 60% 降雨的可能性)，三天降雨的概率就在 0.2 和 0.6 之间．我们的模型关于这一点是相当稳健的，部分原因在于我们没有要求非常精确的答案．

现在假设 $\{X_t\}$ 是不独立的．例如，可以将 $\{X_t\}$ 看做是状态空间 $\{0, 1\}$ 上的马尔可夫链．这就意味着今天下雨的可能性依赖于昨天的天气情况．当地的天气预报很少包含对组建这样的模型有用的信息，特别是状态转移概率．然而，我们不可以推测，而是使用灵敏性分析证明我们关于独立性的假设是合理的．我们这里问的这一类问题是使用定常态分析所不能回答的，因为它涉及随机过程的时变或瞬时行为．这样的问题通常是很难解析地处理的，甚至用高技术分析都是很困难的．这就是蒙特卡罗模拟被如此广泛应用的原因之一．另一方面，有时也可以得到解析解，参看习题 19.

306
~
307

9.2　马尔可夫性质

如果一个随机过程的当前状态所包含的信息包括确定将来状态的概率分布所需要的全部信息，则称该过程具有*马尔可夫性质*．马尔可夫链和马尔可夫过程在第 8 章作了介绍，它们都具有马尔可夫性质．与马尔可夫性质相比，随机过程的蒙特卡罗模拟非常简单，因为它减少了需要存储于计算机内的信息量．

例 9.2　我们再次考虑例 4.3 的太空船对接问题，现在要考虑到随机因素．我们的基本假设总结在图 4-7 中．与前面一样，目标是确定控制程序以成功地匹配速度．

我们将使用五步方法．起点是图 4-7，但是还必须给出关于变量 a_n，c_n 和 w_n 的假设．理想地说，我们需要进行实验，并收集关于宇航员的响应时间和阅读或操作控制器所需要的时间等因素的数据．在没有这些数据时，应致力于作一些合理的与已知的类似情形相一致的假设．

表示最不确定性的随机变量(即最大的方差)是 c_n，用于控制器调整的时间．这个变量表示用于观测接近的速度、计算加速调整和进行调整的时间．我们将假设需要大约 1 秒观测接近的速度，2 秒计算调整，2 秒进行调整．完成每个阶段的实际时间是随机的．令 R_n 表示读出接近速度的时间，S_n 表示计算调整的时间，T_n 表示进行调整的时间．则 $ER_n=1$ 秒，$ES_n=ET_n=2$ 秒．关于三个随机变量的分布，我们需要做一个合理的假设．一个似乎合理的假设是它们都是非负的、相互独立的，且结果最可能接近于平均数．这里有各种各样的(无穷多)分布适合于这个一般的描述，到现在为止我们没有特殊的理由偏爱某一个．因此，现在我们不指定确切的分布．我们的随机变量之一是 $c_n=R_n+S_n+T_n$. 另一些是在下一次控制调整之前的等待时间 w_n 和这次调整之后的加速度 a_n. 我们将假设 $a_n=-kv_n+\varepsilon_n$，其中 ε_n 是一个(小的)随机误差．假设 ε_n 服从均值为零的正态分布．ε_n 的方差依赖于操作人员的熟练程度和控制机械的灵敏程度．我们将假设一般能够达到大约 ± 0.05 米/秒^2 的精确度，于是假设 ε_n 的标准差为 $\sigma=0.05$. 如果我们打算使控制器调整之间的全部时间固定为 15 秒，则等待时间 w_n 将依赖于 c_n. 我们将假设 $w_n = 15 - c_n + E_n$，其中 E_n 是一个小的随机误差. 假设 E_n 服从均值为零的正态分布，同时宇航员响应时间的限制意味着有 0.1 秒的标准差.

308

下面考虑分析目标. 我们希望确定控制程序是成功的. 我们特别注意到 $v_n \to 0$. 模拟能够确定这一点. 我们还有机会收集到系统性能的其他方面的信息. 作为第一步的一部分，现在我们应该确定要跟踪哪些性能的度量(MOP)，所选择的 MOP 应该提供在计算控制程序时选择作为比较标准的那些重要的定量信息. 假设初始接近速度是 50 米/秒，速度匹配的过程是连续变化的，接近速度减少至 0.1 米/秒. 我们关心取得成功的全部时间，它将是我们的 MOP. 此时结束第一步，我们将它总结于图 9-6 中.

变量：t_n = 第 n 次速度观测的时间(秒)

v_n = 在时间 t_n 的速度(米/秒)

c_n = 进行第 n 次控制器调整的时间(秒)

a_n = 第 n 次控制器调整后的加速度(米/秒^2)

w_n = 第$(n+1)$次观测前的等待时间(秒)

R_n = 读速度的时间(秒)

S_n = 计算调整的时间(秒)

T_n = 进行调整的时间(秒)

ε_n = 控制器调整的随机误差(米/秒^2)

E_n = 等待时间的随机误差(秒)

假设：$t_{n+1} = t_n + c_n + w_n$

$v_{n+1} = v_n + a_{n-1}c_n + a_n w_n$

$a_n = -kv_n + \varepsilon_n$

$c_n = R_n + S_n + T_n$

$w_n = 15 - c_n + E_n$

$v_0 = 50$，$t_0 = 0$

$ER_n = 1$，$ES_n = ET_n = 2$，且 R_n，S_n，T_n 的分布已经被给出了

ε_n 服从均值为 0、标准差为 0.05 的正态分布

E_n 服从均值为 0、标准差为 0.1 的正态分布

目标：确定 $T = \min\{t_n : |v_n| \leqslant 0.1\}$

图 9-6　具有随机因素的对接问题第一步的结果

第二步是选择建模的方法. 我们将使用基于马尔可夫性质的蒙特卡罗模拟方法.

309

一般的想法如下. 在每个时间步长 n 存在一个向量 X_n，它描述了系统的当前状态. 假设随机向量的序列 $\{X_n\}$ 具有马尔可夫性质. 换句话说，当前状态 X_n 包含着确定下一个状态 X_{n+1} 的概率分布的所有信息.

模拟的一般结构如下. 首先，我们初始化变量同时读取数据文件. 在这个阶段我们必须给出初始状态 X_0. 接下来，我们进入循环直到一个终止条件被满足. 在循环中，使用 X_n 得到 X_{n+1} 的分布，然后使用随机数发生器按照这个分布确定

X_{n+1}. 此外，还必须计算和存储得到模拟 MOP 所必需的所有信息．一旦终止条件出现了，就退出循环并输出 MOP. 这样我们就完成了．这个模拟的算法列于图 9-7 中．

```
Begin
Read data
Initialize X_0
While(not done) do
   Begin
   Determine distribution of X_{n+1} using X_n
   Use Monte Carlo method to determine X_{n+1}
   Update records for MOPs
   End
Calculate and output MOPs
End
```

图 9-7　一般的马尔可夫模拟算法

我们必须对内循环进行详细的讨论．现在假设状态向量 X_n 是一维的．令

$$F_{\Theta}(t) = \Pr\{X_{n+1} \leqslant t \mid X_n = \Theta\}$$

$\Theta = X_n$ 的数值确定了 X_{n+1} 的概率分布．函数 F_{Θ} 将状态空间

$$E \subseteq \mathbb{R}$$

映射到区间[0, 1]. 可以用多种方法产生[0, 1]上的随机数，这些随机数可以用来产生具有分布 F_{Θ} 的随机变量．由于

$$y = F_{\Theta}(x)$$

给出映射

310

$$E \to [0,1]$$

反函数

$$x = F_{\Theta}^{-1}(y)$$

给出映射

$$[0,1] \to E$$

如果 U 是[0, 1]上均匀分布的随机变量(即 U 的密度函数是在[0, 1]上等于 1，其他处为 0 的函数)，则 $X_{n+1} = F_{\Theta}^{-1}(U)$ 具有分布 F_{Θ}，由于 $X_n = \Theta$，

$$\begin{aligned} \Pr\{X_{n+1} \leqslant t\} &= \Pr\{F_{\Theta}^{-1}(U) \leqslant t\} \\ &= \Pr\{U \leqslant F_{\Theta}(t)\} \\ &= F_{\Theta}(t) \end{aligned} \tag{9-7}$$

而

$$\Pr\{U \leqslant x\} = x, 0 \leqslant x \leqslant 1$$

例 9.3　令 $\{X_n\}$ 表示一个随机过程，其中 X_{n+1} 服从速率参数为 X_n 的指数分布．假设 $X_0 = 1$，确定首次通过时间

$$T = \min\{n: X_1 + \cdots + X_n \geqslant 100\}$$

一旦讨论了从 X_n 生成 X_{n+1} 的细节，就可以使用计算机模拟去解决这个问题．令 $\Theta = X_n$，X_{n+1} 的密度函数是：对于 $x \geqslant 0$

$$f_{\Theta}(x) = \Theta \mathrm{e}^{-\Theta x}$$

分布函数是

$$F_{\Theta}(x) = 1 - e^{-\Theta x}$$

令

$$y = F_{\Theta}(x) = 1 - e^{-\Theta x}$$

求反函数得到

$$x = F_{\Theta}^{-1}(y) = \frac{-\ln(1-y)}{\Theta}$$

因此，可以令

$$X_{n+1} = \frac{-\ln(1-U)}{\Theta}$$

其中 U 是 0 与 1 之间的随机数．图 9-8 给出了完整的模拟算法．

311

```
算法：首次通过时间模拟(例 9.3)
变量：X = 初始状态
      N = 首次通过时间
输入：X
过程：Begin
      S←0
      N←0
      until(S≥100)do
        Begin
        U←Random{[0, 1]}
        R←X
        X←-ln(1-U)/R
        S←S+X
        N←N+1
        End
      End
输出：N
```

图 9-8　例 9.3 马尔可夫模拟的伪代码

上面的讨论给出了根据指定的分布生成随机变量的方法．虽然这在理论上是有用的，但在实践上有时有些麻烦．对于许多分布，如正态分布，很难计算它的反函数 F_{Θ}^{-1}．我们总可以通过从函数值表插值绕过这个困难，但是在正态分布的情形下还有更容易的方式．

中心极限定理保证了对于任何具有均值 μ 和方差 σ^2 的独立同分布的随机变量序列 $\{X_n\}$，标准化的部分和

$$\frac{(X_1 + \cdots + X_n) - n\mu}{\sigma\sqrt{n}}$$

趋向于标准正态分布．假设 $\{X_n\}$ 在 $[0, 1]$ 上是均匀的．则

$$\mu = \int_0^1 x \cdot dx = \frac{1}{2}$$

$$\sigma^2 = \int_0^1 \left(x - \frac{1}{2}\right)^2 \mathrm{d}x = \frac{1}{12} \tag{9-8}$$

当 n 充分大时，随机变量

$$Z = \frac{(X_1 + \cdots + X_n) - \frac{n}{2}}{\sqrt{\frac{n}{12}}} \tag{9-9}$$

312

近似于标准正态分布．在许多情形下，$n \geqslant 10$ 就足够了．我们将取 $n = 12$，以便消掉(9-9)式中的分母．给定标准正态随机变量 Z，另一个均值为 μ 和标准差为 σ 的正态随机变量 Y 可以由下式得到：

$$Y = \mu + \sigma Z \tag{9-10}$$

图 9-9 给出了生成具有给定的均值和方差的正态随机变量的简单算法．

```
算法：正态随机变量
变量：μ = 均值
      σ = 标准差
      Y = 具有均值 μ 和标准差 σ 的正态随机变量
输入：μ，σ
过程：Begin
      S←0
      for n =1 to 12 do
            Begin
            S←S + Random{[0, 1]}
            End
      Z←S - 6
      Y←μ + σZ
      End
输出：Y
```

图 9-9　正态随机变量的蒙特卡罗模拟的伪代码

回到对接问题，开始第三步．首先要关心的是确定状态变量．在这种情况下，可以取

$$\begin{aligned} T &= t_n \\ V &= v_n \\ A &= a_n \\ B &= a_{n-1} \end{aligned} \tag{9-11}$$

作为状态变量．以前的 MOP 已经是一个状态变量，为此不需要初始化或者更新任何附加的变量．图 9-10 给出了对接问题模拟的算法．记法 Normal(μ，σ)表示图 9-9 描述的正态随机变量的算法给出的输出．

313

现在我们将假设

$$c_n = R_n + S_n + T_n$$

服从均值为 $\mu = 5$ 秒、标准差为 $\sigma = 1$ 秒的正态分布．

```
算法：对接模拟
变量：k = 控制参数
      n = 控制调整次数
      T(n) = 时间(秒)
      V(n) = 当前的速度(英尺/秒)
      A(n) = 当前的加速度(英尺/秒²)
      B(n) = 先前的加速度(英尺/秒²)
输入：T(0)，V(0)，A(0)，B(0)，k
过程：Begin
      n←0
      while |V(n)| >0.1 do
        Begin
        c←Normal(5，1)
        B(n)←A(n)
        A(n)←Normal（-kV(n)，0.05）
        w←Normal（15-c，0.1）
        T(n)←T(n)+c+w
        V(n)←V(n)+cB(n)+wA(n)
        n←n+1
        End
      End
输出：T(n)
```

图 9-10　对接问题的蒙特卡罗模拟的伪代码

图 9-11 显示了 20 次模拟运行的结果．在这些运行当中，对接时间的范围是 156～604 秒，平均对接时间是 305 秒．

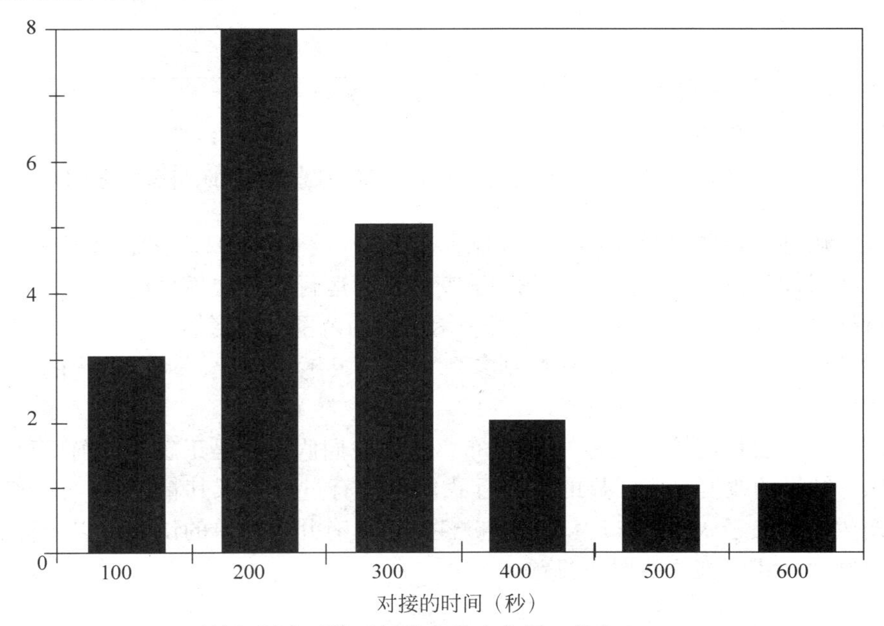

图 9-11　对接问题中对接时间分布的直方图，其中 $k=0.02$，$\sigma=0.1$

我们进行了一次关于宇宙飞船对接速度匹配的蒙特卡罗模拟．我们的模拟考虑了人机系统中固有的随机因素．根据我们认为对操作性能所做的合理假设，模型确定了一个完成对接过程的宽松的时间变化范围．例如，初始相对速度为 50 米/秒，用 1∶50 的控制系数，平均需 5 分钟．但是小于 3 分钟或大于 7 分钟的结果也经常出现，主要原因是飞行员完成控制调整过程的时间．

灵敏性分析的一个重要参数是完成控制调整所需时间 c_n 的标准差．假设 c_n 的标准差为 $\sigma=1$，对于接近于 1 的 σ 值运行了 20 次模型，图 9-12 显示了运行结果．像图 9-5 那样，竖线表示结果的范围，图形表示对每个 σ 值的平均输出．可以看出，我们全部的结论对于 σ 的精确值相当不灵敏．在每一种情形下，平均对接时间都在 300 秒(5 分钟)左右，同时对接时间的变化相当大．

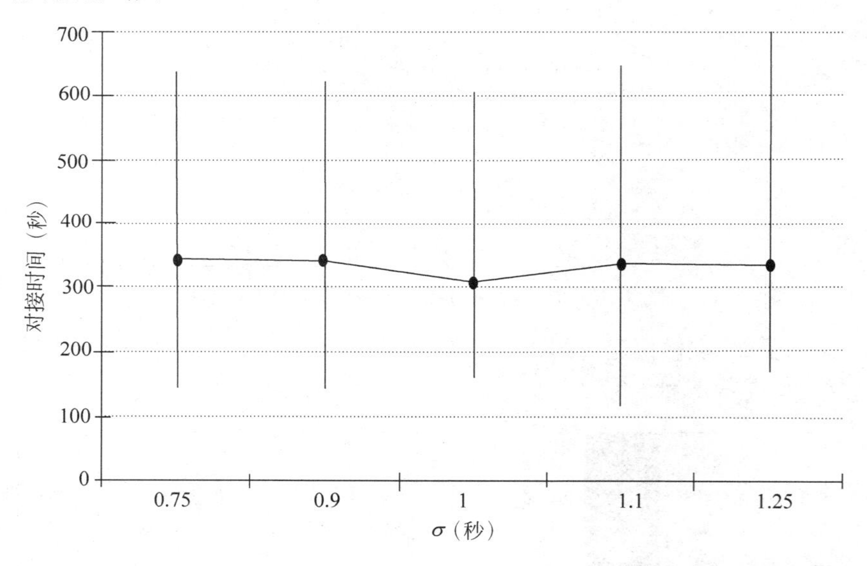

图 9-12　对于对接问题，对接时间与第 n 次控制调整时间的标准差 σ 的图像

很可能灵敏性分析的最重要参数是控制参数 k. 假设 $k=0.02$，它给出了一个约为 300 秒的平均对接时间．图 9-13 显示了当我们改变 k 值时运行若干次模型的结果．对于每个新的 k 值运行模型 20 次．与前面一样，竖线表示结果的范围，图形表示对每个 k 值的平均结果．正如我们所期望的，对接时间对控制参数 k 相当灵敏．因此，求出最优的 k 值是非常重要的．我们将把这个问题留作习题．

这个模型的主要稳健性问题是 c_n 的分布，这里我们假设它是正态的．前面已指出对于 σ 的小变化，结果的改变是不明显的，并且我们也没有过分苛求其精确性，因此我们有足够的理由期望模型关于 c_n 的分布表现出稳健性．这里有几个简单的试验可以验证它们自身所反映的稳健性，我们把这些留作习题．

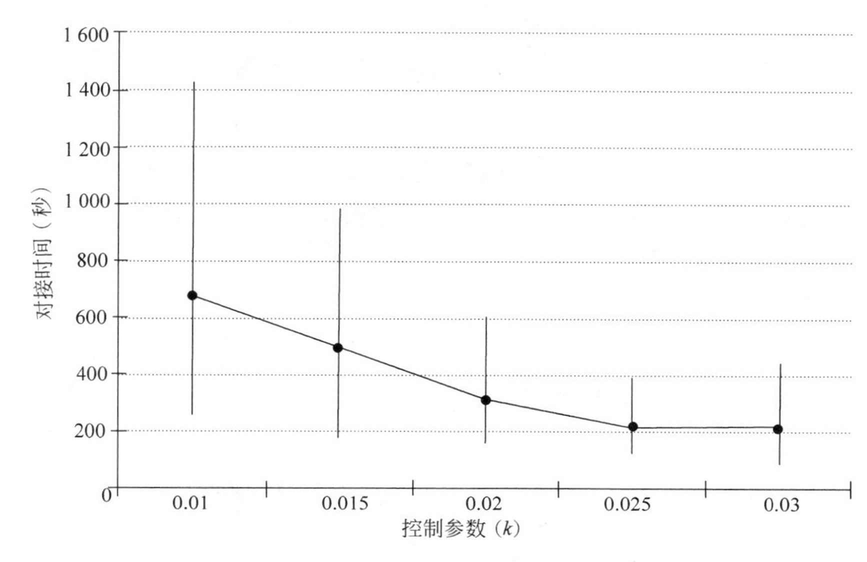

图 9-13 对于对接问题，对接时间与控制参数 k 的图像

9.3 解析模拟

蒙特卡罗模拟模型相对来说容易实现，而且直观诱人．它的主要缺点是需要多次运行模型以得到可信的结果，特别是在灵敏性分析领域．解析模拟的实现更加困难，但是推算更加有效．

例 9.4 一个军事行动的指挥官计划对敌方一个有很好防卫的目标实行空中打击．将使用高空战略轰炸机攻击这个重要的目标．在战斗初期确保这一攻击的成功是非常重要的，特别是在战斗的第一天．每架轰炸机有 0.5 的概率摧毁目标，假设它能够穿过空中防线且捕获(即发现)目标．一架轰炸机发现目标的概率是 0.9．目标由两个地对空导弹(SAM)阵地和若干防空火炮保护．飞机的飞行方式使得它们有效地避开了防空火炮(因为飞机很高)．每个 SAM 阵地有它自己的跟踪雷达和计算机指挥设备，它能够跟踪两架飞机，同时操纵两枚导弹．情报估计一枚导弹有 0.6 的概率摧毁其目标飞机．两个 SAM 阵地共用一个目标搜索雷达，雷达对于 50 英里以上的高空轰炸机非常有效．搜索雷达的有效范围是 15 英里．轰炸机以 500 英里/小时的速度在 5 英里的高空飞行，发起攻击需要在目标的上空盘旋一分钟．每个 SAM 阵地每 30 秒可以发射一枚导弹，导弹以 1 000 英里/小时的速度飞行．要派出多少架轰炸机才能确保摧毁这个目标？

我们将使用五步方法．第一步是提出问题．我们希望知道需要多少架飞机去完成这个任务．目的是摧毁目标，但是很显然我们不可能要求 100% 地保证成功．现在我们希望有 99% 的把握摧毁目标，稍后将对这个数值进行灵敏性分析．假设 N 架飞机被派出执行这个任务．在完成攻击目标任务之前被空中防线击落的飞机数是随机变量，我们将用 X 表示这

314 ~ 317

个随机变量．为了得到任务完成的概率 S 的表达式，我们将分成两个阶段进行．首先，得到在完成攻击目标任务之前 $X=i$ 架飞机被击落时任务完成的概率 P_i. 然后，得到 X 的概率分布，就可以算出

$$S = \sum_i P_i \Pr\{X = i\} \tag{9-12}$$

如果 N 架飞机被派出且在它们到达目标之前被击落 $X=i$ 架，这时就有 $(N-i)$ 架攻击的飞机．如果 p 是一架攻击的飞机摧毁目标的概率，则 $(1-p)$ 是一架攻击的飞机没有摧毁目标的概率．$(N-i)$ 架攻击的飞机没有摧毁目标的概率是

$$(1-p)^{N-i}$$

于是，至少一架攻击的飞机成功地摧毁目标的概率是

$$P_i = 1 - (1-p)^{N-i} \tag{9-13}$$

在飞往目标的途中，在攻击之前暴露于空中防线的全部时间是

$$\frac{15\ \text{英里}}{500\ \text{英里/小时}} \cdot \frac{60\ \text{分钟}}{\text{小时}} = 1.8\ \text{分钟}$$

再加上在目标上空盘旋的 1 分钟，一共是 2.8 分钟，在这段时间内每个 SAM 阵地可以发射 5 枚导弹．于是，攻击的飞机将暴露于总共 $m=10$ 枚导弹的射程之内．假设被击落的飞机的数量 X 服从二项分布

$$\Pr\{X = i\} = \binom{m}{i} q^i (1-q)^{m-i} \tag{9-14}$$

其中

$$\binom{m}{i} = \frac{m!}{i!(m-i)!} \tag{9-15}$$

是二项式系数．(式(9-14)的分布是 m 次试验中成功的次数的解析模型，其中 q 表示成功的概率．详情请参见习题 12.) 现在，为了计算任务成功的概率 S，需要将式(9-13)和式(9-14)代入式(9-12)中去．我们的目的是要确定最小的 N 使得 $S>0.99$. 这就完成了第一步，图 9-14 总结了其结果．

第二步是选择建模的方法．我们将使用解析模拟模型．在蒙特卡罗模拟中，引入随机数来模拟事件，同时使用重复试验来估计概率和期望值．在解析模拟中，我们使用概率论与计算机程序的组合来计算概率和期望值．解析模拟在数学上更加复杂，也更有效．解析模拟的可行性依赖于问题的复杂性和建模者的能力．许多高级熟练的分析家把蒙特卡罗模拟作为最后的手段，只有在得不到合适的解析模型时才使用这个方法．

318

第三步是推导模型的数学表达式．图 9-15 显示了轰炸机问题的解析模拟的算法．记法 Binomial(m, i, q) 表示由式(9-14)和式(9-15)定义的二项概率的值．

变量： N = 派出的轰炸机的数量
m = 发射的导弹的数量
p = 一架轰炸机能够摧毁目标的概率
q = 一枚导弹能够击落轰炸机的概率
X = 攻击之前被击落的轰炸机的数量
P_i = 给定 $X=i$，完成任务的概率
S = 任务完成的最终概率
假设： $p=(0.9)(0.5)$
$q=0.6$
$m=10$
$P_i=1-(1-P)^{N-i}$
$\Pr\{X=i\}=\binom{m}{i}q^i(1-q)^{m-i}$；$i=0, 1, 2, \cdots, m$
$S=\sum_{i=0}^{m} P_i\Pr\{X=i\}$
目标： 求最小的 N 使得 $S>0.99$

图 9-14　轰炸机问题第一步的结果

算法： 轰炸机问题
变量： N = 派出的轰炸机的数量
m = 发射的导弹的数量
p = 一架轰炸机能够摧毁目标的概率
q = 一枚导弹能够击落轰炸机的概率
S = 任务完成的最终概率
输入： N，m，p，q
过程：
```
Begin
S←0
for i = 0 to m do
    Begin
    P←1 - (1 - p)^(N-i)
    B←Binomial(m, i, q)
    S←S + P · B
    End
End
```
输出： S

图 9-15　轰炸机问题的解析模拟的伪代码

第四步是求解这个模型．我们使用计算机执行图 9-15 中给出的算法，输入

$$m=10$$
$$p=(0.9)(0.5)$$
$$q=0.6$$

同时改变 N 得到图 9-16 所示的结果．

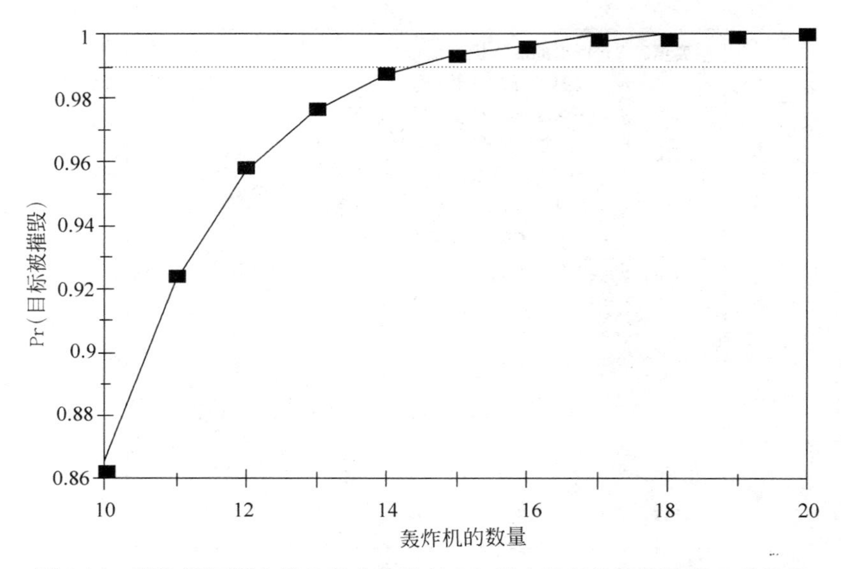

图 9-16　轰炸机问题中任务完成的概率 S 与派出的轰炸机的数量 N 的图像

最少需要 $N=15$ 架飞机才能保证有 99% 的可能完成任务．第五步是回答问题，即需要把这个任务交给多少架飞机才能够有 99% 的把握取得成功．答案是 15. 下面进行灵敏性分析，从而讨论一个更广泛的问题，即承担这个任务的轰炸机的最佳数量是多少．

首先我们考虑成功的概率 $S=0.99$. 这是我们虚构的一个数．图 9-17 显示了改变这个参数的影响．可以看到，虽然大于 10 到小于 20 之间的任何数都可以，但 $N=15$ 似乎是合理的决策．派出多于 20 架飞机将被过度地摧毁．

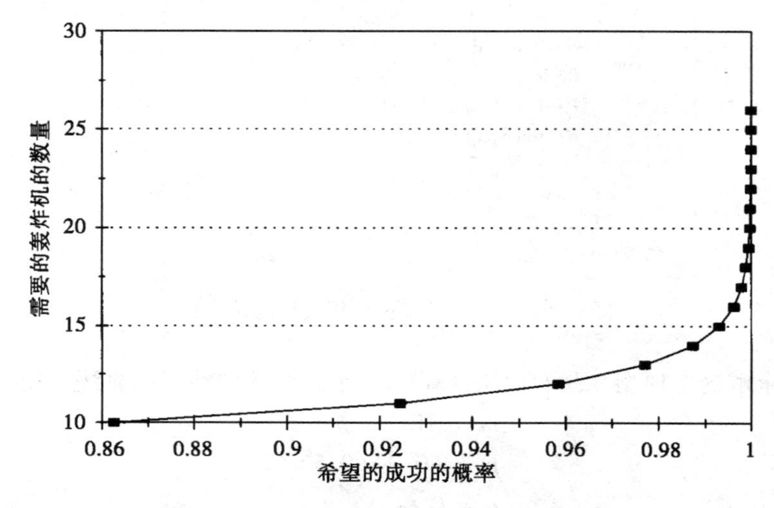

图 9-17　轰炸机问题中为得到任务完成的概率 S，需要的轰炸机的最小数量 N

坏天气将降低发现目标的概率，它是 $p=(0.9)(0.5)$ 的一个因子．如果发现目标的概率降低到 0.5，则 $p=0.25$，对于 $S>0.99$ 我们将需要至少 $N=23$ 架飞机．如果发现目标的概率是 0.3，则需要 $N=35$ 架飞机．图 9-18 给出了发现目标的概率与完成任务所需的飞机的数量之间的全部关系．在坏天气时，我们是不可能派飞机去执行这样的任务的．

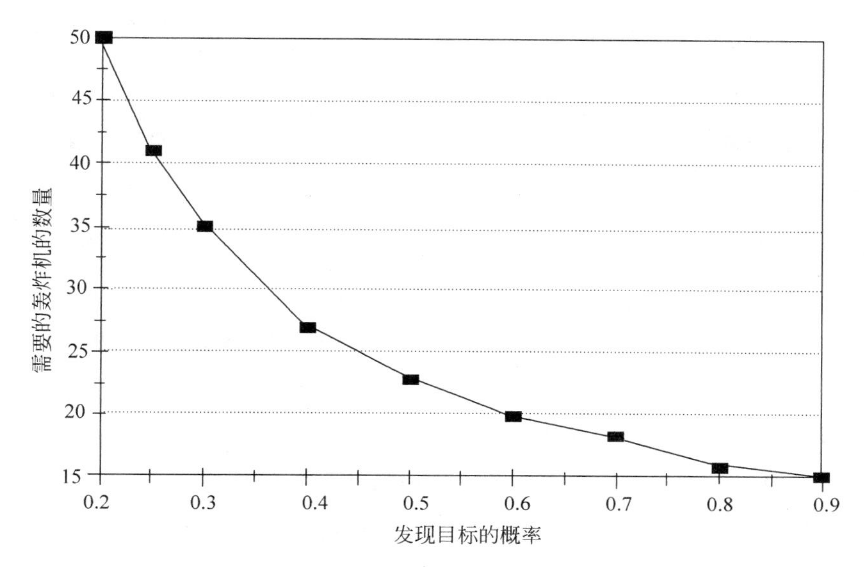

图 9-18　轰炸机问题中轰炸机能够发现目标的概率与任务完成需要的轰炸机的最小数量 N 的图像

这类模型的一个应用是分析技术改进的潜在效果．假设我们有一架轰炸机，飞行速度为 1 200 英里/小时，要求在目标上空盘旋的时间是 15 秒．飞机暴露在 SAM 的火炮下仅一分钟，防空阵地能射出 $m=4$ 枚导弹．现在要以 99% 的把握完成任务需要 $N=11$ 架轰炸机．图 9-19 给出了派出的轰炸机的数量和完成任务的概率之间在基线情况下（防空阵地发射 $m=10$ 枚导弹）和在先进概念飞机的情况下（$m=4$）的关系．为了方便比较，我们还引入了发射 $m=0$ 枚导弹的情况．这条曲线表示了所提出的技术的最大可能的收益．如果轰炸机没有受到防空阵地的威胁，仍然至少需要 8 架飞机才能以 99% 的把握成功．

假设有更好的目标识别系统，可以将一架飞机摧毁目标的概率增加到 0.8．现在 $p=(0.9)(0.8)=0.72$，其他变量都维持不变，这时只要 $N=13$ 架飞机就可以达到 $S>0.99$．这还不是十分惊人的改进．如果把高速度的轰炸机与高精确度的炸弹组合在一起，则可以将所需飞机的数量调整到 8 架．

319 ~ 322

如果我们低估了敌人的空中防卫能力会怎样？如果 $q=0.8$，则需要 $N=17$ 架飞机才达到 $S>0.99$．如果 $q=0.6$ 但 $m=15$（假设有 3 个 SAM 阵地），则需要 18 架飞机．在任何情形下，我们的一般结论都没有太多的改变．

关于稳健性的问题，在模型中我们做了几个简化的假设．我们假设每一架飞机独立地以相同的概率发现目标．事实上，第一颗炸弹将产生烟尘，遮蔽目标的区域．这将降低其

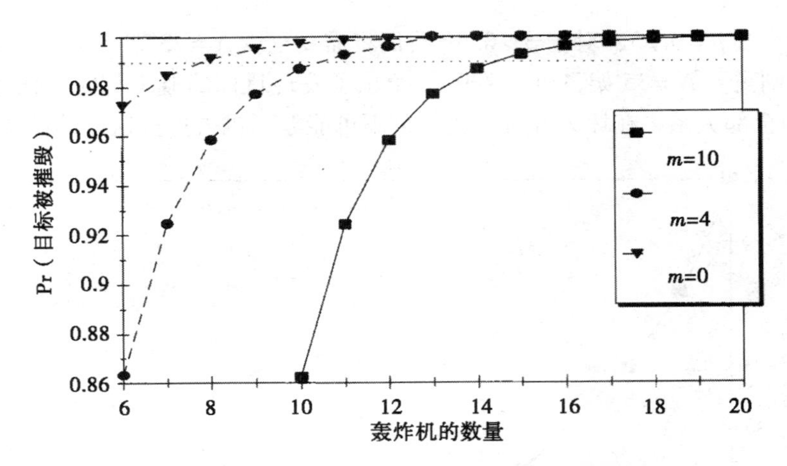

图 9-19　轰炸机问题中任务完成的概率 S 与轰炸机的数量 N 的关系：导弹发射的数量 $m=0$，4，10 三种情况的比较

余炸弹发现目标的概率．我们已经进行了关于这个参数的灵敏性分析，N 对这个概率是相当灵敏的．虽然我们的模型在这里不能够描绘出依赖性，但它提供了一个界限．如果每架飞机至少有 50% 的可能发现目标，则 $N=23$ 架飞机将是足够的．

我们的模型还假设了 SAM 阵地不会朝着同一架飞机射击两次．在多目标环境下，这确实是当潜在的目标数量超过最大的射击次数时的最优策略．但是假设一项新的秘密行动技术能够明显地减少被发现的飞机的数量，这时空防系统就可能有比目标更多的射击次数．假设空防系统能够告知是否有一架飞机被击落，这样就不会浪费任何的射击．如果 d 架飞机被发现，则 m 次射击击落的飞机数可以用马尔可夫链模型来表示，其中

$$X_n \in \{0,1,\cdots,d\}$$

是 n 次射击后击中的飞机数．对于 $0 \leqslant i < d$，状态转移概率是

$$\Pr\{X_{n+1}=i+1 \mid X_n=i\}=q, \Pr\{X_{n+1}=i \mid X_n=i\}=1-q$$

当然

$$\Pr\{X_{n+1}=d \mid X_n=d\}=1$$

如果 $X_0=0$，则 X_m 是被击落的飞机数．对于每个 $d=1$，…，N，可以计算 X_m 的概率分布，将这些合并到改进的模型中去．这是一个应用马尔可夫链作瞬时分析的例子．对于这个问题，用蒙特卡罗模拟也要容易得多．参见习题 14 和 15. 解析模拟模型在这一点上是很不稳健的．

9.4　粒子追踪

粒子追踪是通过模拟相关随机过程求解偏微分方程的一种方法．蒙特卡罗模拟方法编程比其他数值解法简单得多．对于变系数模型、不规则区域或边界值，这种方法特别有用．对于扩散问题，它也为单个粒子运动提供了有用的物理模型．

323

例 9.5　重新考虑例 7.5 的污染问题，现在考虑当我们接近市区时风速增大．假设风

速从污染物泄漏现场的每小时 3 公里增加到镇中心的每小时 8 公里．由于热岛效应，市区的建筑物和道路保留较多的热，导致了较热的条件和较高的风速．考虑到这一点，小镇内最大浓度会是多少，什么时候出现，污染物浓度降到安全水平下需要多长时间？对于第一类污染(最危险的)，美国环境保护局的安全标准是体积的百万分之 50(ppm)．

我们将运用五步方法．第一步是提出问题．我们希望知道小镇内污染物浓度以及如何随时间变化．假设风速变化依赖距镇中心的距离．因为我们不知道实际的风速如何变化，简单假设风速在距小镇大于等于 10 公里范围外为 3 公里/小时，线性变化到市中心为 8 公里/小时．后面我们将通过灵敏度和稳健性分析(见本章末习题 21)检验这个假设．第一步假设的结果见图 9-20.

变量：t = 污染物释放的时间(h)
d = 污染粒子与市区距离(km)
s = 在时刻 t 毒云扩散的范围(km)
P = 小镇上空污染物的浓度(ppm)
v = 与镇相距 d 处的风速(km/h)

假设：当 $d>10$ 时 $v=3$，当 $d\leqslant 10$ 时 $v=8-5d/10$
在 $t=1$h，最大浓度为 $P=1\,000$ppm
在 $t=1$h，毒云扩散为 $s=2\,000$m

目标：确定小镇上空的最大污染水平
求污染下降到安全水平 50ppm 的时间

图 9-20 污染问题第一步的结果

第二步是选择建模方法．我们将运用扩散模型，并利用粒子追踪方法求解．

扩散方程

$$\frac{\partial C}{\partial t}=\frac{D}{2}\frac{\partial^2 C}{\partial x^2} \tag{9-16}$$

已在 7.4 节引入．现在我们修改这个方程来显式表达毒云的速度．记得 $C(x, t)$ 表示在 x 点时刻 t 污染物的相对浓度．扩散方程(9-16)刻画了从毒云中心向外的扩散，中心位于 $\mu=vt$，v 表示平均速度．扩散方程的概率模型已在 7.4 节解释过．在那个模型中，我们在一个移动坐标系中追踪毒云粒子，坐标系的原点在毒云团中心．每个粒子在一个小时间段 Δt 内有一个小的随机移动 X_i，假设这些移动相互独立且均值为 0、方差为 $D\Delta t$. 由中心极限定理知对于充分大的 n 经过时间 $t=n\Delta t$ 粒子偏离中心 $X_1+\cdots+X_n=\sqrt{Dt}Z$，其中 Z 为标准正态．为考虑经过 n 步后粒子的实际位置，假设毒云常速度为 v. 一个随机选择的粒子在时间区间 Δt 内移动 $v\Delta t+X_i$，经过 n 步跳跃后这个粒子位于

324

$$X_1+\cdots+X_n+vt\approx vt+\sqrt{Dt}Z$$

$\sqrt{Dt}Z$ 的概率密度函数由 7.4 节的方程(7-32)给出．因为 vt 不是随机的，经过一个简单的变量替换表明 $vt+\sqrt{Dt}Z$ 具有概率密度函数

$$C(x,t) = \frac{1}{\sqrt{2\pi Dt}} e^{-(x-vt)^2/(2Dt)} \tag{9-17}$$

对任意 $t>0$. 这个变量替换将云图的中心从 $x=0$ 移到 $x=vt$.

下一步，我们运用傅里叶变换说明(9-17)式是一个带有漂移的扩散方程的解．由(7-30)经过变量替换 $y=(x-vt)/\sqrt{Dt}$ 得到

$$\hat{C}(k,t) = \int_{-\infty}^{\infty} e^{-ikx} C(x,t)\,dx = e^{-ikvt-Dtk^2/2}$$

其中 $C(x,\ t)$ 由(9-17)确定．则

$$\frac{d\hat{C}}{dt} = -v(ik)\hat{C} + \frac{D}{2}(ik)^2\hat{C} \tag{9-18}$$

由傅里叶逆变换得到带有漂移的扩散方程

$$\frac{\partial C}{\partial t} = -v\frac{\partial C}{\partial x} + \frac{D}{2}\frac{\partial^2 C}{\partial x^2} \tag{9-19}$$

为运用粒子追踪方法求解这个方程，模拟大量的 N 个随机粒子，对 $t=n\Delta t$ 采用 $(X_1+v\Delta t)+\cdots+(X_n+v\Delta t)$ 的蒙特卡罗模拟．则这些粒子位置的相应直方图将逼近概率密度曲线 $C(x,\ t)$，给出无穷多粒子的理论相对浓度．图 9-21 提供了这

325

```
算法: 粒子追踪代码
变量: N = 粒子数
      T = 粒子最后跳跃的时间
      M = 粒子跳跃的次数
      v = 粒子速度
      D = 粒子扩散力
      t(j) = 第 j 次跳跃时间
      S(i, j) = 第 i 个粒子在时刻 t(j) 的位置
输入: N, T, M, v, D
程序: Begin
      Δt←T/M
      for j = 0 to M do
         Begin
         t(j)←jΔt
         End
      for i = 1 to N do
         Begin
         S(i, 0)←0
         for j = 0 to M - 1 do
            Begin
            S(i, j+1)←S(i, j) + Normal (vΔt, √(DΔt))
            End
      End
输出: t(1), …, t(M)
      S(1, 1), …, S(N, 1)
         ⋮
      S(1, M), …, S(N, M)
```

图 9-21 粒子追踪模拟伪代码

个算法的伪代码．图 9-22 展示了求解例 7.5 污染问题的一个计算结果，其中 $v=3.0$ 公里/小时，$D=0.25$ 平方公里/小时．用 $N=10\ 000$ 个粒子模拟，结束时间 $T=4$ 小时，$M=50$ 个时间步长．为了对比，图 9-22 也展示了(9-17)的解析解．显然直方图提供了对正态分布密度函数的合理逼近．粒子模型可以视为这个问题的基本物理模型．密度曲线是一个由中心极限定理确定的合理逼近．

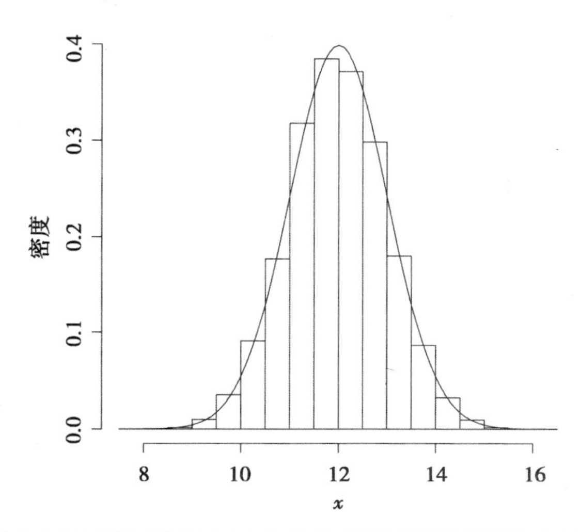

图 9-22　相对频率直方图展现了按图 9-21 中的粒子追踪代码得到的结果，$N=10\ 000$，$T=4$，$M=50$，$v=3.0$ 和 $D=0.25$．为了比较，也展示了带有漂移的扩散方程(9-19)在 $t=4$ 的解析解(实线)

326～327

粒子追踪算法容易推广到允许(9-19)中的系数 v，D 随空间变化的情形．当速度 v 在空间变化时仅有的差别是对任意指定粒子平均跃度大小 $v\Delta t$ 依赖于当前的位置．换句话说，粒子跳跃变成在连续状态空间 $-\infty<x<\infty$ 上的一个马尔可夫链，且跃度分布以一种简单方式依赖当前的状态．当 $\Delta t\to 0$ 时，这些马尔可夫链跳跃收敛于一个**扩散过程**，它的密度函数 $C(x,\ t)$ 是带有漂移的扩散方程(9-19)的解．细节参见 Friedman(1975)．

现在我们继续污染问题的第三步．利用粒子追踪方法，我们用随机粒子云模拟污染云团，用蒙特卡罗方法模拟这个云团的踪迹．我们采用一个坐标系，使得污染物释放位置为坐标系的零点，且小镇处于 10 公里的位置．于是位于 x 点的粒子与镇中心的距离为 $d=|x-10|$．在 $t=0$ 所有 N 个粒子位于 $x=0$．在每个时间步长 Δt，每个粒子有一个随机移动 $v\Delta t+X_i$，其中

$$v=v(x)=\begin{cases}3 & \text{若 } |x-10|>10\\ 8-0.5|x-10| & \text{若 } |x-10|\leq 10\end{cases}\tag{9-20}$$

每个 X_i 的均值为零，方差为 $D\Delta t$，$D=0.25$．我们的模拟将取 X_i 满足正态分布．我们还假设每个粒子具有质量．由于在 $t=1$ 小时最大污染浓度为 $20\times 50\text{ppm}=1\ 000\text{ppm}$，利用 7.4 节的计算得到污染浓度 $P(x,\ t)$ 与相对浓度 $C(x,\ t)$ 有关，$P=P_0C$，$P_0=1\ 000\sqrt{0.5\pi}$，

因此我们赋予每个粒子浓度 $\Delta P = P_0/N$. 设 $x=0$ 是污染源且 $x=10$ 是镇中心. 我们将根据位于 $9.5<x\leqslant10.5$ 的粒子数估计镇中心浓度. 如果 N 中有 K 个粒子在这个区间, 相对浓度 $C=K/N$, 污染水平为 $P\approx P_0(K/N)\approx K\Delta P$. 如果时间区间 $[0, T]$ 分成 M 步, 则时间增量 $\Delta t = T/M$. 这个粒子追踪模拟的伪代码列在图9-23 中. 变量 $t(j)$ 表示第 j 次跳跃的时间, 状态变量 $S(i, j)$ 表示在时刻 $t(j)$ 第 i 个粒子的位置. 模拟只要求我们存储当时的状态, 即可以用 S 表示 $S(i, j)$, 变量 $P(j)$ 表示在时刻 $t(j)$ 估计的小镇污染水平.

```
算法: 粒子追踪代码(例9.5)
变量: N = 粒子数
      T = 粒子最后跳跃的时间(h)
      M = 粒子跳跃的次数
      t(j) = 第j次跳跃时间
      P(j) = 在第j次跳跃后小镇污染浓度(ppm)
      P_max = 小镇最大污染浓度(ppm)
      T_max = 小镇达到最大污染的时间(h)
      T_safe = 小镇污染降到安全水平以下的时间(h)
输入: N, T, M
程序: Begin
      Δt←T/M
      ΔP←1000 √(0.5π)/N
      for j = 1 to M do
        t(j)←jΔt
        P(j)←0
      for i = 1 to N do
        S(i, 0)←0
        for j = 1 to M do
          v←3
          if |S(i, j-1) - 10| ≤ 10 then v←8 - 0.5 |S(i, j-1) - 10|
          S(i, j)←S(i, j-1) + Normal(vΔt, 0.5 √Δt)
          if 9.5 < S(i, j) ≤ 10.5 then P(j) = P(j) + ΔP
      T_max←0
      P_max←0
      T_safe←0
      for j = 1 to M do
        if P(j) > P_max then
          P_max←P(j)
          T_max←t(j)
        if P(j) > 50 then T_safe = t(j) + Δt
      End
输出: P_max, T_max, T_safe
```

图 9-23 具有变化风速的污染问题的粒子追踪模拟伪代码

第四步是执行第三步给出的粒子追踪代码, 经过执行图 9-23 的算法, 按最后时间 $T=4.0$ 小时执行完 $M=100$ 步, $N=1\ 000$ 个粒子的代码, 得到三个性能的度量的估计值 $P_{\max}=397$, $T_{\max}=1.96$ 和 $T_{\text{safe}}=2.32$. 图 9-24 展示了在每个时刻 $t(j)$ 模拟的浓度水平

$P(j)$. 图形粗糙是由于粒子追踪模拟的粒子个数不够多. 使用更多的粒子(即增加 N)会得到更光滑的图形.

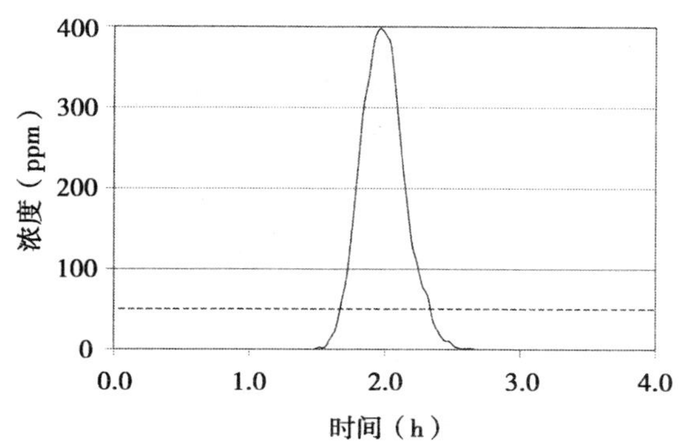

图 9-24　具有变化风速的污染问题的小镇中心污染浓度估计，虚线表示安全水平最大值

第五步是回答问题. 我们估计市区最大的污染浓度出现在事故发生 2 小时以后，预测市区的最大污染水平达到体积的百万分之 400(ppm)，大约是第 1 类污染物最大安全水平的 8 倍. 在风的作用下污染云雾穿过小镇，2 小时 40 分钟后毒性水平降到安全阈值之下. 这些估计基于对污染粒子进入市区轨迹的粒子追踪模拟. 这个模拟考虑到风速的变化，因为在市区风速通常较大. 图 9-24 展示了不同时刻在市中心预测的污染水平，图中的虚线表示 50ppm 的最大安全水平.

关于灵敏度分析，我们从分析模拟结果对随机因素的灵敏度开始. 图 9-25 说明由图 9-23 中的算法模拟 $R=100$ 次的结果，每次模拟取 $T=4.0$ 小时，步长为 $M=100$，粒子数 $N=1\ 000$. 这些模拟 $P_{\max}$ 的平均值约为 400ppm，具有 ±20ppm 典型的范围. 更明确地说，$R=100$ 次模拟结果产生 100 个 $P_{\max}$，具有均值 404.12 和标准差 16.18. 样本的均值和标准差采用我们的编程平台的内置函数计算得到. 对于 R 个数据点 X_1，…，X_R，样本均值 $\bar{x}$ 正是平均数

$$\bar{x} = \frac{1}{R}\sum_{j=1}^{R} X_j$$

样本方差由公式

$$s^2 = \frac{1}{R-1}\sum_{j=1}^{R}(X_j - \bar{x})^2$$

328 ~ 330

确定，由样本均值得到方差的平均值. 于是样本标准差是样本方差的平方根. 在样本方差公式中用 $R-1$ 代替 R 作为除数保证对 σ^2 的估计是无偏的，即重复运用这个公式得到的估计将收敛于真值. 样本均值可以视为一个典型值，样本方差度量值的典型疏散度. 细节参见 Ross(1985).

最常出现的达最大浓度的时间 $T_{\max}$ 是 1.92 小时，所有值在 1.88 到 1.96 之间. 到达安全水平的时间 T_{safe} 通常是 2.32 小时，所有值在 2.28 到 2.36 之间. 因为时间步长为 $T/M=$

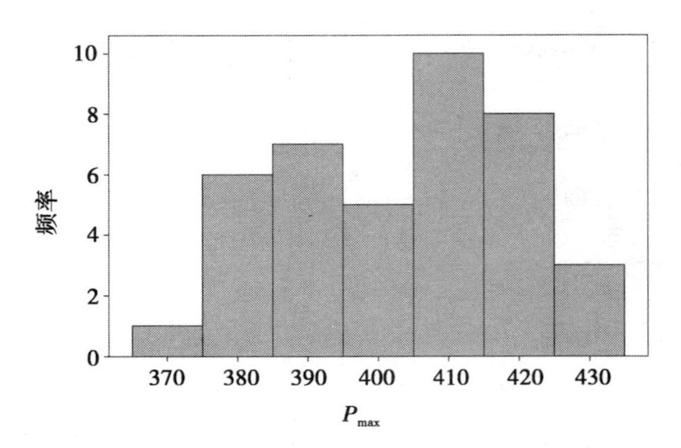

图 9-25 具有变化风速的污染问题的小镇中心污染浓度估计，100 次模拟的结果

0.04，最常出现的值与最大值或最小值之间的差别是单个时间步长．我们得到结论，T_{max}和T_{safe}相对不受随机因素影响．P_{max}对随机因素的灵敏度有些大．这个标准差依赖在每次模拟中用到的粒子数 N.

为了检验这一点，我们用 $N=10\ 000$ 个粒子做额外的 $R=10$ 次模拟，其他参数值不变．结果最大浓度值 P_{max}全都位于 395 到 408 之间，样本均值为 400，样本标准差为 5.6. 一个简单的概率模型说明输出如何依赖样本大小的变化．P_{max}的估计值为 $K\Delta P$，其中$\Delta P=P_0/N$ 不是随机的，K 是位于$9.5<x<10.5$ 之间的粒子的随机数，$P_{max}=P_0 q$，其中

331

$$q=\int_{9.5}^{10.5} C(x,t)\,\mathrm{d}x$$

是一个给定的粒子在时间 $t=T_{max}$将位于这个区间的理论概率值．如 9.1 节，如果第 i 个粒子位于这个区间令 $Y_i=1$，否则 $Y_i=0$，则每一 Y_i 的均值为 q，方差为 $\sigma^2=q(1-q)$．于是 $K=Y_1+\cdots+Y_N$ 是位于这个区间的粒子数．强大数定律保证当粒子数 $N\to\infty$ 时，

$$K\Delta P=P_0(K/N)=P_0\frac{Y_1+\cdots+Y_N}{N}\to P_0 q=P_{max}$$

中心极限定理说明对于充分大的 N，K/N 偏离它的均值 q 不可能超出 $2\sigma/\sqrt{N}$. 因此增加粒子数 10 倍，会减少模拟结果方差的 $\sqrt{10}\approx 3$ 倍，与我们的结果一致．进一步，全部粒子的质量为

$$P_0=\int_{-\infty}^{\infty} P(x,t)\,\mathrm{d}x=1\ 000\sqrt{0.5\pi}\approx 1\ 253\text{ppm}$$

最大浓度 400ppm 代表了约 30% 的粒子．于是我们可以预言对 P_{max}的模拟估计的大约 68% 可能位于真值的 $P_0\sqrt{(0.3)(0.7)/N}$ ppm 范围内，对 $N=1\ 000$ 估值为 18ppm，对 $N=10\ 000$估值为 5.7ppm. 与这些模拟观测到的标准差(分别为 16 和 5.6)是一致的．类似的分析表明估计的浓度曲线图 9-24 的变化随粒子数的平方根下降．因此较大数量的粒子将导致光滑曲线．但是，由于方差随样本大小的平方根下降，不可能总是模拟足够多的粒子数得到完全光滑的曲线．

接着，考虑我们的结果对速度函数 $v=v(x)$ 假设的稳健性．与 7.4 节结果的比较表明，相对于常速度情形，粒子追踪模型较快达到浓度峰值，且浓度水平较低．由于安全水平是 50ppm，在 3.0 公里/小时常速度的风速下小镇的最高浓度值为 $50\times11=550$ppm，在 3.3 小时后到达．这也可以通过简单改动图 9-23 的粒子追踪代码，即删除

$$\text{if } |S(i,j)-10|\leqslant 10 \text{ then } v\leftarrow 8-0.5|S(i,j)-10|$$

这一行来检验．在整个模拟中固定速度为 3.0 公里/小时．修改后的代码取 $T=6.0$ 小时，$M=150$ 步，$N=10\,000$ 得到估计，$P_{\max}=528$ppm，$T_{\max}=3.28$ 小时，$T_{\text{safe}}=4.04$ 小时，与 7.4 节的结果很好地保持一致．总之，风速的变化导致峰值较快到来，且浓度较低．这是否由于平均风速的增加？ 332

表 7-1 中对敏感性的分析表明小镇浓度峰值当风速为 1.0 公里/小时时为 $50\times11=550$ppm，当风速为 5.0 公里/小时时为 $50\times14.2=710$ppm. 也就是说，较高的风速导致小镇较高的浓度峰值，到达时间较早．这就有意义，因为较高的风速使得毒云到达快些，没有时间扩散．的确，带有变化风速 $v(x)\geqslant3.0$ 公里/小时的粒子追踪模拟(9-20)预测毒云峰值较早到达．而且模型也预测到浓度峰值较低．为了理解这个悖论，我们更进一步地考察单个粒子的踪迹．

图 9-26 左栏给出具有变化风速的粒子追踪模型(9-20)的 $N=20$ 个粒子轨迹．这些线条是利用图 9-23 算法对 $j=1,\cdots,M$ 相应 $t(j)$ 描出粒子 $i=1,\cdots,N$ 的 $S(i,j)$ 得到的．与图 9-26 右栏 $N=20$ 个粒子的轨迹比较，选择常风速 $v=5$ 使得两个毒云在大约相同的时间到达位于坐标 $x=10$ 的小镇．相比于常速度模型，变化速度模型的轨迹比较弥散．仔细考察左侧图像弥散的原因．由于随机因素，开始较慢的粒子在后续跳跃的速度较低．其他开始快的粒子保持在较快的轨迹上．术语弥散(dispersion)用于描述由于速度不同粒子的弥散. 在空气和水的污染问题中，弥散经常是驱动毒雾传播的主要因素．

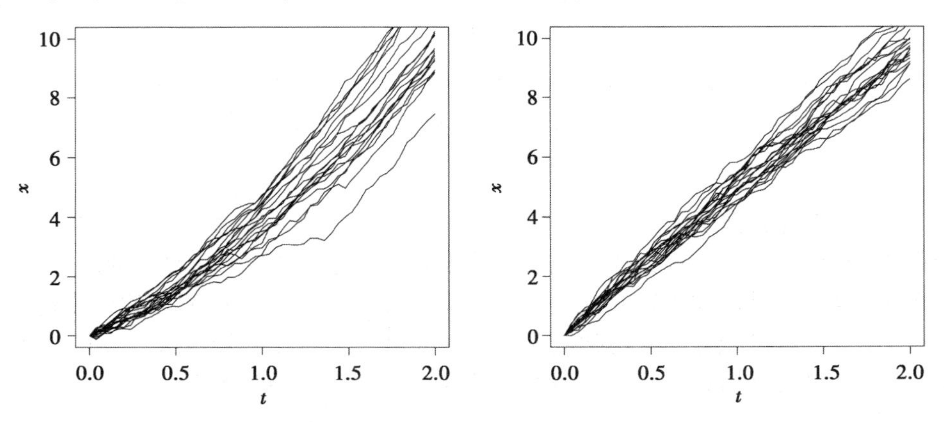

图 9-26　左图：带有变化风速的粒子追踪模型(9-20)的粒子踪迹．右图：带有常风速 $v=5$ 公里/小时的粒子追踪模型的粒子踪迹 333

在污染物传播的工程模型中，常用带有漂移的扩散方程(9-19)作为云雾变化的基本模型.

在许多研究中已经注意到由数据拟合高斯分布密度曲线确定的扩散系数 D，随时间(或随云雾的质心移动的距离)而增大．这个超弥散(super-dispersion)的现象经常是由于粒子速度的变化引起的．一个用于地下水污染研究的有趣的多空介质分形模型已经被用于解释在许多研究中观测到的 D 的幂增长现象，对某个 $p>0$，$D=D_0t^p$．细节参见 Wheatcraft and Tyler(1988)．

图 9-27 证实了带有变化速率的粒子追踪模型的超弥散．这幅图展示了当最终时间为 $T=2.0$ 小时，迭代 $M=50$ 次，即时间增量如前为 $\Delta t=0.04$ 时，$N=1\ 000$ 个粒子的追踪模拟的结果．用图 9-23 的算法，盒形表示在每个时间点 $t(j)$ $(j=1, \cdots, M)$ 粒子位置 $\{S(i,j): 1\leqslant i\leqslant N\}$ 的方差．对于常速度，这个方差是线性增长的，因为在 t 时刻粒子的位置为 $vt+Z_t$，其中 Z_t 服从均值为零，方差为 Dt 的正态分布．这就是图中的理论方差线．另一个粒子追踪模拟的结果，采用图 9-23 的算法，取常速度 $v=5$ 公里/小时且其他参数不变，检验了这个理论结果．图中的菱形表示每个时间点粒子位置的方差，展现了观测方差与理论模型多么吻合．注意到 $v=3$ 或 $v=8$ 或其他任何常速度值的模拟产生同样的结果，因为常速度仅仅改变粒子位置的均值，并不影响方差．

334

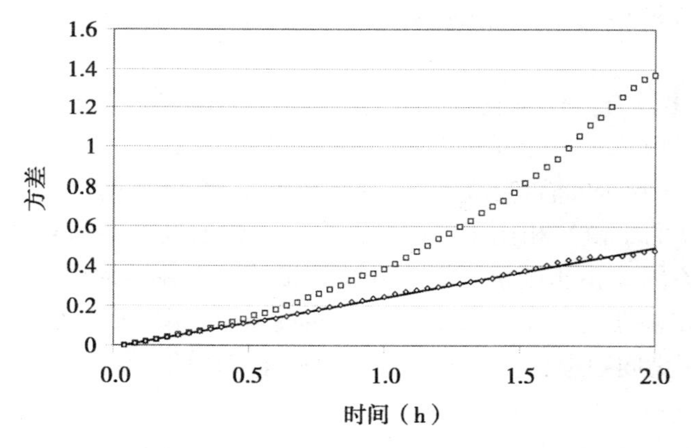

图 9-27　具有不同风速的粒子追踪模型(9-20)观测到的方差(盒形)相比于具有常风速同样模型观测到的方差(菱形)，以及具有常风速的这个模型的理论方差(实线)

污染云雾中的超弥散引发了一个有意义的实际问题，因为它意味着常系数方程(9-19)不适合预测云雾的行为．各种方法，包括一维或多维具有变系数的更复杂的微分方程系统，已经用于研究这个能够用粒子追踪或类似于本书第 6 章使用的有限差分代码求解的问题．最近，对运用分数阶微积分建立超弥散云雾模型提出一个有趣的新想法．新的模型用分数阶导数 $1<\alpha<2$ 替代(9-19)中的二阶导数．在下一节，我们将研究分数阶扩散模型对地下水污染的应用．

9.5　分数阶扩散

分数阶导数在它们的“堂兄弟”整数阶导数出现不久之后，由莱布尼茨(Leibnitz)在

1695 年提出，但是仅在最近才被发现有实际应用的意义．现在它们被用于水和空气污染、复杂介质中热传导、外来入侵种群、细胞膜和电子学等不规则扩散模型．在这一节，我们将用粒子追踪方法探讨水污染的分数阶微积分模型．

例 9-6　1993 年在密西西比州哥伦布美国空军基地进行了一项实验，研究地下水中的弥散(详见 Boggs et al. (1993))．将含有一种放射性示踪剂(氚)的水注入地下，随时跟踪氚在地下水中的移动．图 9-28 提供了注入后 $t=224$ 天测量得到的在距离注入点下游 x 处的氚示踪剂的相对浓度 $C(x,\ t)$．靠近图下部的细线是拟合高斯密度曲线，对应于带有漂移项的扩散方程(9-19)的解．在实验过程中质心的移动大致与时间成正比．雾气的传播与 $t^{0.9}$ 成正比，表明是不规则的超弥散．在正(下游)方向雾气的形状明显是扭曲的，所以传统扩散方程(9-19)的对称高斯解不能为这些数据提供合适的模型．氚的水平以居里为单位测量．1 居里(Ci)定义为每秒 3.7×10^{10} 蜕变．在这个实验中，注入 $P_0=540$Ci 氚．估计在注入点下游 $x=20$ 米处最大氚水平出现的时间和浓度，以及在那个位置氚水平下降到 2Ci 以下所需的时间．

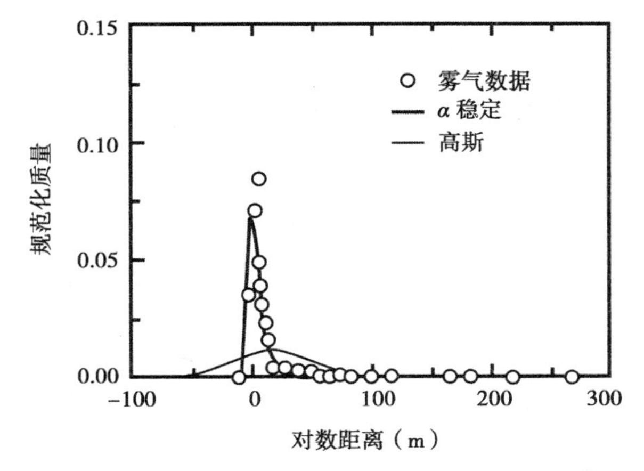

图 9-28　从例 9.6 分数阶扩散问题测量的氚浓度(空心圆)、带有拟合的稳定密度(粗实线)和拟合高斯密度(细实线)，引自 Benson 等(2001)

我们将运用五步方法．第一步是提出问题．我们以注入点为原点 $x=0$ 取一个坐标系，水沿 x 轴正向流动，与图 9-28 一致．我们要预测在注入点的下游 $x=20$ 米处氚示踪剂的浓度，以及它如何随时间变化．第一步的结果总结在图 9-29 中．

变量： t = 自示踪剂释放后的时间(天)
x = 下游到注入点的距离(米)
P = 在时刻 t 位置 x 处的污染浓度(Ci)
假设： 平均雾气速度是常数
雾气传播与 $t^{0.9}$ 成正比
雾气是正扭曲的
目标： 确定在下游 20 米处最大的示踪剂浓度、最大值发生的时间和浓度、下降到 2Ci 的时间

图 9-29　水污染问题的第一步结果

第二步是选择建模方法．我们将使用分数阶扩散模型，用粒子追踪方法求解这个模型．

分数阶导数$\partial^\alpha C/\partial x^\alpha$ 可以定义为具有傅里叶变换$(ik)^\alpha \hat{C}$ 的函数．带有漂移项的分数阶扩散方程为

$$\frac{\partial C}{\partial t} = -v\frac{\partial C}{\partial x} + D\frac{\partial^\alpha C}{\partial x^\alpha} \tag{9-21}$$

其中 $1<\alpha<2$. 两边取傅里叶变换得到

$$\frac{d\hat{C}}{dt} = -v(ik)\hat{C} + D(ik)^\alpha \hat{C}$$

由点源初值条件 $\hat{C}(k,0)\equiv 1$，对任意 $t>0$ 得到解

$$\hat{C}(k,t) = \int_{-\infty}^{\infty} e^{-ikx}C(x,t)dx = e^{-ikvt+Dt(ik)^\alpha} \tag{9-22}$$

这个傅里叶变换的逆变换没有闭形式，但是由概率论知 $C(x,t)$是一个 α **稳定**密度函数．

稳定密度出现在**广义中心极限定理**中．设 X，X_1，X_2，…是独立同分布随机变量．如果对某个 $A>0$ 和 $1<\alpha<2$ 有 $\Pr\{X>x\}=Ax^{-\alpha}$，则由广义中心极限定理可得

$$\lim_{n\to\infty}\Pr\left\{\frac{X_1+\cdots+X_n-n\mu}{n^{1/\alpha}}\leq x\right\}\to \Pr\{Z_\alpha\leq x\} \tag{9-23}$$

其中 $\mu=E(X)$，Z_α 是一个具有指标 α 的稳定的随机变量，它的密度 $g_\alpha(x)$具有傅里叶变换

$$\hat{g}(k) = \int_{-\infty}^{\infty} e^{-ikx}g(x)dx = e^{D(ik)^\alpha} \tag{9-24}$$

其中 $D>0$ 依赖 A 和 α. 因为此时 $\sigma^2=V(X)=\infty$，在 7.3 节讨论的一般中心极限定理不能用在这里．关于稳定律、广义中心极限定理和分数阶导数详见 Meerschaert and Sikorskii(2012).

分数阶扩散方程解的传播率可由傅里叶变换确定．由简单的变量替换得到以均值为中心的浓度 $C_0(x,t)=C(x+vt,t)$具有傅里叶变换

$$\int_{-\infty}^{\infty} e^{-ikx}C_0(x,t)dx = e^{Dt(ik)^\alpha} \tag{9-25}$$

336 ~ 337

由另一个变量替换得 $t^{-1/\alpha}C_0(t^{-1/\alpha}x,1)$具有与 $C_0(x,t)$相同的傅里叶变换．这表明浓度峰值以 $t^{1/\alpha}$下降，且雾气以 $t^{1/\alpha}$形式从质心 $x=vt$ 向外传播．因为 $\alpha<2$，这意味着这个雾气的传播快于传统的扩散，所以带有漂移项的分数阶扩散方程(9-21)是一个不规则的超扩散．最后，注意到当 $\alpha=2$ 时分数阶扩散模型退回到传统的扩散．

第三步是构造模型．我们将用分数阶扩散方程(9-21)为氚雾气建模．我们将根据广义中心极限定理(9-23)采用9.4 节引入的粒子追踪方法求解这个方程．(9-23)中的随机变量

X_1, …, X_n 是同分布的，具有累积分布函数

$$F(x) = \begin{cases} 0 & x < A^{1/\alpha} \\ 1 - Ax^{-\alpha} & x \geqslant A^{1/\alpha} \end{cases} \tag{9-26}$$

的随机变量 X. 它的概率密度函数是

$$f(x) = \begin{cases} 0 & x < A^{1/\alpha} \\ A\alpha x^{-\alpha-1} & x \geqslant A^{1/\alpha} \end{cases}$$

它的均值为

$$\mu = \int_{A^{1/\alpha}}^{\infty} xA\alpha x^{-\alpha-1} \mathrm{d}x = A^{1/\alpha} \frac{\alpha}{\alpha - 1}$$

为了模拟这个随机变量 X，我们将使用例 9.3 中运用的逆累积分布方法．令 $y = F(x) = 1 - Ax^{-\alpha}$，求逆得到

$$x = F^{-1}(y) = \left(\frac{A}{1 - y}\right)^{1/\alpha}$$

然后取 $X = F^{-1}(U)$，其中 U 是(0，1)上的均匀分布．为了证实 X 具有所希望的分布，记

$$\Pr\{X \leqslant x\} = \Pr\left\{\left(\frac{A}{1 - U}\right)^{1/\alpha} \leqslant x\right\}$$
$$= \Pr\{U \leqslant 1 - Ax^{-\alpha}\} = 1 - Ax^{-\alpha}$$

当 $x \geqslant A^{1/\alpha}$时，则 $0 < 1 - Ax^{-\alpha} < 1$.

对于粒子追踪模型，假设每个粒子在一个小的时间段 $\Delta t = t/n$ 内取一个小的随机移动 $v\Delta t + (\Delta t)^{1/\alpha} X_i$，其中

$$X_i = \left(\frac{A}{1 - U_i}\right)^{1/\alpha} - A^{1/\alpha} \frac{\alpha}{\alpha - 1}$$

U_1, …, U_n 是独立的均匀分布(0，1)上的随机变量．运用广义中心极限定理(9-23)，取 $\mu = 0$，对大的 n 得到 $X_1 + \cdots + X_n \approx n^{1/\alpha} Z_\alpha$. 由于 $t = n\Delta t$，我们有

338

$$(v\Delta t + (\Delta t)^{1/\alpha} X_1) + \cdots + (v\Delta t + (\Delta t)^{1/\alpha} X_n) \approx vt + (n\Delta t)^{1/\alpha} Z_\alpha = vt + t^{1/\alpha} Z_\alpha$$

Z_α 的分布函数是

$$G(x) = \int_{-\infty}^{x} g(u) \mathrm{d}u$$

因此 $vt + t^{1/\alpha} Z_\alpha$ 的分布函数是

$$\Pr\{vt + t^{1/\alpha} Z_\alpha \leqslant x\} = \Pr\left\{Z_\alpha \leqslant \frac{x - vt}{t^{1/\alpha}}\right\}$$
$$= \int_{-\infty}^{t^{-1/\alpha}(x - vt)} g_\alpha(u) \mathrm{d}u$$
$$= \int_{-\infty}^{x} g_\alpha(t^{-1/\alpha}(y - vt)) t^{-1/\alpha} \mathrm{d}y$$

在最后一行代入了 $u = t^{-1/\alpha}(y - vt)$. 于是，$vt + t^{1/\alpha} Z_\alpha$ 的密度具有傅里叶变换

$$
\begin{aligned}
\hat{C}(k,t) &= \int_{-\infty}^{\infty} e^{-ikx} g(t^{-1/\alpha}(y-vt))t^{-1/\alpha}dy \\
&= \int_{-\infty}^{\infty} e^{-ik(vt+t^{1/\alpha}u)} g_\alpha(u)du \\
&= e^{-ikvt}\int_{-\infty}^{\infty} e^{-i(kt^{1/\alpha})u} g_\alpha(u)du \\
&= e^{-ikvt+Dt(ik)^\alpha}
\end{aligned}
$$

按(9-24)，再次利用了同样的替换 $u=t^{-1/\alpha}(y-vt)$. 因为这与(9-22)一致，所以 $C(x, t)$ 是带漂移项的分数阶扩散方程(9-21)的解. 因此粒子位置的相对频数直方图将逼近概率密度曲线 $C(x, t)$，它给出了无穷多粒子的理论相对浓度.

在图 9-28 中 α 稳定曲线是采用合适的速度 $v=0.12$ 米/天对稳定密度的傅里叶变换(9-22)求数值逆而得到的. 这个速度的稳健性将在本节后面讨论. 选择稳定指标 $\alpha=1.1$ 是为了得到 $t^{1/1.1}\approx t^{0.9}$ 的传播率. 合适的 α 值也通过检验浓度峰值衰减率和浓度曲线的拖尾而被证实. 图 9-30 展示了与图 9-28 相同的示踪剂数据在对数 - 对数尺度下对高斯和稳定模型的拟合. α 稳定密度 $C=C(x, t)$ 具有对充分大的 x，$C\approx t\alpha Ax^{-\alpha-1}$ 的性质，所以 $\log C\approx\log(t\alpha A)-(\alpha+1)\log x$. 因此拟合稳定密度的对数 - 对数图对大的 x 呈现线性(这条线的斜率也可以用于估计参数 α). 浓度数据满足这条线的事实为支持分数阶扩散模型提供了一个额外的证据. 因为对示踪剂浓度的正态估计在雾气尾部低于 10^6 倍，所以传统扩散模型严重低估了下游污染的风险. 为了对所有时间(第 27，132，224 和 328 天收集的数据)得到最好的稳定密度曲线拟合，在(9-21)中选择分数阶扩散率为 $D=0.14$ 米$^\alpha$/天. 由 Meerschaert and Sikorskii(2012)中的定理 3.41，对粒子跳跃运用公式 $A=D(\alpha-1)/\Gamma(2-\alpha)$，得到估计 $A=0.0131$. 伽马函数在这一章结尾的习题 23 中讨论.

339

我们的粒子追踪模拟代码列在图 9-31 中. 这个代码与图 9-23 类似，有一些改进. 粒子的总质量为 $P_0=540$Ci，目标浓度为 2Ci. 在位置 $x=20$ 氚的浓度通过计算落在区间 $15<x\leqslant 25$ 的粒子数，再除以区间长度来估计. 两个分布参数也被列出. 参数 α 控制尾部，而 A 确定尺度，即均值与 $A^{1/\alpha}$ 成正比. 因为注入氚 $P_0=540$Ci，我们采用 $P(x, t)=P_0C(x,t)$ 表示氚浓度.

在进行第四步前，检验图 9-31 的代码，看看我们能否重现图 9-28 中的浓度曲线. 基于图 9-31 代码的计算机实现，图 9-32 呈现了对 $N=10\,000$ 个粒子和 $M=100$ 步的粒子追踪模拟得到的粒子 $i=1, \cdots, N$ 在时间 $T=t(M)=224$ 天的位置 $S(i, M)$ 的相对频数直方图. 图 9-32 中粒子位置的直方图与图 9-28 中 α 稳定密度曲线匹配的结果令人满意.

第四步是求解模型. 图 9-33 总结了对 $N=10\,000$ 个粒子，最终时间 $T=4\,000$ 天和 $M=100$ 步，用图 9-31 的代码运行的结果. 通过增加粒子数，这幅图可以更光滑些. 最大浓度 $P_{\max}=9.14$Ci 出现在 $T_{\max}=1\,080$ 天. 需要 $T_{\text{safe}}=2\,840$ 天使得氚的水平降低到 2Ci.

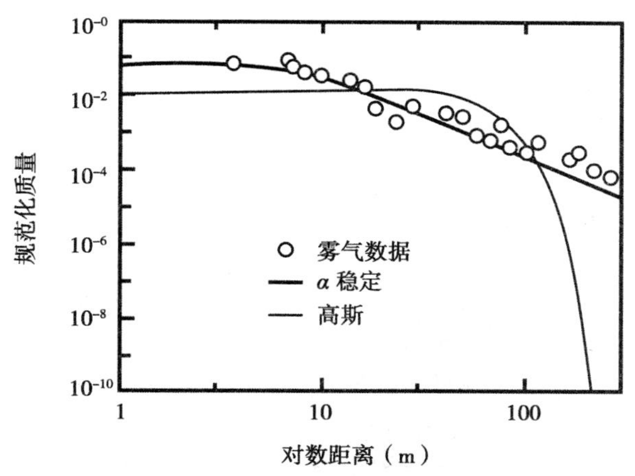

图 9-30　在对数 – 对数坐标中图 9-28 的示踪剂数据和拟合模型，展示了幂律拖尾　340

算法：粒子追踪代码(例 9.6)

变量：N = 粒子数

T = 粒子最后跳跃时间(天)

M = 粒子跳跃数

$t(j)$ = 第 j 次跳跃时间(天)

$P(j)$ = 第 j 次跳跃后的氚浓度(Ci)

P_{max} = 最大氚浓度(Ci)

T_{max} = 达到最大氚浓度的时间(小时)

T_{safe} = 浓度降低到 2.0Ci 的时间(小时)

A = 0.013 1 方程(9-26)中的尺度参数

α = 1.1 方程(9-26)中的尾部参数

输入：N，T，M

程序：Begin

$\Delta t \leftarrow T/M$

$\Delta P \leftarrow 540/N$

for $j=1$ to M do

　$t(j) \leftarrow j\Delta t$

　$P(j) \leftarrow 0$

for $i=1$ to N do

　$S(i, 0) \leftarrow 0$

　for $j=1$ to M do

　　$U \leftarrow \text{Random}(0, 1)$

　　$X \leftarrow (A/(1-U))^{1/\alpha} - A^{1/\alpha}\alpha/(\alpha-1)$

　　$S(i, j) \leftarrow S(i, j-1) + 0.12\Delta t + \Delta t^{1/\alpha}X$

　　if $15 < S(i, j) \leqslant 25$ then $P(j) = P(j) + \Delta P/10$

$T_{max} \leftarrow 0$

$P_{max} \leftarrow 0$

$T_{safe} \leftarrow 0$

for $j=1$ to M do

　if $P(j) > P_{max}$ then

　　$P_{max} \leftarrow P(j)$

　　$T_{max} \leftarrow t(j)$

　if $P(j) > 2.0$ then $T_{safe} = t(j) + \Delta t$

End

输出：P_{max}，T_{max}，T_{safe}

图 9-31　例 9.6 分数阶扩散问题的粒子追踪模拟伪代码　341

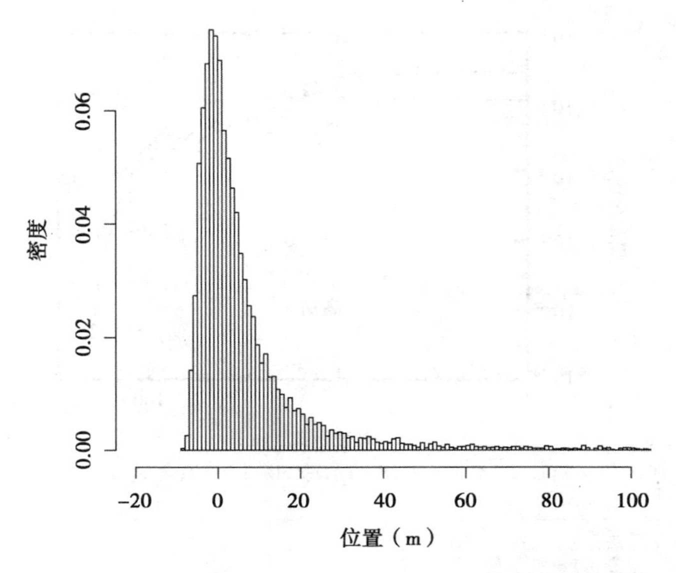

图 9-32 例 9.6 分数阶扩散问题在 $t=224$ 天的粒子追踪模拟结果．直方图逼近带有漂移项的分数阶扩散方程(9-21)的解 $C(x, t)$

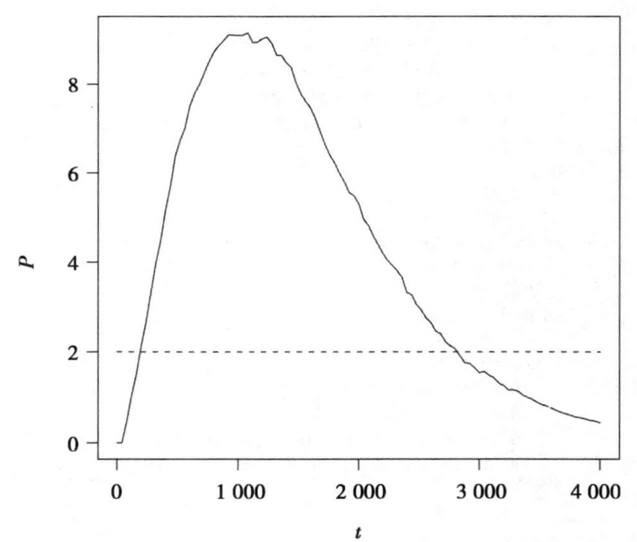

图 9-33 对于例 9.6 水污染问题，在注入点下游 $x=20$ 米位置估计的氚水平

第五步是回答问题．我们估计在注入点下游 $x=20$ 米处氚最大浓度将在近 3 年时出现．在那时，估计的浓度约为 9 居里．因为氚由地下水携带到下游，大约需要 8 年时间氚浓度降回到 2 居里以下．图 9-33 展示了注入后整个时间过程中在 $x=20$ 米氚的浓度．图中虚线表明 2 居里的正常水平．还注意到预测氚向着地下水流的方向延伸．图 9-32 展示了注入后第 224 天预测氚的分布轮廓．

由于第五步报告的结果来自于蒙特卡罗模拟，所以探讨随机因素的灵敏度是重要的．我们重复模拟 30 次，取粒子数 $N=1\ 000$，最终时间 $T=4\ 000$ 天，步数 $M=100$. 要与第四步得到同样的值，除非我们减少每次运行的粒子数量，以便加快模拟速度．三个性能的度量的结果是 $P_{\max}=9.6\pm0.6$，$T_{\max}=944\pm125$，$T_{\text{safe}}=2\ 830\pm110$，其中我们给出样本均值 ± 样本标准差．因为我们 30 次模拟的均值与第五步的一样，标准差小于一个单位(居里或年)，我们的结论是，对于要求的精度，第五步的结果是可靠的．

下面考虑对于平均粒子速度估计过程的稳健性．记得速度 $v=0.12$ 米/天是基于浓度测量的均值(加权平均)估计得到的．由于浓度曲线是非常扭曲的，均值(雾气的质心)远离众数(浓度最高点)．例如，在 $t=224$ 天，均值为 $x=vt=(0.12)(224)=26.88$ 米．但是图 9-28 中 α 稳定密度曲线的峰值位于远离该点的左侧．均值明显偏离众数，因为浓度曲线有一个重尾．考虑图 9-32 中的直方图．对 $N=10\ 000$ 个粒子模拟，蒙特卡罗模拟的样本均值是 18.5 米，样本标准差为 355.2 米．这个荒唐的大样本标准差是由于理论标准差无穷大(因为不存在二阶矩)．因此除了指出在粒子位置信息中存在值得考虑的传播外，样本标准差没有提供有用的信息．事实上，粒子位于 −8.45 到 28 352.3 米范围内．非常少量的粒子穿过非常长的距离．记得在我们的粒子跳跃模型中，跳跃超过下游 r 米的概率不与 $r^{-\alpha}$ 成正比．由于 $\alpha\approx1$，这意味着在 10 000 个粒子中大约有 1 个会跳跃 10 000 次，超出常规．在统计中，称这些极端数据点为*离群值*．

342~343

出现离群值的情况下，均值可能是典型行为的不可靠的估计．考虑一个公司老板每年净赚 1 000 000，其他 20 位雇员每年得 50 000. 平均工资(包括雇主)是每年(2 000 000)/21 ≈ 95 000，但是这不是一个好的典型工资指标．同样，在氚中粒子位置均值不是可信的雾气中心标志，因为少量的离群值就会影响这个平均值．粒子位置的中位数大约是 2.0 米(50% 的粒子行进到更远的下游)．标志中心用中位数比用均值或峰值(众数)更可靠，因为它不受离群值的影响．但是，没有简单的方法将中位数与模型(9-21)中的参数联系起来．

注意在图 9-28 中浓度取自靠近注入点 300 米以内．这个度量过程截断了雾气的浓度，这对速度估计会有什么影响？回想起在图 9-28 中，$N=10\ 000$ 个粒子位置的样本均值为 18.5 米，它离理论均值 26.88 不太远(考虑到巨大的样本标准差)．我们排列位置数据，发现 10 000 个数据中 58 个点超出 300 米．于是我们删除这些值后重新计算粒子位置的均值(即我们对留下的数据求和，再除以 9 942)．结果粒子位置的均值是 8.33 米，比全部平均的 18.5 米小了一多半．虽然我们使用了全部数据的 99.4%，但是其余的 0.6% 对粒子位置均值有深刻的影响．因为这个计算基于蒙特卡罗模拟，所以我们重复这个过程更多次．结果所有的粒子位置均值变化显著．标准差和最大粒子的位置相差很大．但是，那些落在下游小于 300 米的粒子位置的均值总在大约 8 米．当速度参数 v 由图 9-28 中的浓度数据(和三个其他因素)来估计时，截断的影响就考虑进来了．事实上由图 9-28 中的数据估计的均值是 8 米．图 9-28 中高斯曲线均值约 8 米，因为截断对于正态概率密度函数的影响是微不足道的．

在建模中，一个给定模型的参数估计值决不能与这些参数的实际“真值”混淆．传统的和分数阶的扩散模型都包含速度参数，在不同应用中，这些参数的含义可能变化．因此，将在一个模型(传统扩散)中估计参数值用到另一个模型(分数阶扩散)中可能是错误的．这对所有模型参数都适用．例如，在幂律模型(9-26)中估计尾部参数 α，然后假设同样的参数值适合于稳定模型，这样做是不合适的．在金融文献中，这种简化已经引起严重的混乱，详见 McCulloch(1997)．

344

我们用关于分数阶导数、幂律跳跃和分形之间联系的评论结束这个例子．我们已经看到具有 α 分数阶导数的分数阶扩散方程，控制随机幂律跳跃和，其中 α 也是幂律跳跃概率的尾部指标．幂律跳跃概率模型提供了理解分数阶导数的具体例子．思考什么是分数阶导数的一个好方法就是考虑导致扩散的粒子追踪模型．二阶导数刻画了均值为零、方差有限的粒子跳跃．分数阶导数刻画了幂律跳跃．

在 7.4 节中我们运用质量守恒方程(7-26)和 Fick 定律(7-27)推导出传统的扩散方程(7-28)．回想一下 Fick 定律是经验的，即它基于对确定的控制实验设置的实际数据的观察．分数阶扩散方程可以用类似的方法，运用分数阶 Fick 定律推导．在 Fick 定律中，粒子流

$$q = -D\frac{\partial^{\alpha-1}C}{\partial x^{\alpha-1}} \tag{9-27}$$

是基于对混沌动力系统的经验观察值．在一个时间步长 Δt 跳过 j 个大小为 Δx 盒子的粒子的比率以幂律衰退．分数阶扩散的确定性模型与粒子追踪模型密切相关，源于随机跳跃具有幂律分布．详见 Meerschaert and Sikorskii(2012)．

在 6.4 节我们讨论了有趣的分形．在传统的和分数阶的扩散中粒子踪迹也是随机分形．图 9-26 的右图展示了一些粒子踪迹，这是通过画出对应 $t(n)$ 的 $S(n)$ 得到的，其中

$$S(n) = \sum_{j=1}^{n}(v\Delta t + \sqrt{D\Delta t}Z_j) \tag{9-28}$$

Z_j 是独立标准正态随机变量，均值为 0、方差为 1．和 $S(n)$ 具有均值为 vt、方差为 Dt 的正态分布，其中 $t=n\Delta t$．当 $n\to\infty$ 时，这个在 $t(n)$ 时刻取值为 $S(n)$ 的离散时间随机过程收敛于具有漂移 $B(t)+vt$ 的*布朗运动*．布朗运动 $B(t)$ 是一个马尔可夫过程，它的状态空间是整个实轴．它的密度函数 $C(x, t)$ 是扩散方程(7-28)的解．布朗运动的粒子踪迹是维数为 $d=3/2$ 的随机分形．如果用其他任意的具有同样均值和方差的随机变量代替(9-28)中的正态随机变量，仍然运用中心极限定理，取极限后我们得到同样的布朗运动过程．在二维或高维情形，布朗运动的粒子踪迹是维数为 $d=2$ 的随机分形．虽然维数是整数，但是粒子的轨迹是分形，因为它们的维数不等于 1．

图 9-34 呈现了一个布朗运动的典型粒子轨迹．因为粒子轨迹是分形，所以图像中的局部放大会呈现出额外的结构，类似于较大的图形．这与布朗运动的自相似性质有关：在时间尺度 $c>0$ 的过程 $B(ct)$ 与过程 $c^{1/2}B(t)$ 概率相同．减小时间尺度 c 就减小了空间尺度 $c^{1/2}$，等价于放大图形．

345

如果我们用服从分布(9-26)$(1<\alpha<2)$的幂律跳跃代替(9-28)中的正态随机变量，广义中心极限定理表明极限是指标为 α 的稳定过程．当 $n\to\infty$ 时，在 $t(n)$ 时刻取值为 $S(n)$ 的

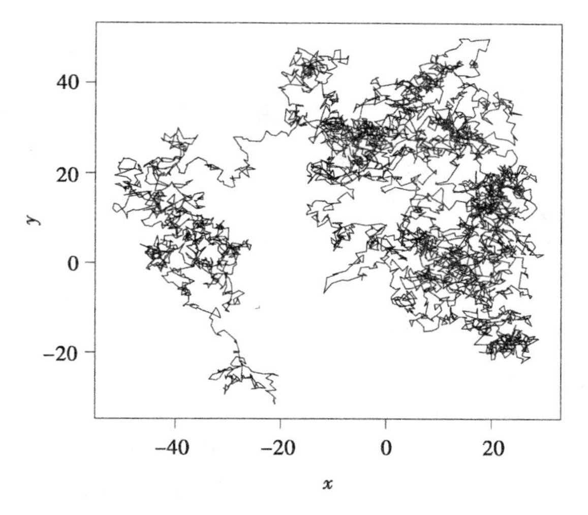

图 9-34　布朗运动的粒子追踪模拟，随机分形维数 $d = 2$

离散时间随机过程收敛于带有漂移的稳定莱维(Levy)运动 $L(t) + vt$. 稳定莱维运动 $L(t)$是布朗运动的一个亲密的“堂兄弟”. 它的密度函数 $C(x, t)$是分数阶扩散方程(9-21)当 $v = 0$ 时的解. 对二维或高维情形，一个 α 稳定莱维运动的粒子踪迹是维数为 $d = \alpha$ 的随机分形. 图 9-35 展示了当 $\alpha = 1.8$ 时一个稳定莱维运动的典型粒子轨迹. 除了出现大的跳跃以外，图形与布朗运动的相似. 这种行为类似于例 6.6 的气候问题，在一个时间周期内轨迹保持在局部，然后很快地跳到不同的邻域. 在时间尺度 $c > 0$ 的过程 $L(ct)$ 与过程 $c^{1/\alpha}L(t)$ 概率相同. 当分形维数 α 下降时，图形变得光滑. 总之，参数 α 规范了幂律跳跃、分数阶导数和粒子轨迹的分形维数.

346

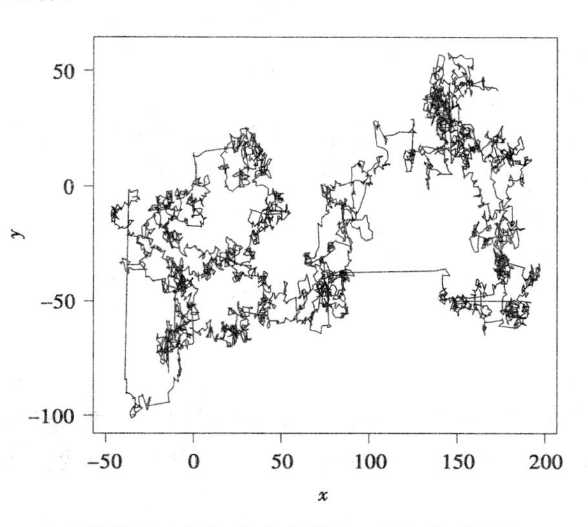

图 9-35　稳定莱维运动的粒子追踪模拟，随机分形维数 $d = \alpha = 1.8$

9.6 习题

1. 一个简单的碰运气游戏是投掷硬币．庄家投掷一枚硬币，在硬币落地前游戏者猜测硬币落地的状态．如果硬币落地的状态与游戏者的猜测一致，庄家给游戏者 1 美元；否则游戏者给庄家 1 美元．游戏者以 10 美元开始．
   (a) 游戏者在他翻倍他的本钱之前破产的可能性是多少？使用五步方法和蒙特卡罗模拟模型．
   (b) (a) 中所描述的游戏平均要持续多长时间？
   (c) 投掷 25 次硬币后游戏者平均还有多少钱？
2. 掷两颗骰子，总数为 7 出现的概率是 1/6.
   (a) 在 100 次投掷中 5 次连续出现 7 的概率是多少？使用五步方法和蒙特卡罗模拟模型．
   (b) 掷骰子一直到出现 7 的平均次数是多少？可使用任何方法．
3. 再次考虑例 8.1 的存货问题．在课文中我们提到了如果顾客到达之间的时间服从均值为 1 的指数分布，则一周内到达的顾客人数服从均值为 1 的泊松分布．

   347

   (a) 将蒙特卡罗模拟用于一周内到达的顾客数的模型．假设到达者之间的时间服从均值为 1 的指数分布．模拟确定一周内到达的平均数．
   (b) 修改模拟的程序，跟踪模拟的若干周中有 0，1，2，3 或多于 3 个到达者的比例．与 8.1 节给出的泊松分布作比较．
4. (a) 重复习题 3，但是现在假设顾客到达之间的时间服从 0 ~2 周的一致分布．
   (b) 使用从你的计算机输出的概率去修正例 8.1 的马尔可夫链的状态转移概率．
   (c) 在均匀的顾客到达时间间隔的假设下，求解关于定常态概率的方程 $\pi=\pi P$.
   (d) 在这个修改过的例子中，求需求超过供给的定常态概率．
   (e) 将 (d) 的结果与 8.1 节的计算进行比较，并评论原来的模型关于随机到达的假设的稳健性．
5. 再次考虑例 9.3 的对接问题，但是现在假设控制调整的时间服从 4 ~6 秒的一致分布．
   (a) 修正图 9-10 的算法，反映出在 c_n 的分布上的变化．
   (b) 在计算机上实现 (a) 的算法．
   (c) 对于 $k=0.02$ 作 20 次模拟，列出你的结果表．估计平均对接时间．
   (d) 将 (c) 的结果与 9.2 节的结果作比较．你是否认为模型关于 c_n 是正态分布的假设是稳健的？
6. 再次考虑例 9.3 的对接问题．
   (a) 在计算机上实现图 9-10 的算法．作几次模型的模拟，与课文的结果作比较．
   (b) 改变参数 k 来确定这个控制参数的最优值．对于每个 k 值，将需要进行几次模拟以确定其平均行为．
   (c) 研究 (b) 中你的答案对于宇宙飞船的初始速度（假设是 50 米/秒）的灵敏性．

   348

   (d) 研究 (b) 中你的答案对于对接阈值（假设是 0.1 英尺/秒）的灵敏性．

7. 再次考虑例 9.1 的雨天问题，但是现在假设如果今天是雨天，则明天有 75% 的可能是雨天，同样，如果今天是晴天，则明天有 75% 的可能是晴天．在假期到来的这一天是晴天 $(X_0=0)$.
   (a) 确定今后任何一天是雨天的定常态概率．模型 $\{X_t\}$ 是马尔可夫链．
   (b) 使用蒙特卡罗模拟估计三个连续雨天的概率．
8. 再次考虑第 8 章习题 11 的细胞分裂问题．
   (a) 使用蒙特卡罗模拟去建模细胞分裂的过程．平均要多少时间从 1 个细胞增长到 100 个细胞？
   (b) 1 个细胞在达到 100 个细胞之前死掉的概率是多少？
9. (继续第 7 章的习题 8) 使用蒙特卡罗方法模拟一个随机到达过程，到达速率是 5 分钟．确定在 $t=1$ 小时之前最后一个到达者与 $t=1$ 小时后下一个到达者之间的平均时间间隔．
10. (继续第 7 章的习题 9) 模拟超市收款台排队的问题．引入一个随机数表示你的等待时间，同时看看有多少随机数超过了这个数．重复这个模拟多次，确定开始发现有超过你的随机数的平均顾客人数．解释你的答案与第 7 章习题 9(c) 得到的答案之间的差异．
11. 再次考虑例 8.1 的存货问题，确定每周平均损失的销售量．
    (a) 假设每天一个顾客到达的概率为 0.2. 以一天为时间步长，用蒙特卡罗方法模拟一周的销售活动．对于初始存货为一个、两个或三个水族箱，通过重复的模拟确定平均损失的销售量．
    (b) 将 (a) 中的结果与 8.1 节计算的定常态概率结合起来，确定每周全部平均损失的销售量．
12. 这道题说明了二项式模型．假设考虑 m 个独立的随机试验，其中每个试验成功的概率为 q. 令 $X_i=1$ 表示第 i 个试验成功，否则为 $X_i=0$. 则 $X=X_1+\cdots+X_m$ 表示成功试验的次数．

349

    (a) 证明 $EX=mq$，$VX=mq(1-q)$. [提示：首先证明 $EX_i=q$ 和 $VX_i=q(1-q)$.]
    (b) 解释为什么 $X=i$ 有 $\binom{m}{i}$ 种可能的发生方式，为什么每种发生方式的概率为 $q^i(1-q)^{m-i}$.
    (c) 解释为什么课本中的 (9-14) 式给出了在 m 次试验中 i 次成功的概率．
13. 再次考虑例 9.4 的轰炸机问题．修改模型得出在这个任务期间损失的飞机数量的期望值．还要考虑攻击以后当轰炸机离开目标区域时损失飞机的可能性．
    (a) 如果派出 $N=15$ 架飞机，在执行任务期间平均损失多少架飞机？
    (b) 关于 N 作灵敏性分析．
    (c) 如果使用高级的轰炸机，飞行速度为 1 200 英里/小时，在目标上空只需盘旋 15 秒，结果会怎样？
    (d) 关于一枚导弹击落一架飞机的概率 q 作灵敏性分析．考虑 $q=0.4$，0.5，0.6，

0.7 和 0.8 的情形．叙述你的一般结论．在什么样的环境下一个负责任的指挥官将会命令他的飞行员去执行这个任务？

14. 再次考虑例 9.4 的轰炸机问题．假设先进的技术可以使多数轰炸机穿过空中防线而不被发现．
 (a) 假设有 4 架飞机被发现了，令 Y 表示经历防空阵地 8 次射击而幸存的飞机的数量．确定 Y 的概率分布，计算在完成攻击之前平均损失的飞机数．基于马尔可夫链模型使用蒙特卡罗模拟，像 9.3 节最后那样讨论．
 (b) 重复 (a) 但是使用解析模拟的方法．
 (c) 假设要求将多枚导弹射击一架飞机的可能性并入例 9.4 的模型中．对你来说有两个可能的选择．你可以写一个纯粹的解析模拟与 (b) 的结果结合起来，或者可以使用 (a) 中的推广的蒙特卡罗模拟模型得到对于 $d=1, \cdots, 7$ 架飞机被发现时 Y 的概率分布，把这些结果作为数据合并到模型中．哪一个是你的选择？为什么？

350

15. (困难的问题) 增强习题 14(c) 描述的模型．
16. 再次考虑例 9.4 的轰炸机问题．
 (a) 如果派出 $N=15$ 架飞机，使用蒙特卡罗模拟求出完成任务的概率．
 (b) 关于 N 作灵敏性分析．对于 $N=12$，15，18 和 21，确定任务完成的近似概率．
 (c) 从模型组建的难度和灵敏性分析的难度这两方面比较蒙特卡罗模拟和解析模拟的相对优越性．
17. 再次考虑例 9.4 的轰炸机问题．这个问题给出二项式公式

$$(a+b)^n = \sum_{i=0}^{n} \binom{n}{i} a^i b^{n-i}$$

如何用于简化课文中提到的解析模拟模型．
 (a) 使用二项式公式得到下面的方程：

$$S = 1 - (1-p)^{N-m}(q + (1-p)(1-q))^m$$

 (b) 证明保证任务完成的概率 S 所需要的飞机的数量 N 是大于等于

$$\frac{\log\left[\dfrac{(1-S)(1-p)^m}{(q+(1-p)(1-q))^m}\right]}{\log(1-p)}$$

 的最小整数．
 (c) 使用这个公式验证图 9-17 中的灵敏性分析的结果．
18. 无线电通信的频道 20% 的时间是激活的，80% 的时间是空闲的．信息平均持续 20 秒．一个扫描传感器定期地监视着这个频道，试图查出使用这个频道的发射器的位置．构建了一个扫描仪工作的解析模拟模型．如果一次扫描时频道的状态（激活或空闲）被认为是独立于前一次扫描期间频道的状态的（这至少是近似正确的），它就是一个非常简单的模型．使用两状态马尔可夫过程作为频道的模型，并用解析模拟确定需要多长时间就达到了定常态．这个过程实质上忽略了初始状态．

(a)确定这个马尔可夫过程的定常态分布.

351

(b)得出状态概率 $P_t(i) = \Pr\{X_t = i\}$ 所满足的微分方程组. 参见 8.2 节.

(c)如果 $X_t = 0$(频道空闲), 需要多长时间状态概率在定常态值的 5% 之内?

(d)假设 $X_t = 1$(频道激活), 重复(c).

(e)扫描间隔为多远, 马尔可夫性质就可以(至少是近似的)应用于这个模型?

19. 这个问题提出一个使用解析模拟解决例 9.1 的雨天问题的途径.

(a)令 C_t 表示从第 t 天开始的连续下雨的天数. 证明 $\{C_t\}$ 是马尔可夫链. 给出这个马尔可夫链的转移图和转移矩阵.

(b)我们关心 $\max\{C_1, \cdots, C_7\} \geqslant 3$ 的概率. 在(a)中通过将状态空间限制成{0, 1, 2, 3}来改变马尔可夫链模型. 改变状态转移概率, 使得状态 3 是吸收状态, 即令

$$\Pr\{C_{t+1} = 3 \mid C_t = 3\} = 1$$

解释为什么这一周至少连续三天下雨与 $\Pr\{C_7 = 3 \mid C_0 = 0\}$ 相同.

(c)假设每天下雨的可能是 50%, 使用第 8 章的方法计算一周内至少连续三天下雨的概率.

(d)关于 50% 的假设作灵敏性分析. 将你的结果与图 9-5 得到的结果作比较.

(e)将这个解析模拟模型与 9.1 节使用的蒙特卡罗模型作比较. 你喜欢哪一个, 为什么? 如果你现在刚刚遇到这个问题, 你选择哪种建模方法?

20. 运用粒子追踪方法求解例 7.5 的污染问题.

(a) 实现图 9-23 中的粒子追踪代码. 运行代码, 证实输出的结果与例 9.5 的报告合理地一致.

(b) 修改代码使得 $v = 3.0$ 公里/小时是常数, 重复(a), 与例 7.5 的结果比较, 这个结果是否与课文中的一致?

(c) 对(b)中的蒙特卡罗模拟结果做灵敏性分析, 确定性能的度量值 $T_{\max}$, $P_{\max}$, T_{safe} 如何依赖随机因素. 你如何确信(b)的结果?

352

(d)对毒云的速度做灵敏性分析. 对表 7-1 中的每个值多次重复(b)的模拟, 取均值重新产生表 7-1 的结果. 你如何确信表中的结果?

(e)将蒙特卡罗模拟模型与 7.4 节的解析模型比较, 你喜欢哪个, 为什么? 如果你刚刚涉及这个问题, 你选择了什么建模方法?

21. 重新考虑例 7.5 的污染问题, 但是现在假设风速 v(公里/小时)由公式

$$v = 3 + \frac{M - 3}{1 + 0.1d^2} \tag{9-29}$$

给出, 其中 d(公里)是到小镇中心的距离, $M = 8$ 公里/小时是小镇中心的风速.

(a) 将新的风速函数与例 7.5 的风速函数画在一幅图内, 它们是否可比?

(b) 实现图 9-23 中的粒子追踪代码. 运行代码, 证实输出的结果与例 9.5 的报告合理地一致.

(c) 用新的风速修改(b)的代码, 重复(b)的计算, 比较结果. 例 7.5 的模型关于假设

的风速是否是健壮的?

(d) 对小镇的最大风速进行灵敏性分析，对 $M=4$，6，8，10，12 公里/小时重复(c)的计算. 三个性能的度量值 $T_{\max}$，$P_{\max}$，T_{safe}关于最大风速是否敏感?

22. 这个问题研究关于例 7.5 污染问题的弥散性的幂律模型.

(a) 实现图 9-23 中的粒子追踪代码. 运行代码，证实输出的结果与例 9.5 的报告合理地一致.

(b) 修改(a)的代码计算每个时间点 $t(j)$ $(j=1, \cdots, M)$ 粒子位置 $\{S(i, j): 1\leqslant i\leqslant N\}$ 的样本方差 $s^2(j)$.

(c) 根据(b)画出对应每一时刻 $t(j)$ 的方差 $s^2(j)$ 图，与图 9-27 类似. 评论这些图形的特征.

(d) 根据(b)画出对应每一时刻 $t(j)$ 方差 $s^2(j)$ 的对数 – 对数图，即对应 $\log t(j)$ 画 $\log s^2(j)$. 在这个对数 – 对数图中点是否形成一条直线?

353

(e) 对(b)的结果拟合一个幂律模型 $\sigma=Ct^p$. 一种方法是对经过对数变换后的数据运用线性回归，与第 8 章的习题 18 比较. 将(e)的幂律模型和(c)的方差数据画在一起. 对粒子云雾的方差采用幂律模型合理吗? 这个模型的实际应用是什么?

23. 这个问题引入分数阶导数中的伽马函数和拉普拉斯变换. 对 $b>0$，伽马函数定义为

$$\Gamma(b) = \int_0^\infty x^{b-1}\mathrm{e}^{-x}\mathrm{d}x$$

一个函数 $f(x)$ 的拉普拉斯变换定义为

$$F(s) = \int_0^\infty \mathrm{e}^{-sx}f(x)\,\mathrm{d}x$$

(a) 利用分部积分证明 $\Gamma(b+1)=b\Gamma(b)$. 结果 $\Gamma(n+1)=n!$.

(b) 利用变量替换 $y=sx$ 证明函数 $f(x)=x^p$ 具有拉普拉斯变换 $s^{-p-1}\Gamma(p+1)$.

(c) 利用分部积分证明 $sF(s)-f(0)$ 是一阶导数 $f'(x)$ 的拉普拉斯变换.

(d) $0<\alpha<1$ 阶 Caputo 分数阶导数具有拉普拉斯变换 $s^\alpha F(s)-s^{\alpha-1}f(0)$. 利用这个公式证明 $f(x)=x^p$ 有分数阶导数

$$\frac{\Gamma(p+1)}{\Gamma(p+1-\alpha)}x^{p-\alpha}$$

(e)解释为什么对正整数 α 同样的公式也成立.

24. 这个问题引入分数阶导数的两个积分形式. 利用习题 23 引入的伽马函数，$n-1<\alpha<n$ 阶黎曼 – 刘维尔分数阶导数定义为

$$\frac{1}{\Gamma(n-\alpha)}\frac{\mathrm{d}^n}{\mathrm{d}x^n}\int_0^\infty f(x-y)\,y^{n-\alpha-1}\mathrm{d}y \tag{9-30}$$

通过将求导移进积分号下，$n-1<\alpha<n$ 阶 Caputo 分数阶导数定义为

$$\frac{1}{\Gamma(n-\alpha)}\int_0^\infty \frac{\mathrm{d}^n}{\mathrm{d}x^n}f(x-y)\,y^{n-\alpha-1}\mathrm{d}y \tag{9-31}$$

(a) 利用公式(9-30)计算函数 $f(x)=e^{ax}(a>0)$ 的黎曼－刘维尔分数阶导数．

(b) 解释为什么得到的公式对正整数 α 也成立．

354

(c) 利用公式(9-31)计算函数 $f(x)=e^{ax}(a>0)$ 的 Caputo 分数阶导数．与(a)的答案做比较．

(d) 利用公式(9-30)计算常函数 $f(x)=1$ 对一切 $x\geq 0$ 的黎曼－刘维尔分数阶导数．

(e) 利用公式(9-31)计算常函数 $f(x)=1$ 对一切 $x\geq 0$ 的 Caputo 分数阶导数．与(d)的答案做比较．哪个公式与 α 是正整数的情形一致?

25. 重新考虑例 9.6 的水污染问题，现在考虑下游污染物早期的一个简单解析模型．

(a) 实现图 9-31 中的粒子追踪代码．运行代码，证实输出的结果与例 9.6 的报告合理地一致．

(b) 改进代码估计在下游 $x=20$ 米处浓度超过安全水平 2Ci 的最早时刻 T_{risk}．

(c) 多次重复(b)得到 T_{risk} 的均值．这个值的精度是多少?

(d) 对下游 $x=25$，30，35，40 米重复(c)，画出 T_{risk} 关于 x 变化的图．

(e) 在课文中提到，对充分大的 x，α 稳定密度为 $C(x,t)\approx t\alpha Ax^{-\alpha-1}$．用这个渐近逼近式估计 T_{risk}．与蒙特卡罗模拟结果比较．这个解析式是否提供了一个合理的估计?

26. 重新考虑例 9.6 的水污染问题，对尾参数 α 做灵敏性分析．

(a) 实现图 9-31 中的粒子追踪代码．运行代码，证实输出的结果与例 9.6 的报告合理地一致．

(b) 对 $\alpha=1.2$，1.3，1.5，1.8 重复(a)，结果对尾参数 α 的灵敏性如何?

(c) 对每个 $\alpha=1.1$，1.2，1.3，1.5，1.8 重复(b)多次，列表给出每个性能的度量值 $T_{\max}$，$P_{\max}$，T_{safe} 的均值．

(d) 给出你在(c)中列出数值的一个精确估计．

(e) 估计灵敏性 $S(T_{\max},\alpha)$，$S(P_{\max},\alpha)$ 和 $S(T_{\text{safe}},\alpha)$，并根据这个问题做出解释．

27. 重新考虑例 9.6 的水污染问题．有些科学家认为粒子跳跃的幅度存在一个自然的上界．

355

(a) 实现图 9-31 中的粒子追踪代码．运行代码，证实输出的结果与例 9.6 的报告合理地一致．

(b) 修改代码，限定最大的粒子跳跃使得它为平均跳跃大小的 $J=100$ 倍．重复(a)并比较结果．

(c) 多次重复(b)，列表给出每个性能的度量值 $T_{\max}$，$P_{\max}$，T_{safe} 的均值．

(d) 取 $J=25$ 重复(c)，最大跳跃大小是否影响结果?

28. 重新考虑例 9.6 的水污染问题，考虑尾参数 α 如何影响粒子位置分布．

(a) 实现图 9-31 中的粒子追踪代码．运行代码，证实输出的结果与例 9.6 的报告合理地一致．

(b) 画出在 $t=224$ 天粒子位置的相对频数直方图，与图 9-32 相似．重复多次，评论直方图的形状如何依赖随机因素变化.

(c) 对 $\alpha=1.2$, 1.3, 1.5, 1.8 重复(b), 粒子位置分布如何依赖尾参数 α 变化?

(d) 对 $\alpha=4$ 重复(b), 如何比较得到的直方图形状?

(e) 7.3 节的中心极限定理关于(d)的粒子位置分布有什么推论?

29. 这个问题探讨 9.5 节中讨论的粒子踪迹分形.

(a) 取 $N=20$ 实现图 9-31 中的粒子追踪代码, 以获得在时刻 $t(j)$ 粒子 $i=1, \cdots, N$ 的模拟位置 $S(i, j)$.

(b) 利用(a)的结果画出 $N=20$ 个粒子的踪迹, 与图 9-26 类似. 评论这些图形的特征. 它们与图 9-26 中的粒子踪迹相比如何?

(c) 对 $\alpha=1.2$, 1.3, 1.5, 1.8 重复(b), 由 9.5 节回想起每个图是一个维数为 $2-1/\alpha$ 的分形. 图形如何随 α 变化?

(d) 修改代码对每个粒子产生轨道的两个集合, 分别表示粒子位置的 x 和 y 的坐标. 画出 y 关于 x 的变化得到类似于图 9-35 的图.

356

(e) 对 $\alpha=1.2$, 1.3, 1.5, 1.8 重复(d), 由 9.5 节回想起每个图形是维数为 α 的分形. 当 α 增加时图形出现什么变化?

9.7 进一步阅读文献

1. Benson, D. A., Schumer, R., Meerschaert, M. M. and Wheatcraft, S. W. (2001) Fractional dispersion, Lévy motion, and the MADE tracer tests, *Transport in Porous Media* Vol. 42, 211–240.

2. Boggs, J. M., Beard, L. M., Long, S. E. and McGee, M. P. (1993) Database for the second macrodispersion experiment (MADE-2), EPRI report TR-102072, Electric Power Res. Inst., Palo Alto, CA.

3. Bratley, P. et al. (1983) *A Guide to Simulation.* Springer-Verlag, New York.

4. Friedman, A. (1975) *Stochastic differential equations and applications. Vol. 1*, Academic Press, New York.

5. Hoffman, D. *Monte Carlo: The Use of Random Digits to Simulate Experiments.* UMAP module 269.

6. McCulloch, J. H. (1997) Measuring tail thickness to estimate the stable index α: a critique. *J.* Business Econom. Statist. Vol. 15, 74-81.

7. Meerschaert, M. and Cherry, W. P. (1988) Modeling the behavior of a scanning radio communications sensor. *Naval Research Logistics Quarterly*, Vol. 35, 307–315.

8. Meerschaert, M. M. and Sikorskii, A. (2012) *Stochastic Models for Fractional Calculus.* De Gruyter Studies in Mathematics **43**, De Gruyter, Berlin.

9. Molloy, M. (1989) *Fundamentals of Performance Modeling.* Macmillan, New York.

10. Press, W. et al. (1987) *Numerical Recipies.* Cambridge University Press, New York.

11. Ross, S. (1985) *Introduction to Probability Models.* 3rd ed., Academic Press, New York.

12. Rubenstein, R. (1981) *Simulation and the Monte Carlo Method.* Wiley, New York.

13. Shephard, R., Hartley, D., Haysman, P., Thorpe, L. and M. Bathe. (1988) *Applied Operations research: Examples from Defense Assessment.* Plenum Press, London. 357

14. Wheatcraft, S. W. and Tyler, S. (1988) An explanation of scale-dependent dispersivity in heterogeneous aquifers using concepts of fractal geometry *Water Resources Research*, Vol. 24, 566–578. 358

后　　记

数学是解决问题的语言，是所有科学和技术的核心．接受数学教育的优点是使你可以自由地选择从事任何你能够想到的技术方面的职业．下面我们将简要地介绍一些数学专业的学生可以从事的常见职业．这些建议适用于获得数学学位的学生，当然不仅限于这些人，它同样也适用于获得其他学科领域的学位并得到了较好的数学训练的学生．此外，我们还会对如何利用数学知识来解决实际问题从而在工作中取得成功给出一些建议．大多数学生所考虑的第一个问题是直接工作还是继续攻读更高一级的学位．我们首先介绍数学专业的大学毕业生和硕士研究生可以选择的丰富的就业机会．

当前数学专业的学生的首选工作是计算机行业．能够把高等数学与高级程序设计、操作系统和数据结构等计算课程结合起来的学生，将可以在工业领域找到各种各样的就业机会．事实上，随着计算机就业市场的竞争日趋激烈，熟悉计算机的学生希望拓宽他们的专业领域以提升自己，数学是最好的途径之一．同样重要的是，要确保学会一种通用的编程语言，如 C 或 FORTRAN. 计算是一种很好的技能，它可以为你打开许多扇就业的大门．当你得到一份工作并证明你的计算能力后，你会发现还会出现许多其他的机会．

数学专业毕业生的另一个很好的工作是保险精算．保险精算公司经常只根据学校中的成绩来聘用一位好的数学专业的学生，如果你确实对保险精算感兴趣，一个很好的做法是在毕业之前通过保险精算的第一次考试(包括概率论)．成为一个完全合格的保险精算师需要通过一系列的考试．保险精算学的一些研究生课程有助于你准备这些考试，你也可以选择自学．如果你有能力并且不断地自我提高，在十年甚至更少的时间内就可以达到这个非常有意思而且收入丰厚的行业的顶点．几乎每一家财富 500 强公司都至少有一位副总裁是保险精算师．在保险公司和独立的精算公司中都有很多的就业机会，保险精算师为这些公司做数学建模的工作．对于那些对商业有浓厚兴趣的人，这是一个非常好的途径，而且你不需要参加任何关于商业、经济或会计的课程来取得资格认证．

很多学生选择取得数学学位与工程、计算机科学或会计学的第二学位．这些专业的好学生要想得到一个很好的工作当然是不会有问题的，而可能遇到的一个问题就是这个工作在多大程度上会用到其全部的数学知识．坦率地讲，这有好的方面也有不好的方面．不好的方面是在工作的前一两年内，很少有机会用到在学校里学到的许多数学知识．每个人都要从某个职位开始，大多数人要从最底层的工作开始．要记住的最重要的事是要有活力、对工作热情、正确处理问题．考察你这段时间的工作情况，可以检验你是否已准备承担更复杂的工作．好的方面是一旦你通过了入门阶段，就会有大量的机会来应用你的数学知识解决重要而有意义的问题．当然，你需要证明你能够接受这一挑战．

现在我们来讨论那些攻读更高学位的数学专业毕业生的一些机会．事实上，在所有研究生培养计划中数学专业的学生都是很受欢迎的，特别是在科学和工程方面．如果你关注一下在这些领域所做的前沿工作，你就会发现其中涉及了很多数学知识．限于篇幅，这里无法描述那些惊人的、多样的可能机会．我们重点讨论那些解决实际问题时与数学方面有关的领域．

在数学方面，进一步的研究生教育对已经获得数学学位的人来说是一个很明显的选择．如果你对解决实际问题有兴趣，就应该寻求那些在应用数学、统计或运筹学方面有培养计划的研究生院．计算机科学是另一个有吸引力的选择，其原因我们前面已经做了说明．有很好的计算背景的聪明的数学专业学生可以选择计算机科学研究生院来运用自己的数学技能．毕业后，这些人会拥有强大的数学和计算机的综合技能，能够解决多种类型的引人入胜的实际问题．统计是另一个很好的选择．许多统计学家都是从获得数学学位开始的．统计专业学生的工作机会很多，其多样性也是超乎想象的．数学建模的一些最有意思的工作就是由统计学家完成的．事实上，本书的作者现在就任职于统计系．

运筹学是一个非常广泛的研究领域，它涵盖了我们通常认为的数学建模的大部分内容，包括最优化问题、排队论、库存理论的研究．可以拥有数学学位就进入这一领域，但最好是拥有运筹学领域的高级学位再进入这一领域．这里最大的问题是要找到正确的方向．数学、统计学、计算机科学、工程甚至 MBA 通常都会提供这一领域的一个专业或方向．可以根据你的喜好来选择，至于哪个系授予学位则没有太大的差别，只是不同的学校对这一方向属于哪个系有不同的原则．另一个使人迷惑的问题是这个方向的名称．运筹学、运筹管理学、管理科学和系统科学，虽然名称不同，但它们实质上是相同的．再强调一次，在你的学位证上出现的是哪一个名称并没有太大关系．

360

如果你对科研和教学感兴趣，就要考虑攻读博士学位．数学博士是学术界比较关注的学位．而应用数学的一些分支(如数值分析、偏微分方程)的博士则可以在工业的研究实验室中找到很好的工作．这样的工作在学术领域也很多，因为应用数学家在讲授应用的课程和参与跨学科的研究课题上也是非常重要的．如果你对学术工作感兴趣，可以考虑攻读统计学、计算机科学或运筹学的博士学位．你会发现所做的工作主要是数学，而且就业机会较多，薪水也较高．事实上，在科学和工程的几乎任何领域，拥有博士学位的学生都会有丰富的机会来应用数学解决实际问题．你不要担心什么会限制你的想象力．最后，不要忽视综合的博士学位．数学物理学、数学生物学、数学心理学和数学经济学都充满着特别的挑战．你还可以想想是从事学术工作还是工业工作，学术工作在生活方式上比较优越，而工业工作通常会获得更高的收入．做出自己的选择吧！

进一步阅读文献

1. *101 Careers in Mathematics*, edited by Andrew Sterrett, Mathematical Association of America, 1529 18th Street, NW Washington, DC 20036–1385, www.maa.org

2. *Careers in Applied Mathematics*, Society for Industrial and Applied Mathematics, 3600 University City Science Center, Philadelphia PA 19104–2688, www.siam.org

3. *Careers in Operations Research*, Institute for Operations Research and the Management Sciences, P.O. Box 64794, Baltimore, MD 21264–4794, www.informs.org

4. *Careers in Statistics*, American Statistical Association, 1429 Duke St., Alexandria VA 22314–3402, www.amstat.org

5. *Computer and Mathematics Related Occupations, Occupational Outlook Handbook*, US Department of Labor, Bureau of Labor, Statistics Publication Sales Center, PO Box 2145, Chicago IL 60690, stats.bls.gov

6. *Mathematical Sciences Career Information*, www.ams.org/careers

7. *The Actuarial Profession*, Society of Actuaries, 475 North Martingale Rd., Schaumburg IL 60173–2226, www.soa.org

361

362

索　　引

索引中的页码为英文原书页码，与书中页边标注的页码一致.

推荐阅读

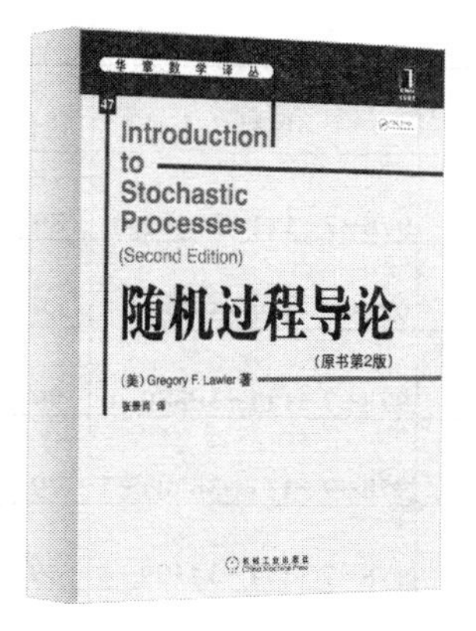

■ **时间序列分析及应用：R语言（原书第2版）**
作者：Jonathan D. Cryer　Kung-Sik Chan
ISBN：978-7-111-32572-7
定价：48.00元

■ **随机过程导论（原书第2版）**
作者：Gregory F. Lawler
ISBN：978-7-111-31544-5
定价：36.00元

■ **数学分析原理（原书第3版）**
作者：Walter Rudin
ISBN：978-7-111-13417-6
定价：28.00元

■ **实分析与复分析（原书第3版）**
作者：Walter Rudin
ISBN：978-7-111-17103-9
定价：42.00元

■ **数理统计与数据分析（原书第3版）**
作者：John A. Rice
ISBN：978-7-111-33646-4
定价：85.00元

■ **统计模型：理论和实践（原书第2版）**
作者：David A. Freedman
ISBN：978-7-111-30989-5
定价：45.00元

推荐阅读

书名	书号	定价	出版年	作者
数值分析（英文版·第2版）	978-7-111-38582-0	89	2013	（美）Timothy Sauer
数论概论（英文版·第4版）	978-7-111-38581-3	69	2013	（美）Joseph H. Silverman
数理统计学导论（英文版·第7版）	978-7-111-38580-6	99	2013	（美）Robert V. Hogg 等
代数（英文版·第2版）	978-7-111-36701-7	79	2012	（美）Michael Artin
线性代数（英文版·第 8 版）	978-7-111-34199-4	69	2011	（美）Steven J.Leon
商务统计：决策与分析(英文版)	978-7-111-34200-7	119	2011	（美）Robert Stine 等
多元数据分析(英文版·第7版）	978-7-111-34198-7	109	2011	（美）Joseph F.Hair,Jr 等
统计模型：理论和实践（英文版·第2版）	978-7-111-31797-5	38	2010	（美）David A.Freedman
实分析（英文版·第4版）	978-7-111-31305-2	49	2010	（美）H.L.Royden
概率论教程 （英文版·第3版）	978-7-111-30289-6	49	2010	（美）Kai LaiChung
初等数论及其应用（英文版·第6版）	978-7-111-31798-2	89	2010	（美）Kenneth H.Rosen
组合数学 （英文版·第5版）	978-7-111-26525-2	49	2009	（美）Richard A.Brualdi
数学建模（英文精编版·第4版)	978-7-111-28249-5	65	2009	（美）FrankR. Giordano
复变函数及应用 （英文版·第8版）	978-7-111-25363-1	65	2009	（美）James Ward Brown
数学建模方法与分析 (英文版·第3版）	978-7-111-25364-8	49	2008	（美）MarkM.Meerschaert
数论概论（英文版·第3版）	978-7-111-19611-2	52	2006	（美）Joseph H.Silverman
实分析和概率论（英文版·第2版）	978-7-111-19348-7	69	2006	（美） R.M.Dudley
高等微积分（英文版·第2版）	978-7-111-19349-4	76	2006	（美）Patrick M.Fitzpatrick
数学分析原理（英文版·第3版）	978-7-111-13306-3	35	2004	（美）Walter Rudin
实分析与复分析（英文版·第3版）	978-7-111-13305-6	39	2004	（美）Walter Rudin
泛函分析（英文版·第2版）	978-7-111-13415-2	42	2004	（美）Walter Rudin